"十二五"国家计算机技能型紧缺人才培养培训教材

教育部职业教育与成人教育司
全国职业教育与成人教育教学用书行业规划教材

新编中文版

Flash CC 标准教程

策划／施博资讯
编著／李敏虹　李　林

光盘内容
86个范例的影音视频文件、范例源文件和素材文件

海洋出版社
2013年·北京

内 容 简 介

本书是专为想在较短时间内学习并掌握动画设计软件 Flash CC 的使用方法和技巧而编写的标准教程。本书语言平实，内容丰富、专业，并采用了由浅入深、图文并茂的叙述方式，从最基本的技能和知识点开始，辅以大量的上机实例作为导引，帮助读者轻松掌握中文版 Flash CC 的基本知识与操作技能，并做到活学活用。

本书内容：全书共分为 10 章，着重介绍了 Flash CC 的新功能、界面和文件管理；绘图颜色的选择和修改；绘制与修改动画的插图；管理与修改动画的资源；创建 Flash 补间动画；补间动画的高级应用；在动画中应用文本；应用声音、视频和滤镜；应用 ActionScript 语言。最后通过综合实例—旋转的相册，全面系统地介绍了使用 Flash CC 制作动画的技巧。

本书特点：1. 基础知识讲解与范例操作紧密结合贯穿全书，边讲解边操练，学习轻松，上手容易。2.实例设计步骤清晰，激发读者动手欲望，注重学生动手能力和实际应用能力的培养。3. 实例典型、任务明确，由浅入深、循序渐进、系统全面，为职业院校和培训班量身打造。4. 每章后都配有练习题，利于巩固所学知识和创新。5. 书中实例收录于光盘中，采用视频讲解的方式，一目了然，学习更轻松！

适用范围：适用于全国职业院校 Flash 动画设计专业课教材，社会 Flash 动画设计培训班教材，也可作为广大初、中级读者实用的自学指导书。

图书在版编目(CIP)数据

新编中文版 Flash CC 标准教程/李敏虹，李林编著. —北京：海洋出版社，2013.12
ISBN 978-7-5027-8719-6

Ⅰ.①新… Ⅱ.①李…②李… Ⅲ.①动画制作软件—教材 Ⅳ.①TP391.41

中国版本图书馆 CIP 数据核字（2013）第 260403 号

总 策 划：刘　斌
责任编辑：刘　斌
责任校对：肖新民
责任印制：赵麟苏
排　　版：海洋计算机图书输出中心　晓阳
出版发行：海洋出版社
地　　址：北京市海淀区大慧寺路 8 号（716 房间）
　　　　　100081
经　　销：新华书店
技术支持：（010）62100055

发 行 部：（010）62174379（传真）（010）62132549
　　　　　（010）68038093（邮购）（010）62100077
网　　址：www.oceanpress.com.cn
承　　印：北京画中画印刷有限公司
版　　次：2013 年 12 月第 1 版
　　　　　2013 年 12 月第 1 次印刷
开　　本：787mm×1092mm　1/16
印　　张：17.5
字　　数：414 千字
印　　数：1～4000 册
定　　价：32.00 元（含 1DVD）

前　言

Adobe Flash Professional CC 是用于动画制作和多媒体创作以及交互式设计网站的顶级创作平台。它包含强大的工具集，具有排版精确、版面保真和丰富的动画编辑功能，能帮助用户清晰地传达创作构思。Flash CC 增加了 64Bit 系统的支持、高质量视频导出、增强的 HTML 发布、简化的用户界面、USB 调试、无限制剪贴板大小等功能。

本书共分为 10 章，主要内容如下。

第 1 章介绍了 Flash CC 的新功能以及 Flash CC 界面和文件管理等。

第 2 章介绍了 Flash 的颜色模型和颜色的选择以及填充和修改颜色等方法。

第 3 章介绍了绘图基础、绘图工具的应用、绘图对象形状的修改等内容，使读者掌握在 Flash CC 中绘制和修改矢量图的方法。

第 4 章介绍了在 Flash 中使用元件和元件实例以及利用【库】管理资源、变形处理动画对象的方法。

第 5 章介绍了 Flash 动画制作的入门知识、创建与编辑补间动画、制作传统补间动画以及制作补间形状动画的方法。

第 6 章介绍了 Flash 的多种高级动画创作方法，包括形状提示的应用、制作引导层动画和制作遮罩层动画。

第 7 章介绍了 Flash 动画文本的编排与应用，包括动画文本的基本概念，输入水平、设置文本属性、创建动态文本、应用动态文本信息等。

第 8 章介绍了声音、视频、滤镜和混合模式在 Flash 动画创作中的应用。

第 9 章介绍了 ActionScript 3.0 的使用，包括 ActionScript 语言入门基础、ActionScript 3.0 编程基础以及使用 ActionScript 3.0 处理声音、视频和滤镜的方法。

第 10 章介绍了 Flash CC 的综合应用，包括在制作过程中将用到的 Flash 绘图、各类元件创建与管理、调用元件和设置元件滤镜以及 Action Script3.0 在项目开发中的应用技巧。

本书由资深 Flash 动画创作专家精心规划与编写，具有以下特点：

- **内容新颖**　本书采用最新版本的 Flash CC 作为教学软件，以“基础+实例”的方式介绍软件操作与应用，并配合新功能的使用，扩展了学习范围，掌握更多的应用方法。
- **主题教学**　本书使用了大量实例进行教学讲解，并以明确的主题形式呈现在各章中，可以通过主题的学习，掌握 Flash CC 的实际应用，同时强化软件的使用。
- **多媒体教学**　本书提供了精美的多媒体教学光盘，光盘将书中各个实例进行全程演示并配合清晰语音的讲解，使读者体会到身临其境的课堂学习感受，同时提高动手操作的能力。
- **超强实用性**　本书的章节结构经过精心安排，依照最佳的学习流程和学习习惯进行教学。书中各章均提供教学提要，对各章的学习进行预前说明，指导读者在目的明确的前提下学习本书。

- **丰富的课后练习**　书中在各章后提供大量的习题和上机练习，方便读者在阶段学习完成后回顾与巩固所学的知识，并能够在掌握方法的前提下应用于实际的操作，强化读者应用能力。

本书内容丰富全面，讲解深入浅出，结构条理清晰，通过基础学习和应用实例，可以使初学者和平面设计师掌握实质性的知识与技能，是一本专为职业学校、社会电脑培训班、广大电脑初、中级读者量身定制的教程和自学指导书。

本书由广州施博资讯科技有限公司策划，由李敏虹、李林编著，参与本书编写与范例设计工作的还有黎文锋、黄活瑜、梁颖思、吴颂志、梁锦明、林业星、黎彩英、周志苹、李剑明、黄俊杰等，在此一并谢过。在本书的编写过程中，我们力求精益求精，但难免存在一些不足之处，敬请广大读者批评指正。

编　者

目　录

第 1 章　Flash CC 快速入门

教学提要

本章主要介绍 Flash CC 的快速入门知识，包括 Flash CC 的新特性、工作界面以及文件管理基础知识。

1.1　Flash CC 新特性概述

Flash CC 采用的是 64 位架构，因此只能安装在 64 位操作系统上，这极为显著地提升了 Flash 的性能，特别是在 Mac 上的性能，也为 Flash 未来的发展奠定了基础。下面简要介绍 Flash CC 版本的新特性体验。

1.1.1　改善的 Flash 用户界面

Flash CC 在用户体验方面进行了多方面的改善。

1. 重新设计键盘快捷键面板

(1)【键盘快捷键】面板经过重新设计和简化后，可用性和性能得到了提高，如图 1-1 所示为【键盘快捷键】面板。

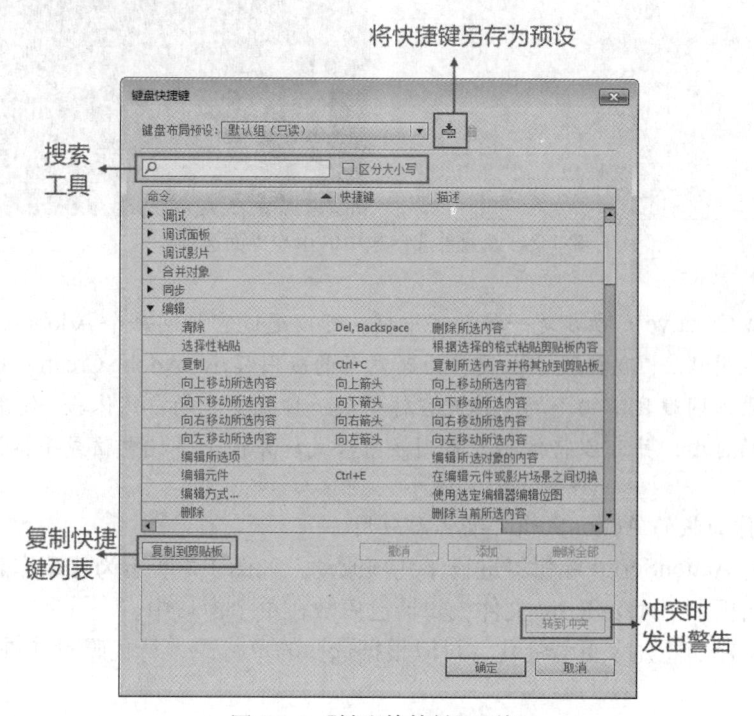

图 1-1　【键盘快捷键】面板

【键盘快捷键】面板现在带有一个搜索工具，可以通过该工具轻松向下浏览到右侧的“命令”。

（2）可以将整个“键盘快捷键”列表复制到剪贴板，然后将其复制到文本编辑器以便快速参考。

（3）在对命令设置键盘快捷键时，如果发生冲突，会显示一条警告消息。这样可以快速定位到冲突的命令进行修改，从而解决问题。

（4）可以修改一组快捷键并将其另存为预设，其后可以在方便的时候选择并使用此预设。

2. 简化的首选参数面板

【首选参数】面板在新版本中得到了充分改进，在可用性上有了极大的改善。其中几个很少使用的选项已经删除。这些选项不仅影响可用性，而且也影响性能。这些改动还有助于改进在向 Creative Cloud（Adobe 的云端软件套装）同步首选参数时的工作流程。

Flash CC 的用户界面经过了重新设计后，外观上有了很大的改变。Flash 的用户界面现在有深色和浅色两个主题。在使用深色用户界面设计时，可以使设计师更多地关注舞台，而不是各种工具和菜单项。如图 1-2 所示为通过【首选参数】面板设置界面的颜色。

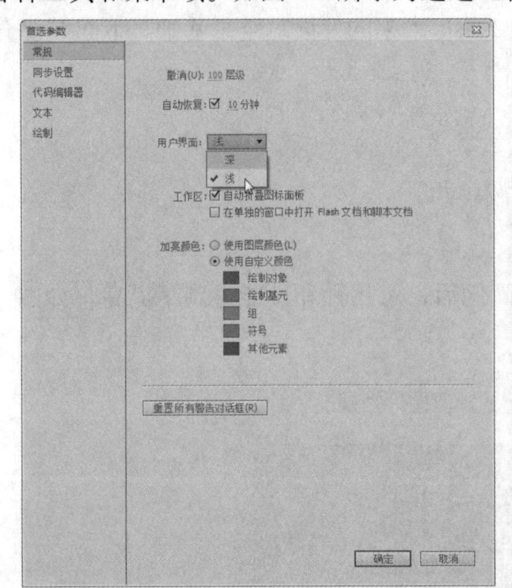

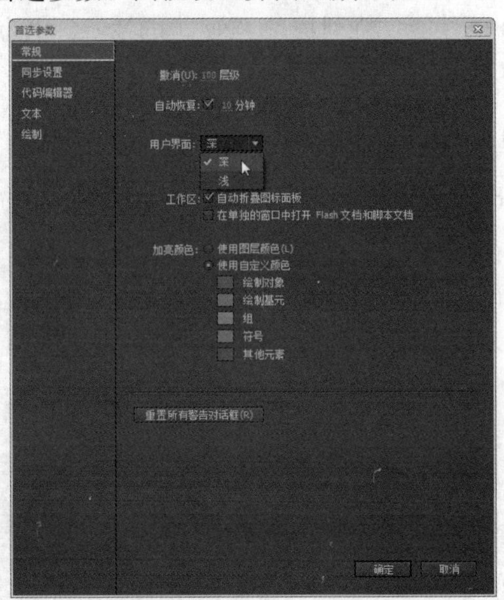

图 1-2　设置首选参数中的用户界面选项

Adobe Creative Cloud 是一种数字中枢，可以通过它访问每个 Adobe Creative Suite 桌面应用程序、联机服务以及其他新发布的应用程序。Adobe Creative Cloud 的目的是将原本困难且不相干的工作流程转换成一种直觉式的自然体验，使用户充分享受创作的自由，并可以将作品发布到任何台式计算机、平板电脑或手持设备。

3. 增强动作面板的 ActionScript 编辑器应用

Flash CC 对 ActionScript 编辑器进行了几项改动，如图 1-3 所示为【动作】面板。

（1）操作面板和 ActionScript 文件编辑器已停放在单个窗口中。

（2）代码注释功能如今更智能化，可以根据选择的单行或多行代码对其进行注释或取消注释。

（3）开源代码编辑组件 Scintilla 现在与 Flash 集成到了一起。

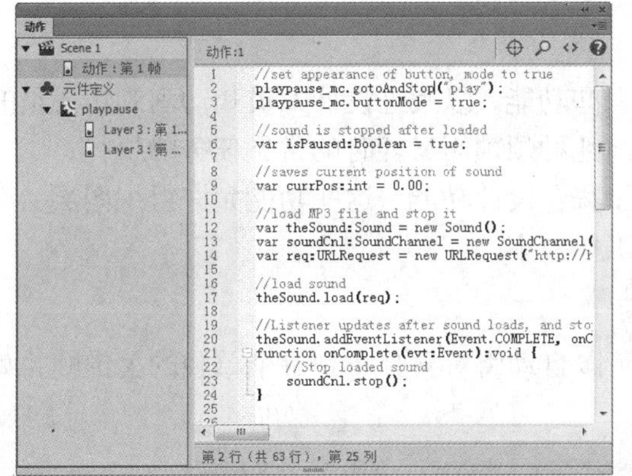

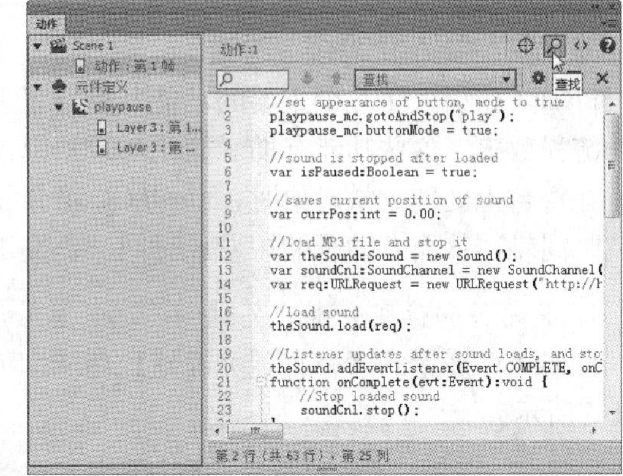

图 1-3 【动作】面板的 ActionScript 编辑器

1.1.2 程序性能的大幅提升

Flash CC 的一个关键改进就是性能的大幅提升。从简化复杂的工作流程到修正关键错误，Flash CC 进行了几项重要改动，它们对于支持的所有平台都带来了极大的性能改进。

（1）应用程序启动时间（热启动）快了 10 倍。

（2）发布速度快了许多。

（3）保存大型动画文件的时间快了 7 倍。

（4）时间轴拖曳速度近乎加倍。

（5）能够更快地导入到舞台和导入到库。

（6）能够更快地打开 FLA 和 AS 文件。

（7）更流畅的绘画体验——绘画工具的实时预览，如图 1-4 所示。

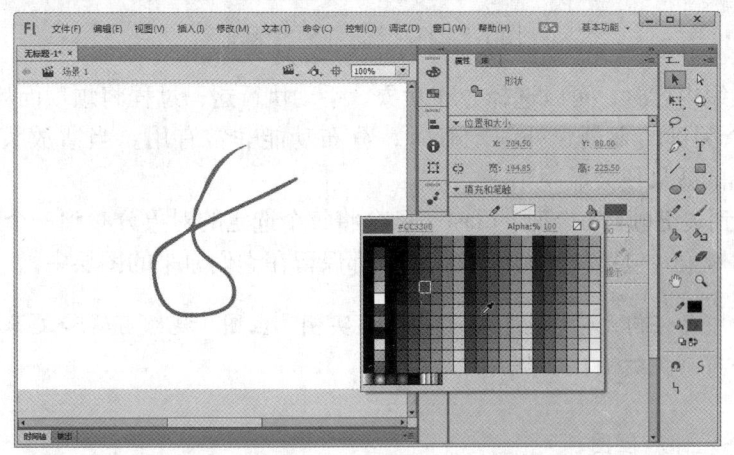

图 1-4 选择形状后，只要悬停于任一颜色上，形状颜色可以实时预览

（8）降低了 CPU 占用率，从而延长了电池寿命。

Flash CC 允许在舞台上绘图的同时以选定的颜色预览形状。在 Flash CC 中，【实时预览】增强会显示图形的笔触和填充颜色以及轮廓。

此外，在为形状选择不同的笔触或填充颜色时，Flash CC 还会在图形上显示颜色的实时预览。如果想看到实时颜色预览，应确保在舞台上选择了形状，然后将指针悬停于任一颜色上。

1.1.3 设计工作流程效率改进

Flash CC引入了几个重要的功能并增强了一些功能，以改进设计人员和动画制作人员的工作流程效率。这些功能有助于简化和加快以前几种烦琐而又耗时的常见任务的执行。

在舞台上处理大量对象时，Flash CC增强了舞台设计功能，这些功能允许组织图层、对象及时间轴，从而有助于缩短设计时间、提高工作效率。

1. 将元件和位图分布到关键帧

Flash CC新增的【分布到关键帧】功能，可以自动将对象分布到每个单独的关键帧，如图1-5所示。

图1-5　将对象分布到关键帧

在舞台上组织内容时，可以选择分布对象。手动执行这一过程将烦琐而耗时，当通过将对象放置到各个关键帧来创建补间动画时，分布功能非常有用。当播放头经过这些关键帧时，补间动画的效果便会显现出来。

使用【分布到关键帧】命令时，Flash CC会将每个选定的对象分布到一个新的单独的帧。任何没有选中的对象（包括其他帧中的对象）都保留在它们原来的图层中。

对舞台中的任何元素（包括图形对象、实例、位图、视频剪辑和文本块）都可以应用【分布到关键帧】命令。

2. 交换多个元件和位图

Flash CC的【交换元件】和【交换位图】功能允许交换多个元件和位图。在处理舞台上的大量对象时，使用此功能可以实现元件/位图的快速复制，如图1-6所示。在交换元件或位图时，Flash CC还会保留应用到原始元件/位图的属性。

3. 选择多个图层作为引导图层或遮罩图层

Flash CC的时间轴新增了一些选项，可作为引导或遮罩图层类型来选择多个图层。这些新选项可以更高效地组织和管理图层和对象。如图1-7所示为将选定的多个图层设置为遮罩图层或引导图层。

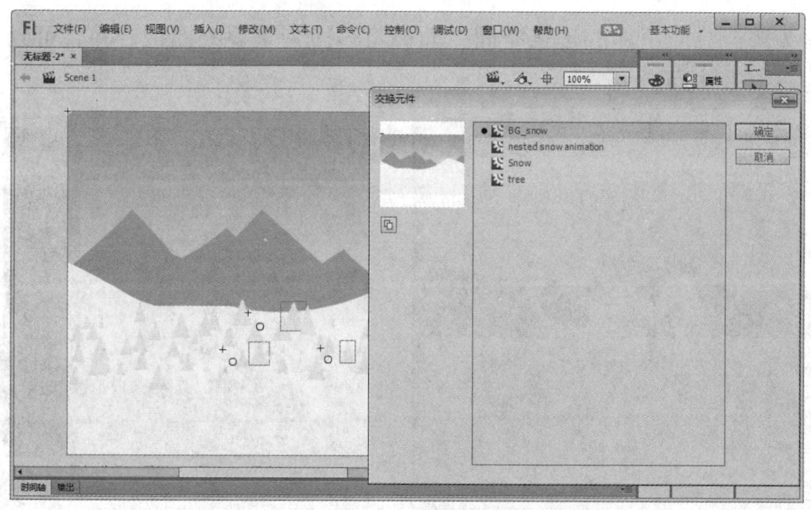

图 1-6　选择多个元件后可实现交换处理

4. 为多个图层设置属性

Flash CC 允许一次修改多个图层的属性。从“图层类型”到“轮廓颜色”，可以修改适用于所有选定图层的设置，如图 1-8 所示。

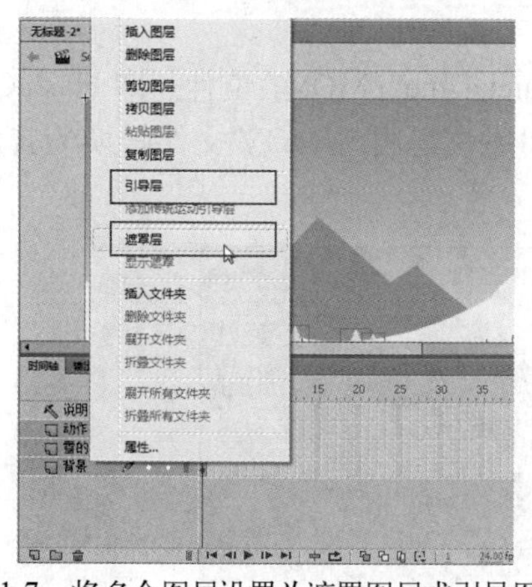

图 1-7　将多个图层设置为遮罩图层或引导图层

图 1-8　一次修改选定的多个图层的属性

在处理多个图层时，针对每个图层都明确选择属性并分别应用的做法非常烦琐。使用此功能可以一次向多个图层应用普遍适用的属性。此功能不仅有助于节省时间，而且还提高了效率，它简化了工作流程。

5. 对时间轴范围标记的改进

Flash CC 允许按比例扩展或收缩时间轴范围。使用快捷键“Ctrl+拖动鼠标”，即可按比例移动播放头任一端的范围标记。

另外，Flash CC 可以将跨时间轴的循环范围移动到任何需要的位置。Flash CC 之前的版本必须拖动两个范围标记才能移动范围，而在 Flash CC 中，可以通过按住 Shift 键并拖动时间轴上的任一个标记来移动范围，如图 1-9 所示。

6. 在全屏模式下工作

Flash CC 允许用户在全屏模式下工作，如图 1-10 所示。切换到全屏模式后，将通过隐藏面板和菜单项为舞台分配更多的屏幕空间。面板将转换为重叠的面板，并且可以通过将指针悬停在屏幕的边上来访问。

图 1-9　按住 Shift 键并拖动任一个标记来移动范围

图 1-10　通过全屏幕模式下工作

1.1.4　改进的【导出视频】工作流程

在 Flash CC 中，【导出视频】的工作流程也得到了改进，变得更为流畅简便，如图 1-11 所示。

Flash CC 脱离了以前的视频导出行为，它只导出 QuickTime（MOV）文件。即 Flash CC 现在已完全集成了 Adobe Media Encoder，并且可以利用该集成将 MOV 文件转换为其他格式。

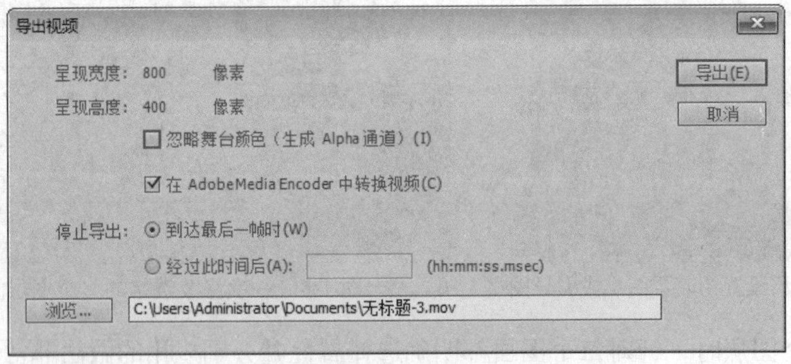

图 1-11　快捷执行导出视频的操作

1.1.5　Adobe Creative Cloud 同步设置

Flash CC 将与应用程序相关的设置存储在本地计算机上。同步设置功能在 Adobe Creative Cloud 上保留一份这些设置的副本。如果激活其他计算机上的 Flash 程序，可以选择将 Creative Cloud 中的设置与新激活的计算机同步。如图 1-12 所示为通过 Flash CC 程序进行同步设置。

Flash CC 中的【同步设置】功能可解决用户的两种基本情况：

(1) 在只有一台计算机时，可以保留一份 Flash CC 当前应用程序设置的备份。如果将计算机更换为新计算机，可以将 Creative Cloud 中的可用设置与新计算机同步。

(2) 在有多台计算机时，可以在所有激活 Flash CC 的计算机上使用相同的工作设置。

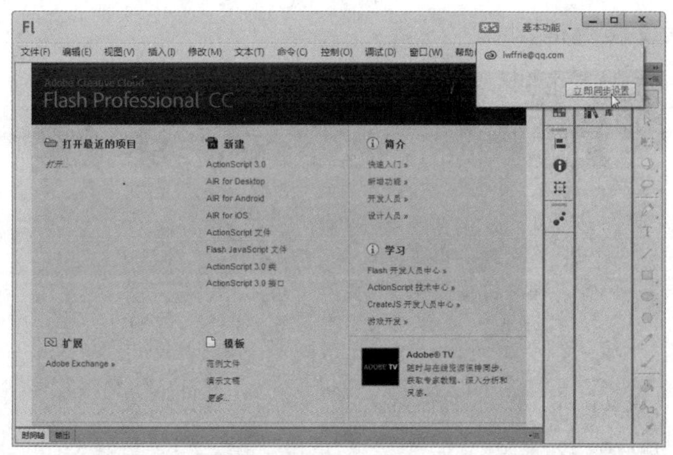

图 1-12　同步设置 Flash CC 程序的工作设置

1.2　Flash CC 用户界面简介

Flash CC 提供了简洁的用户界面，大大提高了设计人员和动画制作人员的工作效率。如图 1-13 所示为 Flash CC 的用户界面。

图 1-13　Flash CC 用户界面

1.2.1　欢迎屏幕

默认情况下，启动 Flash CC 时会打开一个欢迎屏幕，通过它可以快速创建 Flash 文件或打开各种 Flash 项目，如图 1-14 所示。

欢迎屏幕上方有 3 栏选项列表，分别是：

- 打开最近的项目：可以打开最近曾经打开过的文件。
- 新建：可以创建包括“Flash 文件”、“Flash 项目”、“ActionScript 文件”等各种新文件。
- 模板：可以使用 Flash 自带的模板方便地创建特定应用项目。
- 扩展：使用 Flash 的扩展程序 Exchange。
- 简介与学习：通过该栏目列表可以打开对应的程序简介和学习页面。

另外，欢迎屏幕的右下方提供了一个栏目，可以打开 Adobe Flash 的官方网站，以获得专家教程和在线资源。如果想在下次启动 Flash CC 时不显示欢迎屏幕，可以选择位于开始页左下角的【不再显示】复选框。

图 1-14　欢迎屏幕

1.2.2　菜单栏

菜单栏位于标题栏的下方，它包括文件、编辑、视图、插入、修改、文本、命令、控制、调试、窗口和帮助共 11 个菜单项。

菜单是命令的集合，命令是执行某项操作或实现某种功能的指令，Flash CC 中的所有命令都可以在菜单栏中找到相应项目，如图 1-15 所示。

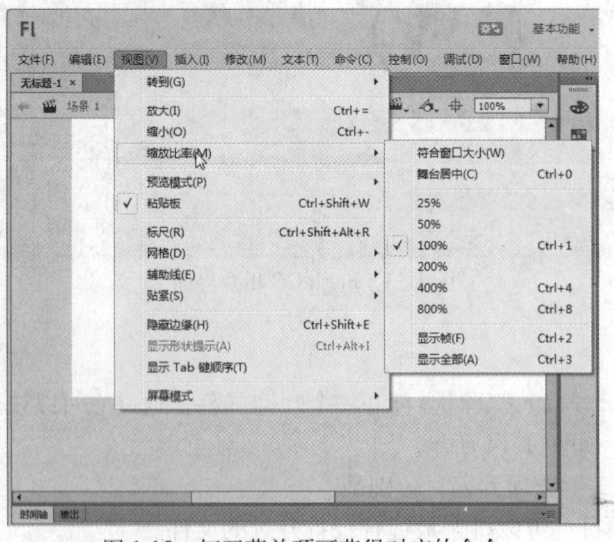

图 1-15　打开菜单项可获得对应的命令

下面分别介绍菜单栏中各个菜单项的作用。

- 【文件】菜单：包含最常用的对文件进行管理的命令，当需要执行文件的各种操作，例如新建、打开、保存文件等时，即可使用【文件】菜单。
- 【编辑】菜单：包含对各种对象的编辑命令，例如复制、粘贴、剪切和撤销等标准编辑命令，除此之外还有 Flash 的相关设置（例如首选参数、自定义工具面板等）和时间轴的相关命令。

- 【视图】菜单：包含用于控制屏幕显示的各种命令。这些命令决定了工作区的显示比例、显示效果和显示区域等。另外，它还提供了标尺、网格、辅助线、贴紧等辅助设计手段的命令。
- 【插入】菜单：包含对影片添加元素的相关命令。使用这些命令，可以进行添加元件、插入图层、插入帧、添加新场景等处理。
- 【修改】菜单：包含用于修改影片中的对象、场景或影片本身特性的命令，例如修改文件、修改元件、修改图形、组合与解散组合等。
- 【文本】菜单：包含用于设置影片中文本的相应属性的命令，例如文本的字体、大小、类型和对齐方式等，从而让动画的内容更加丰富多彩。
- 【命令】菜单：包含用于管理和运行 ActionScript 的命令，还可以进行导入/导出动画 XML、将元件转换为 Flex 容器、将动画复制为 XML 等处理。
- 【控制】菜单：包含用于控制动画播放和测试动画的命令，它可以在编辑状态下控制动画的播放进程，也可以通过测试影片、测试场景等命令测试动画的效果。
- 【调试】菜单：包含用于调试影片和 ActionScript 的相关命令。
- 【窗口】菜单：包含用于设置界面各种面板窗口的显示和关闭、窗口布局调整的命令。
- 【帮助】菜单：主要提供 Flash CC 的各种帮助文件及在线技术支持。对于 Flash CC 的新用户，查阅帮助文件可以快速地找到所需信息。

1.2.3 编辑栏

编辑栏位于文件标题栏的下方，用于编辑场景和对象，并更改舞台的缩放比率，如图 1-16 所示。

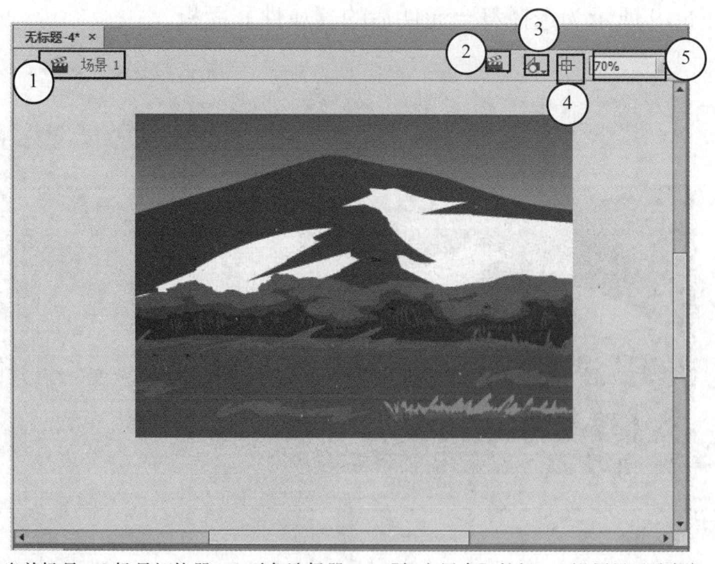

(1.当前场景；2.场景切换器；3.对象选择器；4.【舞台居中】按钮；5.设置显示比例)

图 1-16　编辑栏

1.2.4 【工具】面板

【工具】面板默认位于是 Flash CC 主界面的右侧，是常用工具的集合。【工具】面板中的工具可以分为选取工具、3D 工具、绘图工具、填充工具、辅助工具等几类，要选用这些工具，只需单击相应的工具按钮即可，如图 1-17 所示。

【工具】面板默认将所有功能按钮竖排起来，如果用户觉得这样的排列在使用时不方便，也可以向左拖动【工具】箱的边框，扩大【工具】面板，如图 1-18 所示。

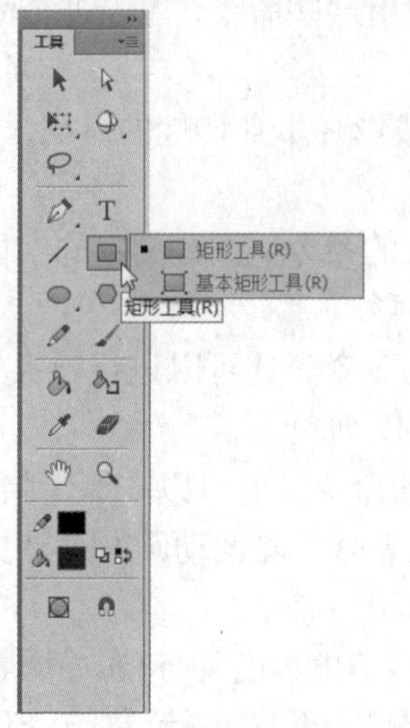

图 1-17 【工具】面板及其展开的工具

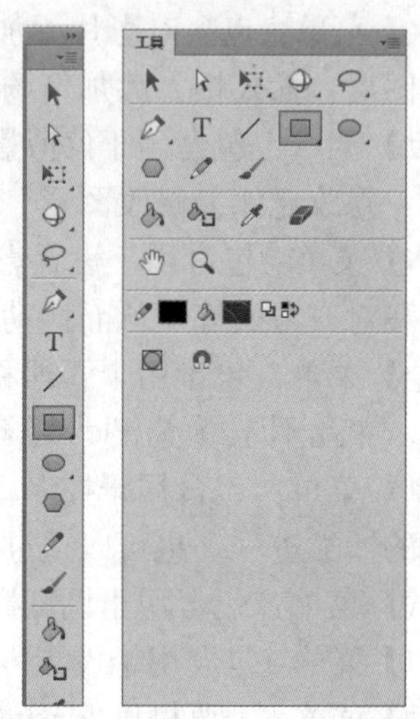

图 1-18 扩大【工具】面板

1.2.5 【属性】面板

【属性】面板位于操作界面右方，根据所选择的动画元件、对象或帧等对象，会显示相应的设置内容，例如，在需要设置某帧属性时，可以选择该帧，然后在【属性】面板中设置属性即可。如图 1-19 所示为选择舞台元件后的【属性】面板。

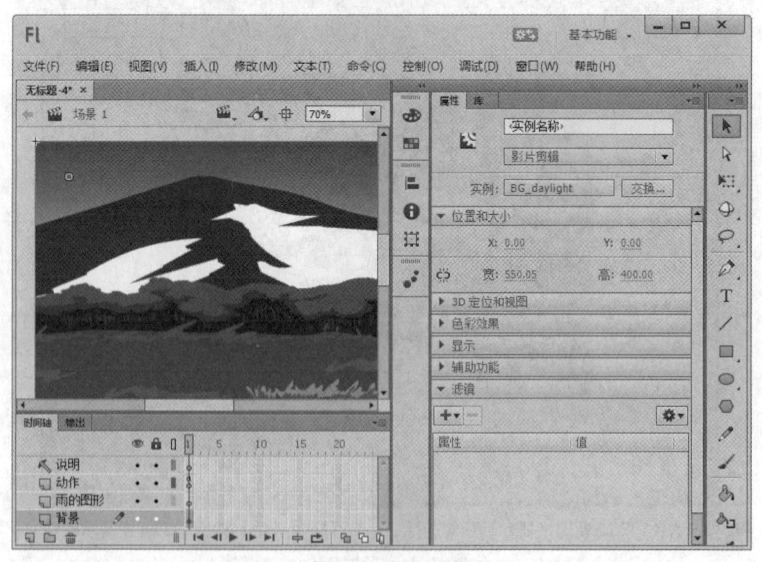

图 1-19 选择元件后的【属性】面板

1.2.6 【时间轴】面板

时间轴是 Flash 的设计核心，时间轴会随时间在图层与帧中组织并控制文件内容。就像影片一样，Flash 文件会将时间长度分成多个帧。图层就像是多张底片层层相叠，每个图层包含出现在【舞台】上的不同图像。

【时间轴】面板位于舞台的下方，它主要由图层、帧和播放指针组成，如图 1-20 所示。

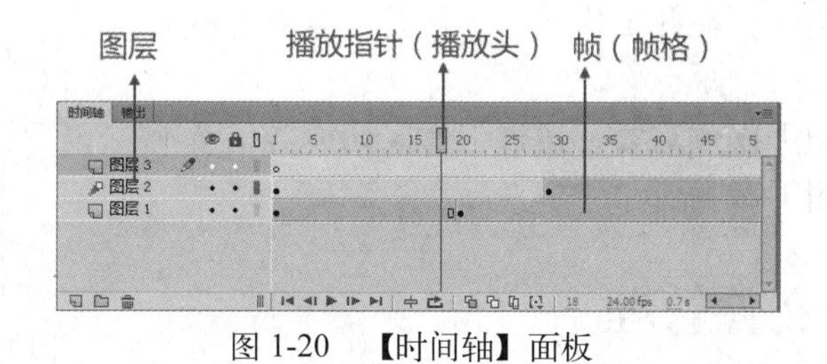

图 1-20 【时间轴】面板

(1) 在图层组件中可以建立图层、增加引导层、插入图层文件夹，还可以删除图层、锁定或解开图层、显示或隐藏图层、显示图层外框等。

(2) 帧用于存放图像画面，会随画面的交替变化，产生动画效果。

(3) 播放磁头是通过在帧间移动来播放或录制动画。

【时间轴】面板默认为打开状态，如果要关闭【时间轴】面板，可以选择【窗口】|【时间轴】命令，或者使用 Ctrl+Alt+T 快捷键。如果要重新打开【时间轴】面板，只需再次选择【窗口】|【时间轴】命令，或者按下 Ctrl+Alt+T 快捷键即可。

1.2.7 舞台和工作区

舞台是 Flash 中最主要的可编辑区域，是用户编辑和修改动画的主要场所，可以在舞台中绘制和创建各种动画对象，或者导入外部图形文件进行编辑。在生成动画文件（SWF）后，除了舞台中的对象外，其他区域的对象不会在播放时出现。

工作区是菜单栏下方的全部操作区域，可以在其中创建和编辑动画对象。工作区包含了各个面板和舞台以及文件窗口背景区。

文件窗口背景区就是舞台外的灰色区域，可以在这个区域处理动画对象，不过，除非在某个时刻进入舞台，否则工作区中的对象不会在播放影片时出现。Flash CC 的舞台和工作区如图 1-21 所示。

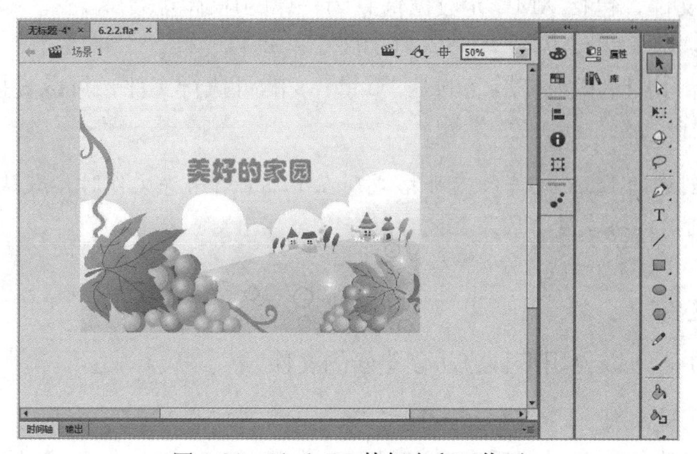

图 1-21 Flash CC 的舞台和工作区

1.2.8 切换不同工作区

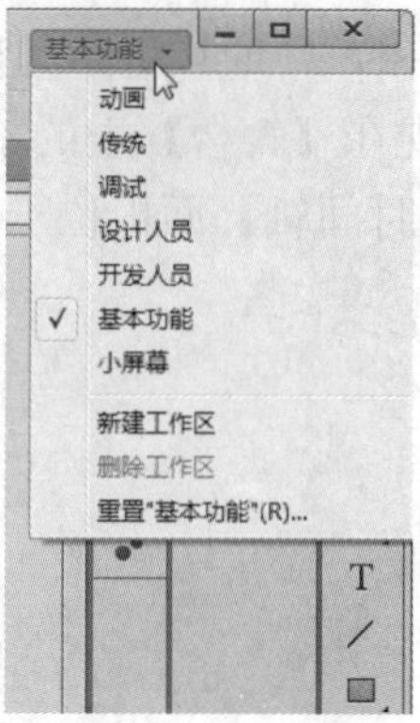

在默认状态下，Flash CC以【基本功能】模式显示工作区，在此工作区下，可以方便地使用 Flash 的基本功能创作动画。但对于某些高级设计用于，在此工作区下工作并不能带来最大的效率。

因此，用户可以根据操作需要，通过工作区切换器切换不同模式的工作区，如图1-22所示。

图1-22 工作区切换器

1.3 Flash CC文件管理

文件管理也是使用Flash CC设计动画的基础知识，包括文件的格式、新建、打开、保存和发布等。

1.3.1 Flash文件格式

Flash CC支持多种文件格式，良好的格式兼容性使得用Flash设计的动画可以满足不同软硬件环境和场合的要求。

- FLA格式：以FLA为扩展名的是Flash的源文件，也就是可以在Flash中打开和编辑的文件。
- SWF格式：以SWF为扩展名的是FLA文件发布后的格式，可以直接使用Flash播放器播放。
- AS格式：以AS为扩展名的是Flash的ActionScript脚本文件，这种文件的最大优点就是可以重复使用。
- FLV格式：FLV是FLASHVIDEO的简称，FLV流媒体格式是一种新的视频格式。
- JSFL格式：以JSFL为扩展名的是Flash CC的Flash JavaScript文件，该脚本文件可以保存利用Flash JavaScript API编写的Flash JavaScript脚本。
- ASC格式：以ASC为扩展名的是Flash CC的外部ActionScript通信文件，该文件用于开发高效、灵活的客户端服务器Adobe Flash Media Server应用程序。
- XFL格式：以XFL为扩展名的是Flash CC新增的开放式项目文件。它是一个所有素材及项目文件，包括XML元数据信息为一体的压缩包。
- FLP格式：以FLP为扩展名的是Flash CC的项目文件。
- EXE格式：以EXE为扩展名的是Windows的可执行文件，可以直接在Windows中运行的程序。

XFL是创建的FLA文件的内部格式。在Flash中保存文件时，默认格式是FLA，但文件的内部格式是XFL。

1.3.2 创建新文件

在Flash CC中，可以使用多种方法创建新的文件。

1. 欢迎屏幕创建文件

打开Flash CC应用程序，然后在欢迎屏幕上单击【ActionScript 3.0】按钮，即可新建支持 ActionScript 3.0 脚本语言的 Flash 文件，如图 1-23 所示。

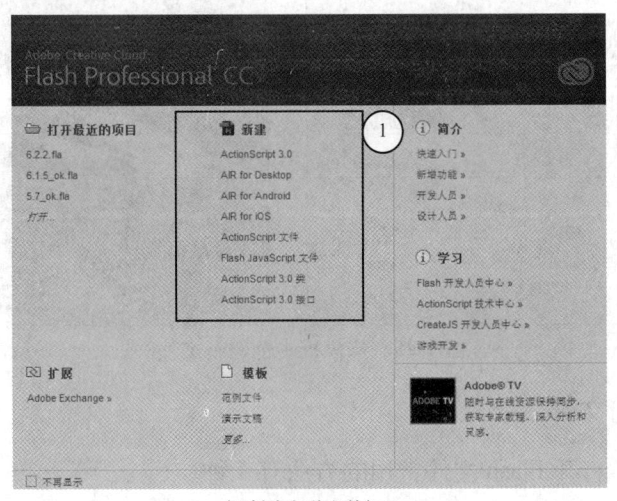

(1.创建各种文件)

图 1-23　通过欢迎屏幕创建文件

如果单击【AIR for Desktop】、【ActionScript 文件】或【Flash JavaScript 文件】等按钮，即可新建相应用途的 Flash 文件或脚本文件。

2. 菜单命令创建文件

在菜单栏中选择【文件】|【新建】命令，打开【新建文件】对话框后，选择【ActionScript 3.0】选项、【AIR for Android】选项、【AIR for iOS】选项等，然后单击【确定】按钮，即可创建各种类型的 Flash 文件，如图 1-24 所示。

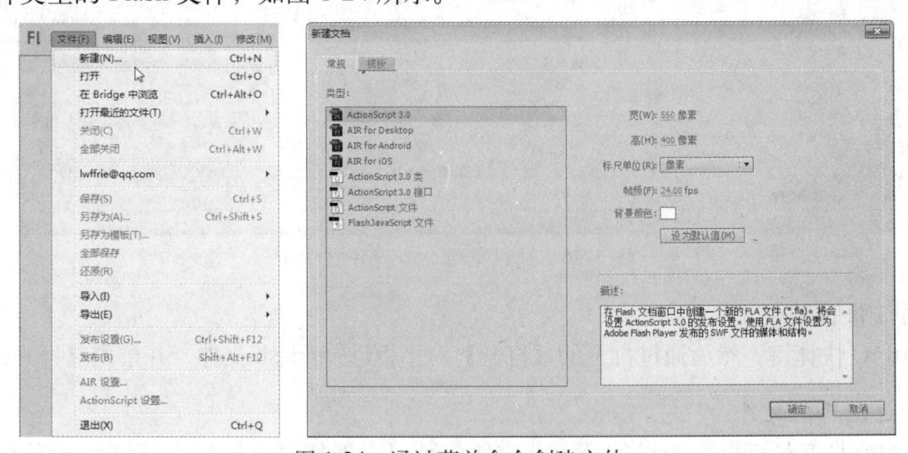

图 1-24　通过菜单命令创建文件

3. 快捷键创建文件

按 Ctrl+N 快捷键，打开【新建文件】对话框，然后按照上述第 2 个方法的操作，即可创建 Flash 文件。

1.3.3　从模板创建新文件

除了创建空白的新文件外，还可以利用 Flash CC 内置的多种类型模板，快速地创建具有特定应用的 Flash 动画，如图 1-25 所示。

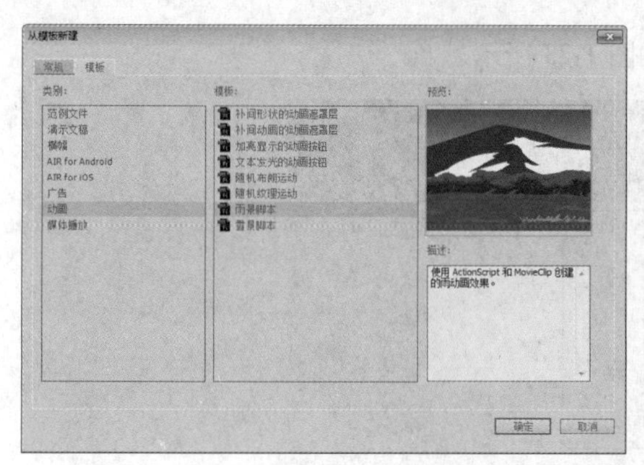

图 1-25　从模板中创建新文件

1.3.4　打开现有的文件

在 Flash CC 中，打开 Flash 文件常用的方法有 4 种。

1. 通过菜单命令打开文件

在菜单栏上选择【文件】｜【打开】命令，然后通过打开的【打开】对话框选择 Flash 文件，并单击【打开】按钮，如图 1-26 所示。

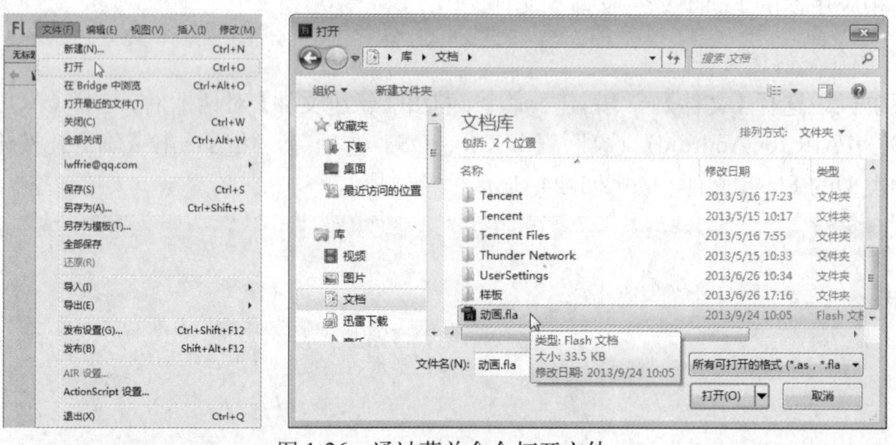

图 1-26　通过菜单命令打开文件

2. 通过快捷键打开文件

按 Ctrl+O 快捷键，然后通过打开的【打开】对话框选择 Flash 文件，并单击【打开】按钮。

3. 最近编辑的文件

如果想要打开最近曾编辑过的 Flash 文件，则可以选择【文件】｜【打开最近的文件】命令，然后在菜单中选择文件即可，如图 1-27 所示。

4. 通过 Adobe Bridge CS6 程序打开文件

选择【文件】｜【在 Bridge 浏览】命令，或者按 Ctrl+Alt+O 快捷键，然后通过打开的 Adobe Bridge CS6 程序的窗口选择 Flash 文件，再双击该文件即可，如图 1-28 所示。

在打开多个文件时，【文件】窗口顶部的选项卡会标识所打开的各个文件，允许用户在它们之间轻松切换，如图 1-29 所示。

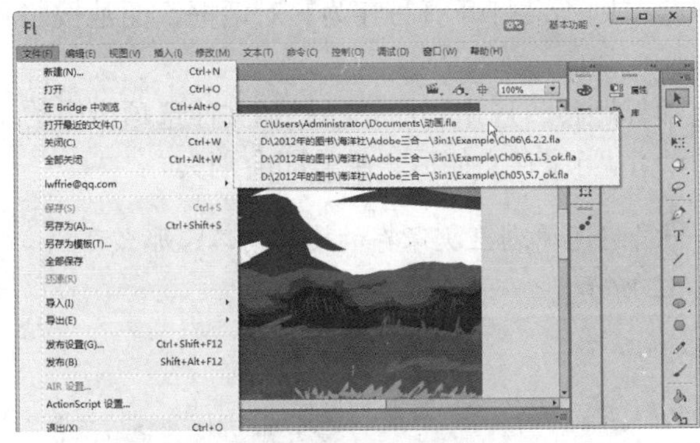

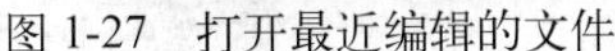

图 1-27 打开最近编辑的文件

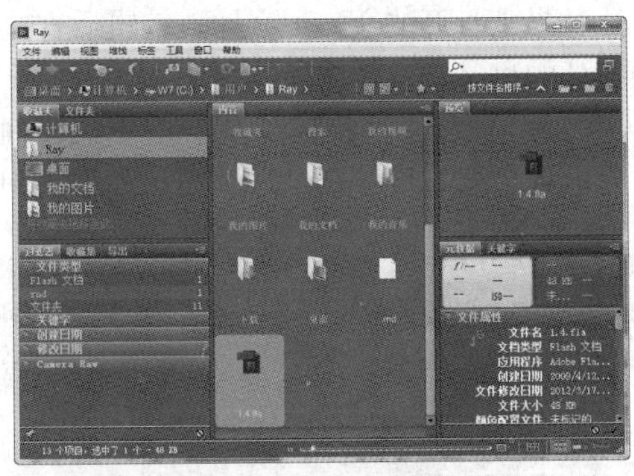

1-28 通过 Adobe Bridge CS6 程序打开文件

（1.当前文件；2.单击选项卡切换文件）

图 1-29 打开多个文件时切换文件

1.3.5 保存 Flash 文件

当创建文件或对文件完成编辑后，可以用当前的名称和位置或其他名称或位置保存 Flash 文件。

如果是新建的 Flash 文件，在需要保存时，可以选择【文件】｜【保存】命令，或者按 Ctrl+S 快捷键，然后在打开的【另存为】对话框中设置保存位置、文件名、保存类型等选项，最后单击【保存】按钮即可，如图 1-30 所示。

图 1-30 保存新文件

如果是打开的 Flash 文件，编辑后直接保存，则不会打开【另存为】对话框，而是按照原文件的目录和文件名直接覆盖。

另外，如果文件包含未保存的更改，则文件标题栏、应用程序标题栏和文件选项卡中的文件名称后会出现一个星号（*），如图 1-31 所示。当保存文件后，星号即会消失。

当保存文件并再次进行编辑更改后，如果想还原到上次保存的文件内容，那么可以选择【文件】|【还原】命令，如图 1-32 所示。

图 1-31　未保存更改的文件会出现星号

图 1-32　还原到上次保存的文件内容

1.3.6　另存 Flash 文件

在编辑 Flash 文件后，如果不想覆盖原来的文件，可以选择【文件】|【另存为】命令（或按下 Ctrl+Shift+S 快捷键）将文件保存成一个新文件。

在保存文件时，可以选择“Flash 文档”和“Flash 未压缩文档”两种 Flash 版本的文件保存类型，如图 1-33 所示。

图 1-33　另存文件时选择保存类型

1.3.7　将文件另存为模板

使用模板可以快速地创建特定应用需要的 Flash 文件，但 Flash 自带的模板毕竟有限，这些模板有时未必满足用户的需要。为了解决这一问题，Flash 允许用户将创建的 Flash 文件另存为模板使用。

动手操作 将文件另存为模板

1 打开光盘中的“..\Example\Ch01\1.3.7.fla”练习文件，在菜单栏中选择【文件】|【另存为模板】命令。

2 此时程序将打开警告对话框，提示保存成模板文件将会清除 SWF 历史信息，只需单击【另存为模板】按钮即可，如图 1-34 所示。

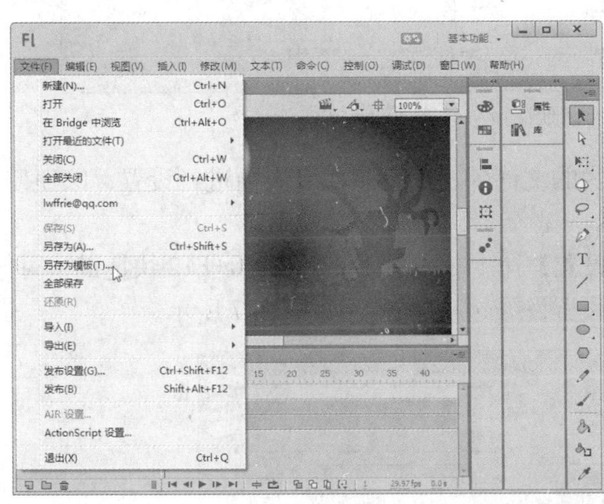

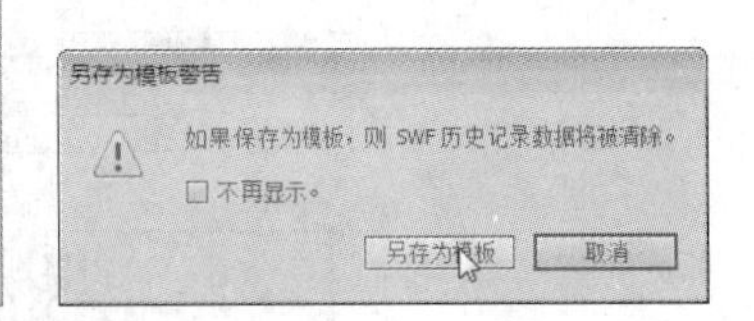

图 1-34 另存为模板

3 打开【另存为模板】对话框后，在【名称】文本框输入模板名称，然后在【类别】列表框输入类别名称或直接选择预设类别，接着在【描述】文本框输入合适的模板描述，最后单击【保存】按钮即可，如图 1-35 所示。

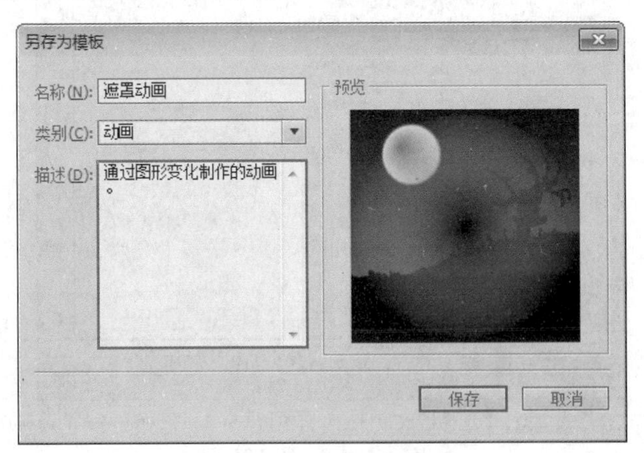

图 1-35 设置并保存模板

1.3.8 发布 Flash 文件

默认情况下，选择【文件】|【发布】命令（或按下 Alt+Shift+F12 快捷键）会创建一个 Flash SWF 文件和一个 HTML 文件（该 HTML 文件会将 Flash 内容插入到浏览器窗口中），如图 1-36 所示。

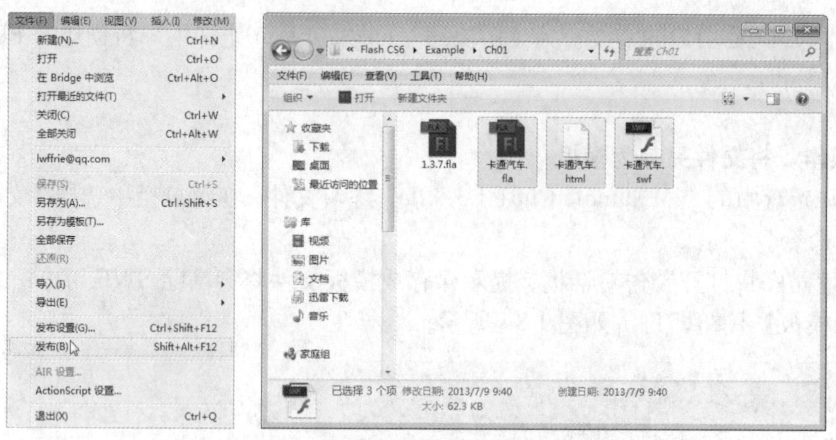

图 1-36　以默认设置发布 Flash 文件

除了发布 SWF 格式和 HTML 格式的文件外，还可以在发布前进行设置，以便使发布的 Flash 文件适合不同的用途。

在菜单栏选择【文件】｜【发布设置】命令（或按下 Ctrl+Shift+F12 快捷键），打开【发布设置】对话框，然后通过该对话框设置发布选项即可，如图 1-37 所示。

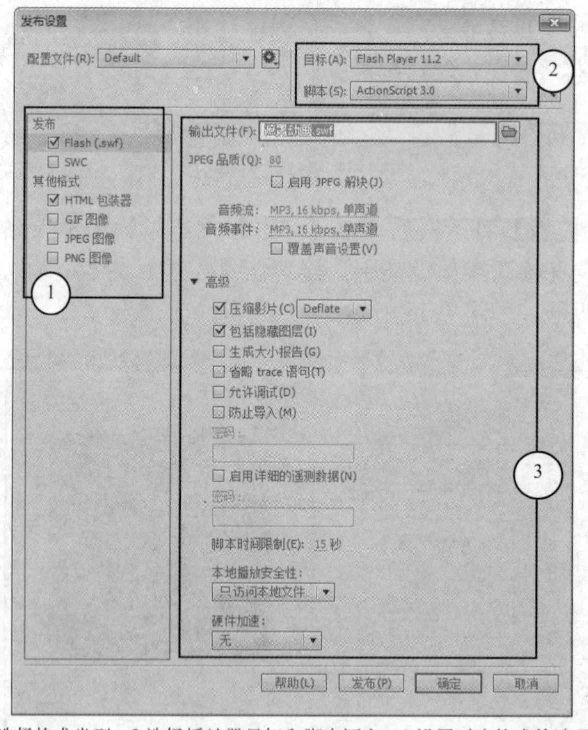

（1.选择格式类型；2.选择播放器目标和脚本语言；3.设置对应格式的选项）

图 1-37　发布设置

1.4　本章小结

本章主要介绍了 Flash CC 的入门基础知识，包括了解 Flash CC 新功能的作用和 Flash CC 用户界面元素，以及 Flash 的文件管理、发布 Flash 文件等方法。

1.5 习题

一、填充题

(1) Flash CC 采用的是__________架构，因此只能安装在__________操作系统上。

(2) 菜单栏包括文件、编辑、视图、插入、修改、文本、命令、控制、调试、窗口和________共 11 个菜单。

(3) 要新建 Flash 文件，可以在菜单栏中选择__________命令。

(4)【时间轴】面板位于舞台的下方，它主要的组成是_______、_______和_______。

(5) 保存文件时，可以选择__________和__________两种 Flash 文件保存类型。

二、选择题

(1) Flash CC 支持多种文件格式，哪种格式可以直接使用 Flash 播放器播放？（ ）

A. FLA　　B. SWF　　C. ASC　　D. XFL

(2) Flash CC 在性能上有大幅提升，例如，应用程序启动时间（热启动）比旧版本 Flash 程序快了多少倍？（ ）

A. 1 倍　　B. 2 倍　　C. 5 倍　　D. 10 倍

(3) 按哪个快捷键可以打开【编辑】菜单？（ ）

A. Alt+E　　B. Alt+F　　C. Ctrl+E　　D. Shift+F

(4) 按哪个快捷键可以打开【另存为】对话框？（ ）

A. Ctrl+Shift+O　　B. Ctrl+Shift+E　　C. Ctrl+Shift+S　　D. Ctrl+Shift+F

(5) 以下哪个菜单包含了用于调试影片和 ActionScript 的相关命令？（ ）

A.【文件】菜单　　B.【控制】菜单　　C.【修改】菜单　　D.【调试】菜单

三、上机实训题

打开光盘中的“..\Example\Ch01\1.5.fla”文件，然后在菜单栏中选择【文件】|【发布】命令，以默认的格式发布 Flash 文件，并通过浏览器查看发布结果，如图 1-38 所示。

图 1-38 发布并预览 Flash 文件

第 2 章　绘图颜色的选择和修改

教学提要

本章主要介绍 Flash CC 中绘图颜色的选择和修改，包括颜色模型与定义方式、颜色的选择和填充、填充工具的使用、修改填充颜色和为形状填充位图效果的方法等。

2.1　颜色模型

颜色模型用于描述在数字图形中看到和用到的各种颜色。每种颜色模型（如 RGB、HSB 或 CMYK）分别表示用于描述颜色及对颜色进行分类的不同方法。颜色模型用数值来表示可见色谱。色彩空间是另一种形式的颜色模型，它有特定的色域（范围）。例如，RGB 颜色模型中存在多个色彩空间：Adobe RGB、sRGB 和 Apple RGB。虽然这些色彩空间使用相同的三个轴（R、G 和 B）定义颜色，但它们的色域却不相同。

色域是对一种颜色进行编码的方法，也指一个技术系统能够产生的颜色的总和。

Flash CC 可使用 RGB 或 HSB 颜色模型应用、创建和修改颜色，以及使用默认调色板或自己创建的调色板，选择应用于待创建对象或舞台中现有对象的笔触或填充的颜色。

2.1.1　RGB 颜色模型

RGB 颜色模型由红（Red）、绿（Green）和蓝（Blue）3 种原色组合而成，并因此衍生出由这 3 种原色组合成的其他颜色，如图 2-1 所示。

3 种原色两两重叠，就产生了青、洋红和黄 3 种次混合色，原色与次混合色是彼此的互补色，次混合色与没有组成它的原色就构成了互补色，将互补色放置在一起对比就明显醒目，使用这个特性就能利用颜色来突出主体。

在 RGB 模型下，每种 RGB 成分都可使用从 0（黑色）~255（白色）的值。例如，亮红色使用 R 值 255、G 值 0 和 B 值 0。当所有三种成分值相等时，产生灰色阴影。当所有成分的值均为 255 时，结果是纯白色；当所有成分的值均为 0 时，结果是黑色，如图 2-2 所示。

RGB 颜色模型使用 RGB 模型为图像中每一个像素的 RGB 分量分配一个 0 ~ 255 范围内的强度值。RGB 图像只使用三种颜色，就可以使它们按照不同的比例混合，在屏幕上显现 16777216 种颜色。

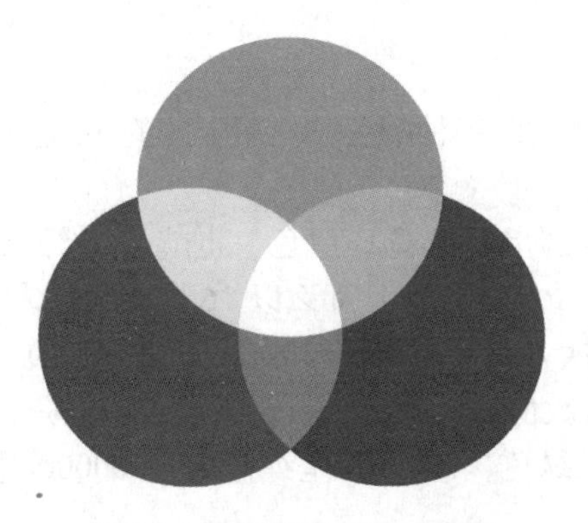

图 2-1　RGB 颜色模型示意图

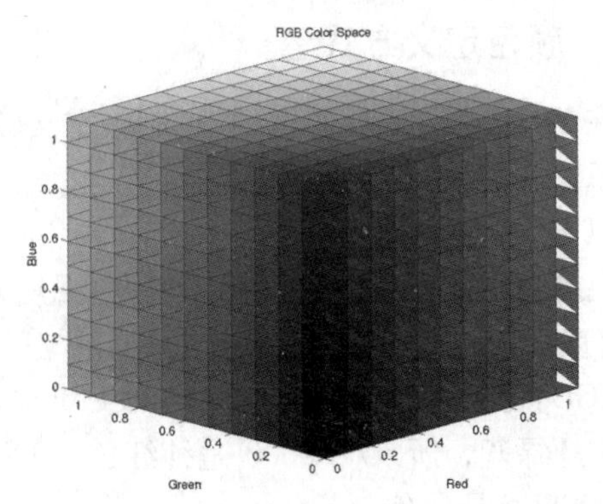

图 2-2　RGB 颜色混色空间图

2.1.2　HSB 颜色模型

HSB 就是 H（Hue）、S（Saturation）、B（Brightens），也可以称为 HSV（Hue、Saturation、Value）颜色模型，如图 2-3 所示。其中，H 表示色度，即该色为红、绿还是紫色等，它是人眼对不同波长光波的反应，也是颜色最基本的内容；S 表示饱和度，是指颜色中含有多少灰成分；B 是亮度，表示颜色的亮与暗。也就是说，HSB 颜色模型用色度、亮度和饱和度这三种属性来描述颜色。

HSB 颜色模式将人脑的“深浅”概念扩展为饱和度（S）和明度（B）。所谓饱和度相当于家庭电视机的色彩浓度，饱和度高色彩较艳丽，饱和度低色彩就接近灰色。明度也称为亮度，等同于彩色电视机的亮度，亮度高色彩明亮，亮度低色彩暗淡，亮度最高得到纯白，最低得到纯黑。

HSB 颜色模式各个属性的变化范围如下。

（1）色度 H 的变化范围是 0~360 度，0 度与 360 度是重合的，都代表红色。从 0 度的红色开始，逆时针方向增加角度，60 度是黄色，180 度是青色，360 度又回到红色，如图 2-4 所示。

（2）饱和度 S 的变化范围是 0~100%。

（3）亮度 B 的变化范围是 0~100%，达到 100%时最亮。

由于 HSB 模型能直接体现色彩之间的关系，所以非常适合于色彩设计，绝大部分的设计软件都提供了这种颜色模型。

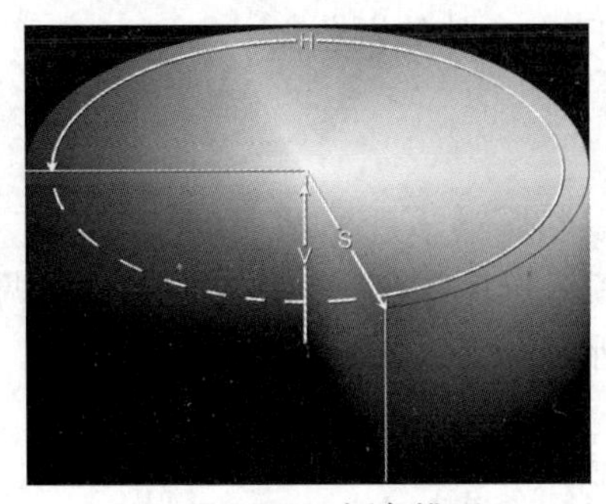

图 2-3　HSB 颜色模型

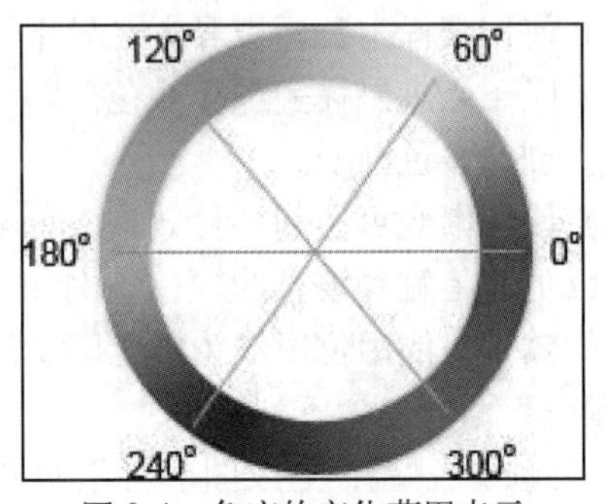

图 2-4　色度的变化范围表示

2.1.3 颜色定义方式

在 Flash 中，一般使用 16 进制来定义颜色，也就是说每种颜色都使用唯一的 16 进制码来表示，称之为 16 进制颜色码。

以 RGB 颜色为例，16 进制定义颜色的方法是分别指定 R/G/B 颜色，也就是红/绿/蓝三种原色的强度。通常规定，每一种颜色强度最低为 0，最高为 255。那么以 16 进制数值表示，255 对应于 16 进制就是 FF，并把 R\G\B 三个数值依次并列起来，就有 6 位 16 进制数值。因此，RGB 颜色的可以从 000000 到 FFFFFF 等 16 进制数值表示，其中从左到右每两位分开分别代表红绿蓝，所以 FF0000 是纯红色，00FF00 是纯绿色，0000FF 是纯蓝色，000000 是黑色，FFFFFF 是白色。

另外需要注意，在 Flash 里使用 16 进制的颜色还需要在色彩值前加上“#”符号，例如，白色就使用“#FFFFFF”或“#ffffff”色彩值来表示。在 Flash 的【颜色】面板中选择的颜色，就是使用 16 进制的 RGB 颜色来定义的，如图 2-5 所示。

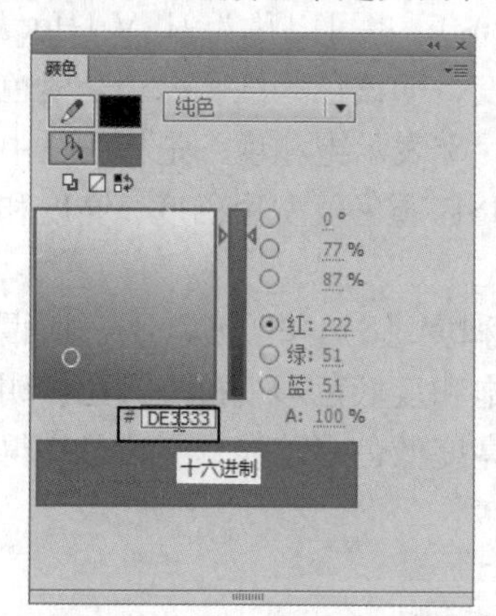

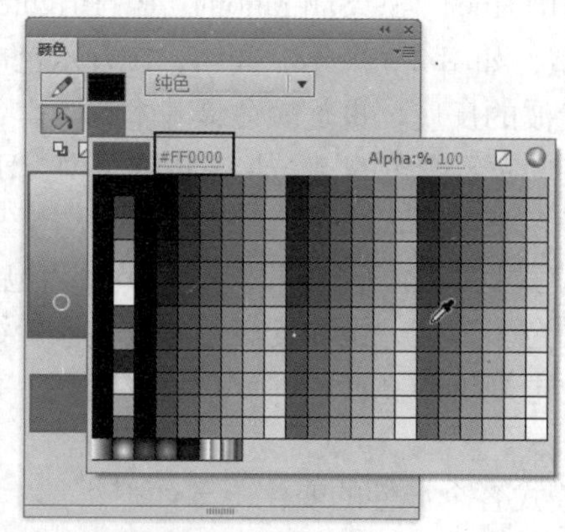

图 2-5　Flash 中使用 16 进制定义颜色

2.2 绘图时颜色的选择

在绘图的过程中，如果要选择颜色，可以从【颜色】面板、【工具】面板中的“笔触颜色”或“填充颜色”控件或【样本】面板选择颜色。

2.2.1 使用【颜色】面板

【颜色】面板允许修改 Flash 的调色板并更改笔触和填充的颜色，包括下列各项。

(1) 使用【样本】面板导入、导出、删除和修改 FLA 文件的调色板。

(2) 以十六进制模式选择颜色。

(3) 创建多色渐变。

(4) 使用渐变可达到各种效果，如赋予二维对象以深度感。

可以更改笔触和填充的颜色，例如，以十六进制模式选择颜色、创建渐变颜色、调整渐变颜色的效果、使用位图作为填充图案等。如图 2-6 所示为【颜色】面板。

【颜色】面板包含下列控件。

- 笔触颜色：更改图形对象的笔触或边框的颜色。
- 填充颜色：更改填充颜色。填充是填充形状的颜色区域。

- 【颜色类型】菜单：更改填充样式，如图 2-7 所示。填充样式的说明如下。
  - 无：删除填充。
  - 纯色：颜色提供一种单一的填充颜色。
  - 线性渐变：产生一种沿线性轨道混合的渐变。
  - 径向渐变：产生从一个中心焦点出发沿环形轨道向外混合的渐变。
  - 位图填充：用可选的位图图像平铺所选的填充区域。

下例主要通过【颜色】面板将椭圆形的填充颜色更改为渐变颜色，结果如图 2-8 所示。

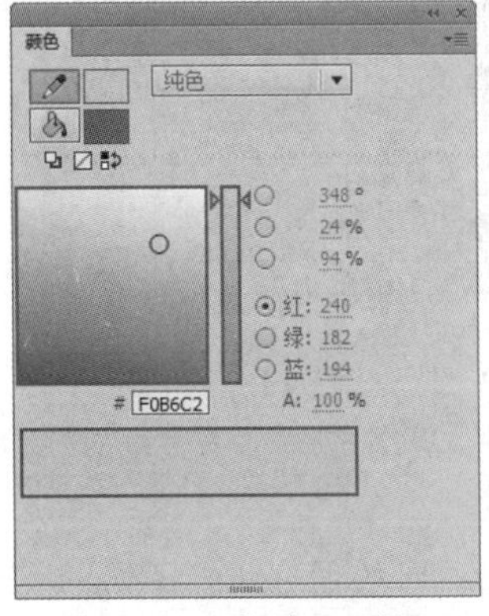

图 2-6　【颜色】面板

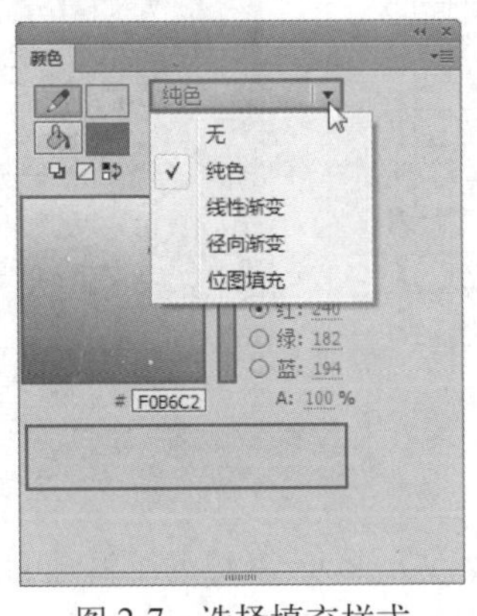

图 2-7　选择填充样式

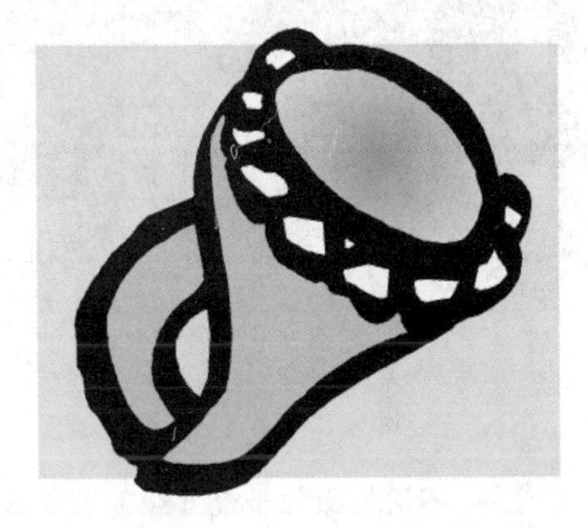

图 2-8　通过【颜色】面板选择颜色效果

动手操作　通过【颜色】面板选择颜色

1　打开光盘中的“..\Example\Ch02\2.2.1.fla”练习文件，在工具箱中选择【选择工具】，再使用该工具选择椭圆形对象。

2　打开【颜色】面板，按【填充】按钮，更改填充类型为【径向渐变】，如图 2-9 所示。

3　选择【当前颜色样本】栏的颜色控点，设置该点颜色值为【#FF5DB6】，然后选择右端颜色控点，再设置该点颜色值为【#FFFF00】，如图 2-10 所示。

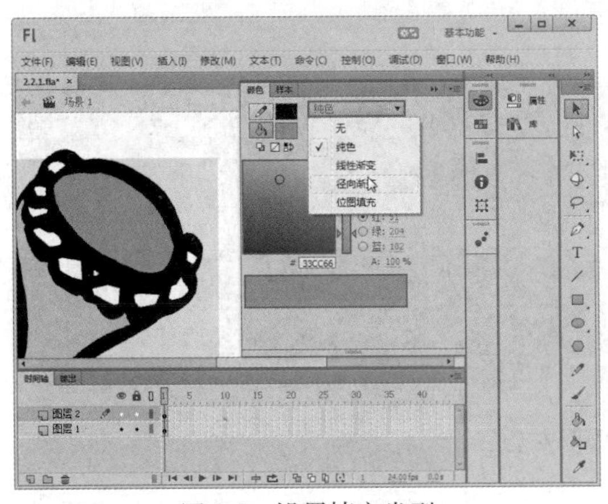

图 2-9　设置填充类型

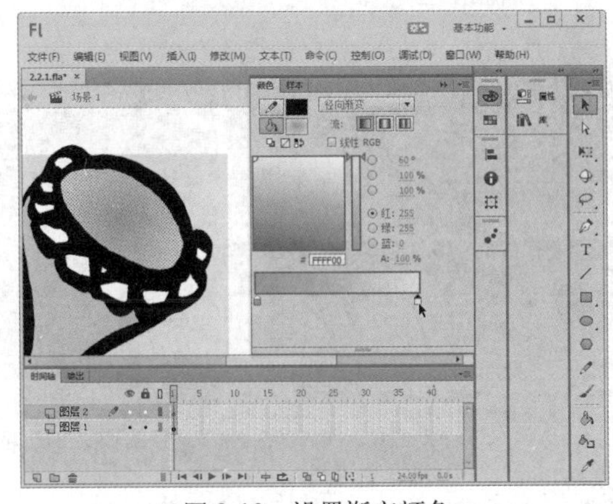

图 2-10　设置渐变颜色

2.2.2　使用【工具】面板

每个 Flash 文件都包含自己的调色板，该调色板存储在 Flash 文档中。在默认的情况下，调色板是216色的Web安全调色板。可以通过【工具】面板打开笔触调色板和填充调色板，如图2-11和图2-12所示。

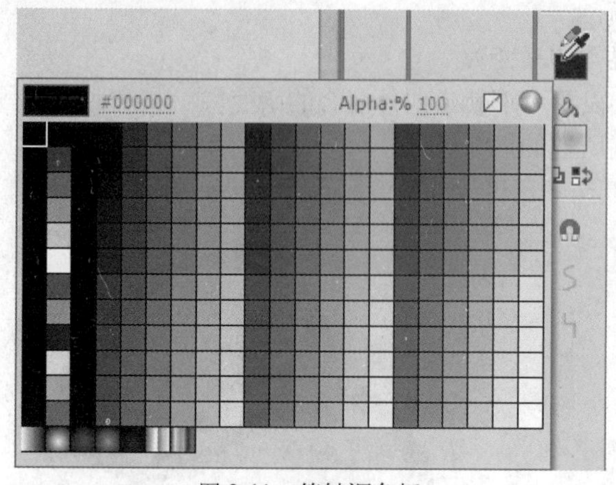

图2-11　笔触调色板

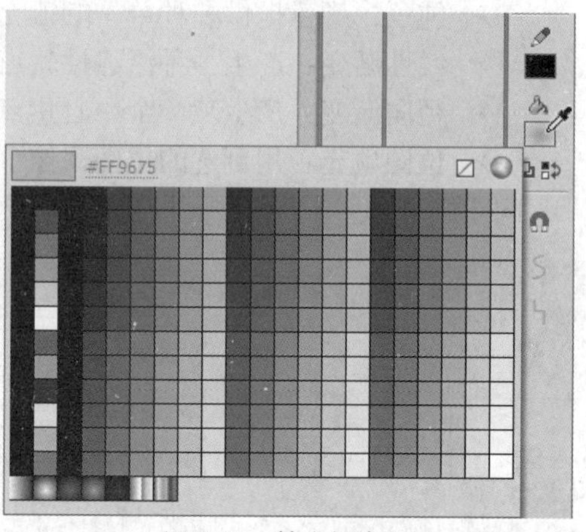

图2-12　填充调色板

不同的操作平台（如苹果电脑、Windows系统的电脑等）有不同的调色板，不同的浏览器也有自己的调色板。选择特定的颜色时，浏览器会尽量使用本身所用的调色板中最接近的颜色。如果浏览器中没有所选的颜色，就会通过抖动或者混合自身的颜色来尝试重新产生该颜色。

为了解决Web调色板的问题，确定了一组在所有浏览器中都类似的Web安全颜色。这种基本的Web调色板将作为所有的Web浏览器和平台的标准，它包括了这些16进制值的组合结果。这就意味着，输出结果包括6种红色调、6种绿色调、6种蓝色调，即216种特定的颜色。这些颜色就可以安全的应用于所有的Web中，而不需要担心颜色在不同应用程序之间的变化。如图2-13所示为216种Web安全色。

图2-13　216种Web安全色

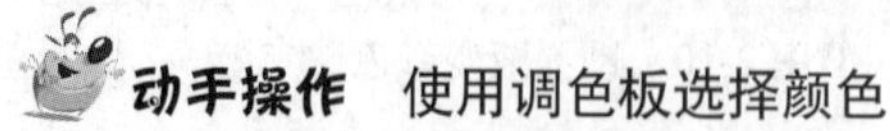

动手操作　使用调色板选择颜色

1　在【工具箱】面板中选择工具，然后单击【笔触颜色】按钮或单击【填充颜色】按钮打开调色板，如图2-14所示。

2　选择调色板的颜色方块，即可选择该方块所定义的颜色，如图2-14所示。

3　在颜色数值中单击，然后输入颜色数值，也可以定义颜色，如图 2-15 所示。

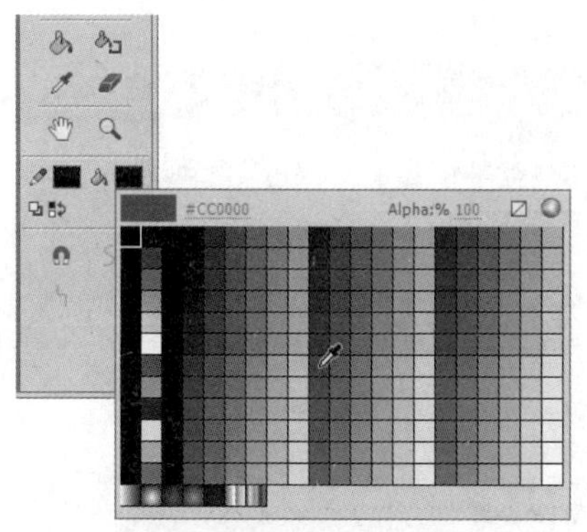

图 2-14　通过调色板选择颜色

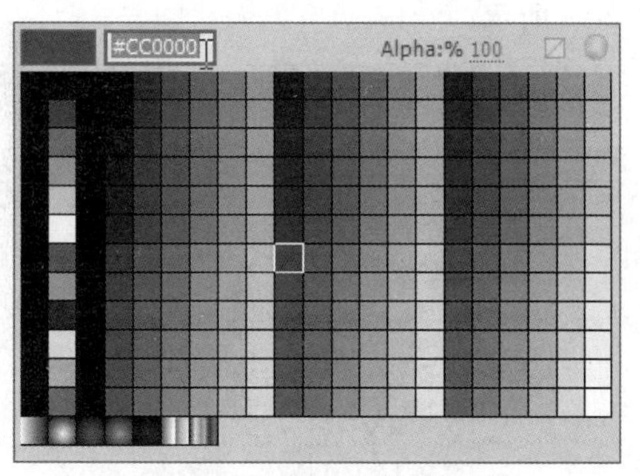

图 2-15　通过输入数值选择颜色

4　单击调色板上的【颜色选择器】按钮，如图 2-16 所示。

5　在打开的【颜色选择器】对话框中可以选择颜色，如图 2-17 所示。

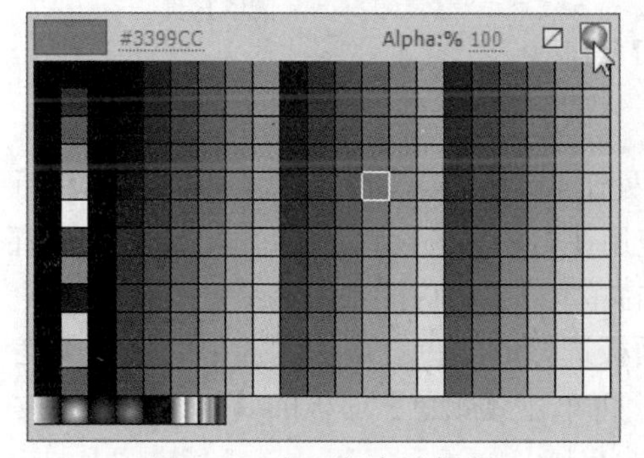

图 2-16　打开颜色选择器

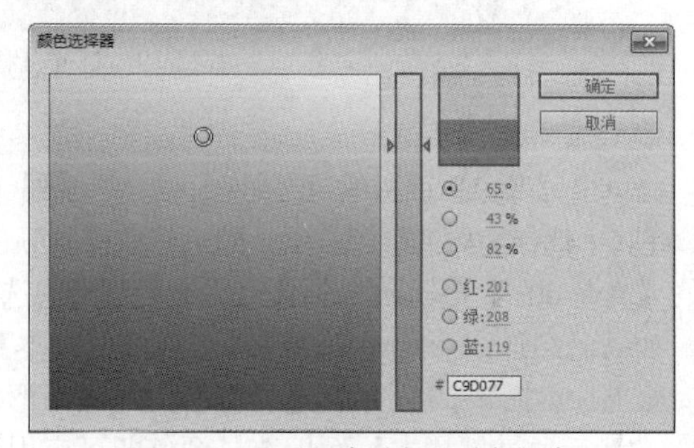

图 2-17　通过颜色选择器选择颜色

6　单击【没有颜色】按钮，可设置无颜色，或清除所有笔触颜色和填充颜色。设置 Alpha 的数值，可以设置颜色的不透明度，如图 2-18 所示。

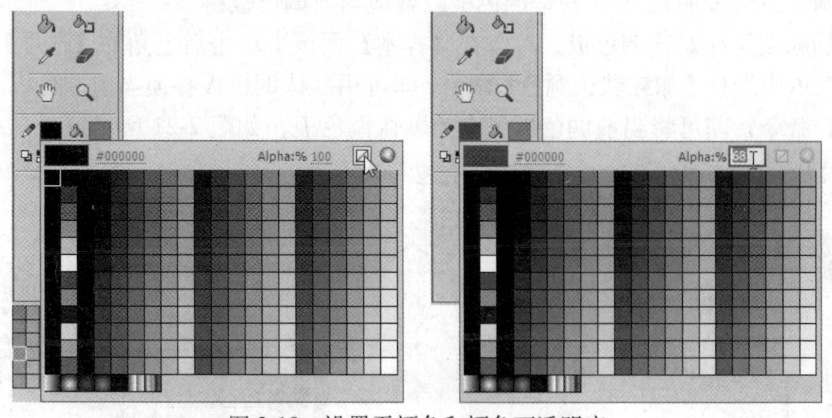

图 2-18　设置无颜色和颜色不透明度

2.2.3　使用【样本】面板

【样本】面板默认放置了 Flash CC 的 252 种单色和 7 种渐变色样本，可以快速从【样本】面板中选择一种颜色，然后应用到待创建对象或舞台中现有对象的笔触上，或者填充对象的颜色。选择【窗口】｜【样本】命令，或者按下 Ctrl+F9 快捷键，即可打开【样本】面板，如图 2-19 所示。

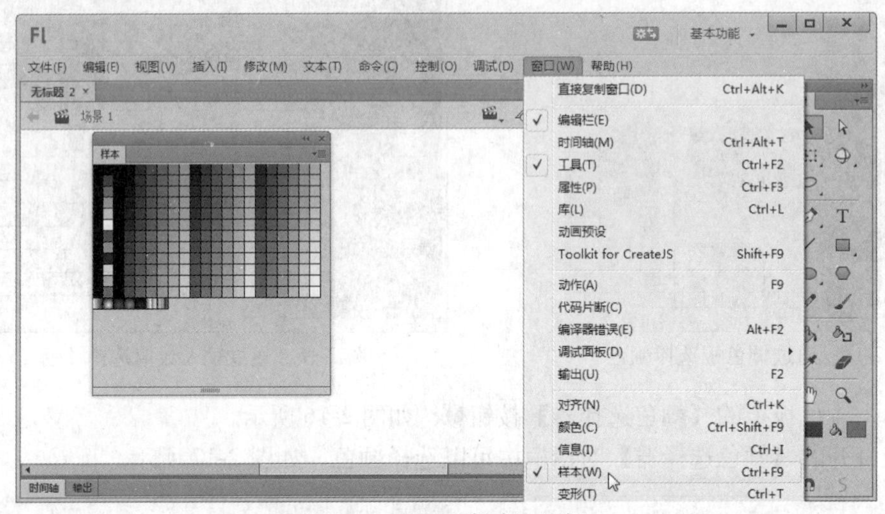

图 2-19　打开【样本】面板

1. 设置颜色

当单击【颜色】面板的【笔触颜色】按钮（即处于激活状态）时，可以打开【样本】面板，在其中选择需要的颜色样本，即可将该样本颜色应用在笔触颜色设置上。同样，单击工具箱中的【填充颜色】按钮，通过【样本】面板中选择的样本颜色将应用到填充颜色设置上。

如果已经选中形状或笔触，那么通过【样本】面板选择的颜色会应用到选中的形状或笔触对象上。如图 2-20 所示，选择舞台上的桌面形状，再单击【颜色】面板的【填充颜色】按钮，然后通过【样本】面板选择颜色即可应用到形状上。

2. 默认调色板和 Web 安全调色板

在 Flash CC 中，可以将当前调色板保存为默认调色板，也可以用为文件定义的默认调色板替换当前调色板或者加载 Web 安全调色板以替换当前调色板。

如果要加载或保存默认调色板，可以在【样本】面板中单击右上角的【选项】按钮，然后打开的菜单中选择【加载默认颜色】命令，即可用默认调色板替换当前调色板。选择【保存为默认值】命令，即可将当前调色板保存为默认调色板，如图 2-21 所示。

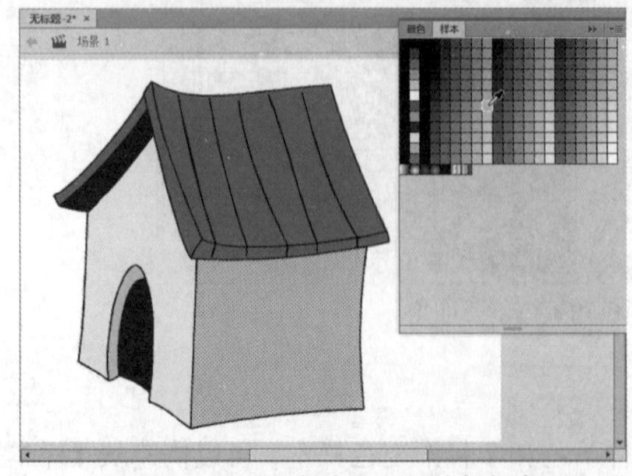

图 2-20　通过【样本】面板选择颜色

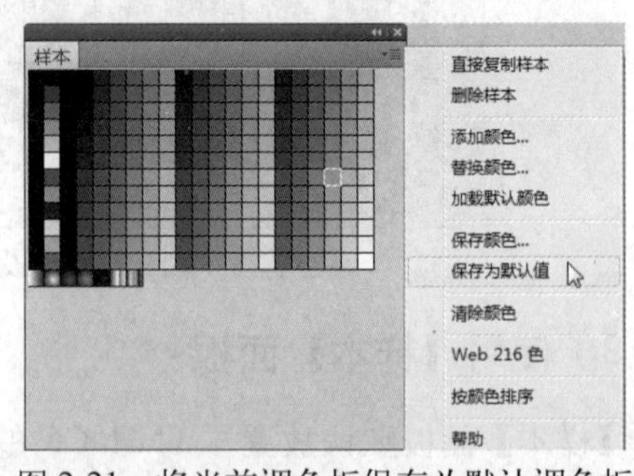

图 2-21　将当前调色板保存为默认调色板

如果要加载Web安全216色调色板，可以在【样本】面板中单击右上角的【选项】按钮，然后在菜单选择【Web 216 色】命令，如图 2-22 所示。

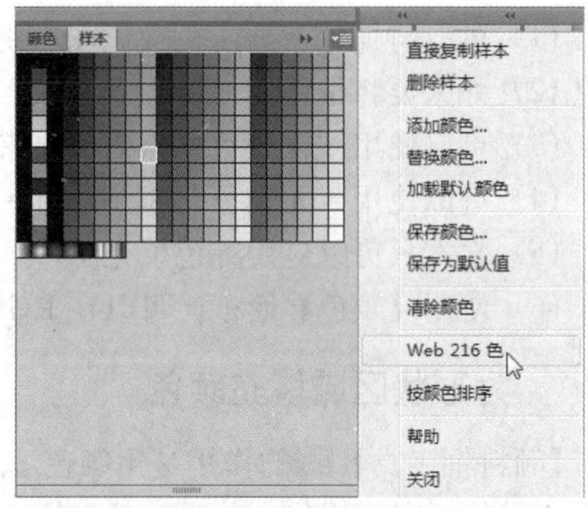

图 2-22　加载 Web 安全 216 色调色板

3. 复制/删除和清除/加载颜色

通过【样本】面板，可以复制调色板中的颜色，或者从调色板中删除某个颜色或清除所有颜色。

（1）如果要重制或删除颜色，可以打开【样本】面板，单击要复制或删除的颜色，然后从面板菜单中选择【直接复制样本】命令或【删除样本】命令。重制样本时将显示颜料桶，用颜料桶在【样本】面板的空白区域单击可重制选中的颜色，如图 2-23 所示。

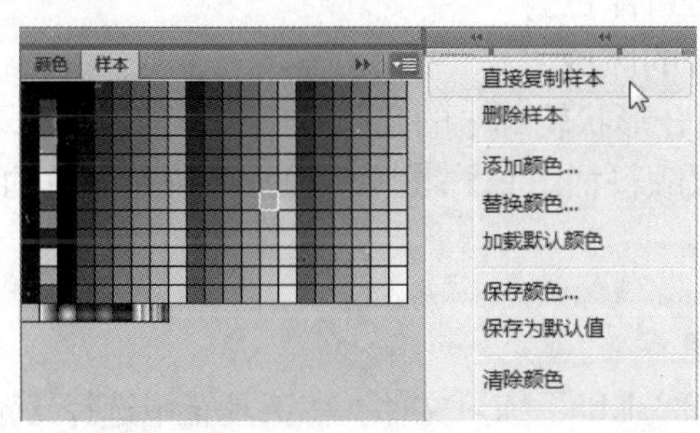

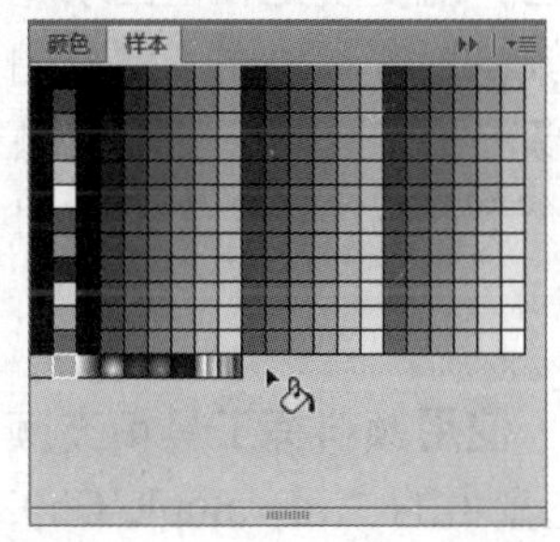

图 2-23　重制选中的颜色

（2）如果要从调色板中清除所有颜色，可以从【样本】面板菜单中选择【清除颜色】命令，如图 2-24 所示。此操作将从调色板中删除黑白两色以外的所有颜色。

（3）如果要恢复【样本】面板原有的颜色，可以从【样本】面板菜单中选择【加载默认颜色】命令。

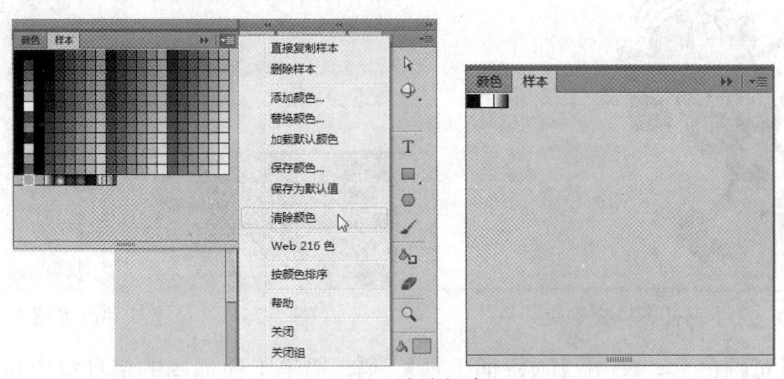

图 2-24　清除颜色

2.3　插图中的颜色应用

Flash CC 提供了应用和修改颜色的功能。可以使用默认调色板或自己创建的调色板，也可以选择应用于待创建对象或舞台中现有对象的笔触或填充的颜色。

在将颜色应用于图形时，应了解以下的方式和方法。

（1）可以将纯色、渐变色或位图应用于形状的填充。

（2）如果要将位图填充应用于形状，必须将位图导入到当前文件中。

（3）可以使用“无颜色”作为填充来创建只有轮廓没有填充的形状。

（4）可以使用“无颜色”作为轮廓来创建没有轮廓的填充形状。

（5）文本只可以应用纯色填充。

（6）使用【颜色】面板，可以在RGB和HSB模式下创建和编辑纯色和渐变填充。

2.3.1 为形状区域填充颜色

【颜料桶工具】的作用是用颜色填充封闭或不完全封闭的区域。在Flash CC中，可以用此工具执行以下操作。

（1）填充空区域，然后更改已涂色区域的颜色。

（2）用纯色、渐变填充和位图填充进行涂色。

（3）使用颜料桶工具填充不完全闭合的区域。

（4）使用颜料桶工具时，使Flash闭合形状轮廓上的空隙。

下面以一个卡通图为例，介绍使用【颜料桶工具】为卡通插图填充颜色的方法，结果如图2-25所示。

动手操作　使用颜料桶工具填充颜色

1 打开光盘中的“..\Example\Ch02\2.3.1.fla”练习文件，在工具箱中选择【颜料桶工具】，然后单击工具箱下方选项组区域的填充控件打开调色板，并从调色板中选择一种颜色，接着打开【空隙大小】列表框，选择【封闭中等空隙】选项，如图2-26所示。

图2-25　为卡通插图填充颜色

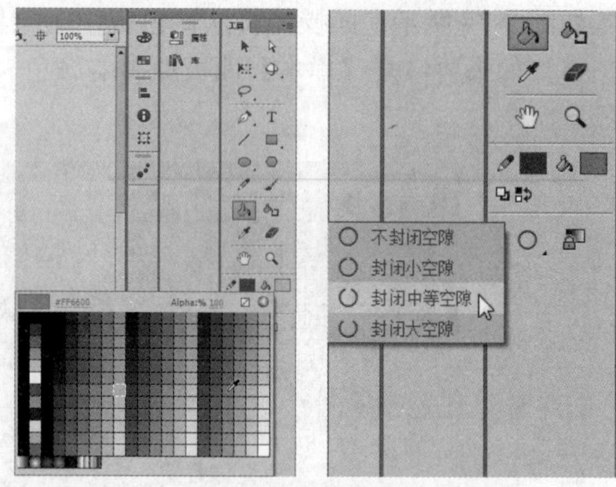

图2-26　选择工具并设置填充颜色

2 设置填充颜色后，使用【颜料桶工具】在铅笔卡通插图的笔身空白位置上单击，填充设置的颜色，如图2-27所示。

【空隙大小】列表框中各个选项的功能介绍如下。

- 【不封闭空隙】：不自动封闭所选区域的间隙，所以无法填充未封闭的区域。
- 【封闭小空隙】：自动封闭所选区域的小间隙，然后填充颜色。
- 【封闭中等空隙】：自动封闭所选区域的中等间隙，然后填充颜色。
- 【封闭大空隙】：自动封闭所选区域的大间隙，然后填充颜色。

图 2-27　填充颜色

3　保持选择【颜料桶工具】的状态，然后打开【颜色】面板并更改填充类型，单击【填充颜色】按钮，设置渐变样本栏的颜色，如图 2-28 所示。

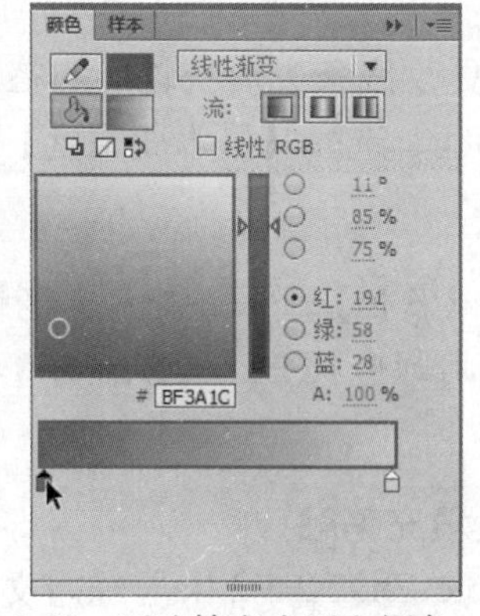

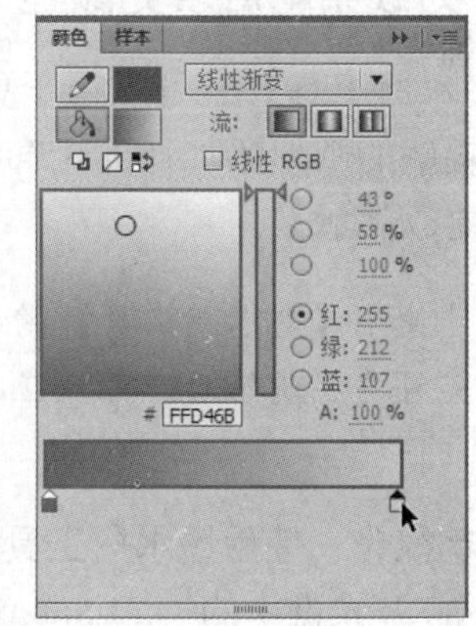

图 2-28　更改填充类型和颜色

4　更改填充颜色后，使用【颜料桶工具】在卡通插图笔尖区域上单击，填充渐变颜色，如图 2-29 所示。

5　在默认的情况下，线性渐变颜色从左到右变化，此时可以使用【颜料桶工具】在卡通插图笔尖区域中从上到下拖动填充颜色，使颜色从上到下产生渐变，如图 2-30 所示。

图 2-29　填充渐变颜色

图 2-30　更改渐变的方向

6 打开调色板，再设置不同的填充颜色，然后使用【颜料桶工具】在其他空白位置上单击，填充不同的颜色，如图 2-31 所示。

图 2-31 填充其他区域的颜色

2.3.2 为线条笔触填充颜色

【墨水瓶工具】可以用于更改线条或形状轮廓的笔触颜色、宽度和样式，也可以为没有外部轮廓的图形添加外部轮廓线。选择【墨水瓶工具】后，单击舞台上的形状就能为其添加或更改笔触。

使用【墨水瓶工具】的【属性】面板还能设置笔触的颜色、粗细和样式等内容，设置这些属性后，可以应用到形状上，从而改变形状笔触的颜色和样式。

动手操作 使用墨水瓶工具填充笔触

1 打开光盘中的“..\Example\Ch02\2.3.2.fla”练习文件，然后在工具箱中选择【墨水瓶工具】，在【颜色】面板中设置笔触颜色为【黑色】，如图 2-32 所示。

2 打开【属性】面板，在【属性】面板上设置笔触高度为 3、样式为【实线】，在卡通插图的形状笔触上单击，为其添加笔触的颜色和属性，如图 2-33 所示。

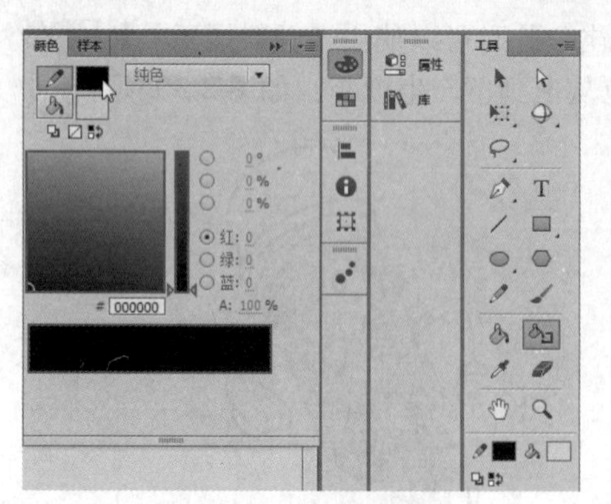

图 2-32 设置笔触颜色

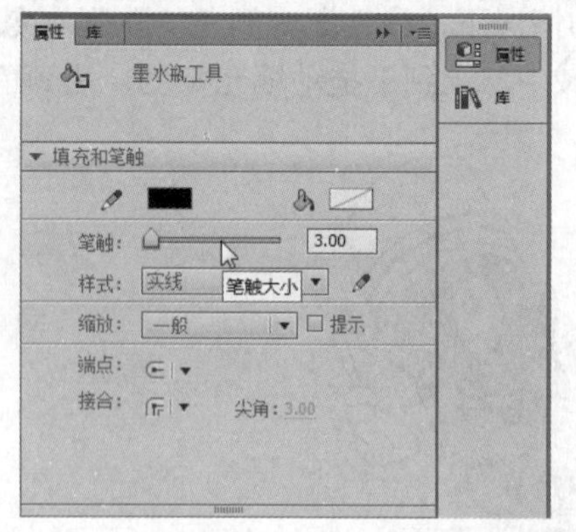

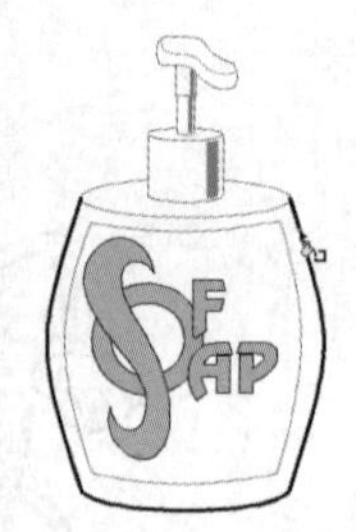

图 2-33 为上方矩形形状添加笔触

3 使用步骤 2 的方法，为插图中瓶身的笔触填充颜色和属性，结果如图 2-34 所示。

4 单击工具箱下方选项组的笔触颜色方块，打开调色板后更改笔触颜色为【#FF00FF】，然后在瓶身贴纸图形的笔触上单击，更改其颜色，如图 2-35 所示。

图 2-34　填充瓶身其他笔触

图 2-35　填充贴纸图形的笔触

2.3.3　复制颜色并进行应用

【滴管工具】可以从一个对象复制填充和笔触属性，然后将它们应用到其他对象上。【滴管工具】还允许用户从位图图像取样用作填充。

如果要将笔触或填充区域的属性应用到另一个笔触或填充区域，可以在【工具箱】面板中单击【滴管工具】按钮，然后单击要复制其属性的笔触或填充区域，即可复制目标的属性。在复制填充区域的属性后，该工具就自动变成【颜料桶工具】，此时在其他填充形状中单击，即可使形状应用属性。

下面通过范例介绍使用【滴管工具】复制填充颜色并应用到其他形状对象上的方法。如图 2-36 所示为复制与应用填充颜色后的对比。

图 2-36　复制与应用填充

动手操作　复制与应用填充和笔触

1　打开光盘中的“..\Example\Ch02\2.3.3.fla”练习文件，然后在工具箱中选择【滴管工具】，此时将鼠标移到舞台的插图的脸部形状上，单击复制该形状的填充颜色，如图 2-37 所示。

图 2-37　复制填充颜色

2　当复制形状的填充颜色后，鼠标将变成图标并且工具箱切换到【颜料桶工具】。将鼠标移到插图手部的空白位置上，单击填充复制到的颜色，如图 2-38 所示。

3　此时程序继续保持着复制颜色并可以应用的状态，使用步骤 2 的方法，为插图的其他身体部位应用填充颜色，结果如图 2-39 所示。

图 2-38　应用复制到的颜色

图 2-39　为其他身体部位应用填充颜色

4　在工具箱中选择【滴管工具】，将鼠标移到插图的手提箱的提手形状上，单击复制该形状的填充颜色，在【工具】面板中设置工具的【间隙大小】选项，如图 2-40 所示。

5　将鼠标移到插图的手提箱和手提电话形状上单击，填充复制的颜色，如图 2-41 所示。

图 2-40　复制填充颜色并设置工具选项

图 2-41　应用已经复制的颜色

6　在工具箱中选择【滴管工具】，将鼠标移到插图的头发形状上，单击复制该形状的填充颜色，接着将鼠标移到插图的上衣和鞋子的空白区域上单击，填充复制的颜色，如图 2-42 所示。

7　使用步骤 6 的方法，使用【滴管工具】复制插图人物口腔形状的颜色，然后将复制的颜色应用到插图的领带和裤子形状上，如图 2-43 所示。

图 2-42　复制并应用填充颜色　　图 2-43　再次复制并应用填充颜色

使用【选择工具】选择形状 A 的填充区域（或笔触）后，再使用【滴管工具】复制形状 B 的填充颜色（或笔触颜色），A 的填充颜色（或笔触颜色）会自动变成 B 的填充颜色（或笔触颜色）。

2.4　修改渐变填充颜色

渐变是一种多色填充，即一种颜色逐渐转变为另一种颜色。在 Flash CC 中，可以通过【颜色】面板和【渐变变形工具】修改渐变填充颜色。

2.4.1　通过【颜色】面板修改渐变

通过【颜色】面板的【当前颜色样本】栏，可以修改图形的渐变颜色效果，包括修改渐变颜色，增加或删除渐变指针，调整渐变指针的位置等。

动手操作　通过【颜色】面板修改渐变颜色

1　打开光盘中的“..\Example\Ch02\2.4.1.fla”练习文件，然后在工具箱中选择【选择工具】，并选择舞台上卡通人物的雨衣形状，如图 2-44 所示。

2　打开【颜色】面板，将填充类型更改为【线性渐变】，如图 2-45 所示。更改填充颜色的填充类型后，选定的形状颜色会随之变化。

图 2-44　选择修改颜色的形状对象

3 选择【当前颜色样本】栏左端的颜色控点，在系统颜色选择器上单击选择一种合适的颜色（或者直接输入颜色的数值），接着选择【当前颜色样本】栏右端的颜色控点，设置另一种颜色，如图 2-46 所示。

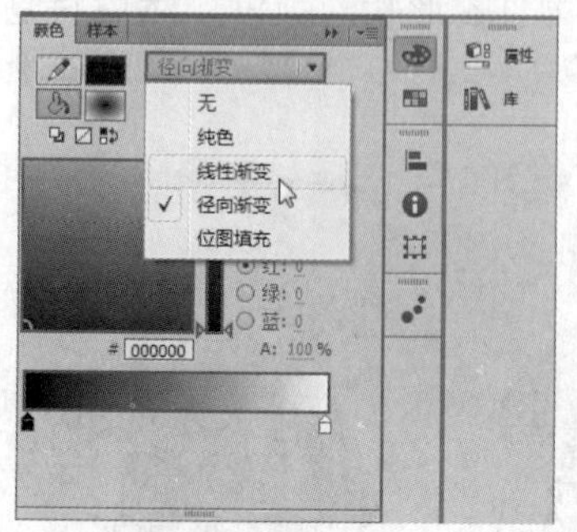

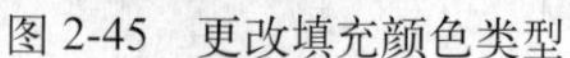
图 2-45 更改填充颜色类型

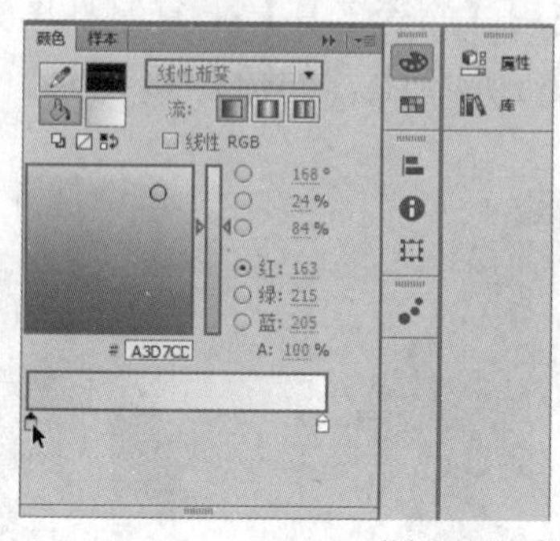

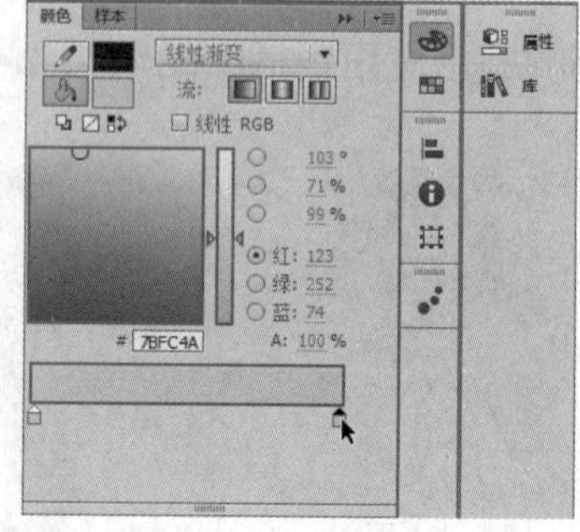

图 2-46 设置渐变颜色

4 在【当前颜色样本】栏靠左的位置上单击，添加一个新的颜色控点，然后设置该控点的颜色，如图 2-47 所示。

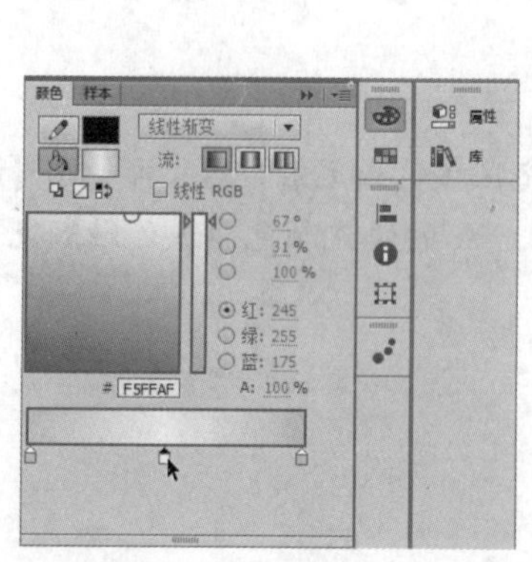

图 2-47 添加颜色控点并设置颜色

2.4.2 通过渐变变形工具修改渐变

【渐变变形工具】的作用是调整填充的大小、方向或者中心，使渐变填充产生变形，从而修改渐变填充颜色的效果。

使用【渐变变形工具】作用在插图对象时，对象会显示变形框以及变形手柄，可以通过调整变形手柄来达到修改渐变颜色或位图的目的。如图 2-48 所示为编辑【径向渐变】类型的填充时出现的变形手柄。需要注意，并非所有填充的渐变变形框都会出现 5 个变形手柄，对于【线性】类型的渐变填充和位图填充，默认只会出现中心点、大小和焦点 3 个手柄。

渐变变形工具手柄的功能说明如下。

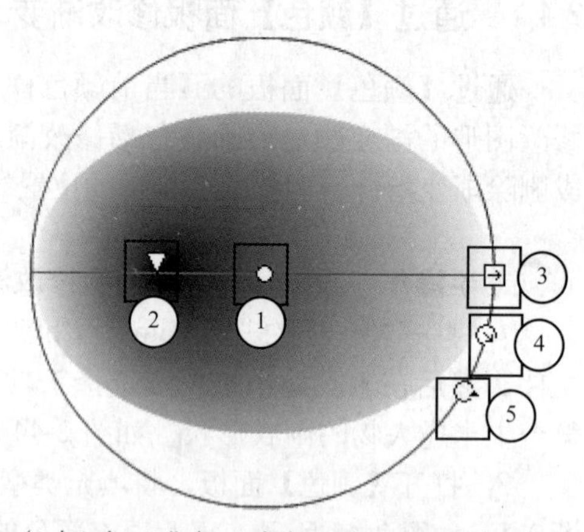

(1.中心点；2.焦点；3.宽度；4.大小；5.旋转)

图 2-48 使用渐变变形工具

- 中心点○：中心点手柄的变换图标是一个四向箭头，用于调整渐变中心的位置。
- 焦点▽：焦点手柄的变换图标是一个倒三角形，用于调整渐变焦点的方向（仅在选择放射状渐变时才显示焦点手柄）。
- 大小◎：大小手柄的变换图标是内部有一个箭头的圆圈，用于调整渐变范围的大小。
- 旋转○：旋转手柄的变换图标是组成一个圆形的四个箭头，用于调整渐变的旋转。
- 宽度⊡：宽度手柄，用于调整渐变的宽度。

动手操作　使用【渐变变形工具】修改渐变

1　打开光盘中的“..\Example\Ch02\2.4.2.fla”练习文件，然后在工具箱中长按【任意变形工具】按钮，弹出列表框后，选择【渐变变形工具】，如图 2-49 所示。

2　将鼠标指针移到卡通插图的雨衣形状上，单击选择形状，形状会显示渐变变形框。此时按住旋转手柄，然后向右下方旋转，使渐变颜色从水平渐变转换成垂直渐变，如图 2-50 所示。

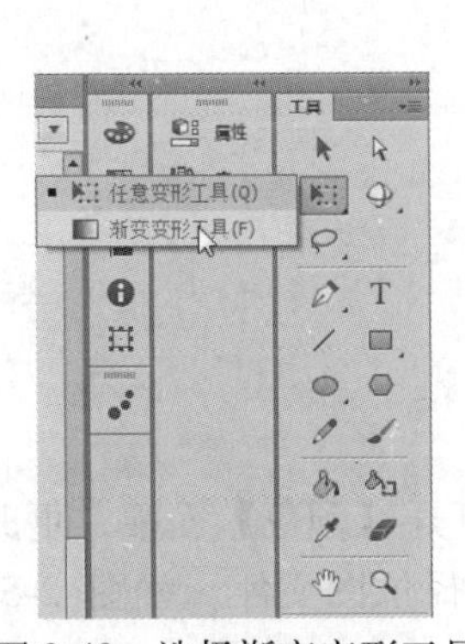

图 2-49　选择渐变变形工具

图 2-50　旋转渐变方向

3　按住渐变变形框的宽度手柄⊡，然后垂直向下移动，扩大渐变填充的垂直宽度，接着按住渐变变形框的中心手柄○，然后向上移动，调整渐变填充的中心位置，如图 2-51 所示。

图 2-51　调整渐变宽度和中心点位置

2.5 课堂实训

下面通过为卡通图制作花裙子和填充卡通插图的颜色两个范例，介绍填充色彩和修改渐变的方法。

2.5.1 为卡通美女制作花纹裙子

通过【颜色】面板不仅可以给图形填充纯色和渐变色，还可以填充指定的位图图形。

下面通过为卡通美女更换花纹裙子为例，介绍通过【颜色】面板设置位图填充并应用位图填充的方法。如图 2-52 所示为卡通美女更换花纹裙子的结果。

图 2-52 为卡通美女制作花纹裙子的对比效果

动手操作 为卡通美女制作花纹裙子

1 打开光盘中的“..\Example\Ch02\2.5.1.fla”练习文件，然后打开【颜色】面板，更改填充颜色的类型为【位图填充】，在打开的【导入到库】对话框中选择位图文件，如图 2-53 所示。

图 2-53 设置位图填充

2 在工具箱中选择【颜料桶工具】，然后打开【颜色】面板，单击【填充颜色】按钮并确认当前填充为位图。将鼠标指针移到卡通美女的裙子形状上，然后单击形状填充位图，如图 2-54 所示。

图 2-54　为形状填充位图

3.5.2　填充卡通插图的颜色

下面通过为卡通插图填充和修改颜色为例，介绍使用【颜料桶工具】填充颜色和通过【颜色】面板修改填充的方法。如图 2-55 所示为卡通插图填充颜色的结果。

动手操作　填充卡通插图的颜色

1　打开光盘中的“..\Example\Ch02\2.5.2.fla”练习文件，然后打开【颜色】面板，更改填充颜色的类型为【纯色】，设置颜色为【#F3C6EE】，如图 2-56 所示。

图 2-55　为卡通插图填充颜色的结果

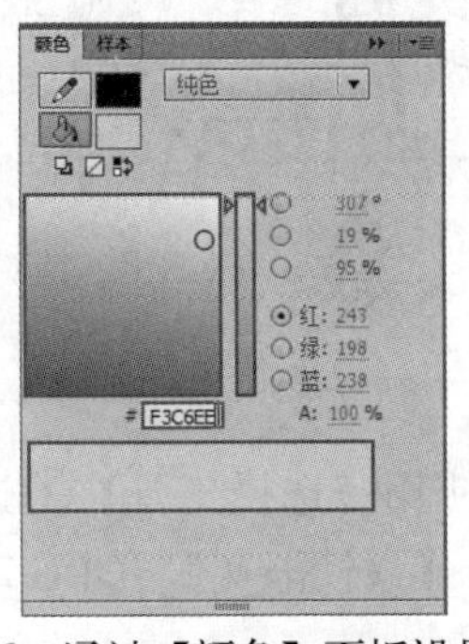

图 2-56　通过【颜色】面板设置颜色

2　使用【颜料桶工具】在插图书签簿表面的空白位置上单击，填充设置的颜色，使用相同的方法，填充插图鞋子前后两端的空白部分，如图 2-57 所示。

图 2-57　填充插图部分区域的颜色

3　使用步骤1和步骤2的方法，更改填充颜色为【#FFFF99】，然后为插图手臂和腿部分的空白区域填充颜色，如图2-58所示。

图2-58　填充手和腿的颜色

4　更改填充颜色为【#3AB1FF】，然后使用【颜料桶工具】为插图除铅笔形状外的其他空白区域填充颜色，接着更改填充颜色为【#E54651】，为铅笔笔身填充颜色，最后更改颜色为【#FAD000】，为铅笔笔擦和笔尖区域填充颜色，结果如图2-59所示。

图2-59　填充其他区域颜色的结果

5　使用【选择工具】选择书签簿表面的填充形状，然后打开【颜色】面板并更改填充类型为【线性渐变】，如图2-60所示。

图2-60　更改填充颜色的类型

6　选择【颜色】面板颜色样本轴左端的色标，然后设置该色标颜色为【#DB6402】，接着选择颜色样本轴右端的色标，设置该色标的颜色为【#FFFF98】，如图 2-61 所示。

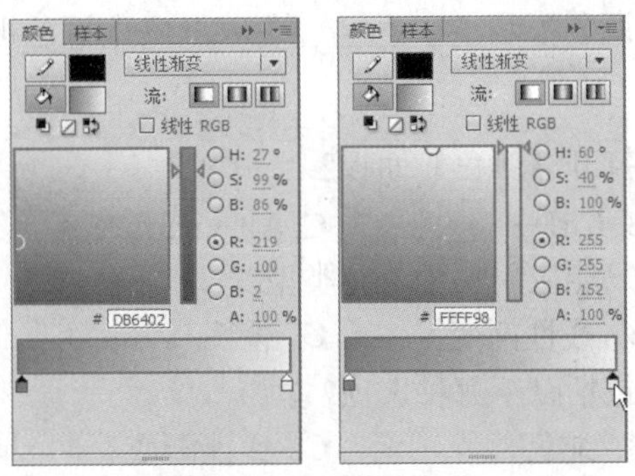

图 2-61　设置渐变颜色

7　在工具箱中长按【任意变形工具】按钮，直到弹出列表框后，选择【渐变变形工具】，然后将鼠标指针移到书签簿表面的渐变填充形状上，单击选择到形状，接着按住旋转手柄，再向右下方旋转，使渐变颜色从水平渐变转换成垂直渐变，如图 2-62 所示。

图 2-62　更改渐变颜色的方向

2.6　本章小结

本章主要介绍了 Flash 的颜色模型和颜色的选择，以及填充和修改颜色等方法，包括通过【颜色】面板、【样本】面板和【工具】面板中的调色板选择颜色；使用多种工具填充颜色和修改颜色等。

2.7　习题

一、填充题

（1）Flash 通过__________和__________两种颜色模型来描述颜色。

（2）HSB 模式中的 H、S、B 分别表示__________、__________、__________。

（3）RGB 颜色模型由__________、__________和__________ 3 种原色组合而成。

(4) 在 Flash 中，一般以使用__________来定义颜色，也就是说每种颜色都使用唯一的__________来表示。

(5) 在默认的情况下，调色板是__________的 Web 安全调色板。

二、选择题

(1) 按什么快捷键可以打开【颜色】面板？ ( )

A. Shift+F8　B. Ctrl+F8　C. Alt+ Shift +F9　D. Shift+F9

(2) 对直线或形状轮廓只能应用哪种填充类型？ ( )

A. 纯色　B. 线性渐变　C. 位图　D. 径向渐变

(3) 颜色的填充类型不包括以下哪种选项？ ( )

A. 无　B. 纯色　C. 线性渐变　D. 螺旋状渐变

(4)【样本】面板默认放置了 252 种单色和多少种渐变色样本？ ( )

A. 5 种　B. 7 种　C. 10 种　D. 20 种

(5) 以下哪个工具可以用于更改线条或形状轮廓的笔触颜色、宽度和样式？ ( )

A. 墨水瓶工具　B. 颜料桶工具　C. 渐变边形工具　D. 选择工具

三、上机实训题

使用【颜色】面板和填充颜色的工具，为练习文件的插图填充了颜色，如图 2-63 所示。

图 2-63　为插图填充颜色的结果

提示

(1) 打开光盘中的“..\Example\Ch02\2.7.fla”练习文件，然后打开【颜色】面板，更改填充颜色的类型为【纯色】，接着设置颜色。

(2) 设置填充颜色后，使用【颜料桶工具】在插图的空白位置上单击，填充设置的颜色。

(3) 使用相同的方法，适当更改填充颜色，然后为插图草图的其他空白部分填充颜色。

第 3 章　绘制与修改动画的插图

教学提要

本章主要介绍 Flash CC 中绘制与修改动画插图的内容，包括矢量图和位图图形的概念、路径和绘图模式、各种绘图工具的使用以及修改图形形状的方法等。

3.1　绘图基本概念

在学习绘制图形之前，需要先了解绘图的基本概念，以便更好地了解和掌握在 Flash 中绘制矢量图的方法。

3.1.1　矢量图与位图

计算机中处理和保存的图形，可以根据表示方式的不同，分为位图和矢量图两种类型。

1. 矢量图

矢量图形使用点、线和面（称为矢量）描述图像，这些矢量还包括颜色和位置属性。例如，树叶图像可以由创建树叶轮廓的线条经过的点来描述，而树叶的颜色由轮廓的颜色和轮廓包围区域的颜色决定。

在编辑矢量图形时，可以修改描述图形形状的线条和曲线的属性，也可以对矢量图形进行移动、调整大小、改变形状以及更改颜色的操作而不更改其外观品质，如图 3-1 所示。另外，矢量图形与分辨率无关，也就是说，它们可以显示在各种分辨率的输出设备上，而丝毫不影响品质。

图 3-1　矢量图原图放大后不影响品质

2. 位图

位图图形使用在网格内排列的称作像素的彩色点来描述图像。例如，树叶的图像由网格中每个像素的特定位置和颜色值来描述，这是用类似于镶嵌的方式来创建图像。

由于图像的像素数量和排列都是相对固定的，因此调整位图的形状或大小就会破坏原图像像素的排列，从而影响了图像的品质，造成图像的失真，如图 3-2 所示。同时，保存位图时，位图的每个像素点占据相同长度的数据位（具体位数要视乎图像的色彩空间而定），因此位图图像的体积往往较矢量图更大。

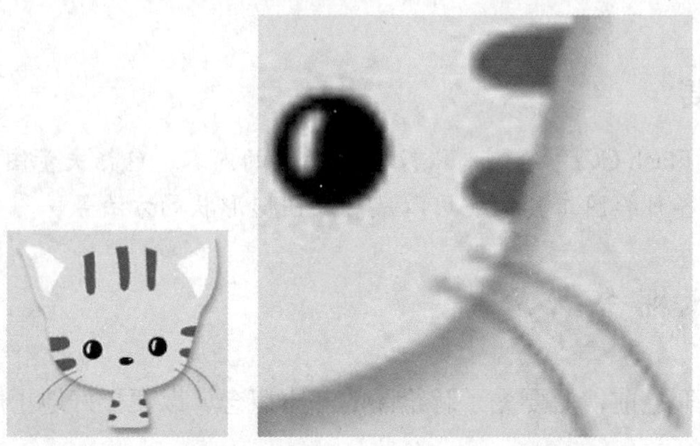

图 3-2　位图原图放大后出现失真时的锯齿状

3.1.2　路径和方向手柄

在 Flash 中绘图，可以使用路径和方向手柄来修改图形。

1. 路径

在 Flash 中绘制线条或形状时，将创建一个名为路径的线条。路径由一个或多个直线段或曲线段组成。其中，每个段的起点和终点由锚点（类似于固定导线的销钉）表示。路径可以是闭合的（例如圆），也可以是开放的，有明显的终点（例如波浪线），如图 3-3 所示。

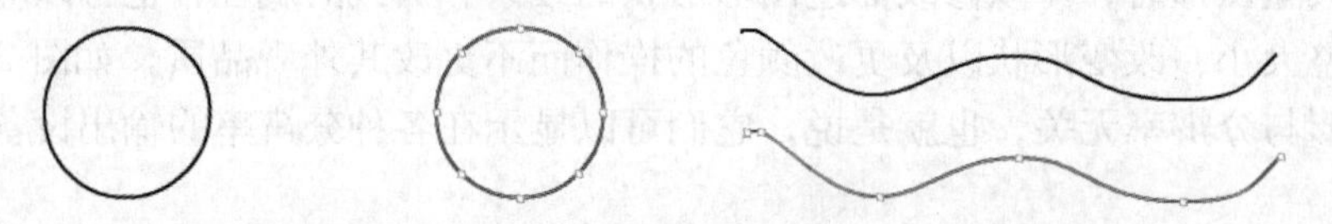

图 3-3　闭合路径和开放路径

创建路径后，可以通过拖动路径的锚点、显示在锚点方向线末端的方向点或路径段本身，改变路径的形状，如图 3-4 所示。

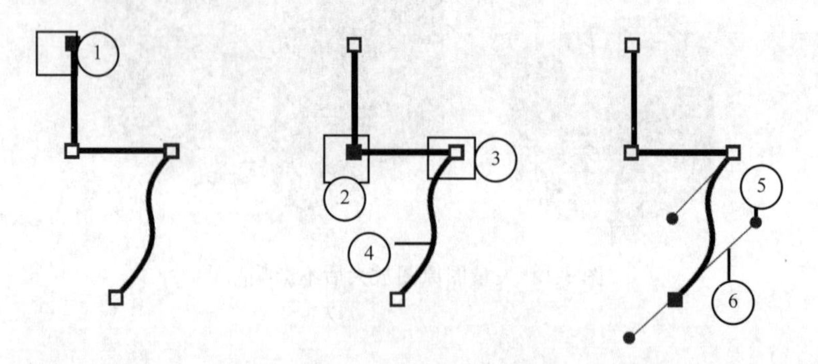

(1.选中的端点；2.选中的锚点；3.未选中的锚点；4.曲线路径段；5.方向点；6.方向线)

图 3-4　各种路径组件

路径可以具有两种锚点：角点和平滑点，如图 3-5 所示。

（1）在角点，路径突然改变方向。

（2）在平滑点，路径段连接为连续曲线。

可以使用角点和平滑点的任意组合绘制路径。

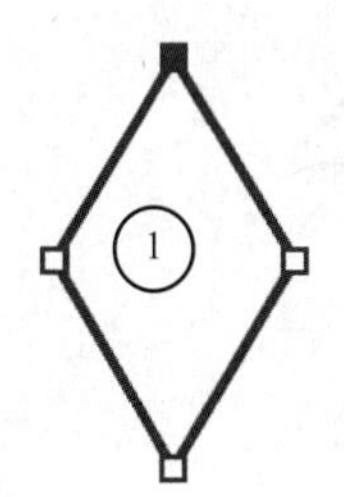

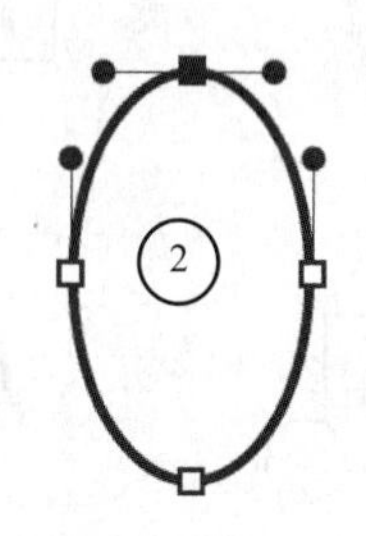

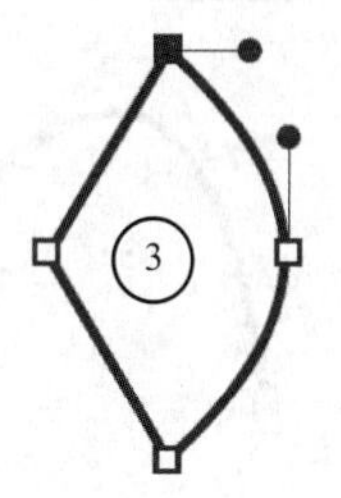

（1.4 个角点；2.4 个平滑点；3.角点与平滑点的组合）

图 3-5　路径的点

角点可以连接任何两条直线段或曲线段，而平滑点始终连接两条曲线段，如图 3-6 所示。

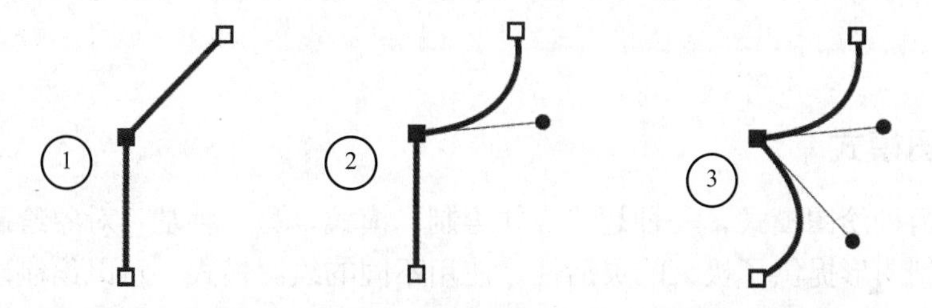

（1.角点连接直线段；2.角点连接曲线段；3.平滑点连接两条曲线段）

图 3-6　角点与平滑点

2. 方向手柄

在选择连接曲线段的锚点（或选择线段本身）时，连接线段的锚点会显示方向手柄。此时可以看出，方向手柄由方向线和方向点组成，方向线在方向点处结束，如图 3-7 所示。

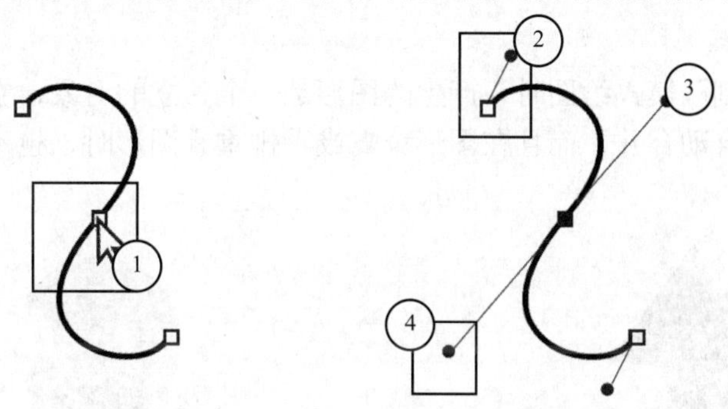

（1.选择锚点；2.方向手柄；3.方向线；4.方向点）

图 3-7　方向线和方向点

平滑点始终具有两条方向线，它们一起作为单个直线单元移动。在平滑点上移动方向线时，点两侧的曲线段同步调整，保持该锚点处的连续曲线，如图 3-8 所示。

相比之下，角点可以有两条、一条或者没有方向线，具体取决于它分别连接两条、一条还是没有连接曲线段。当在角点上移动方向线时，只调整与方向线同侧的曲线段，如图 3-8 所示。

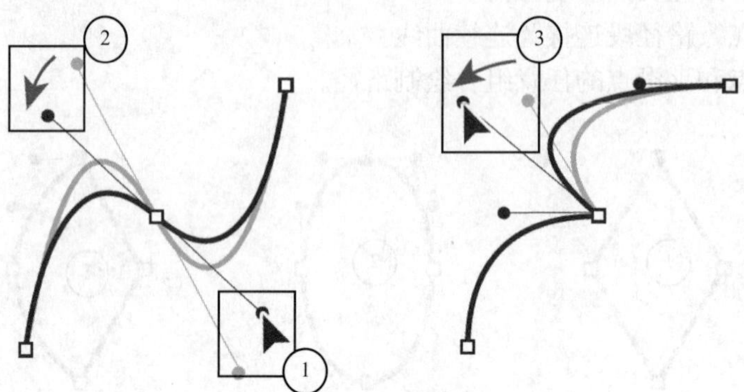

（1.调整平滑点的方向线；2.另一段方向线跟随旋转；3.调整角点的方向线）

图 3-8 调整方向线

路径轮廓称为笔触，应用到开放或闭合路径内部区域的颜色或渐变称为填充。笔触具有粗细、颜色和虚线图案。创建路径或形状后，可以更改其笔触和填充的特性。

3.1.3 关于绘图模式

Flash CC 有两种绘图模式，一种是“合并绘制”模式，另一种是“对象绘制”模式，两种绘图模式为绘制图形提供了极大的灵活性。使用不同的绘图模式，可以绘制出不同外形、不同颜色的图形。

1. 合并绘制模式

使用“合并绘制”模式绘图时，重叠的图形会自动进行合并，位于下方的图形将被上方的图形覆盖。例如，在圆形上绘制一个椭圆形，并将一部分重叠，当移开上方的椭圆形时，圆形中与椭圆形重叠的部分将被剪裁，如图 3-9 所示。

2. 对象绘制模式

使用“对象绘制”模式绘图时，产生的图形是一个独立的对象，它们互不影响，即两个图形在叠加时不会自动合并，而且在图形分离或重排重叠图形时，也不会改变它们的外形，如图 3-10 所示。

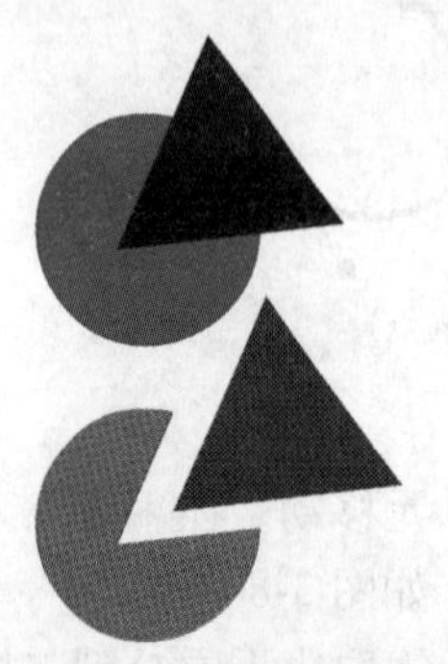

图 3-9 “合并绘制”模式下重叠图形部分将合并

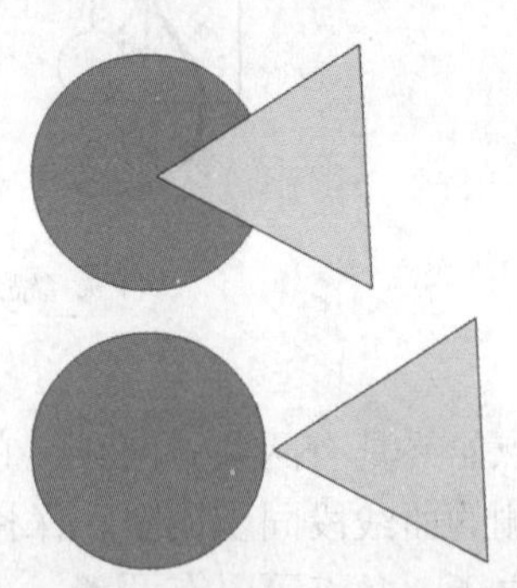

图 3-10 “对象绘制”模式下图形以独立的对象存在

3. 设置绘图模式

如果要选择绘图模式，可以在选定绘图工具后，在【工具】面板的【选项组】中设置，如图 3-11 所示。在【工具】面板中按下【对象绘制】按钮，即可设置为【对象绘制】模式；当取消按下【对象绘制】按钮，即可设置为【合并绘制】模式。

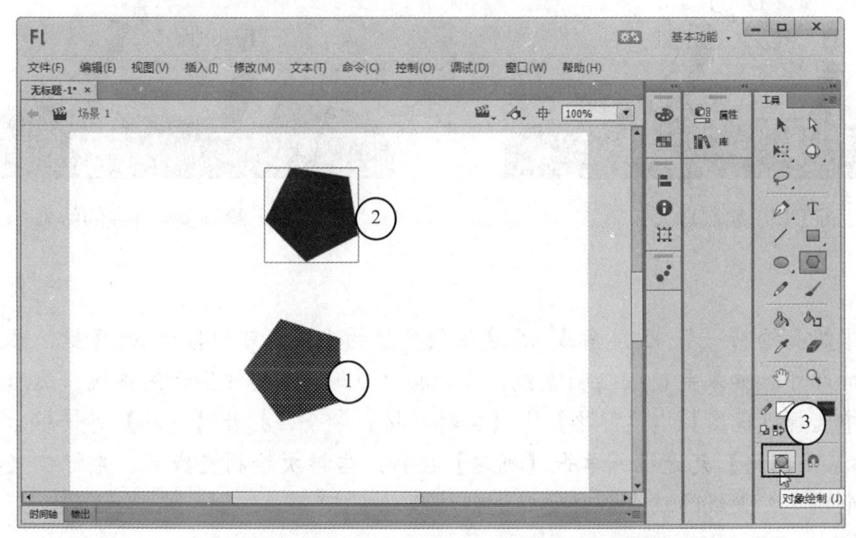

(1.合并绘制的形状；2.对象绘制的形状；3.设置绘图模式)

图 3-11　设置绘图模式

3.2　绘制基础矢量图

一个优秀的 Flash 作品离不开组成它的各项元素，插图作为 Flash 动画的重要组成部分，对作品的成败往往起着决定性的作用。可以说，无论有多精妙的构思，如果无法恰如其分地表达出来，都不能算是一个成功的作品。下面将介绍各种绘制矢量图的方法，掌握好这些方法对将来的 Flash 创作有非常重要的意义。

3.2.1　绘制直线

在 Flash CC 中，如果要一次绘制一条直线段，可以使用【线条工具】来完成。

动手操作　使用线条工具绘制直线

1　打开光盘中的“..\Example\Ch03\3.2.1.fla”练习文件，然后在【工具】面板中选择【线条工具】，或者在英文输入状态下按 N 键，此时光标显示为【+】形状。

2　打开【属性】面板，然后在面板中设置线条的颜色，如图 3-12 所示。

3　可以按下【对象绘制】按钮或取消按下【对象绘制】按钮设置绘图模式。

4　在舞台的合适位置按住左键拖动鼠标，即可绘制直线，如图 3-13 所示。

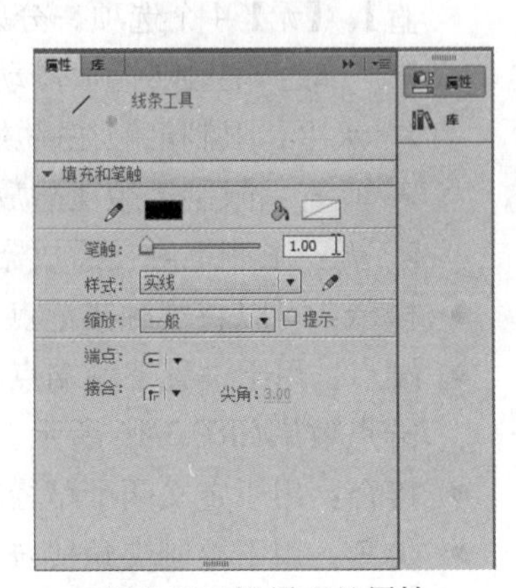

图 3-12　设置工具属性

5 使用相同的方法，为舞台上的卡通图绘制多条直线，结果如图 3-14 所示。

图 3-13 绘制直线

图 3-14 绘制多条直线的结果

如果想要绘制一条 45 度角或 45 度倍数角度的直线，可以按住 Shift 键，然后拖动鼠标即可。如果要精确绘制直线，可以按 Ctrl+' 快捷键显示网格线，然后在菜单栏中选择【视图】|【网格】|【编辑网格】命令，打开【网格】对话框后，选择【贴紧至网格】复选框并单击【确定】按钮。当再次绘制直线时，光标位置将显示一个圆环，直线的端点会自动贴近网格线的交点。

绘制线条后，还可以选择线条，然后通过【属性】对话框调整其属性。【线条工具】的【属性】对话框的设置选项说明如下：

- 笔触颜色：用于设置线条的颜色。单击【笔触颜色】方块，即可打开调色板，此时可以在调色板上选择一种颜色，也可以在调色板左上方的文本框内输入一个 16 进制的颜色值。
- 笔触：用于设置线条的粗细。可以在【笔触】文本框内输入数值，也可以拖动笔触滚动条来调整笔触高度。
- 样式：用于设置线条的样式，例如实线、虚线、点状线、斑马线等。可以通过打开的【样式】列表框选择一种线条样式，也可以单击【编辑笔触样式】按钮，然后通过打开的【笔触样式】对话框自定义线条样式，如图 3-15 所示。
- 缩放：该功能可以限制动画播放器中的笔触缩放效果，它包括【一般】、【水平】、【垂直】、【无】4 个选项，分别说明如下。
  - 一般：笔触随播放器动画的缩放而缩放。
  - 水平：限制笔触在播放器的水平方向上进行缩放。
  - 垂直：限制笔触在播放器的垂直方向上进行缩放。
  - 无：限制笔触在播放器中的缩放。
- 提示：可以将笔触锚记点保持为全像素，这样可以防止出现模糊的线条。
- 端点：用于设置笔触端点的样式，中包括【无】、【圆角】、【方形】选项。它们的线条端点效果如图 3-16 所示。
- 接合：用于定义两个路径的接合方式，包括【尖角】、【圆角】、【斜角】选项。
- 尖角：用于控制尖角接合的清晰度。

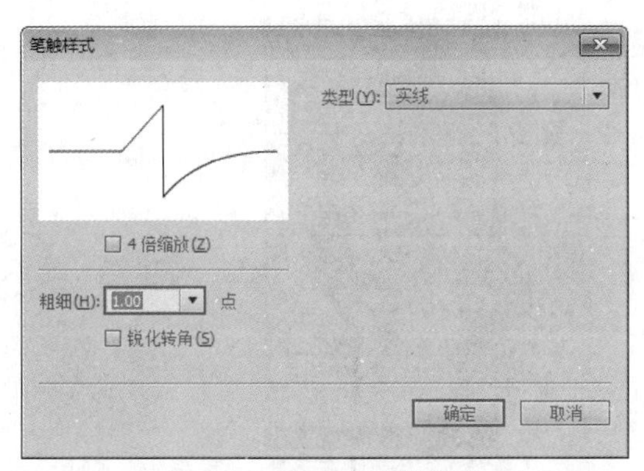

图 3-15　自定义笔触样式

图 3-16　笔触端点的样式

3.2.2　绘制线条

可以使用【铅笔工具】绘制线条和形状。铅笔工具绘画的方式与使用真实铅笔大致相同。

动手操作　使用铅笔工具绘制线条

1　打开光盘中的“..\Example\Ch03\3.2.2.fla”练习文件，然后在【工具】面板中选择【铅笔工具】，或者在英文输入状态下按 Y 键，此时光标显示为铅笔的形状。

2　在【工具】面板的【选项】组中设置绘图模式，并选择以下的铅笔模式，接着打开【属性】面板，然后在面板中设置笔触的颜色，如图 3-17 所示。

- 伸直：如果要绘制直线，并将接近三角形、椭圆、圆形、矩形和正方形的形状转换为这些常见的几何形状，可以选择【伸直】选项。
- 平滑：如果要绘制平滑曲线，可以选择【平滑】选项。
- 墨水：如果要绘制不用修改的手画线条，可以选择【墨水】选项。

3　打开【属性】面板，然后在面板中设置笔触颜色、笔触大小、平滑度等属性，接着在舞台的合适位置按住左键拖动鼠标，即可绘制线条，如图 3-18 所示。

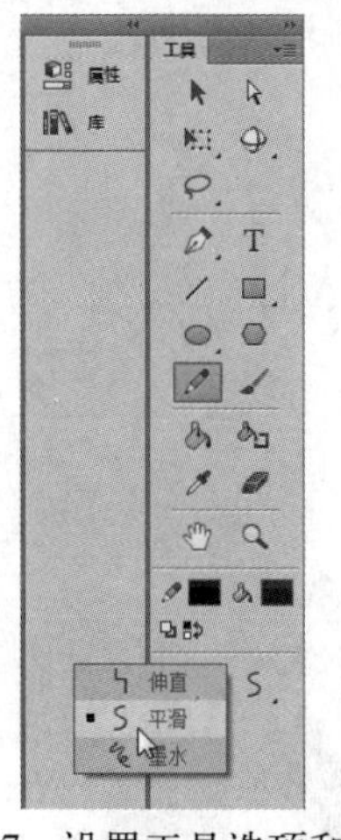

图 3-17　设置工具选项和属性

图 3-18　绘制图形

绘制线条后，可以通过【属性】对话框调整其属性。【铅笔工具】的属性设置与【线条工具】的属性设置类似，这里不再说明。如图 3-19 所示是为笔触设置样式的结果。

图 3-19　设置笔触样式

使用铅笔工具绘制笔触时，可以按住 Shift 拖动将线条限制为垂直或水平方向。

3.2.3　绘制填充形状

使用【刷子工具】可以绘制出刷子般的填充形状，就像在涂色一样。另外，使用【刷子工具】时可以选择刷子大小和形状，因此还可以创建特殊效果，包括书法效果。

动手操作　使用刷子工具绘制形状

1　打开光盘中的“..\Example\Ch03\3.2.3.fla”练习文件，然后在【工具】面板中选择【刷子工具】，或者在英文输入状态下按 B 键，此时光标显示为点的形状。

2　在【工具】面板的【选项】组中设置绘图模式、刷子模式、刷子大小以及刷子形状等选项（这些选项后续有详细介绍），接着通过【属性】面板设置填充颜色，如图 3-20 所示。

3　在舞台的合适位置按住左键拖动鼠标，即可绘制形状，如图 3-21 所示。

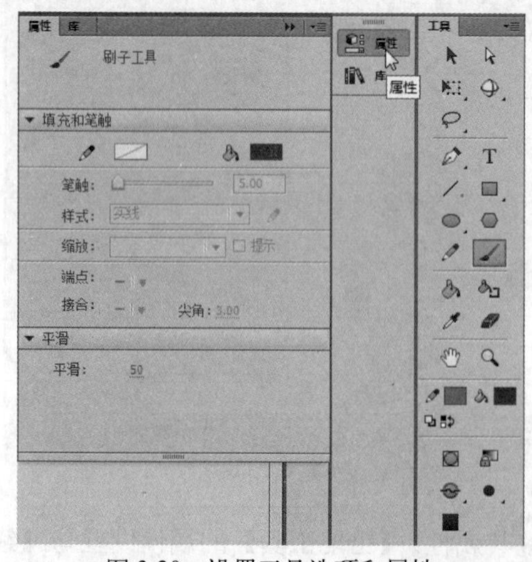

图 3-20　设置工具选项和属性

图 3-21　绘制形状

选择【刷子工具】后，可以在【【工具】面板】面板设置该工具的选项。这些工具选项的说明如下：

- 锁定填充：该功能可以使填充看起来好像扩展到整个舞台，并且用该填充涂色的对象好像是显示下面的填充色的遮罩。如图 3-22 所示利用渐变色为例，示范锁定填充与没有锁定填充的效果。

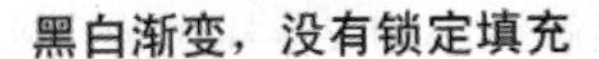

黑白渐变，没有锁定填充

黑白渐变，锁定了填充

图 3-22　锁定填充与否的效果

- 刷子模式：设置一种涂色模式。各种刷子模式的说明如下：
  - 标准绘图：可对同一层的线条和填充涂色。效果如图 3-23 所示。
  - 颜料填充：对填充区域和空白区域涂色，不影响线条。效果如图 3-24 所示。

图 3-23　标准绘图

图 3-24　颜料填充

  - 后面绘画：在舞台上同一层的空白区域涂色，不影响线条和填充。效果如图 3-25 所示。
  - 颜料选择：在【填充颜色】控件或【属性】检查器的【填充】框中选择填充时，新的填充将应用到选区中，就像选中填充区域然后应用新填充一样。效果如图 3-26 所示。
  - 内部绘画：对开始刷子笔触时所在的填充进行涂色，但不对线条涂色。如果在空白区域中开始涂色，则填充不会影响任何现有填充区域。效果如图 3-27 所示。

图 3-25　后面绘画

图 3-26　颜料选择

图 3-27　内部绘画

- 刷子大小：选择刷子的大小。
- 刷子形状：选择刷子的形状。

3.2.4　绘制矩形

使用【矩形工具】可以绘制各种基本矩形几何形状，例如长方形、正方形、圆角矩形等。

动手操作　使用矩形工具绘制矩形和圆角矩形

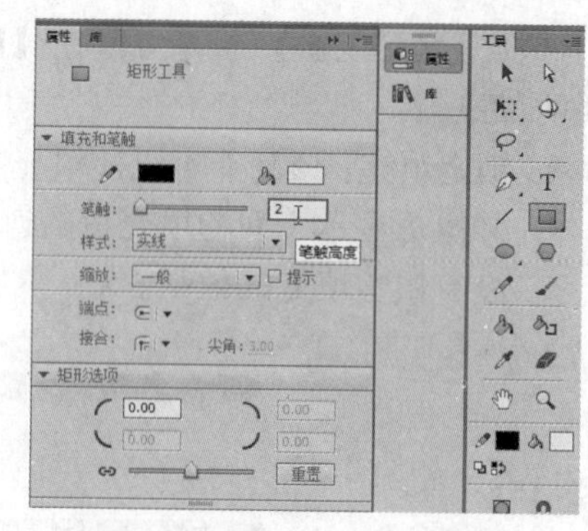

图3-28　设置矩形工具的属性

1　打开光盘中的“..\Example\Ch03\3.2.4.fla”文件，然后在【工具】面板中选择【矩形工具】，此时光标显示为【+】的形状。

2　打开【属性】面板，设置矩形工具的填充和笔触的颜色，接着设置笔触大小为2、样式为【实线】、缩放为【一般】，再设置对象绘制模式，如图3-28所示。

3　将鼠标移到舞台上，然后向右下方拖动鼠标，即可绘制一个矩形对象，如图3-29所示。

4　如果想要绘制一个正方形图形，可以按住Shift键，然后向右下方拖动鼠标，即可绘制一个正方形图形，如图3-30所示。

图3-29　绘制矩形图形　　图3-30　绘制正方形图形

5　如果想要绘制一个圆角矩形图形，可以在【属性】面板的【矩形选项】框中设置矩形边角半径，然后向右下方拖动鼠标，即可绘制一个圆角矩形图形，如图3-31所示。

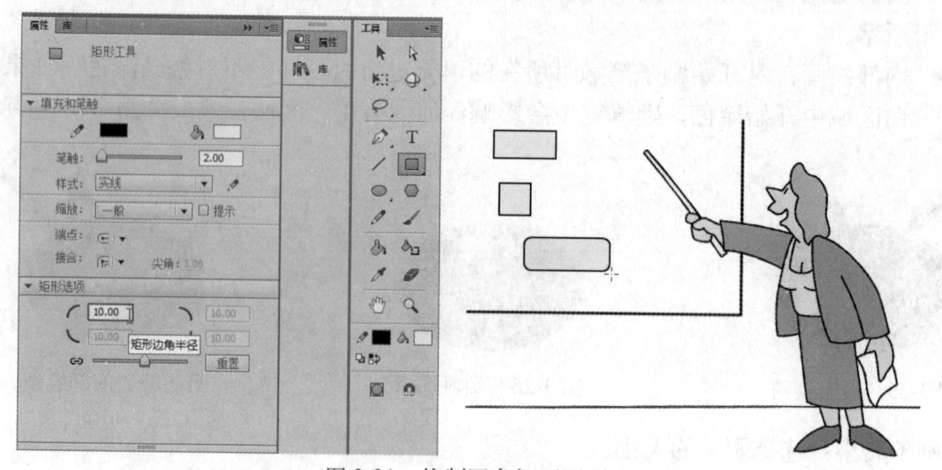

图3-31　绘制圆角矩形图形

矩形工具的属性设置与铅笔工具的属性设置类似，只是多了【填充颜色】和【矩形边角半径】选项，这两个选项的说明如下。

- 填充颜色：设置图形的填充颜色。

- 矩形边角半径：设置矩形边角的半径大小。如图 3-32 所示为 3 三种不同矩形边角半径设置的效果。

图 3-32　不同矩形边角半径的效果

3.2.5　绘制椭圆形

使用【椭圆工具】可以绘制各种大小的椭圆形和正圆形，并且可以通过设置椭圆的开始角度和结束角度绘制各种扇形，以及绘制具有内径的圆。

【椭圆工具】的属性设置也与铅笔工具的属性设置类似，只是多了【起始角度】、【结束角度】、【闭合路径】、【内径】4 个选项目，这 4 个选项的说明如下。

- 起始角度：设置椭圆开始的角度。
- 结束角度：设置椭圆结束的角度。
- 闭合路径：设置椭圆路径是否闭合。
- 内径：设置椭圆内圆半径的大小。

动手操作　使用椭圆工具绘制各种圆形

1　打开光盘中的“..\Example\Ch03\3.2.5.fla”文件，然后在【工具】面板中选择【椭圆工具】，此时光标显示为【+】的形状。

2　打开【属性】面板，设置椭圆工具的填充和笔触的颜色，接着设置笔触大小为 2、样式为【实线】、缩放为【一般】，将鼠标移到舞台上，然后向右下方拖动鼠标，即可绘制出一个椭圆图形，如图 3-33 所示。

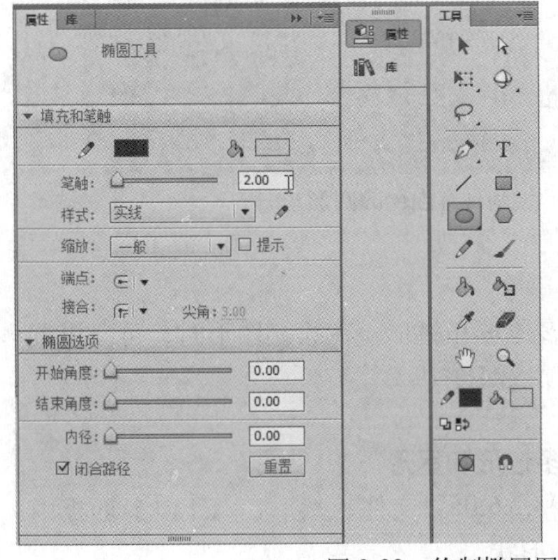

图 3-33　绘制椭圆图形

3　如果想要绘制一个正圆形图形，可以按住 Shift 键，然后向右下方拖动鼠标，即可绘制出一个正圆形图形，如图 3-34 所示。

4　如果想要绘制扇形图形，可以在【属性】对话框的【椭圆选项】框中设置【开始角度】和【结束角度】选项，然后在舞台上拖动鼠标绘制即可，如图 3-35 所示。

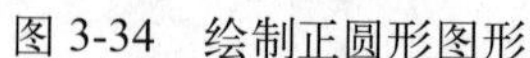

图 3-34 绘制正圆形图形

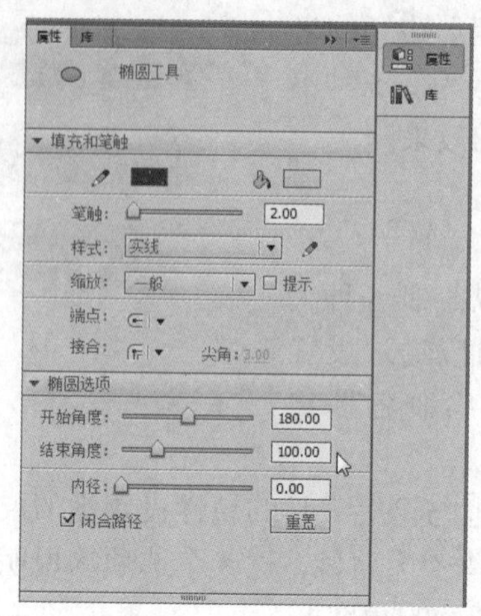

图 3-35 绘制扇形图形

5 如果想要使圆形中心镂空，可以在【属性】面板中设置【内径】选项，例如，设置内径为 30，然后在舞台上绘制图形，结果如图 3-36 所示。

图 3-36 绘制具有内径的圆形

3.2.6 绘制多边形和星形

使用【多角星形工具】可以绘制多边形和星形。在绘制图形时，可以设置多边形的边数或星形的顶点数，也可以选择星形的顶点深度。

动手操作 使用多角星形工具绘制多边形和星形

1 打开光盘中的“..\Example\Ch03\3.2.6.fla”文件，然后在【工具】面板中选择【多角星形工具】，此时光标显示为【+】的形状。

2 打开【属性】面板，设置椭圆工具的填充和笔触颜色、样式、缩放以及对象绘制模式等属性，然后单击【选项】按钮，从打开的【工具设置】对话框中选择样式为【多边形】，设置边数，最后单击【确定】按钮，如图 3-37 所示。

3 将鼠标移到舞台上，然后向右下方拖动鼠标，即可绘制出一个多边形图形，如图 3-38 所示。

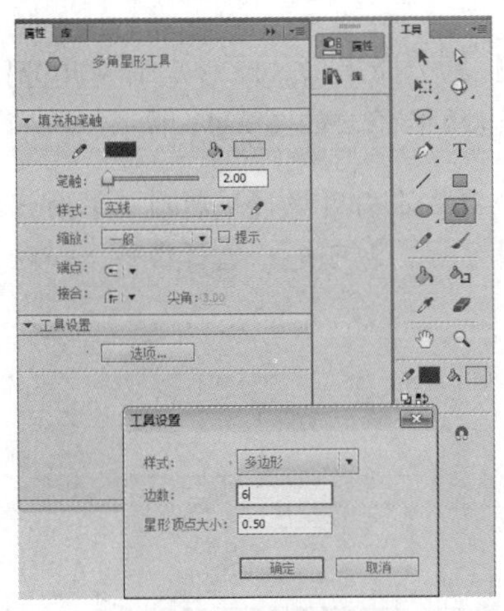

图 3-37　工具设置

图 3-38　绘制多边形

4 如果想要绘制星形，可以再次单击【属性】面板中的【选项】按钮，打开【工具设置】对话框后，选择样式为【星形】，然后设置边数和星形顶点大小，接着单击【确定】按钮，如图 3-39 所示。

5 将鼠标移到舞台上，然后向右下方拖动鼠标，即可绘制出一个星形图形，如图 3-40 所示。

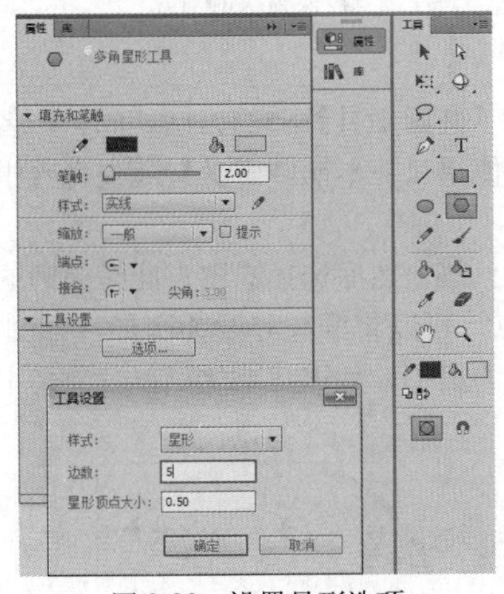

图 3-39　设置星形选项

图 3-40　绘制星形图形

3.2.7　绘制矩形与椭圆图元

图元对象是允许用户调整其特征的图形形状。在创建图元对象图形后，任何时候都可以精确地控制形状的大小、边角半径以及其他属性，而无需从头开始重新绘制。

在 Flash CC 中，提供了矩形和椭圆两种基本的图元对象，这两种图元对象可以使用【基本矩形工具】和【基本椭圆工具】绘制。

1. 【基本矩形工具】的使用

使用【基本矩形工具】绘制图形的方法与使用【矩形工具】的方法相同，两者的属性项也基本相同。因此可以参照【矩形工具】的用法，使用【基本矩形工具】在舞台中绘制任意的矩形、正方形和圆角矩形。

绘制完成后，在【工具】面板中选择【选择工具】选择矩形。此时矩形4角分别出现形状调整点，拖动某个形状调整点，可以改变矩形的边角半径，如图3-41所示。

如果想要编辑图元对象，可以双击图元对象，然后在打开的【编辑对象】对话框中单击【确定】按钮，将图元对象转换为绘制对象后，即可进行编辑操作，如图3-42所示。

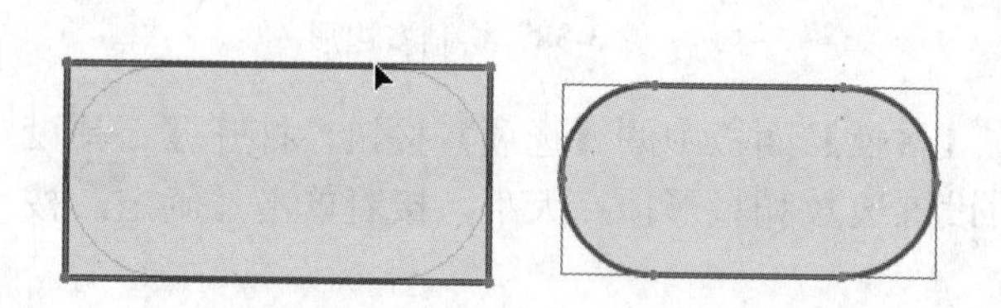

图3-41 调整矩形的边角半径

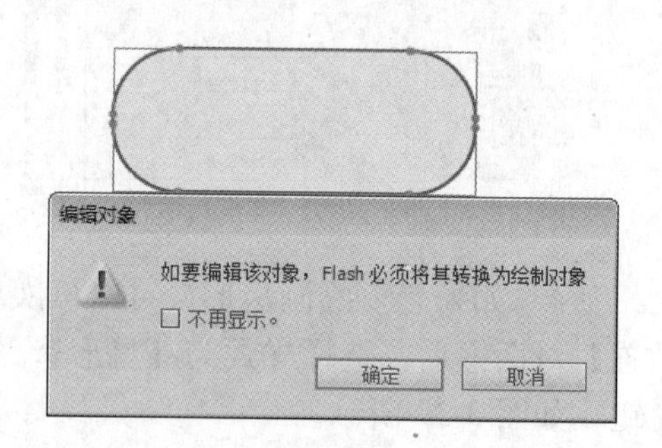

图3-42 编辑图元对象前先将图元对象转换为绘制对象

2. 【基本椭圆工具】的使用

使用【基本椭圆工具】绘制图形的方法与使用【椭圆工具】的方法相同，两者的属性项也基本相同。可以参照【椭圆工具】的用法，使用【基本椭圆工具】在舞台中绘制任意的椭圆或圆形。

绘制完成后，在【工具】面板中选择【选择工具】，然后选择椭圆，此时椭圆的中心和边上分别出现形状调整点。拖动中心的形状调整点，可以将椭圆修改为圆环，如图3-43所示。或者拖动边上的形状调整点，可以将椭圆修改为扇形，如图3-44所示。

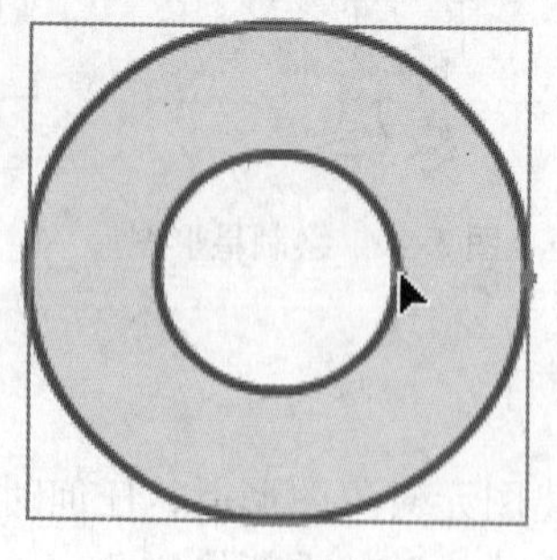

图3-43 将椭圆修改为圆环

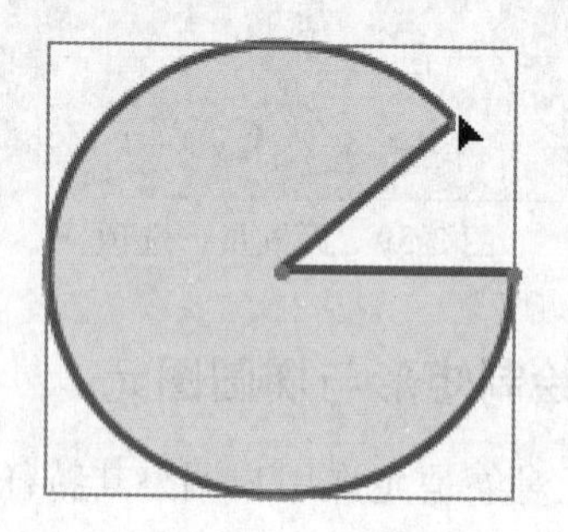

图3-44 将椭圆修改为扇形

3.3 用钢笔工具绘图

【钢笔工具】用于绘制精确的路径（如直线或平滑流畅的曲线），使用【钢笔工具】绘画时，单击舞台可以创建点并将多次单击产生的点连成直线，而单击舞台后拖动鼠标则可以创建曲线段。另外，可以通过调整线条上的点来调整直线段和曲线段，或者将曲线转换为直线，将直线转换为曲线等处理。

3.3.1　路径表现的形状

在 Flash 中绘制线条或形状时，将创建一个名为路径的线条。路径由一个或多个直线段或曲线段组成。线段的起始点和结束点由锚点标记，就像用于固定线的针一样。路径可以是闭合的（如圆形），也可以是开放的，有明显的终点（如波浪线），如图 3-45 所示。

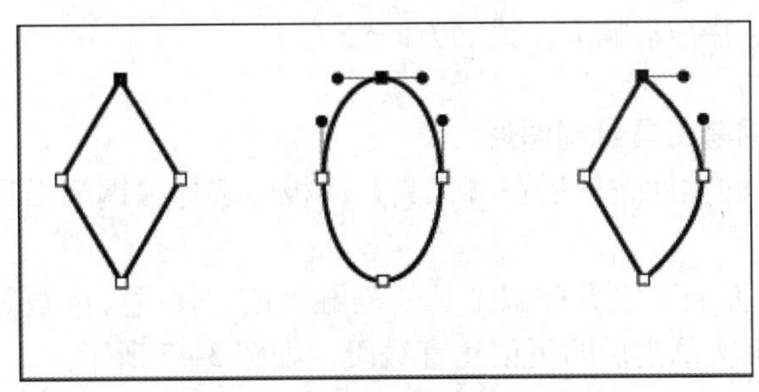

图 3-45　由路径表现出来的形状

3.3.2　钢笔工具绘制状态

- （初始锚点指针）：选中【钢笔工具】后看到的第一个指针。指示下一次在舞台上单击鼠标时将创建初始锚点，它是新路径的开始（所有新路径都以初始锚点开始）。
- （连续锚点指针）：指示下一次单击鼠标时将创建一个锚点，并用一条直线与前一个锚点相连接。在创建所有用户定义的锚点（路径的初始锚点除外）时，显示此指针。
- （添加锚点指针）：指示下一次单击鼠标时将向现有路径添加一个锚点。如果要添加锚点，必须选择路径，并且钢笔工具不能位于现有锚点的上方。Flash 会根据添加的锚点，重绘现有的路径。
- （删除锚点指针）：指示下一次在现有路径上单击鼠标时将删除一个锚点。如果要删除锚点，必须用选择工具选择路径，并且指针必须位于现有锚点的上方。软件会根据删除的锚点，重绘现有的路径。
- （连续路径指针）：从现有锚点扩展新路径。如果要激活此指针，鼠标必须位于路径上现有锚点的上方，并且仅在当前未绘制路径时，此指针才可用。锚点未必是路径的终端锚点，任何锚点都可以是连续路径的位置。
- （闭合路径指针）：在用户正绘制的路径的起始点处闭合路径。只能闭合当前正在绘制的路径，并且现有锚点必须是同一个路径的起始锚点。
- （连接路径指针）：除了鼠标不能位于同一个路径的初始锚点上方外，与闭合路径工具基本相同。该指针必须位于唯一路径的任一端点上方。
- （回缩贝塞尔手柄指针）：当鼠标位于显示其贝塞尔手柄的锚点上方时显示。在贝塞尔手柄的锚点上单击鼠标，即可回缩贝塞尔手柄，并使得穿过锚点的弯曲路径恢复为直线段，如图 3-46 所示。
- （转换锚点指针）：该状态将不带方向线的转角点转换为带有独立方向线的转角点。

图 3-46　回缩贝塞尔手柄

3.3.3　绘制直线和曲线

使用【钢笔工具】可以绘制的最简单路径是直线，通过单击钢笔工具创建两个锚点，继续单击即可创建由转角点连接的直线段组成的路径。如果要创建曲线，可以在曲线改变方向的位置处添加锚点，并拖动构成曲线的方向线。

动手操作　使用钢笔工具绘制图形

1　创建一个空白的文件，然后在【工具】面板中选择【钢笔工具】，此时光标显示为钢笔笔头的形状。

2　打开【属性】面板，设置椭圆工具的笔触颜色、样式、缩放等属性，然后在舞台上单击确定线段起点，再次单击后即可创建直线段，如图 3-47 所示。

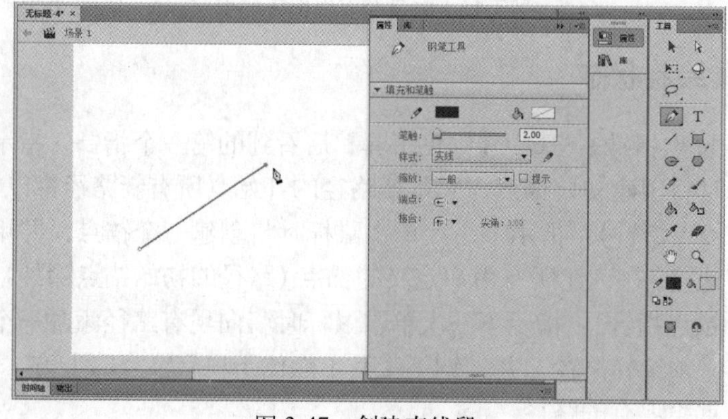

图 3-47　创建直线段

3　在单击舞台后按住鼠标拖动，即可创建曲线段，如图 3-48 所示。在将鼠标移到起点并单击时，即可闭合线段，如图 3-49 所示。

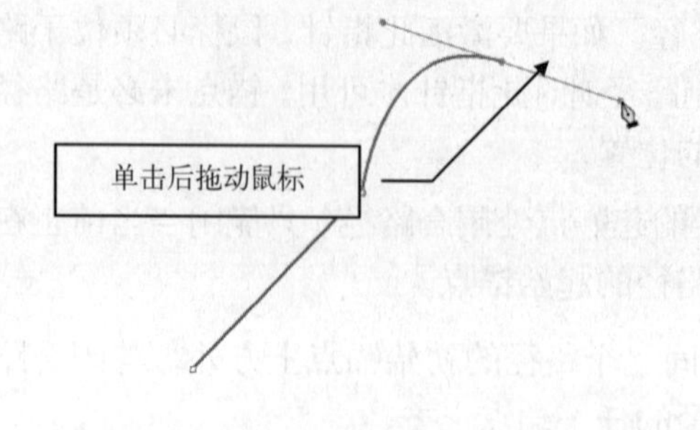

图 3-48　单击后按住鼠标并拖动创建曲线段

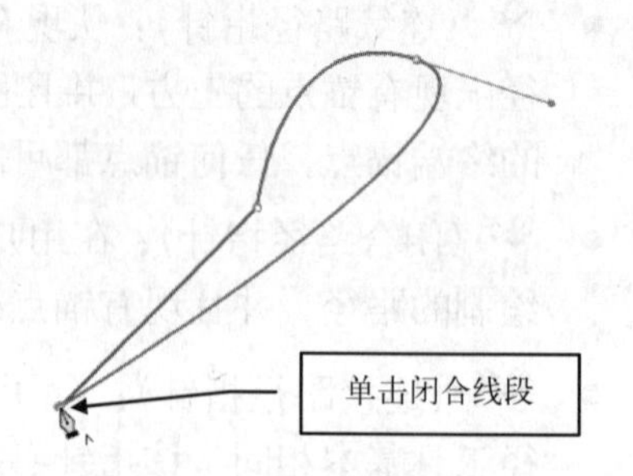

图 3-49　单击起点可闭合线段

3.3.4　调整路径上的锚点

在使用【钢笔工具】绘制曲线时，将创建平滑点（即连续的弯曲路径上的锚点）。在绘制直线段或连接到曲线段的直线时，将创建转角点（即在直线路径上或直线和曲线路径接合处的锚点）。

除了【钢笔工具】外，Flash CC 还提供了【添加锚点工具】、【删除锚点工具】和【转换锚点工具】，它们同样是钢笔工具类的工具，其中添加锚点工具、删除锚点工具和钢笔工具的【添加锚点指针】和【删除锚点指针】状态的作用方法一样。如图 3-50 所示为删除曲线锚点的结果。

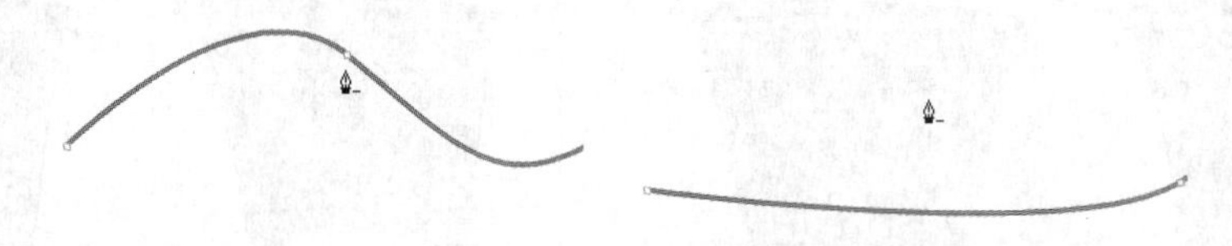

图 3-50　删除曲线的锚点的效果

【转换锚点工具】的作用是将不带方向线的转角点转换为带有独立方向线的平滑点，如图 3-51 所示。

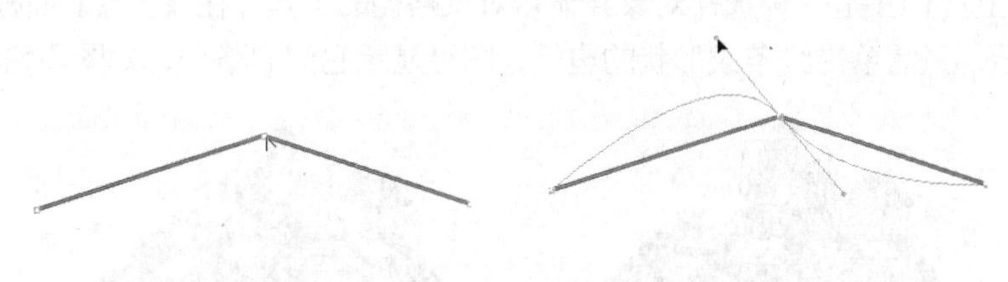

图 3-51　转换锚点

3.4　选择与修改图形

Flash CC 虽然提供了多种绘图的工具，但对于某些特殊的形状，也不能直接使用绘图工具绘出，而是需要通过其他工具适当修改而成。

3.4.1　直接选择图形

在动画制作过程中，修改对象是常要进行的操作。在修改一个对象前，需要先选择它。

在 Flash CC 中，可以使用【选择工具】和【部分选取工具】选择对象。可以只选择对象的笔触，也可以只选择其填充。另外，还可以显示和隐藏所选对象的加亮显示。

1. 用选取工具选择

【选取工具】可以选择全部对象，只需单击某个对象或拖动对象将其包含在矩形选取框内即可。如图 3-52 所示，当要选择插图中书台的一侧填充对象时，使用【选取工具】在该填充对象上单击即可。

如图 3-53 所示，当要选择插图中电脑台全部时，则可以使用【选取工具】拖动将电脑台包含在矩形选取框内。

针对不同的要求，使用【选择工具】选择对象的方法如下。

（1）如果要选择笔触、填充、组、实例或文本块，单击该对象即可。

（2）如果要选择连接线，需要双击其中一条线。

（3）如果要选择填充的形状及其笔触轮廓，可双击填充。

（4）如果要选择矩形区域内的对象，在要选择的一个或多个对象周围拖画出一个选取框。

（5）如果要向选择中添加内容，可以在进行附加选择时按住 Shift 键。

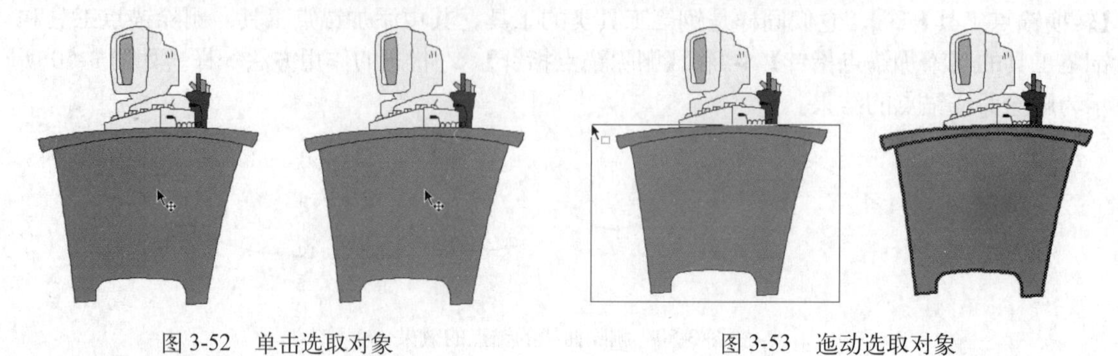

图 3-52　单击选取对象　　　　图 3-53　遮动选取对象

2. 用部分选取工具选择

【部分选取工具】是一种选择对象并显示对象路径的工具，在【工具】面板中选择【部分选取工具】后，只需单击线条或形状的边缘，即可显示它们的路径，如图 3-54 所示。

图 3-54　使用部分选取工具选择对象

3.4.2　使用套索选择图形

在 Flash CC 中，可以使用【套索工具】和【多边形工具】选择形状，只需在形状周围拖出自由形状的选取框，包含在该选取框内的形状就都被选择到，如图 3-55 所示和图 3-56 所示。

图 3-55　使用套索工具选择对象

图 3-56　使用多边形工具选择形状

3.4.3　使用魔术棒选择图形

使用【魔术棒】工具可以选择包含相同或类似颜色的位图区域。在使用【魔术棒】工具时，可以通过【属性】面板设置如图 3-57 所示的选项，说明如下：

- 阈值：【阈值】越大，魔术棒可以选择相似颜色的范围就越大；【阈值】越小，可以选择相似颜色的范围就越小。
- 平滑：设置魔术棒选择图形边缘的平滑度。如图 3-58 所示为选择相似颜色范围的结果。

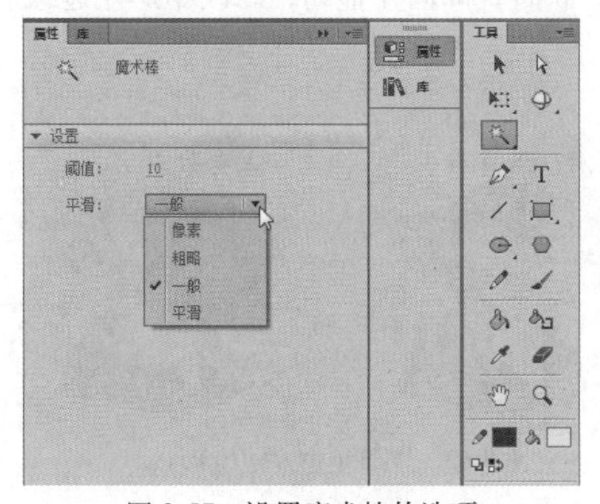

图 3-57　设置魔术棒的选项

图 3-58　使用魔术棒选择类似颜色的位图区域

【魔术棒】工具对于绘制的形状无法使用，但在导入位图后将位图分离成图形时，则可以使用【魔术棒】工具选择类似颜色的位图图形区域。

3.4.4　使用选择工具修改形状

【选择工具】不仅可以选择绘图对象，还可以针对绘图对象的边缘和角点进行修改。

当需要修改绘图对象的边缘形状时，可以先选择【选择工具】，然后移动鼠标到对象边缘处，待指针变成状时，按住图形的边缘并拖动即可调整形状，如图 3-59 所示。

当需要修改绘图对象的边角时，同样先选择【选择工具】，然后移动鼠标到对象的边角处，待指针变成状时，按住图形的边角并拖动即可调整形状，如图 3-60 所示。

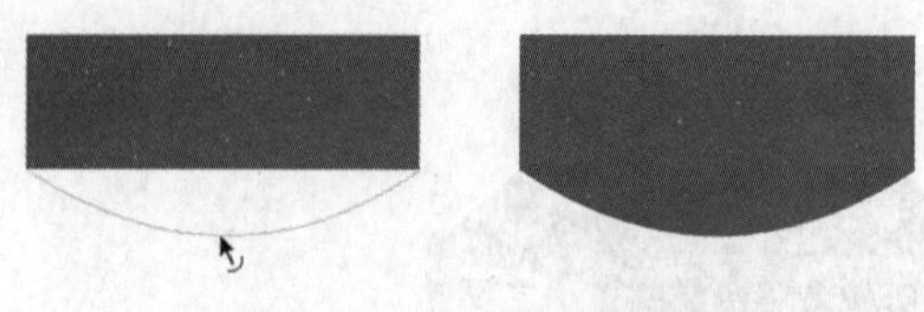

图 3-59 调整对象边缘形状

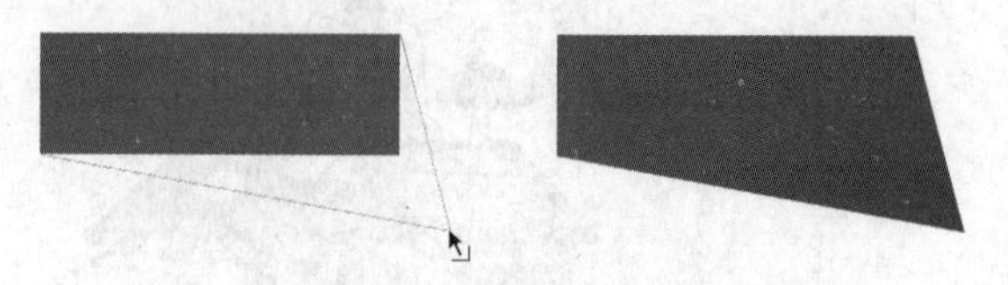

图 3-60 调整对象边角

动手操作 使用选择工具修改形状

1 打开光盘中的“..\Example\Ch03\3.4.4.fla”文件，然后在【工具】面板中选择【选择工具】，接着将鼠标移到舞台插图人物头顶的矩形上边缘，当鼠标变成状时，即向下拖动，修改矩形上边缘形状和笔触，如图3-61所示。

图 3-61 调整矩形上边缘形状

2 将鼠标移到矩形的下边缘上，当鼠标变成状时，即向下拖动，修改矩形下边缘形状和笔触，如图 3-62 所示。

3 将鼠标移到矩形的左边缘上，当鼠标变成状时，即向左拖动，修改矩形左边缘形状和笔触，如图 3-63 所示。

图 3-62 调整矩形下边缘形状

图 3-63 调整矩形左边缘形状

4 将鼠标移到矩形的下边缘右端点上，当鼠标变成状时，即向左下方拖动，修改矩形下边缘右端点的位置，结果如图 3-64 所示。

5 将鼠标移到矩形的上边缘左端点上，当鼠标变成状时，即向左上方拖动，修改矩形上边缘左端点的位置，结果如图 3-65 所示。

图 3-64 调整矩形下边缘的右端点位置

图 3-65 调整矩形上边缘的左端点位置

3.4.5 使用部分选取工具修改形状

【部分选取工具】是一种通过修改路径来改变形状和笔触的工具，在【工具】面板中选用【部分选取工具】后，只需单击线条或图形的边缘，即可显示它们的路径，如图 3-66 所示。此时只需调整路径的位置，或通过路径上的手柄调整路径形状，即可改变线条和图形形状，如图 3-67 所示。

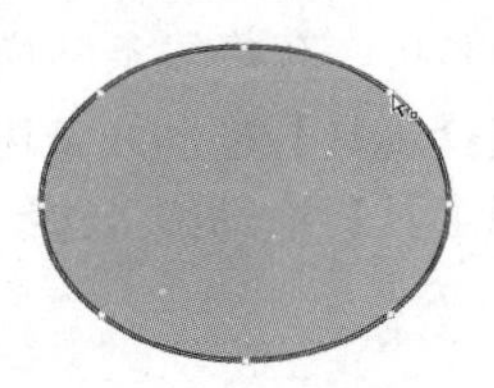

图 3-66 显示路径

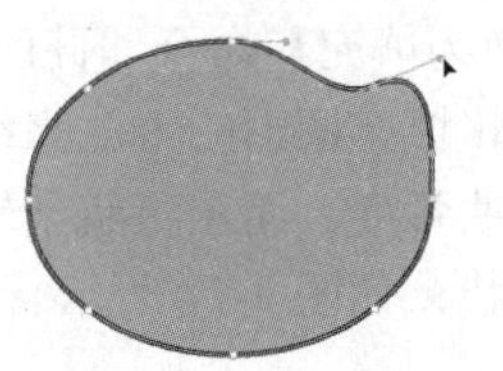

图 3-67 调整路径

使用【部分选取工具】修改填充图形时，需要单击图形的边缘，才可以显示该图形的路径，否则【部分选取工具】不会产生作用。

动手操作 使用部分选取工具修改形状

1 打开光盘中的“..\Example\Ch03\3.4.5.fla”文件，然后在【工具】面板中选择【部分选取工具】，将鼠标移到舞台矩形对象边缘并单击，显示形状的路径，如图 3-68 所示。

图 3-68 显示形状的路径

2 选择【转换锚点工具】，然后按住矩形对象上边缘中间的锚点并轻移，以显示出锚点的方向手柄，接着选择【部分选取工具】并按住手柄并移动鼠标调整路径的形状，结果如图 3-69 所示。

3 使用步骤 2 的方法，使用【转换锚点工具】拉出矩形对象下边缘中间锚点的方向手柄，然后通过【部分选取工具】调整锚点的方向手柄，修改下边缘路径的形状，最后在舞台空白处单击即可，如图 3-70 所示。

图 3-69 调整矩形上边缘路径的形状

图 3-70 调整矩形下边缘路径的形状

3.4.6 其他修改形状的方法

通过【将线条转换为填充】、【扩展填充】和【柔化填充边缘】命令也可以修改绘图对象的形状。

1. 将线条转换为填充

如果要将线条转换为填充，可以先选择一条或多条线条，然后选择【修改】|【形状】|【将线条转换为填充】命令，此时选定的线条将转换为填充形状。在将线条转换为填充后，可以使用编辑填充图形的方法来编辑线条。例如，使用【选择工具】拖动线条边缘，只会改变线条的弯曲弧度，而在将线条转换为填充后，使用【选择工具】拖动线条边缘时会改变线条边缘的形状，如图3-71所示。

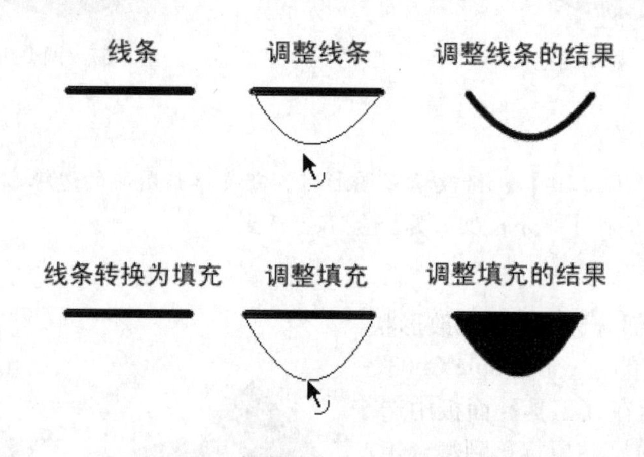

图3-71 调整线条与调整填充的区别

2. 扩展填充

如果要扩展填充对象的形状，可以先选择一个填充形状，然后选择【修改】|【形状】|【扩展填充】命令，打开【扩展填充】对话框后，输入距离的像素值并设置扩展方向即可，如图3-72所示。

当扩展方向为【扩展】时，则放大形状；当扩展方向为【插入】时，则缩小形状，如图3-73所示。

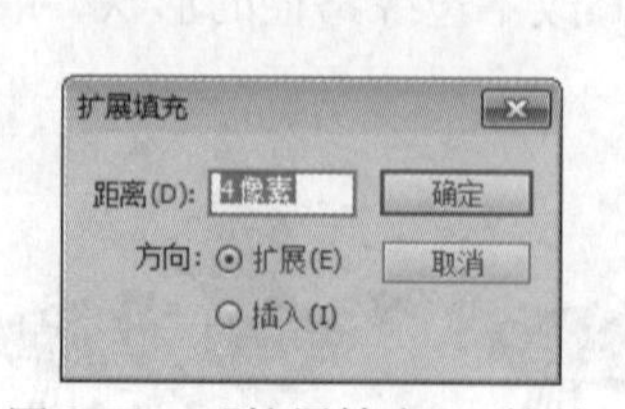

图3-72 【扩展填充】对话框

图3-73 不同扩展方向的扩展填充效果

3. 柔化填充边缘

如果要柔化绘图对象的边缘，可以先选择一个填充图形，然后选择【修改】|【形状】|【柔化填充边缘】命令，打开【柔化填充边缘】对话框后，设置距离、步骤数、方向等选项，最后单击【确定】按钮即可，如图3-74所示。柔化填充边缘的结果如图3-75所示。

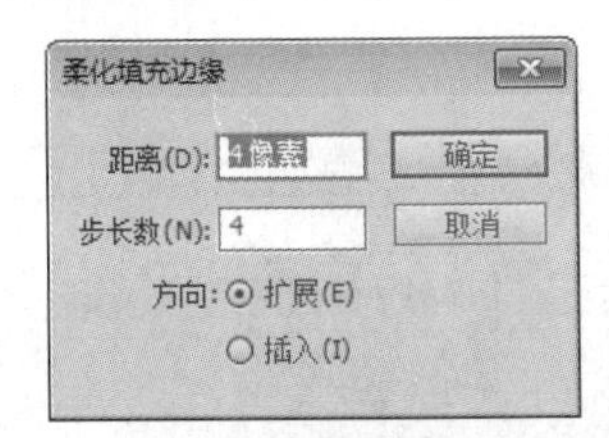

图3-74 【柔化填充边缘】对话框

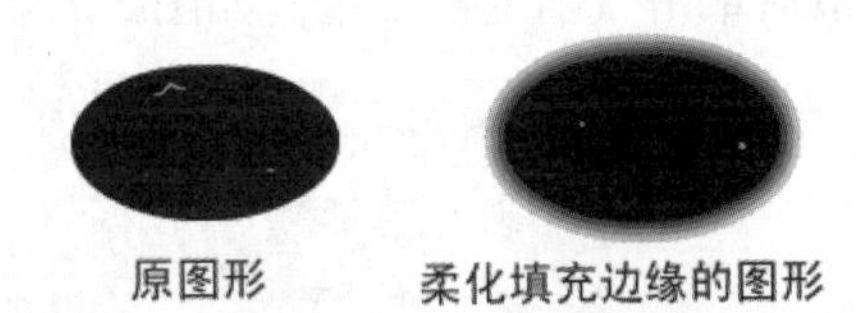

图3-75 柔化图形填充边缘的结果

【柔化填充边缘】对话框的设置选项说明如下。

- 距离：柔边的宽度（用像素表示）。
- 步长数：控制用于柔边效果的曲线数。使用的步长数越多，效果就越平滑。增加步骤数还会使文件变大并降低绘画速度。
- 方向（扩展或插入）：控制柔化边缘时是放大还是缩小形状。

3.5 课堂实训

下面通过绘制心形形状和绘制心形气球两个范例，介绍绘制和修改形状的方法。

3.5.1 绘制心形形状

下面通过绘制心形形状范例，介绍绘图和修改形状的应用。在本例中，首先绘制一个等边三角形，然后分别使用【选择工具】和【部分选取工具】将图形修改成心形的形状，如图3-76所示。

图3-76 绘制心形形状的结果

动手操作 绘制心形图形

1 打开光盘中的“..\Example\Ch03\3.5.1.fla”文件，然后在【工具】面板中选择【多角星形工具】，打开【属性】面板，设置笔触颜色为【深红色（#990000)】、填充颜色为

【粉红色（#FF6565）】，单击【选项】按钮，在打开的对话框中设置样式为【多边形】、边数为3，最后单击【确定】按钮，如图3-77所示。

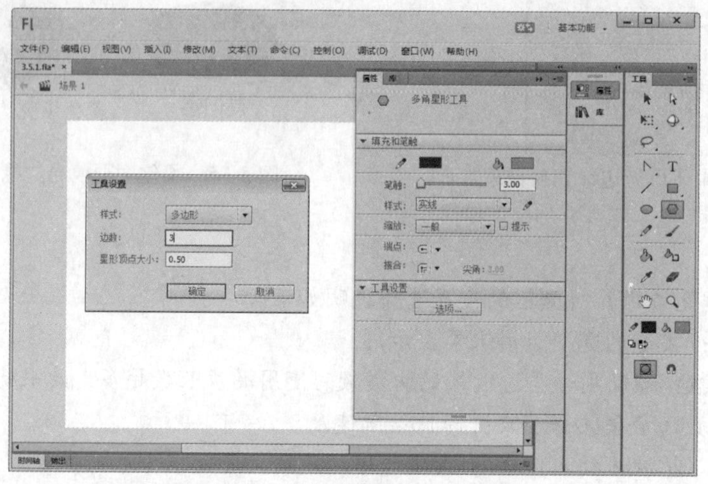

图3-77 设置多角星形工具属性

2 将鼠标移到舞台上，然后拖动鼠标绘制一个三角形，如图3-78所示。

3 在【工具】面板中选择【选择工具】，然后将鼠标移到三角形右下边的边缘上，调整该边缘的形状。使用相同的方法，调整三角形左下边缘的形状，如图3-79所示。

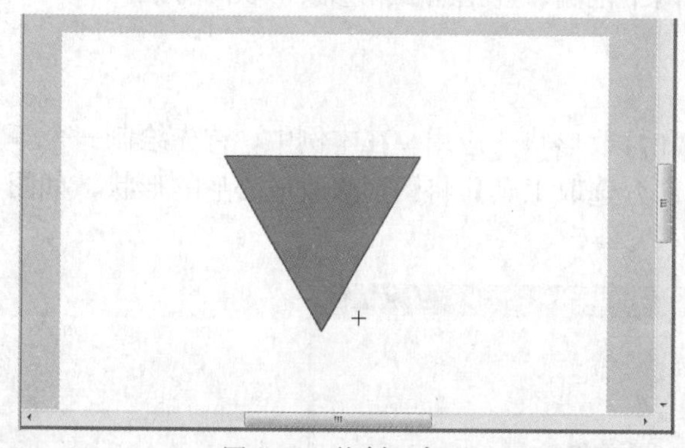

图3-78 绘制三角形

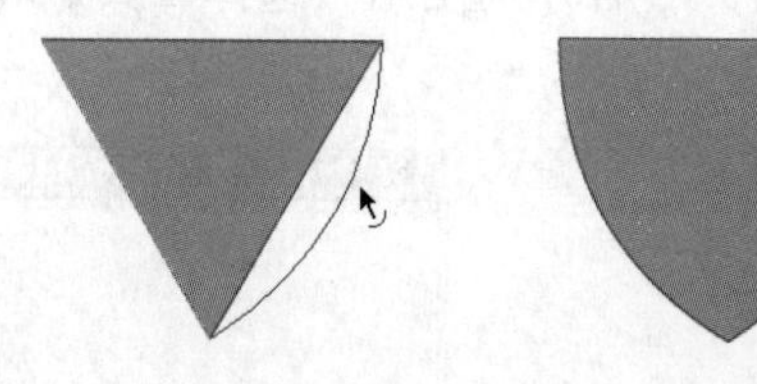

图3-79 调整三角形边缘形状

4 在【工具】面板中选择【部分选取工具】，然后在对象边缘上单击显示路径，接着调整图形下方的锚点手柄，将对象调整成如图3-80所示的形状。

5 在【工具】面板中选择【钢笔工具】，然后在对象上方边缘中央位置上单击，添加一个路径锚点，以便后续利用这个锚点调整形状，如图3-81所示。

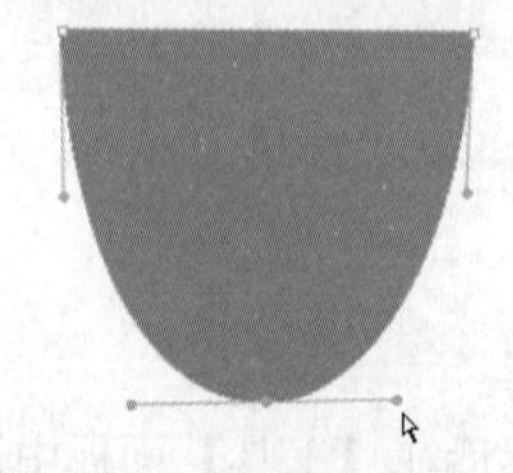

图3-80 使用部分选取工具调整对象下部的形状

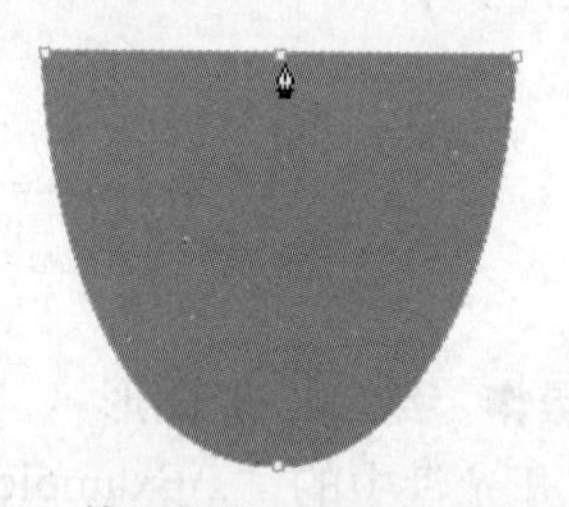

图3-81 使用钢笔工具添加路径锚点

6　在【工具】面板中选择【部分选取工具】，然后将步骤 5 添加的锚点移到下方，接着选择图形右上方的锚点，向上拖动该锚点的手柄，调整图形形状，最后使用相同的方法，调整图形左上方锚点和图形下方控制的手柄，如图 3-82 所示。

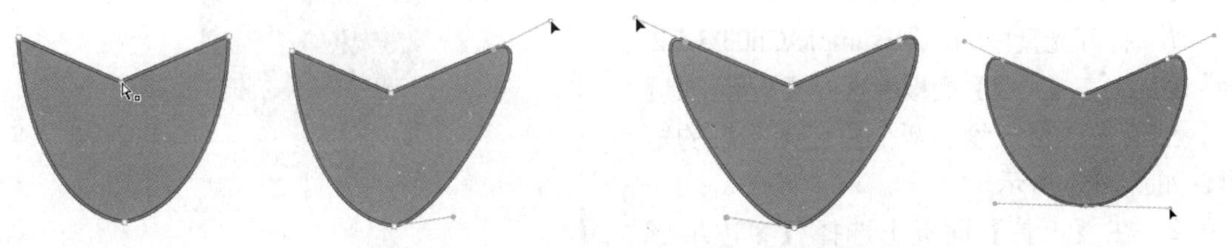

图 3-82　使用部分选取工具调整对象下部的形状

7　在【工具】面板中选择【选择工具】，然后将鼠标移到对象右上方的边缘上，向上拖动边缘，接着使用相同的方法，调整对象左上方边缘的形状，如图 3-83 所示。

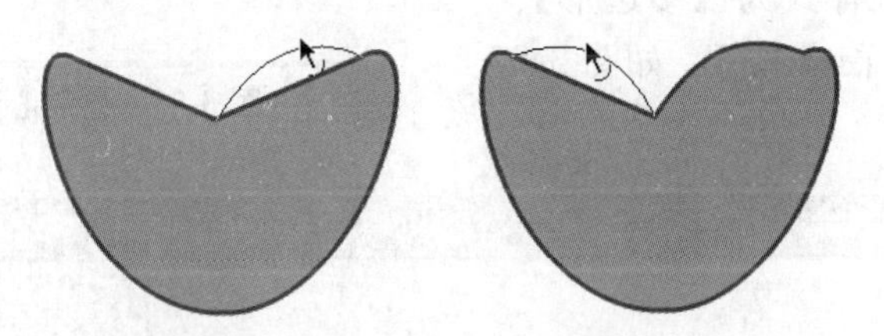

图 3-83　调整图形上方左右边缘的形状

8　在【工具】面板中选择【部分选取工具】，然后选择对象左上方的锚点，并向上移动该控制右边的手柄，调整对象左上方的形状。使用相同的方法调整对象右上方的形状，接着选择对象下方的锚点，同时按住 Alt 键调整该锚点左右两边的控制手柄，调整图形下部分的弧度，最后将图形上方中央的锚点向上移动，如图 3-84 所示。

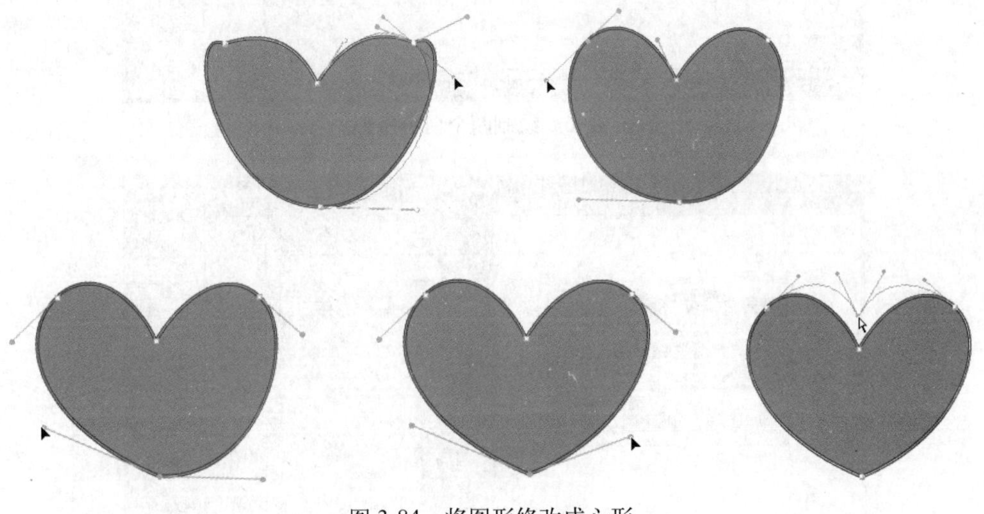

图 3-84　将图形修改成心形

3.5.2　绘制心形气球

下面通过【矩形工具】、【多边星形工具】、【刷子工具】、【线条工具】以及【部分选取工具】等多个工具，将上例设计的心形形状绘制成心形气球图形，结果如图 3-85 所示。

动手操作　绘制心形气球

1 打开光盘中的“..\Example\Ch03\3.5.2.fla”文件，在【工具】面板中选择【矩形工具】，然后在心形上绘制两个白色无笔触的矩形，如图 3-86 所示。

2 在【工具】面板上选择【多边星形工具】，打开【属性】面板，设置笔触颜色为【深红色（#990000)】、填充颜色为【粉红色（#FF6565)】，然后单击【选项】按钮，在打开的对话框中设置样式为【多边形】、边数为 3，最后单击【确定】按钮，如图 3-87 所示。

图 3-85　绘制心形气球的结果

图 3-86　绘制两个白色矩形

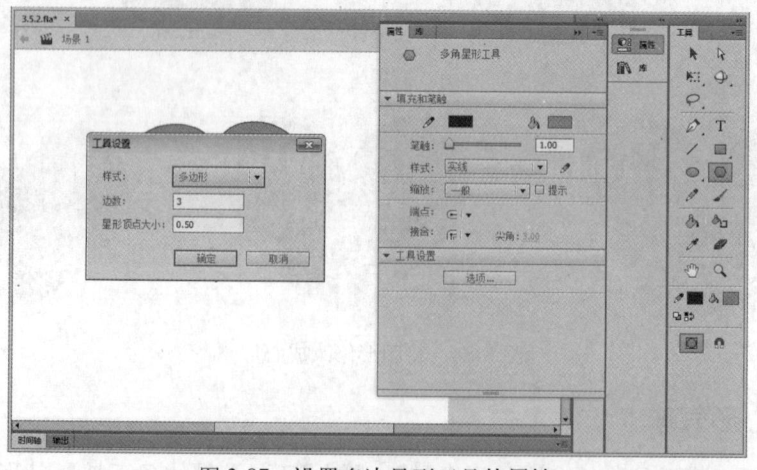

图 3-87　设置多边星形工具的属性

3　使用【多边星形工具】在心形对象下方绘制一个三边形，然后选择【选择工具】，再将三边形拖到心形对象的下角处，如图 3-88 所示。

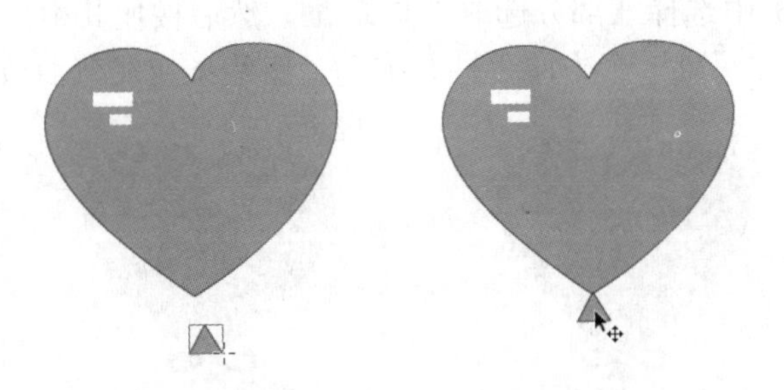

图 3-88　绘制三边形并调整位置

4　选择【刷子工具】，设置刷子的大小、形状和填充颜色【#990066】，接着在心形和多边形连接处绘制一个横放着的“8”字形状，作为扎起气球图形的索结，如图 3-89 所示。

图 3-89　绘制气球索结形状

5　选择【线条工具】，打开【属性】面板设置工具的笔触颜色【#990066】和笔触大小，然后在索结图形中央处向下绘制一条直线，如图 3-90 所示。

图 3-90　绘制直线

6 选择【添加锚点工具】，在直线上半部分中添加一个锚点，选择【转换锚点工具】，按住直线对象的锚点并轻移，以显示出锚点的方向手柄，如图 3-91 所示。

7 在【工具】面板中选择【部分选取工具】，然后按住其中一个方向手柄并拖动，调整线条的弧度，再按住另外一个方向手柄并拖动，将线条变成弯曲效果，如图 3-92 所示。

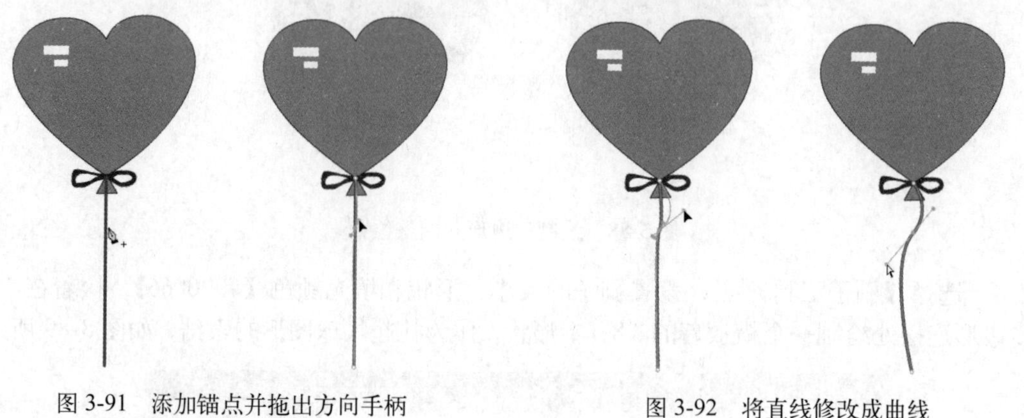

图 3-91 添加锚点并拖出方向手柄

图 3-92 将直线修改成曲线

3.6 本章小结

本章主要介绍了绘图基础、绘图工具的应用、绘图对象形状的修改等内容，并通过多个范例介绍了在 Flash CC 中绘制和修改矢量图的方法。在后续章节的学习中，可以利用本章掌握的绘图技巧进行动画设计。

3.7 习题

一、填充题

（1）根据表示方式的不同，计算机中的图形一般可以分为______和______两种类型。

（2）矢量图形使用________、________和________描述图像，这些矢量还包括颜色和位置属性。

（3）位图图形使用在网格内排列的称作________的彩色点来描述图像。

（4）Flash CC 有________和________两种绘图模式。

（5）路径由一个或多个________或________组成。

二、选择题

（1）使用哪种绘图模式绘图是一个独立的对象，它们不影响其他图形？（ ）

A. 合并绘制模式　　B. 对象绘制模式

C. 矢量图绘制模式　　D. 位图绘制模式

（2）如果想要绘制一个正方形图形，可以选择【矩形工具】后，再按住哪个键后拖动鼠标来绘制？（ ）

A. Ctrl 键　　B. Alt 键　　C. Shift 键　　D. Tab 键

（3）路径可以具有两种锚点，这两种锚点是下面哪项？（ ）

A. 直线点和曲线点　　B. 折点和圆点
C. 中心点和平滑点　　D. 角点和平滑点

(4) 使用【部分选取工具】修改填充绘图对象时，需要单击对象的哪部分才可以显示该对象的路径？（　）

A. 边缘　　B. 填充　　C. 中心点　　D. 角点

三、上机实训题

使用【椭圆工具】绘制一大一小两个椭圆形，然后使用【铅笔工具】在大椭圆形内绘制一个问号形状，形成一个人在思考的卡通绘图效果，如图 3-93 所示。

图 3-93　上机实训题绘图的结果

提示

(1) 在【工具】面板中选择【椭圆工具】，然后打开【属性】面板，设置笔触颜色为【深红色】、填充颜色为【无】、笔触大小为 3。

(2) 在舞台的人物图形右上方分别绘制一个大和一个小的椭圆形。

(3) 在【工具】面板中选择【铅笔工具】，设置笔触颜色为【橙色】、笔触大小为 10。

(4) 在大的椭圆形内绘制一个问号对象。

第 4 章　管理和修改动画的资源

教学提要

本章主要介绍 Flash CC 中管理和修改动画资源的内容，包括元件的创建和编辑、使用【库】管理资源、创建与编辑元件实例的方法、交换和分离元件实例的方法、各种动画对象变形处理的技巧等。

4.1　创建与应用动画元件

元件是指在 Flash 创作环境中或使用 Button(AS 2.0)、SimpleButton(AS 3.0)和 MovieClip 类创建过一次的图形、按钮或影片剪辑。当创建这些元件后，可以在整个文档或其他文档中重复使用这些元件。在 Flash 中，常用的元件有图形元件、按钮元件和影片剪辑元件。

4.1.1　元件类型

在 Flash CC 中，每个元件都有一个唯一的时间轴和舞台以及图层。可以将帧、关键帧和图层添加至元件时间轴，就像可以将它们添加至主时间轴一样。如图 4-1 所示为不同元件在【库】面板中的显示形式。

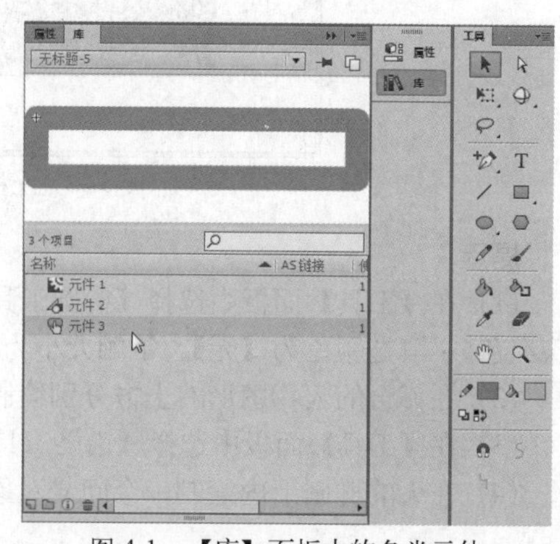

图 4-1　【库】面板中的各类元件

在创建元件时，需要选择元件类型，具体元件类型说明如下。

- 图形元件：可用于静态图像，并可用来创建连接到主时间轴的可重用动画片段。图形元件与主时间轴同步运行。另外，交互式控件和声音在图形元件的动画序列中是不起作用的，而且图形元件在 Flash 文件中的尺寸小于按钮或影片剪辑。
- 按钮元件：可以创建用于响应鼠标单击、滑过或其他动作的交互式按钮。可以定义与各种按钮状态关联的图形，然后将动作指定给按钮实例。
- 影片剪辑元件：可以创建可重用的动画片段。影片剪辑拥有各自独立于主时间轴的多帧时间，可以将多帧时间轴看做是嵌套在主时间轴内，它们可以包含交互式控件、声音甚至其他影片剪辑实例。另外，也可以将影片剪辑实例放在按钮元件的时间轴内，以创建动画按钮，甚至可以使用 ActionScript 对影片剪辑进行改编。

4.1.2　多方法创建元件

在 Flash 中，可以通过菜单命令创建新元件，也可以通过【库】面板创建新元件。

1．通过菜单命令创建新元件

先打开【插入】菜单，然后选择【新建元件】命令，或者按 Ctrl+F8 快捷键，打开【创建新元件】对话框后，设置元件的名称、类型选项，接着单击【确定】按钮创建新元件，如图 4-2 所示。

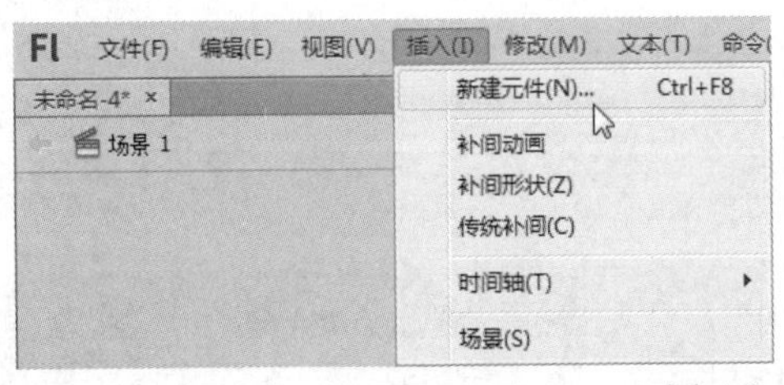

图 4-2　创建新元件

2．通过【库】面板创建新元件

首先选择【窗口】|【库】命令，打开【库】面板后，单击【新建元件】按钮，打开【创建新元件】对话框后，设置元件的名称、类型选项，接着单击【确定】按钮创建新元件。

此外，还可以单击【库】面板右上角的按钮，从打开的快捷菜单中选择【新建元件】命令，通过【创建新元件】对话框设置元件选项创建新元件，如图 4-3 所示。

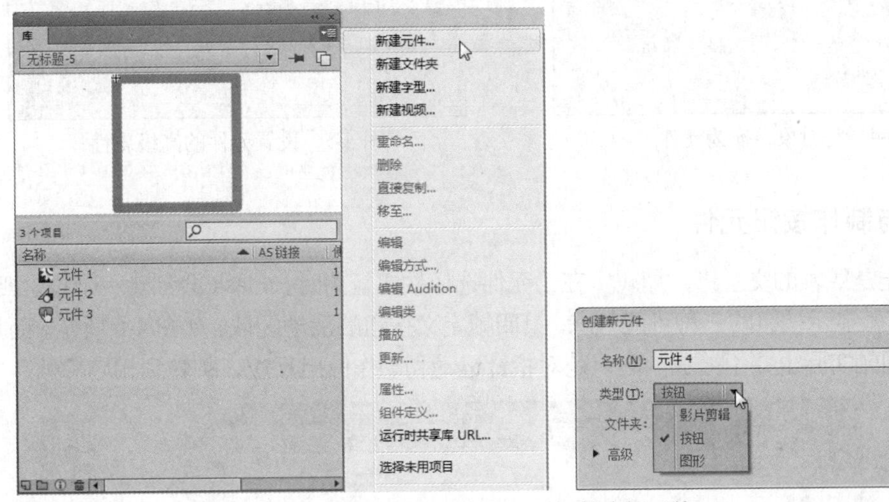

图 4-3　通过【库】面板创建新元件

4.1.3　将对象转换为元件

在舞台上选择需要转换为元件的对象（例如选择一个矢量图形），然后在对象上单击右键，从打开的快捷菜单中选择【转换为元件】命令，接着在打开的【转换为元件】对话框中设置元件选项，最后单击【确定】按钮即可将选定的对象转换成元件，如图 4-4 所示。

在【转换为元件】对话框中，可以单击【高级】按钮，打开高级选项卡。可以在此设置更多元件属性选项，例如元件链接标识符、共享 URL 地址等，如图 4-5 所示。

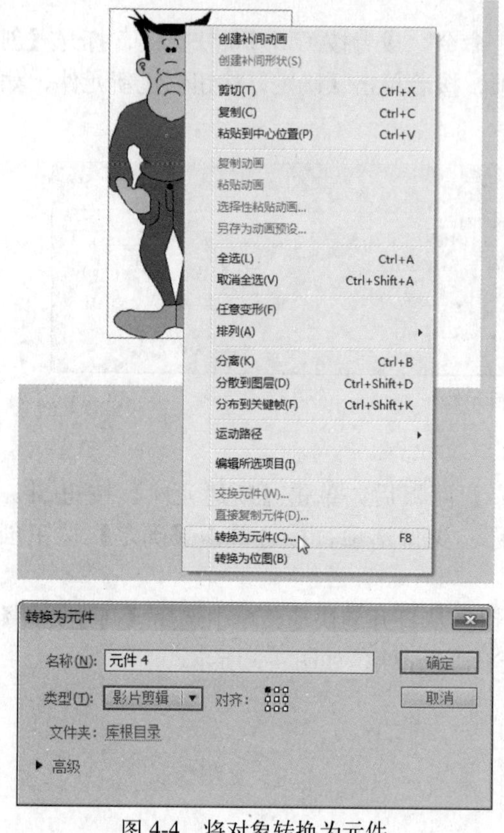

图 4-4 将对象转换为元件

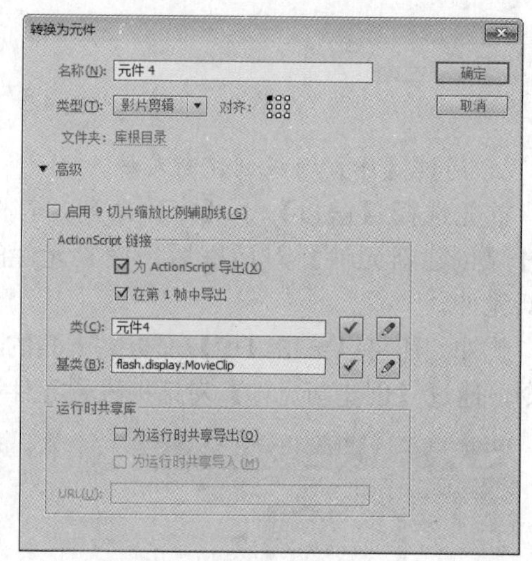

图 4-5 设置元件的高级属性

4.1.4 创建与制作按钮元件

按钮实际上是四帧的交互影片剪辑。在为元件选择按钮行为时，Flash 会创建一个包含四帧的时间轴，前三帧显示按钮的三种可能状态，第四帧定义按钮的活动区域，如图 4-6 所示。而且，按钮元件的时间轴实际上并不播放，它只是对指针运动和动作做出反应，跳转到相应的帧。

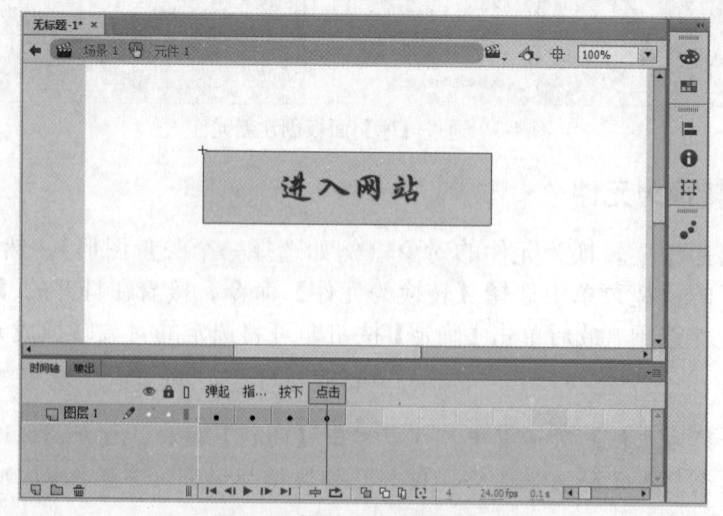

图 4-6 按钮元件的编辑窗口

按钮元件的时间轴上的每 1 帧都有一个特定的功能。

（1）第 1 帧是弹起状态：代表指针没有经过按钮时该按钮的状态。

（2）第 2 帧是指针经过状态：代表指针滑过按钮时该按钮的外观。

（3）第 3 帧是按下状态：代表单击按钮时该按钮的外观。

（4）第 4 帧是点击状态：定义响应鼠标单击的区域。此区域在 SWF 文件中是不可见的。

下面将通过创建一个弹起状态和指针经过状态下的图形颜色不相同的按钮元件，介绍创建按钮元件的方法。

动手操作　创建按钮元件

1　打开光盘中的“..\Example\Ch04\4.1.4.fla”练习文件，选择图层 2 的第 1 帧，然后选择【插入】｜【新建元件】命令，打开【创建新元件】对话框后，设置元件的名称、类型选项，单击【确定】按钮，如图 4-7 所示。

2　选择【矩形工具】，打开【属性】面板，设置笔触颜色为【无】、填充颜色为【黄色】，然后在【弹起】帧上绘制一个矩形，如图 4-8 所示。

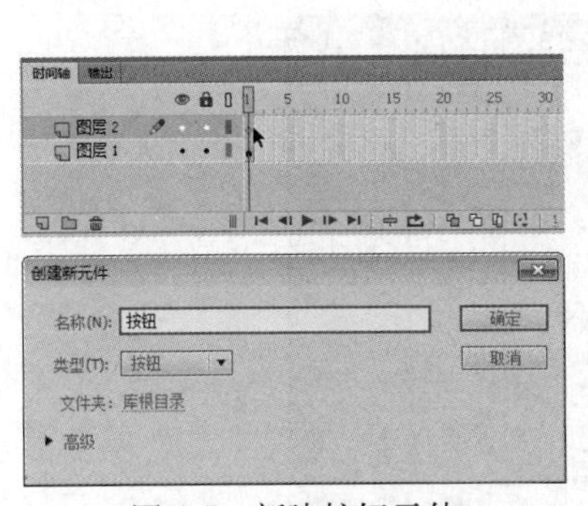

图 4-7　新建按钮元件

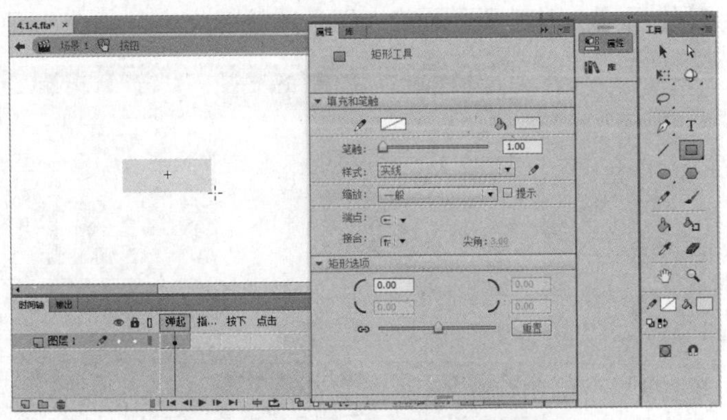

图 4-8　在【弹起】状态帧上绘制矩形

3　在【指针经过】状态帧上按 F6 功能键插入关键帧，然后删除该状态帧下的图形对象，修改图形的颜色为【紫色】，如图 4-9 所示。

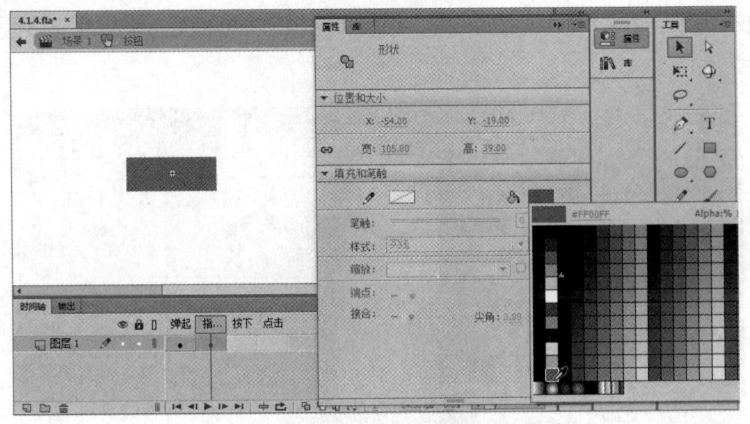

图 4-9　插入关键帧并修改图形的颜色

4　在【点击】状态帧上插入关键帧，然后在工具箱中选择【矩形工具】，设置笔触颜色为【无】、填充颜色为【蓝色】，接着在按钮图形上绘制一个矩形，作为按钮元件响应鼠

标单击的区域，如图 4-10 所示。

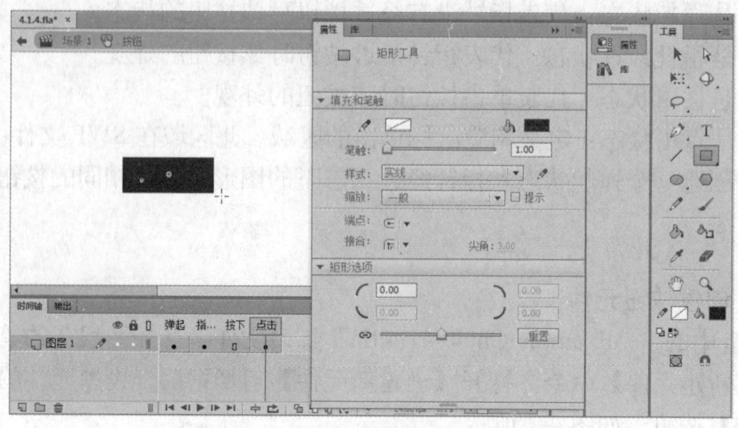

图 4-10　绘制响应鼠标单击的区域图形

5　在【时间轴】面板中单击【新建图层】按钮，新增图层 2 后选择【弹起】状态帧，然后使用【文本工具】输入红色的按钮文字，如图 4-11 所示。

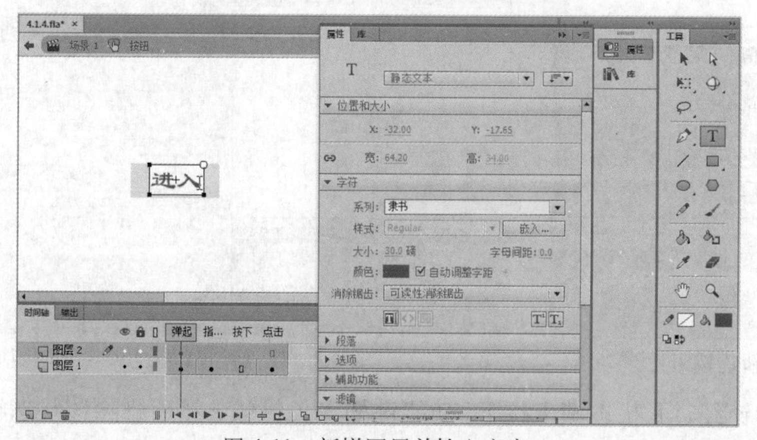

图 4-11　新增图层并输入文字

6　单击编辑窗口上的【场景 1】按钮，返回场景中，然后将新增的按钮元件加入舞台即可，如图 4-12 所示。

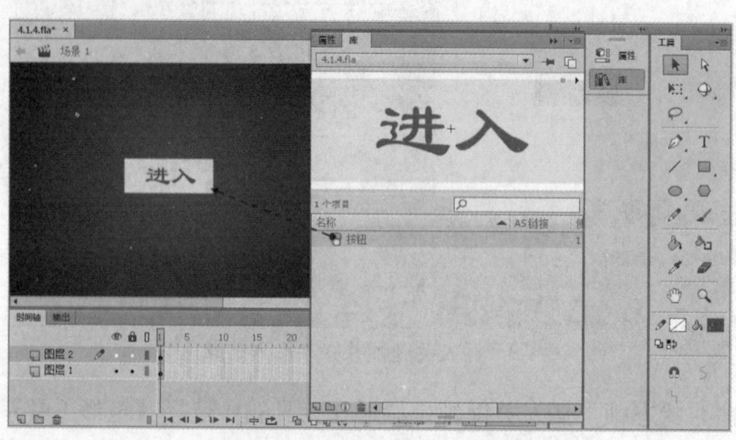

图 4-12　将按钮元件加入舞台

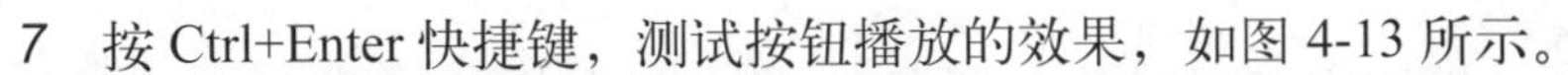

7　按 Ctrl+Enter 快捷键，测试按钮播放的效果，如图 4-13 所示。

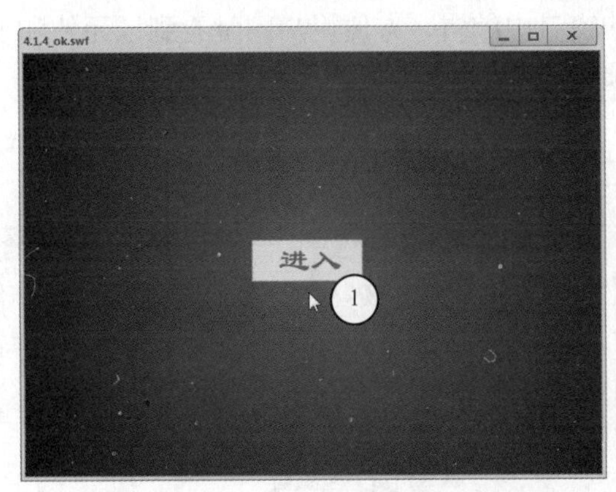

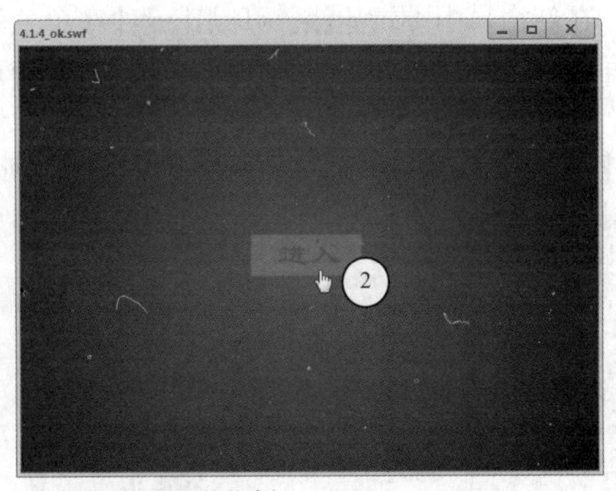

（1.鼠标没移到按钮上的状态；2.鼠标移到按钮上的状态）

图 4-13　测试按钮播放效果

默认情况下，Flash 在用户创建按钮时会将它们保持在场景中处于禁用状态，从而可以更容易选择和处理这些按钮。当按钮处于禁用状态时，单击该按钮就可以选择它。当按钮处于启用状态时，它会响应用户已指定的鼠标事件，就如同 SWF 文件正在播放时一样。因此，在将按钮元件加入舞台后，可以直接选择【控制】|【启用简单按钮】命令，启用按钮以便快速测试其效果。测试完成后，可以再次选择该命令，禁用按钮。

4.1.5　多方式编辑元件

在编辑元件时，Flash 会更新文档中该元件的所有实例。

1. 在当前位置编辑

在当前位置编辑元件时，元件在舞台上可以与其他对象一起进行编辑，而其他对象以灰显方式出现，从而将它们和正在编辑的元件区别开。正在编辑的元件的名称显示在舞台顶部的编辑栏内，位于当前场景名称的右侧。

如果要在当前位置编辑元件，可以选择元件，然后在选择【编辑】|【在当前位置编辑】命令，或者直接双击元件即可，如图 4-14 所示。

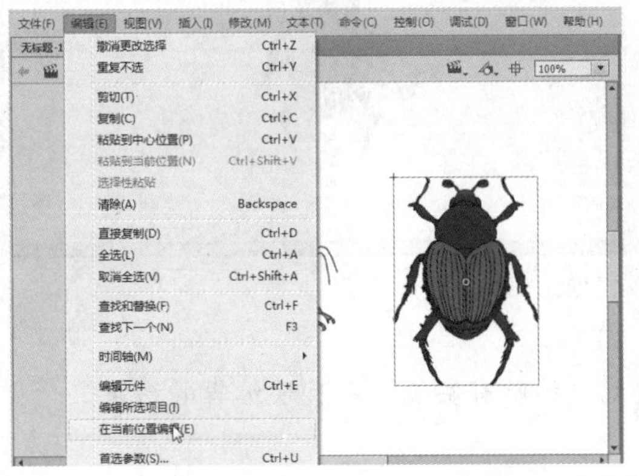

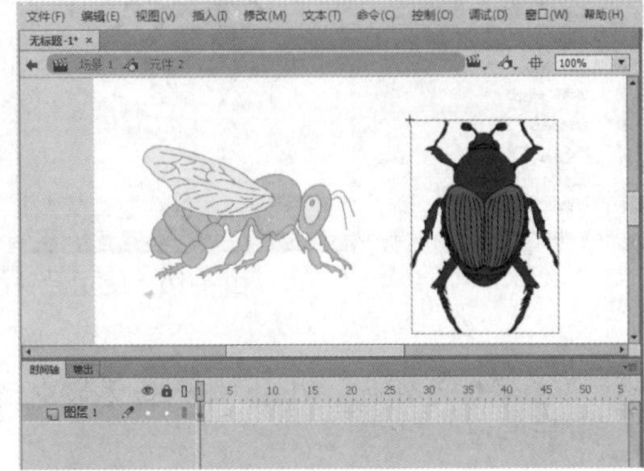

图 4-14　在当前位置编辑元件

2. 在新窗口中编辑

在新窗口中编辑元件，可以让元件在单独的窗口中编辑，方便用户同时看到该元件和主时间轴。正在编辑的元件的名称会显示在舞台顶部的编辑栏内。

如果要在新窗口中编辑元件，可以选择元件并单击右键，然后从打开的快捷键菜单中选择【在新窗口中编辑】命令即可，如图 4-15 所示。

图 4-15　在新窗口中编辑元件

在新窗口中编辑元件后，可以直接按 Ctrl+S 快捷键保存编辑结果，该结果会保存在元件中，同时反映在元件所在的源文件。

3. 使用元件编辑模式编辑元件

使用元件编辑模式，可以将窗口从舞台视图更改为只显示该元件的单独视图来编辑它。正在编辑的元件的名称会显示在舞台顶部的编辑栏内，位于当前场景名称的右侧。

如果要使用元件编辑模式编辑元件，可以选择元件并单击右键，然后从打开的快捷键菜单中选择【编辑】命令，或者选择【编辑】｜【编辑元件】命令即可，如图 4-16 所示。

图 4-16　使用元件编辑模式编辑元件

在编辑元件时，Flash 将更新文档中该元件的所有实例，以反映编辑的结果。

4.2　管理【库】面板资源

Flash 文件中的【库】存储了在 Flash 创作环境中创建或在文件中导入的媒体资源，包括元件、位图、视频、声音等。

在菜单栏中选择【窗口】|【库】命令(或者按 Ctrl+L 快捷键)，可以打开【库】面板，如图 4-17 所示。

【库】面板主要分为 4 个区域，最上方的列表框用于选择当前打开的 Flash 文件；中间的预览窗口用于显示被选择的库资源；下方的库资源列表列出了库中的所有对象，在此可以了解对象的名称、类型、使用次数和链接；面板底部为功能按钮组，包括【新建元件】、【新建文件夹】、【属性】、【删除】等按钮。

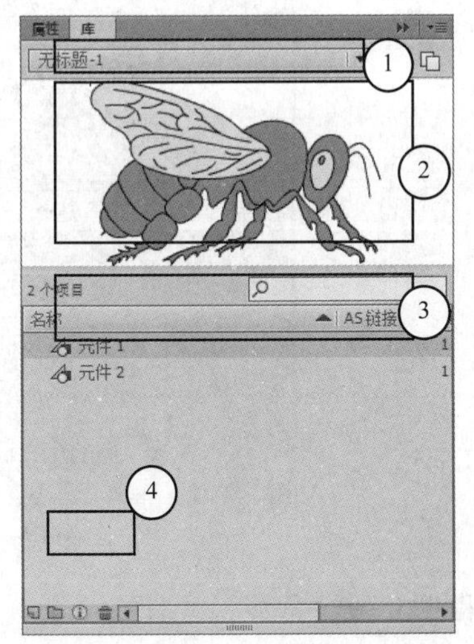

(1.源文件列表框；2.预览窗口；3.库资源列表；4.功能按钮组)

图 4-17　【库】面板

4.2.1　使用【库】面板

可以通过【库】面板创建新元件。当不再使用该元件时，也可以通过【库】面板将其删除。在元件众多时，可以利用文件夹来管理元件。

1. 新建与删除元件

在 4.1.2 中已经介绍过通过【库】面板新建元件的方法，在此不再赘述。如果需要将不用的元件删除，则可以选择元件，然后单击【库】面板中的【删除】按钮，或在元件上单击右键并从快捷菜单中选择【删除】命令即可，如图 4-18 所示。

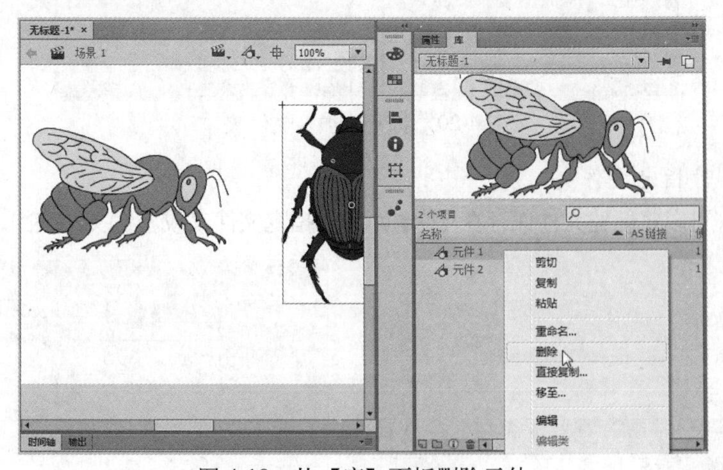

图 4-18　从【库】面板删除元件

2. 新建与删除文件夹

当库中保存了较多的元件时，可以在【库】面板中新建文件夹，以便组织和管理元件。只需单击【库】面板左下角的【新建文件夹】按钮，然后输入文件夹的名称即可（也可保留默认名称）新建文件夹，如图 4-19 所示。选择文件夹，然后单击【删除】即可删除文件夹。

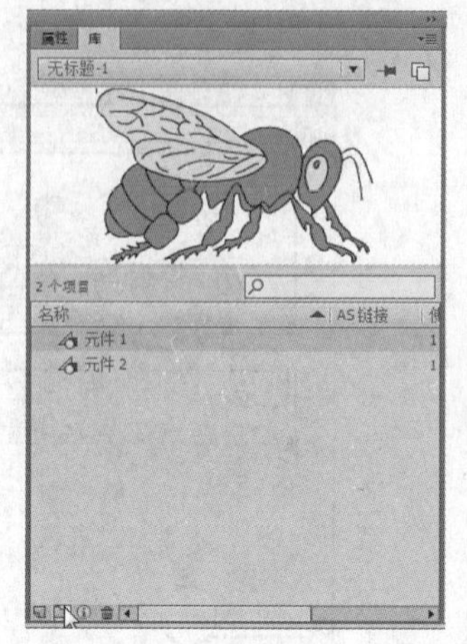

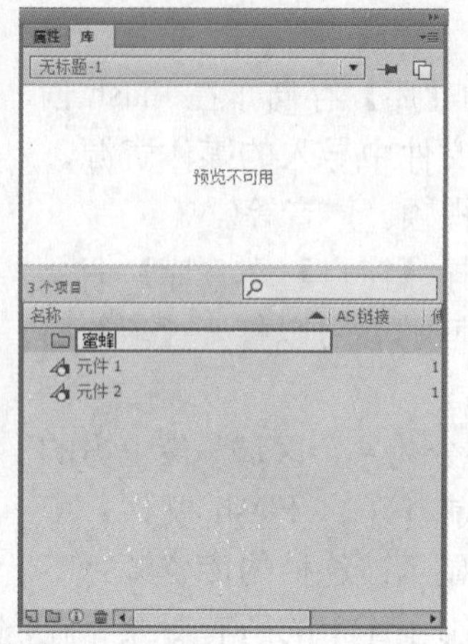

图 4-19　新建文件夹并输入名称

3. 将现有的对象加入文件夹

如果【库】面板的根目录中已经存在元件及其他对象，那么在需要使用文件夹放置这些元件或对象时，可以选中对象，然后拖到指定的文件夹内，如图 4-20 所示。

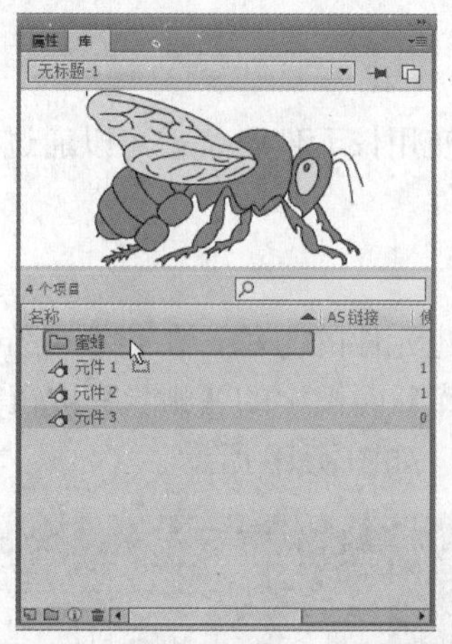

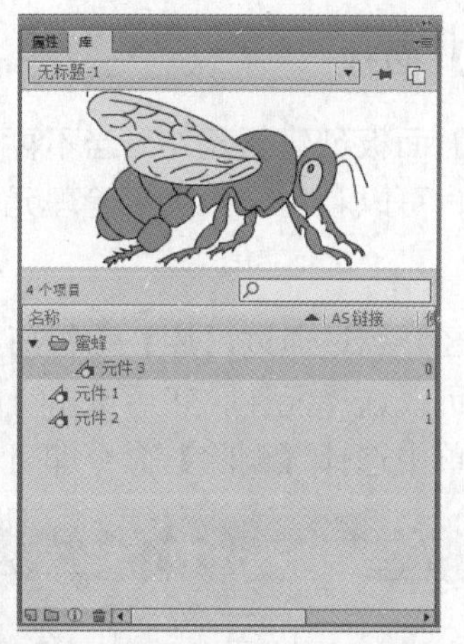

图 4-20　将元件加入文件夹

4. 新建元件时指定文件夹

新建元件时，可以将新建元件保存在【库】面板的指定文件夹或新建文件夹内，如图 4-21 所示。

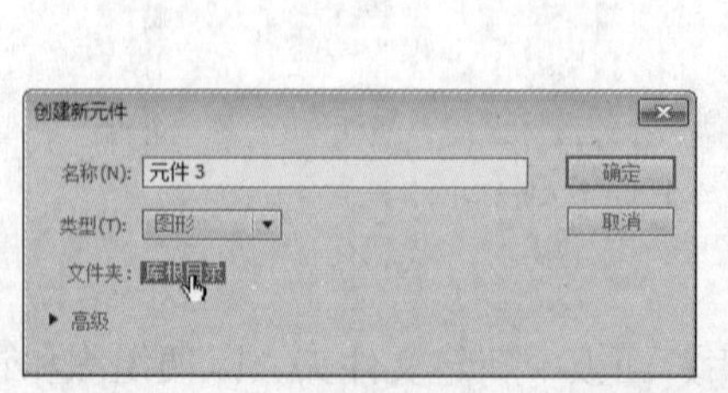

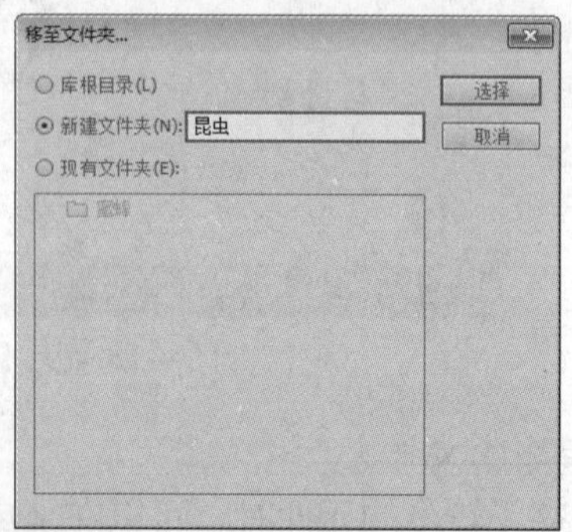

图 4-21　新建元件时指定文件夹

4.2.2　查看与设置库项目属性

在【库】面板中，可以根据需要查看每个库项目的属性，例如查看位图的大小、像素等。在创建元件后，也可以通过【库】面板查看该元件的属性，例如查看元件的类型和它的设置。

选择该项目，然后单击【库】面板下方的【属性】按钮，或者在库项目上单击右键并选择【属性】命令，此时将打开对话框，通过此对话框可查看对象的属性，如图 4-22 所示。

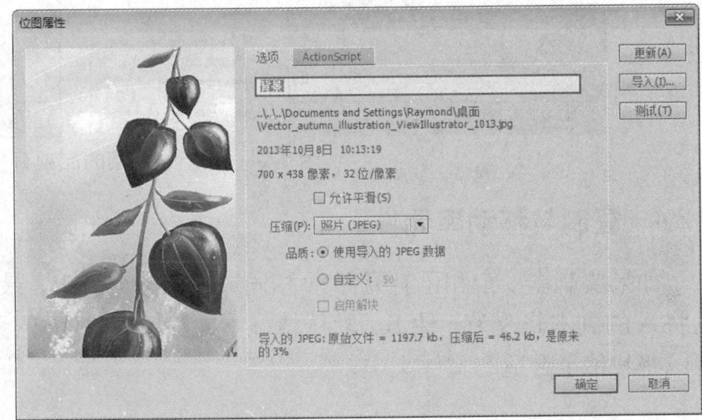

图 4-22　查看位图的属性

如果库项目是元件，则会打开【元件属性】对话框，如图 4-23 所示。

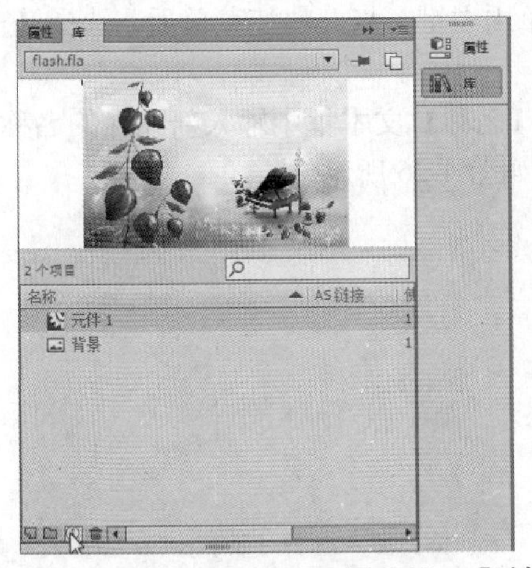

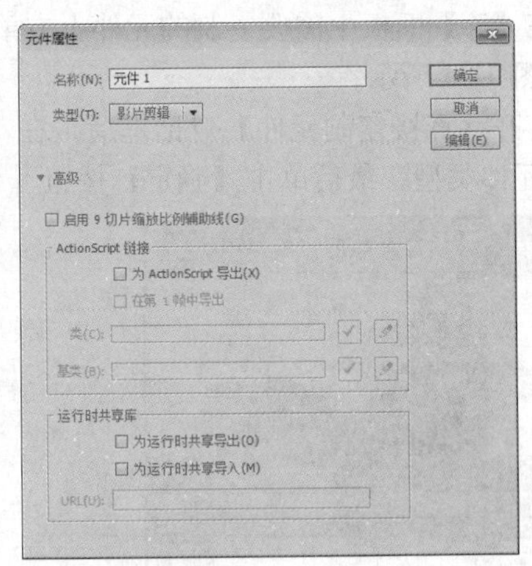

图 4-23　【元件属性】对话框

4.2.3　寻找未用的库项目

在完成 Flash 文件的编辑后，可以根据需要组织文件。例如，查看未使用的库项目，然后将这些项目删除。但需要注意，无需通过删除未用库项目来缩小 Flash 文档的文件大小，因为未用库项目并不包含在 SWF 文件中。

要寻找未使用的库项目，可以先打开【库】面板，然后单击【库】面板右上角的按钮，并从打开的快捷菜单中选择【选择未用项目】命令，此时【库】面板窗口中将选中未用的库项目，如图 4-24 所示。

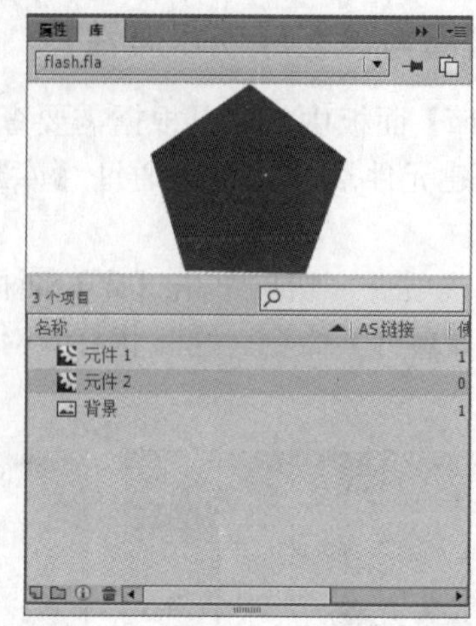

图 4-24　找出未使用的库项目

4.2.4　复制与移动库元件

如果要制作一个和已有元件 A 相同或相似的元件 B，最便捷的方法就是复制元件 A，然后将 A 的副本修改为元件 B。默认情况下，【库】面板中的元件 B 会位于元件 A 的下方，也可以将其移至合适的文件夹中。

1. 复制元件

动手操作　复制元件

1　在【库】面板中需要复制的元件上方单击右键，打开快捷菜单后，选择【直接复制】命令，如图 4-25 所示。

2　打开【直接复制元件】对话框后，在【名称】文本框中输入新元件的名称，然后选择合适的元件类型，最后单击【确定】按钮，如图 4-26 所示。

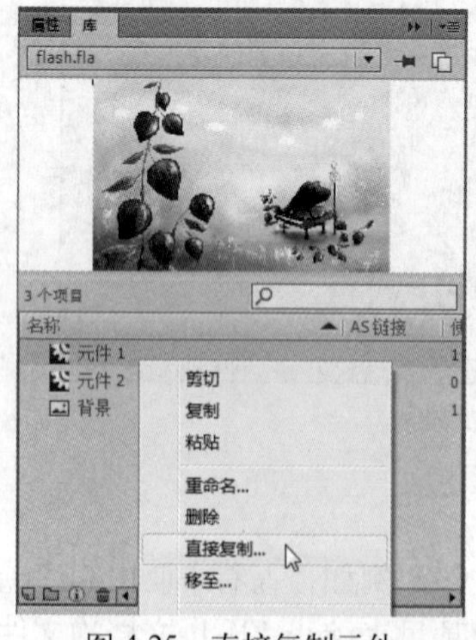

图 4-25　直接复制元件

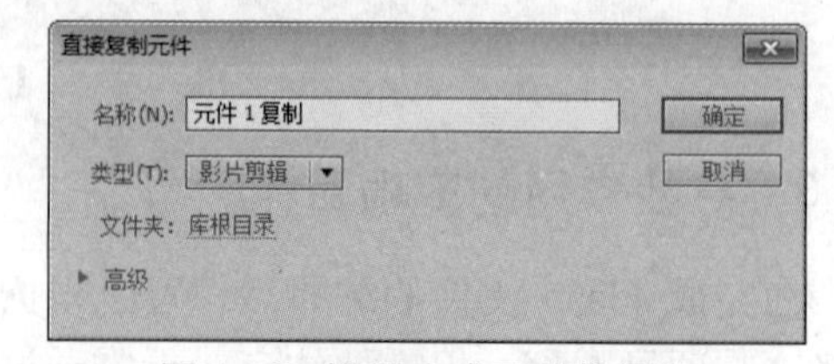

图 4-26　设置生成元件的属性

2. 通过选择实例来复制元件

在舞台上选择该元件的一个实例，然后选择【修改】|【元件】|【直接复制元件】命令，如图 4-27 所示。此时该元件会被重制，而且原来的实例也会被重制元件的实例代替。

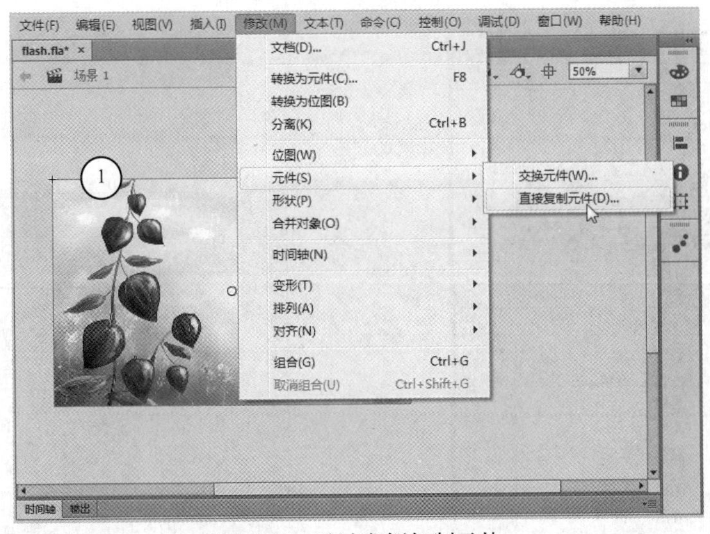

图 4-27　通过实例复制元件

此时，Flash 会打开【直接复制元件】对话框，在其中可以设置元件的新名称、元件类型以及元件保存位置等属性，最后单击【确定】按钮即可，如图 4-28 所示。

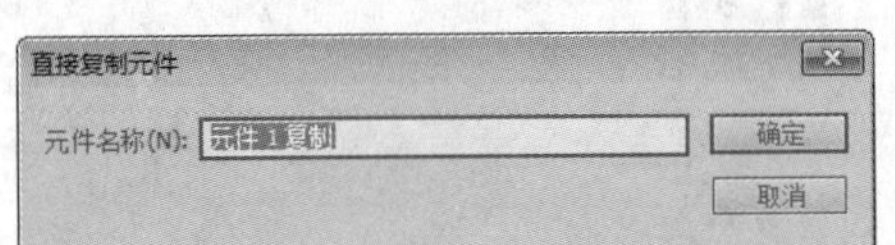

图 4-28　设置新元件的属性并查看复制元件的结果

3. *移动元件*

可以将元件移至已有文件夹中，或者将其移至新文件夹中。

下面以将元件移至新建文件夹中为例，介绍移动元件的方法。

动手操作　移动元件

1　在【库】面板中需要移动的元件上方单击右键，打开快捷菜单后，选择【移至】命令，如图 4-29 所示。

2　打开【移至】对话框后，可以选择将元件移到新文件夹内，或者移到现有的文件夹内。如果需要移到新文件夹内，可以选择【新建文件夹】单选项，并设置文件夹的名称，接着单击【选择】按钮即可，如图 4-30 所示。

图 4-29 移动元件

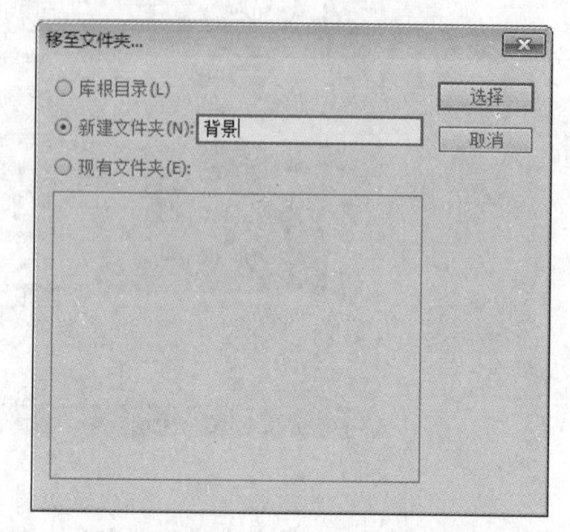

图 4-30 将元件移到新文件夹内

4.2.5 导入与导出库项目

在创作动画时，很多时候需要使用外部的素材，例如图像、声音，甚至 SWF 动画等。此时，可以通过【导入】功能将外部的对象导入到 Flash 文件中。当需要将设计好的某个对象作为独立的文件保存，也可以将对象导出。

1. 导入对象到库

选择【文件】|【导入】|【导入到库】命令，打开【导入到库】对话框后，选择需要导入的对象，然后单击【打开】按钮即可将外部对象导入到库中，如图 4-31 所示。

图 4-31 导入外部对象

2. 从库导出对象

在【库】面板中选择需要导出的对象，然后单击右键，从打开的菜单中选择【导出 SWF】命令或【导出 SWC 文件】命令，此时将打开【导出文件】对话框，在其中设置文件目录和名称后，单击【保存】按钮即可从库中导出对象，如图 4-32 所示。

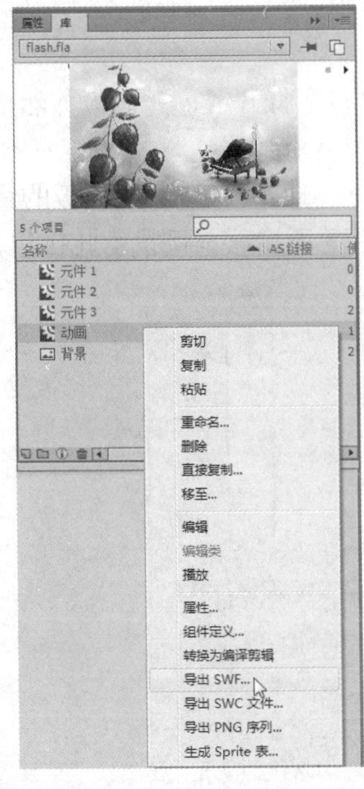

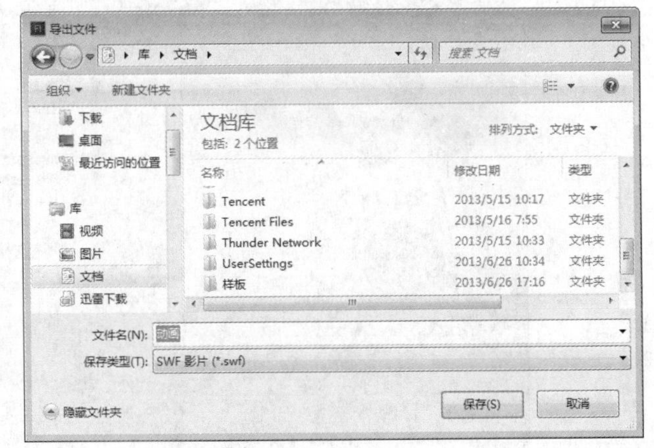

图 4-32　从库中导出 SWF 文件

4.2.6　定义源文件共享库资源

共享库资源允许在某个 Flash 文件中使用来自其他 Flash 文件的资源。在下列情况下此功能非常有用。

（1）当多个 Flash 文件需要使用同一图稿或其他资源时。

（2）当设计人员和开发人员希望能够在单独的 Flash 文件中为一个联合项目编辑图稿和 ActionScript 代码时。

对于运行时共享资源，源文件的资源是以外部文件的形式链接到目标文件中的。运行时资源在文件播放期间（即在运行时）加载到目标文件中。在创作目标文件时，包含共享资源的源文件并不需要在本地网络上。为了让共享资源在运行时可供目标文件使用，源文件可以发布到互联网上。

1. 处理运行时共享资源

使用运行时共享库资源需要两个步骤。

第一步，在源文件中定义共享资源并输入该资源的标识符字符串和源文件将要发布到的网络地址（仅 HTTP 或 HTTPS）。

第二步，在目标文件中定义一个共享资源，并输入一个与源文件的那些共享资源相同的标识符字符串和网络地址，或者把共享资源从发布的源文件拖到目标文件库中，然后在【发布】对话框中设置与源文件匹配的 ActionScript 版本。

2.定义运行时的共享资料

如果要定义源文件中资源的共享属性，并使该资源能够链接到目标文件以供访问，可以通过在【元件属性】对话框或【链接属性】对话框设置。

动手操作　定义运行时的共享资料

1 打开光盘中的“..\Example\Ch04\4.2.6.fla”练习文件，在打开【库】面板，然后执行下列操作之一。

① 在【库】面板中选择一个影片剪辑、按钮或图形元件，然后从【库】面板的快捷菜单中选择【属性】命令，打开【元件属性】对话框，如图4-33所示（本例执行此操作）。

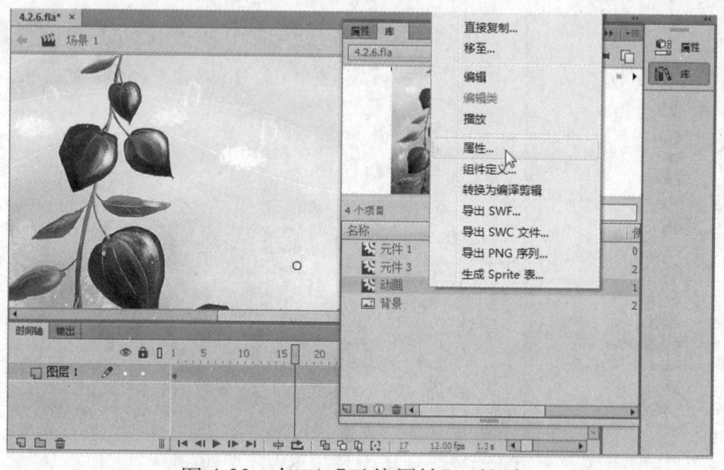

图4-33　打开【元件属性】对话框

② 选择一个元件、声音或位图，然后从【库】面板的快捷菜单中选择【链接】命令，打开【链接属性】对话框。

2 打开【元件属性】对话框后，单击【高级】按钮，然后选择【为运行时共享导出】复选框，使该资源可以链接到目标文件。

3 为元件输入一个标识符，注意不要包含空格，如图4-34所示。这是Flash在链接到目标文件时用于标识资源的名称。

4 输入将要包含共享资源的SWF文件的URL，然后单击【确定】按钮，如图4-34所示。

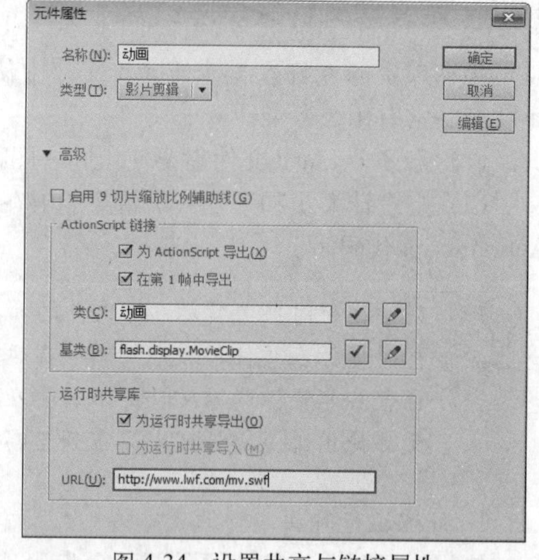

图4-34　设置共享与链接属性

4.3　在动画中应用元件实例

在创建元件后，元件还保存在【库】面板中，并没有应用到动画的制作中，所以在需要使用元件，则需要将元件加入舞台上。这个放置在舞台上的元件，就称为Flash文件的元件实例。

4.3.1　创建元件实例

创建元件之后，可以在文档中任何地方（包括在其他元件内）创建该元件的实例。当在修改元件时，Flash就会更新元件的所有实例。

动手操作　创建元件实例

1　打开光盘中的“..\Example\Ch04\4.3.1.fla”练习文件，然后在【时间轴】面板上选择【pic small】图层的第 1 帧，以便后续在该帧上添加元件实例。

2　选择【窗口】｜【库】命令打开【库】面板，然后将【pic_small】影片剪辑元件拖到舞台，并通过【属性】面板放置元件的 X/Y 的值为 0，如图 4-35 所示。

图 4-35　将元件加入舞台

3　选择舞台上的【pic_small】元件实例，然后打开【属性】面板，在【实例名称】文本框中输入实例名称【mapaSmall】，如图 4-36 所示。

可以在属性检查器中为实例提供名称，实例名称的作用是在 ActionScript 中使用该名称来引用实例。

4　按 Ctrl+Enter 快捷键，打开播放器查看动画加入元件实例的效果，如图 4-37 所示。

图 4-36　设置元件实例的名称

图 4-37　通过播放器查看动画效果

4.3.2　设置实例的属性

每个元件实例都各有独立于该元件的属性，可以更改实例的色调、透明度和亮度，甚至重新定义实例的行为（例如把图形更改为影片剪辑）。

动手操作　设置元件实例属性

1　打开光盘中的“..\Example\Ch04\4.3.2.fla”练习文件，然后舞台上选择【灯塔】图形元件，接着打开【实例行为】列表框，选择【影片剪辑】选项，将实例行为定义为影片剪辑元件，如图4-38所示。

图4-38　更改实例行为

2　选择【灯塔】影片剪辑元件，在【属性】面板中打开【样式】列表框，选择【高级】选项，接着设置元件的Alpha和色调属性，如图4-39所示。

图4-39　更改实例的色彩效果

在【属性】面板中，色彩效果的【样式】菜单的选项说明如下。

- 亮度：调整图像的相对亮度或暗度，度量范围是从黑（–100%）到白（100%）。
- 色调：用相同的色相为实例着色。如果要设置色调百分比（从透明到完全饱和），可以使用色调滑块来处理。如果要选择颜色，可以在各自的框中输入红、绿和蓝色的值；或者单击【颜色】控件，然后从【颜色选择器】中选择一种颜色。
- Alpha：调整实例的透明度，调整范围是从透明（0%）到完全饱和（100%）。
- 高级：分别调整实例的红色、绿色、蓝色和透明度值。对于在位图对象上创建和制作具有微妙色彩效果的动画，此选项非常有用。

4.3.3 交换多个元件实例

Flash CC 的【交换元件】功能允许交换多个元件实例。在处理舞台上的大量元件实例时，使用此功能可以实现元件的快速更换。

动手操作 交换多个元件实例

1 打开光盘中的“..\Example\Ch04\4.3.3.fla”练习文件，在【时间轴】面板中选择第 40 帧，然后在舞台上同时选择【小蜜蜂 1】和【小蜜蜂 2】元件实例，如图 4-40 所示。

2 在元件实例上单击右键，再选择【交换元件】命令，如图 4-41 所示。

图 4-40 选择多个元件实例

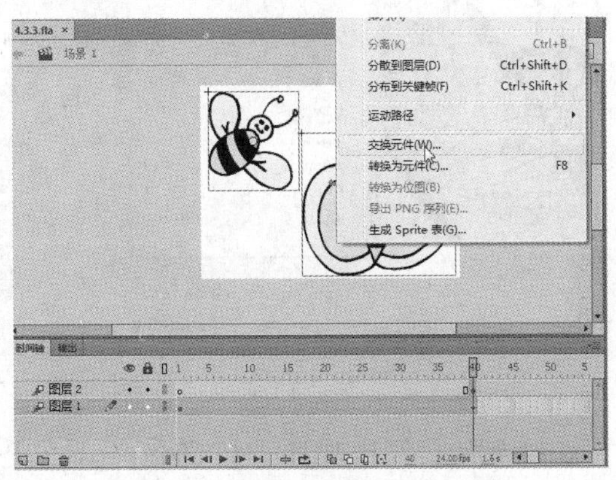

图 4-41 选择【交换元件】命令

3 打开【交换元件】对话框后，在列表框中选择【昆虫 1】图形元件，并单击【确定】按钮，如图 4-42 所示。

4 返回场景中，可以看到舞台上的【小蜜蜂 1】和【小蜜蜂 2】图形元件被更换成【昆虫 1】图形元件，如图 4-43 所示。

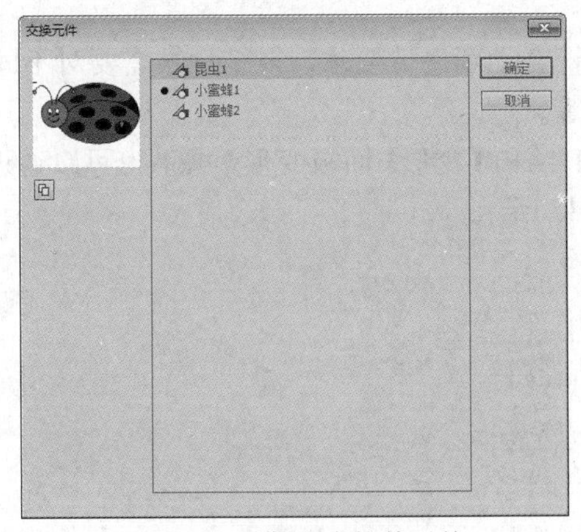

图 4-42 选择要交换的元件

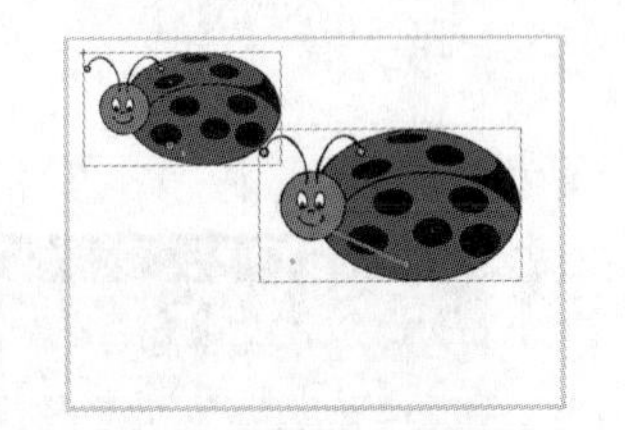
图 4-43 交换元件后的结果

如果从一个【库】面板中将与待替换元件同名的元件拖到正编辑的 Flash 文件的【库】面板中，然后在弹出的对话框中单击【替换】按钮，可以将当前文件中同名的元件将被替换成拖进【库】面板的元件。

4.3.4 分离元件实例

通过“分离”的方法可以断开一个实例与一个元件之间的链接，并将该实例放入未组合形状和线条的集合中。分离元件实例的功能，对于实质性更改实例而不影响任何其他实例非常有用。

在舞台上选择元件实例，然后选择【修改】｜【分离】命令，或按 Ctrl+B 快捷键即可分离元件实例，如图 4-44 所示。

图 4-44 分离元件实例

分离元件实例和取消元件实例组合对象是两个不同的概念。取消组合对象是将组合的元件实例分开，使对象返回组合之前的状态，此时对象可能为分离状态（形状），也可能为组合状态（组）。而分离元件实例是指将元件实例分散为可单独编辑的元素，分离后对象的任意部分都可以单独进行编辑。

4.4 变形处理动画对象

在创作动画时，并非导入或新建的对象就符合动画设计要求，很多时候需要对不同的对象进行各种变形处理，例如缩放、变形、旋转等。

在 Flash CC 中，可以使用【任意变形工具】和【变形】面板变形对象，也可以通过【修改】｜【变形】菜单中的命令来处理，如图 4-45 所示。

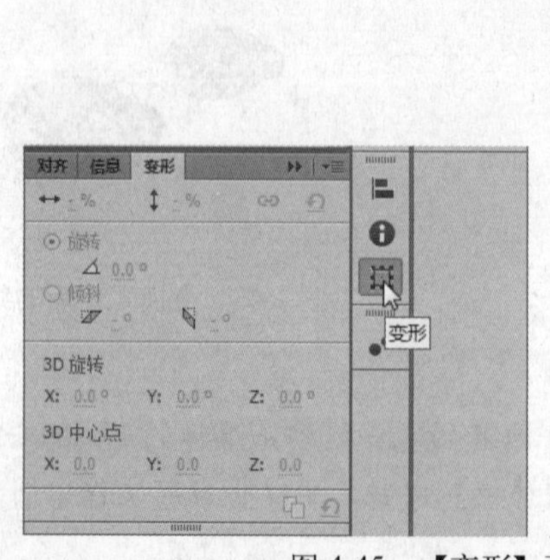

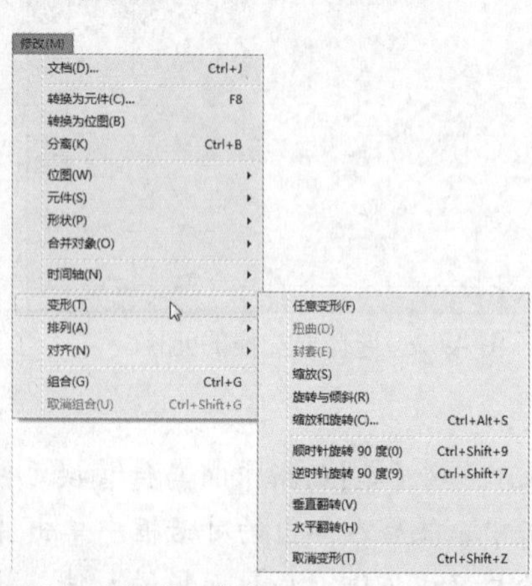

图 4-45 【变形】面板和【变形】菜单

4.4.1　任意变形对象

任意变形是指可以进行移动、旋转、缩放、倾斜和扭曲等多个变形操作。如果要对选定的对象执行任意变形，那么可以在选择对象后，执行【修改】｜【变形】｜【任意变形】命令，或者使用【任意变形工具】来修改对象。

当对象应用变形后，选定的对象周围将出现变形控制框。当在所选对象的变形框上移动指针时，鼠标指针会发生变化，以指明可以进行哪种变形操作，如图 4-46 所示。

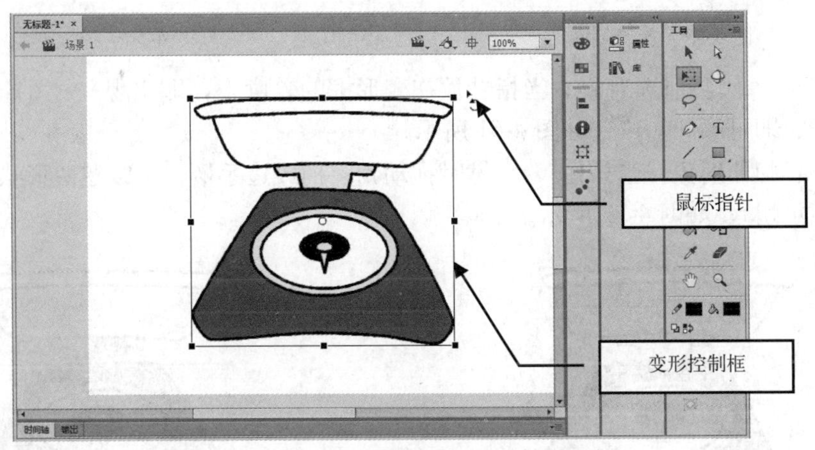

图 4-46　任意变形对象

执行任意变形时，鼠标指针不同显示的作用说明如下：

- ：移动对象。当指针放在变形框内的对象上，即出现图标，此时可以将该对象拖到新位置，如图 4-47 所示。
- ：设置旋转或缩放的中心。当指针放在变形框的中心点时，即出现图标，此时可以将变形点拖到新位置，如图 4-48 所示。

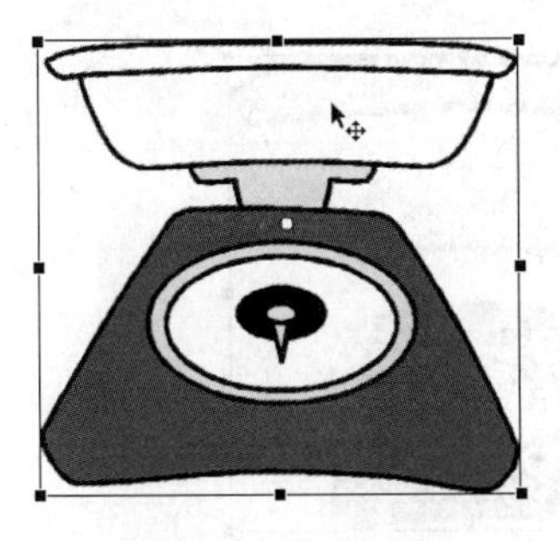

图 4-47　移动对象

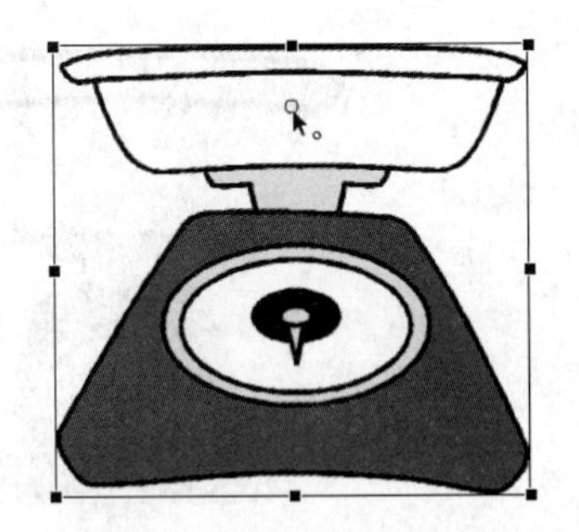

图 4-48　设置旋转或缩放中心

- ：旋转所选的对象。当指针放在变形框的角手柄的外侧，即出现图标，此时拖动鼠标，即可让对象围绕变形点旋转，如图 4-49 所示。如果按住 Shift 键并拖动即可以 45 度为增量进行旋转；如果要围绕对角旋转，可以按住 Alt 键进行旋转处理。
- ：缩放所选对象。当指针放在变形框的角手柄上，即出现图标，此时沿对角方向拖动角手柄，即可沿着两个方向缩放尺寸，如图 4-50 所示。如果按住 Shift 键拖动，可以按比例调整大小。如果水平或垂直拖动角手柄或边手柄，可以沿各自的方向进行缩放。

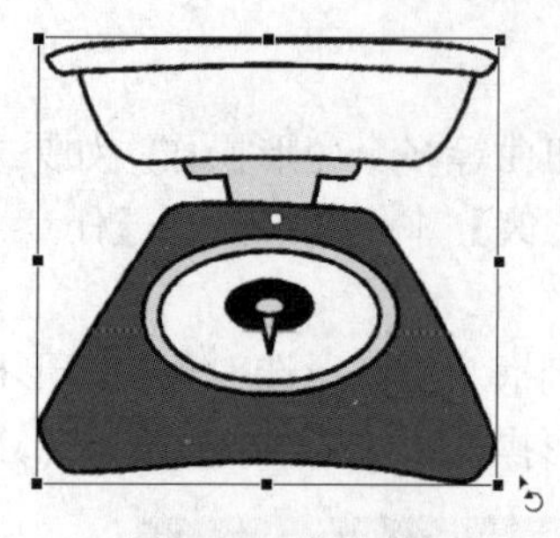

图 4-49 旋转对象

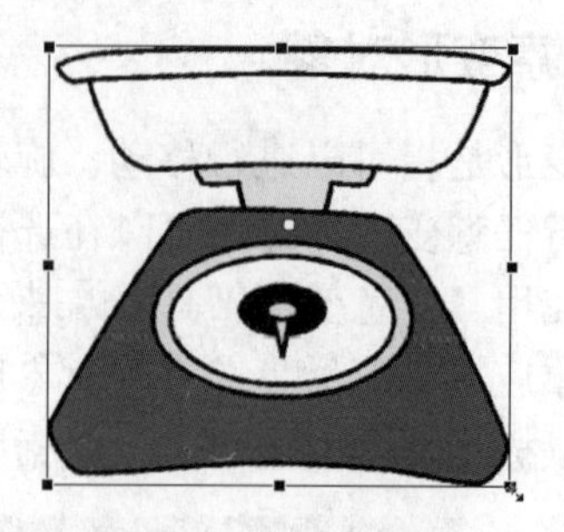

图 4-50 缩放对象

- ⥋：倾斜所选对象。当指针放在变形框的轮廓上，即出现 ⥋ 图标，此时拖动鼠标，即可倾斜对象，如图 4-51 所示。
- ▷：扭曲对象。当按住 Ctrl 键时拖动角手柄或边手柄，可以扭曲形状对象（对元件不可用），如图 4-52 所示。

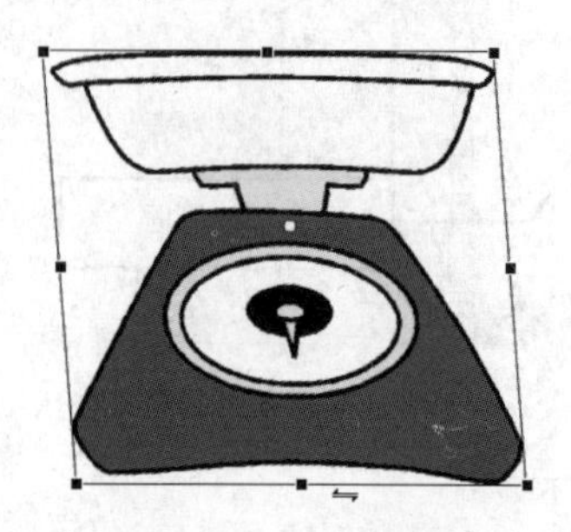

图 4-51 倾斜对象

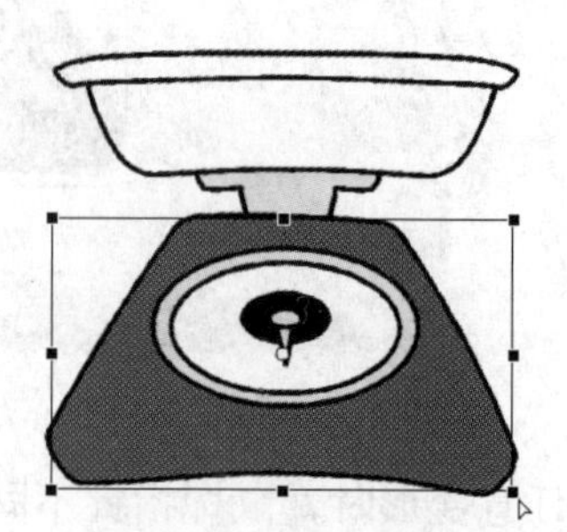

图 4-52 扭曲对象

- ▶↔：锥化对象，即将所选的角及其相邻角从它们的原始位置起移动相同的距离。当同时按住 Shift 键和 Ctrl 键，并单击和拖动角部的手柄，即可锥化形状对象（对元件不可用），如图 4-53 所示。

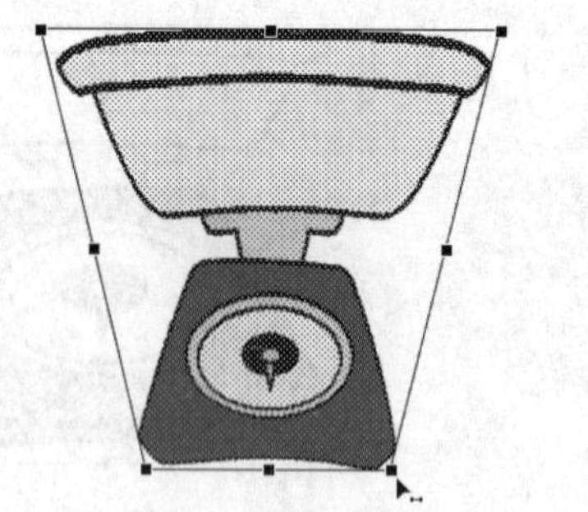

图 4-53 锥化形状对象

在使用【任意变形工具】选择对象后，可以通过工具箱下方的变形选项来设置变形的类型，如图 4-54 所示。关于【任意变形工具】的工具选项说明如下。

- 旋转与倾斜：设置只限于对对象进行旋转与倾斜变形。
- 缩放：设置只限于对对象进行缩放处理。
- 扭曲：设置只限于对对象进行扭曲变形处理。此项设置只限于对图形可用。
- 封套：设置只限于对对象进行封套变形处理。此项设置只限于对图形可用。

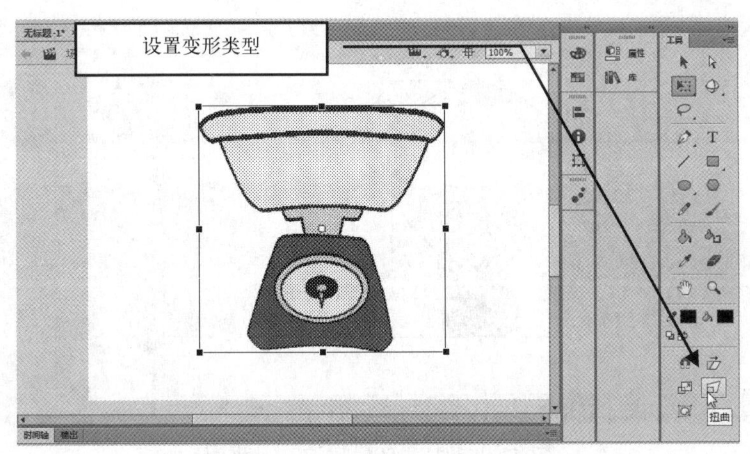

图 4-54　通过【工具】面板设置变形类型

4.4.2　扭曲变形形状

先选定该对象，然后选择【修改】｜【变形】｜【扭曲】命令，接着拖动变形框上的角手柄或边手柄，移动该角或边，再重新对齐相邻的边即可扭曲对象，如图 4-55 所示。

如果按住 Shift 键拖动角点，则可以将扭曲限制为锥化，即该角和相邻角沿相反方向移动相同距离（相邻角是指拖动方向所在的轴上的角）。如果按住 Ctrl 键单击拖动变形框的边的中点，则可以任意移动整个边。

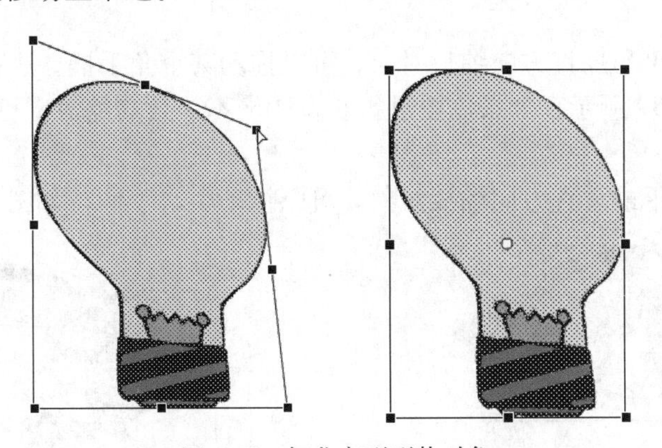

图 4-55　扭曲变形形状对象

扭曲变形处理只对形状有效，即元件、组件、位图、视频对象、声音、渐变、对象组或文本都不能通过【扭曲】命令进行变形处理。

4.4.3　封套变形形状

"封套"变形允许用户弯曲或扭曲对象。其实，封套是一个边框，它包含一个或多个对象。可以通过调整封套的点和切线手柄来编辑封套形状，从而影响该封套内的对象的形状，弯曲或扭曲对象。

封套变形的处理一般针对形状对象进行操作。要对形状进行封套变形处理时，除了使用【任意变形工具】外，还可以选定形状，然后选择【修改】｜【变形】｜【封套】命令，然后拖动点和切线手柄来修改封套，如图 4-56 所示。

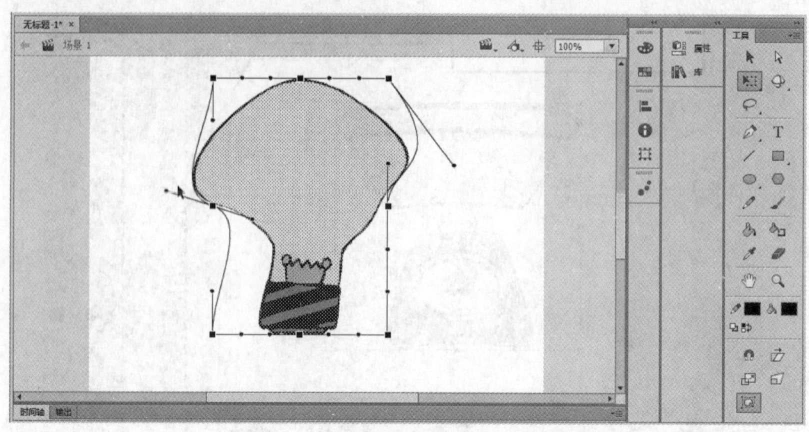

图 4-56 通过修改封套来变形形状

4.4.4 缩放对象

在 Flash 中，可以根据设计的要求沿水平方向、垂直方向或同时沿两个方向放大或缩小对象。

1. 通过变形框缩放对象

选择需要缩放的对象，然后在工具箱中选择【任意变形工具】，并按下【缩放】按钮，或者选择【修改】|【变形】|【缩放】命令，当对象出现变形框后，即可通过以下操作缩放对象。

（1）如果要沿水平和垂直方向缩放对象，可以拖动某个角手柄，这种方法缩放时长宽比例保持不变，如图 4-57 所示。如果需要进行长宽比例不一致的缩放，可以按住 Shift 键后拖动角手柄。

（2）如果要沿水平或垂直方向缩放对象，可以拖动中心手柄，如图 4-58 所示。

图 4-57 沿水平和垂直方向缩放对象

图 4-58 沿水平或垂直方向缩放对象

2. 通过【变形】面板缩放对象

除了使用【任意变形工具】来缩放对象外，还可以通过【变形】面板来缩放对象。首先选择对象，然后选择【窗口】|【变形】命令（或者按下 Ctrl+T 快捷键），打开【变形】面板后，设置宽高的比例即可。例如，将对象沿水平和垂直方向缩小 1 倍，则可以设置宽高比例为 50%，如图 4-59 所示。

【变形】面板中的选项说明如下。

- 缩放宽度和缩放高度：设置对象宽度和高度的缩放比例，默认为 100%。
- 约束：选择此项，可以锁定宽高缩放的比例，即缩放时长宽比例保持不变。
- 重置：恢复对象宽度和高度的比例为 100%。

- 旋转：选择此项，可以在【旋转】文本框内输入旋转对象的度数，以旋转对象。
- 倾斜：选择此项，可以在【水平倾斜】和【垂直倾斜】文本框内输入倾斜度数，以倾斜对象。
- 3D 旋转和 3D 中心点：设置 3D 旋转变形和变形中心点位置。这两个选项在需要使用【3D 旋转工具】和【3D 平移工具】时才可设置。
- 重制选区和变形：复制当前选择的对象，并将设置的变形选项应用到复制后的对象上。
- 取消变形：恢复变形选项为默认设置。

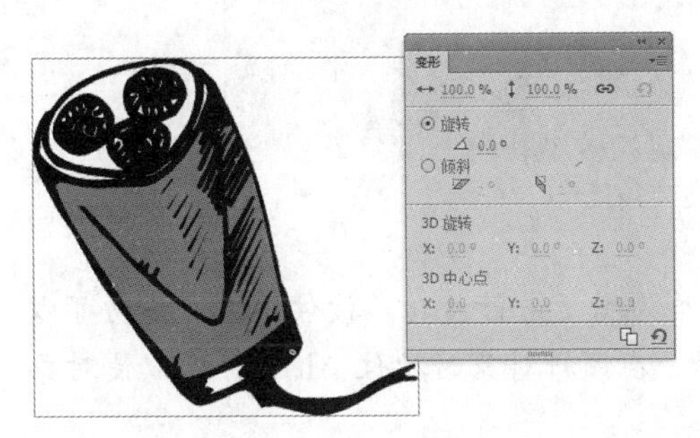

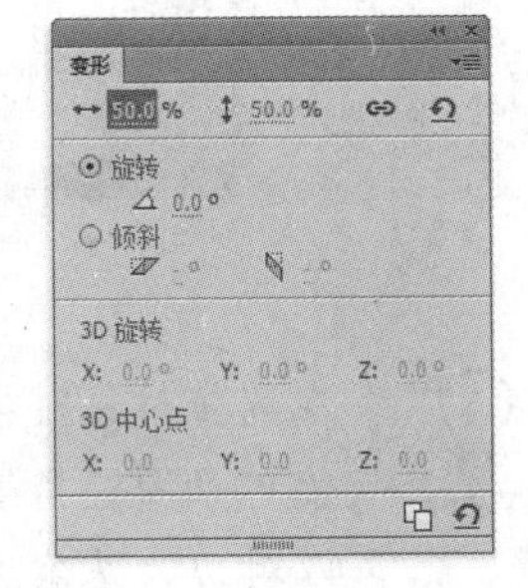

图 4-59　通过【变形】面板缩放对象

4.4.5　旋转变形对象

旋转对象会使该对象围绕其变形点旋转。变形点默认位于对象的中心，但可以通过拖动来移动该点。旋转对象的方法如下。

(1) 任意旋转：使用【任意变形工具】可对对象进行任意旋转的操作。

(2) 以 90 度旋转对象：以 90 度旋转对象分为顺时针旋转和逆时针旋转两种操作。分别选择【修改】|【变形】|【顺时针旋转 90 度】命令或【修改】|【变形】|【逆时针旋转 90 度】命令，即以 90 度旋转对象。如图 4-60 所示为顺时针旋转对象 90 度。

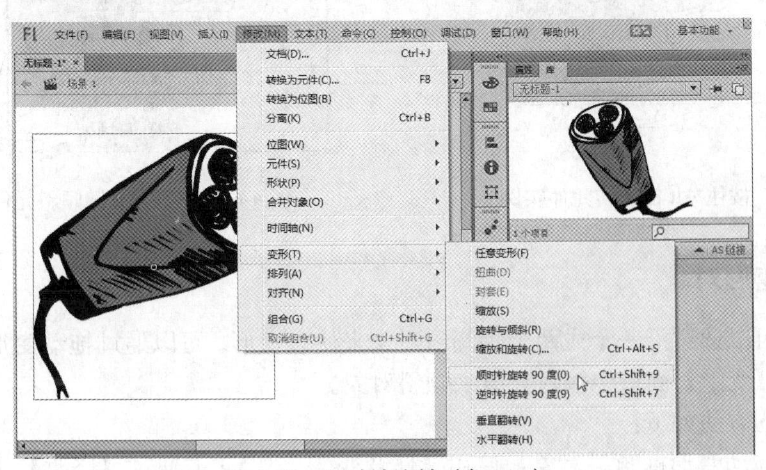

图 4-60　顺时针旋转对象 90 度

(3) 设置旋转角度：选择需要旋转的对象，然后在【变形】面板中选择【旋转】单选项，接着在其后的文本框中输入角度值，如图 4-61 所示。其中输入 0～360 度为顺时针旋转，输入-1～-360 度为逆时针旋转。

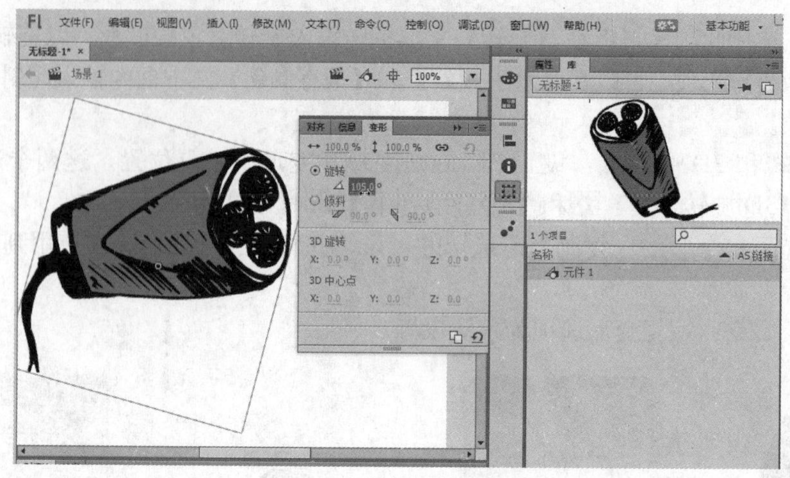

图 4-61　自定义旋转角度

在旋转对象时按住 Shift，对象将以 45 度角为增量进行旋转。按住 Alt 键拖动可以使对象围绕角变形点旋转，如图 4-62 所示。在倾斜对象时按住 Alt 键，可以使对象以对边为基准进行倾斜，如图 4-63 所示。

（1）顺时针旋转 90 度的快捷键为：Ctrl+Shift+9。

（2）逆时针旋转 90 度的快捷键为：Ctrl+Shift+7。

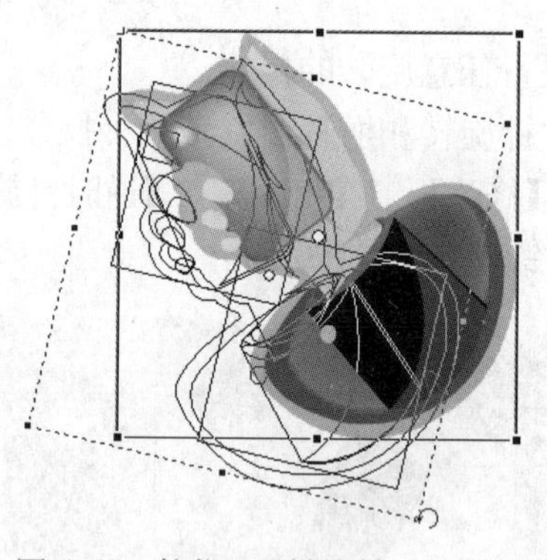

图 4-62　按住 Alt 键旋转元件实例

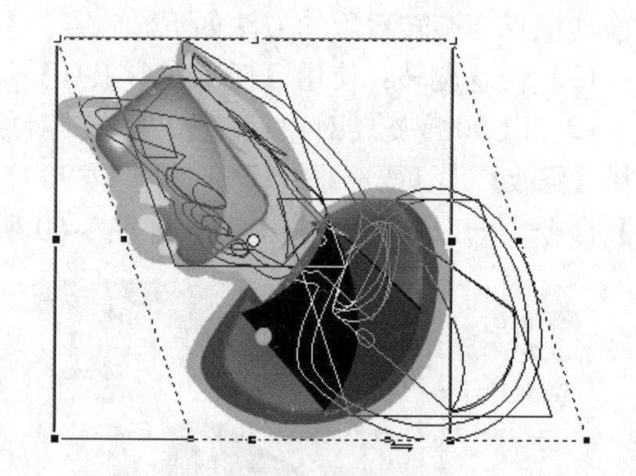

图 4-63　按住 Alt 键倾斜元件实例

4.4.6　倾斜变形对象

倾斜对象可以通过沿一个或两个轴倾斜对象来使之变形。可以通过拖动变形框来倾斜对象，也可以在【变形】面板中输入数值来倾斜对象。

倾斜对象的方法如下：

（1）通过拖动变形框倾斜对象：使用【任意变形工具】，或通过【修改】|【变形】|【旋转与倾斜】命令对对象进行任意旋转的操作。

（2）设置倾斜角度：选择需要旋转的对象，然后在【变形】面板中选择【倾斜】单选项，接着在其后的文本框中输入角度值，如图 4-64 所示。其中，输入 0～360 度为顺时针倾斜，输入-1～-360 度为逆时针倾斜。

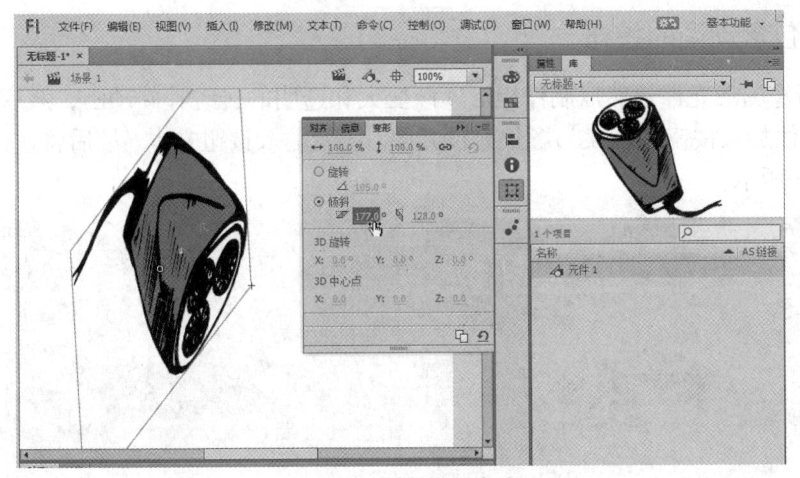

图 4-64　设置倾斜角度

4.4.7　水平与垂直翻转对象

翻转是指沿垂直或水平轴翻转对象而不改变其在舞台上的相对位置的操作。

翻转对象的方法如下：

（1）水平翻转对象：选择对象，再选择【修改】｜【变形】｜【水平翻转】命令，结果如图 4-65 所示。

（2）垂直翻转对象：选择对象，再选择【修改】｜【变形】｜【垂直翻转】命令，结果如图 4-66 所示。

图 4-65　水平翻转对象

图 4-66　垂直翻转对象

如果需要取消变形，可以选择【修改】｜【变形】｜【取消变形】命令，或者按下 Ctrl+Shift+Z 快捷键。

4.5　课堂实训

下面通过制作包含动画的按钮和通过变形处理制作插画两个范例，介绍管理和修改动画资源的方法。

4.5.1 制作包含动画的按钮

本例先新建图形元件，然后制作矩形逐渐变大和透明的传统补间动画，然后新建按钮元件，将图形元件加入按钮并转换为影片剪辑元件，接着输入按钮文本，最后将按钮加入舞台，结果如图 4-67 所示。

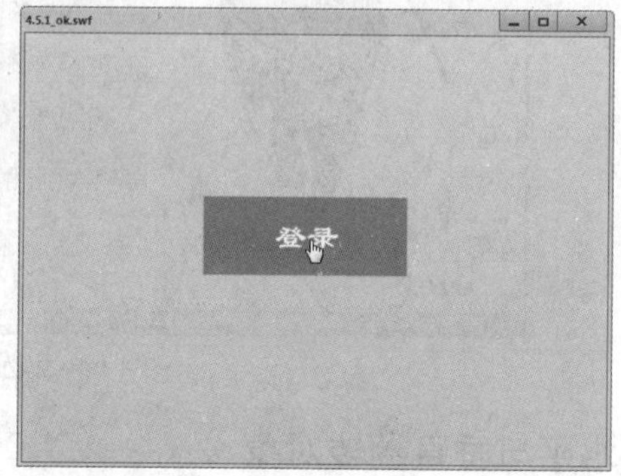

图 4-67　制作包含动画的按钮

动手操作　制作包含动画的按钮

1　打开光盘中的“..\Example\Ch04\4.5.1.fla”练习文件，选择【插入】|【新建元件】命令，打开【创建新元件】对话框后设置名称、类型，再单击【确定】按钮，如图 4-68 所示。

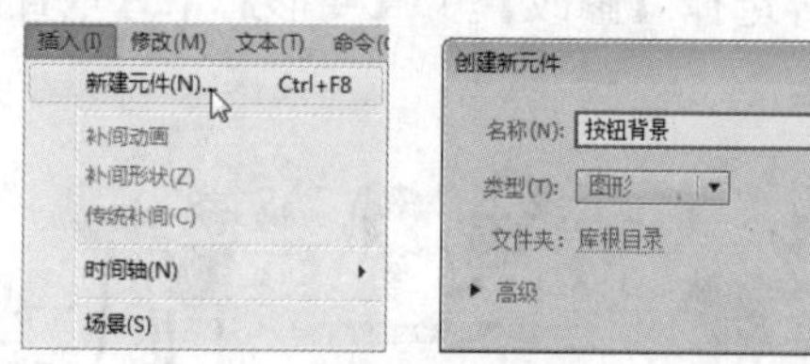

图 4-68　新建 Flash 元件

2　选择【矩形工具】，然后设置笔触为【无】、填充颜色为【红色】，绘制一个矩形作为按钮背景图形，如图 4-69 所示。

3　选择上步骤绘制的矩形，然后选择【修改】|【转换为元件】命令，将矩形图形转换成名为【矩形】的图形元件，如图 4-70 所示。

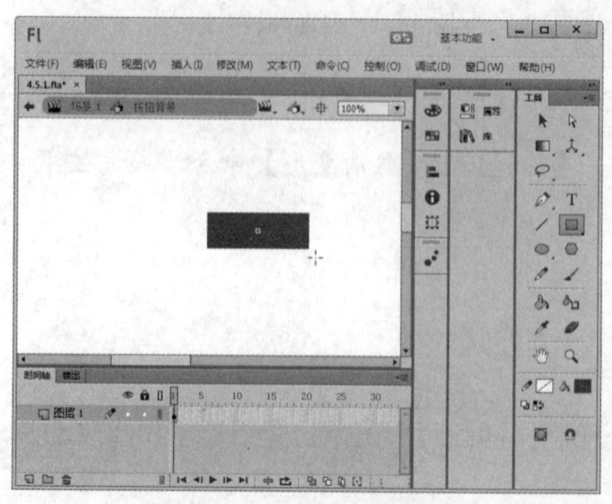

图 4-69　绘制红色的矩形

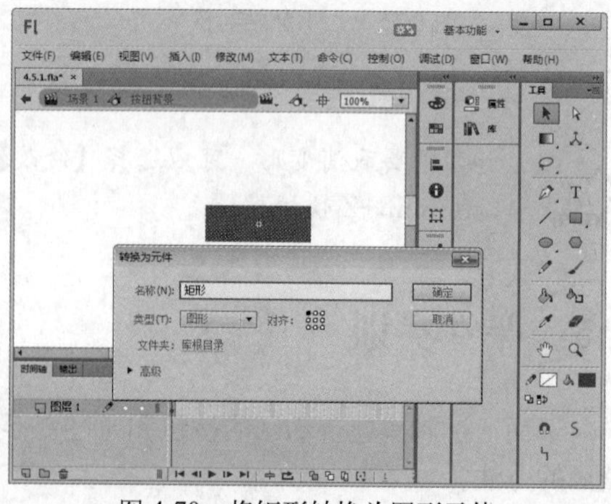

图 4-70　将矩形转换为图形元件

4　选择图层 1 的第 20 帧，再按 F6 功能键插入关键帧，然后选择【任意变形工具】并按下【缩放】按钮，扩大【矩形】图形元件的大小，如图 4-71 所示。

5　选择第 20 帧上的图形元件，打开【属性】面板，再打开【样式】列表后选择【Alpha】，设置 Alpha 的数量为 0%，使图形元件变成透明，如图 4-72 所示。

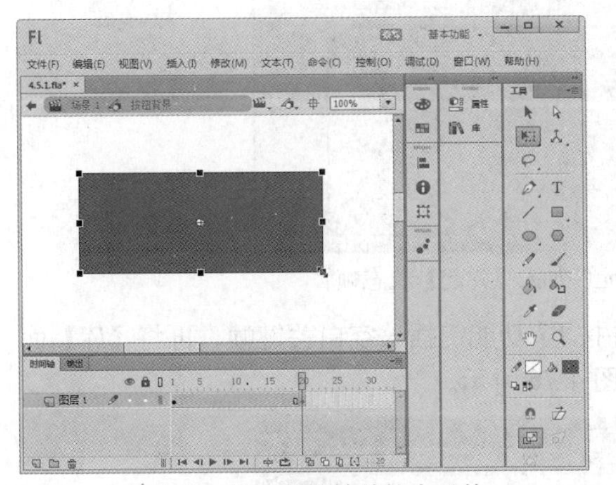

图 4-71　插入关键帧并扩大元件

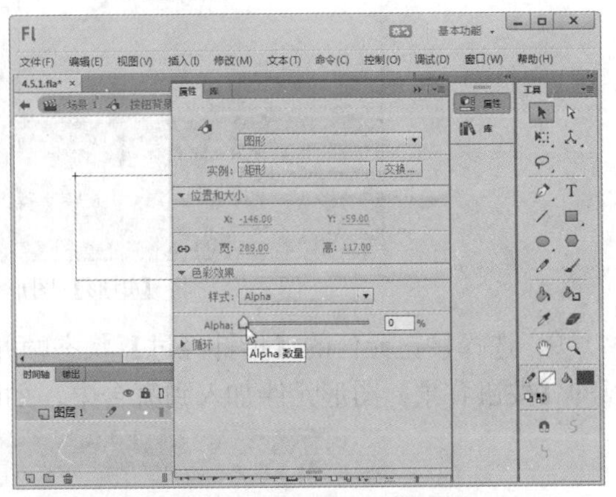

图 4-72　设置图形元件的透明度

6　选择图层 1 的第 1 帧，再选择【插入】|【传统补间】命令，制作【矩形】图形元件的传统补间动画，如图 4-73 所示。

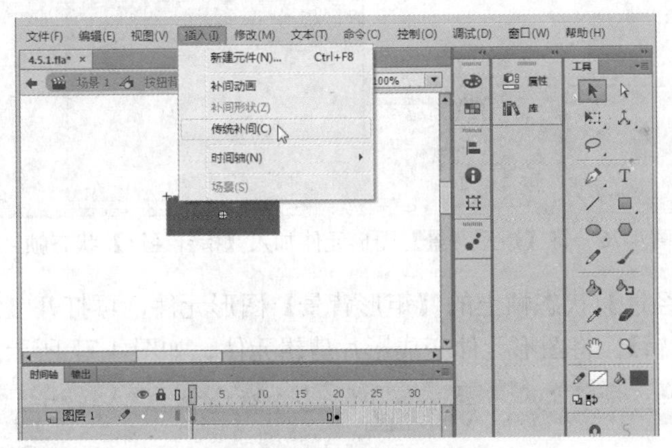

图 4-73　制作传统补间动画

7　选择【插入】|【新建元件】命令，打开【创建新元件】对话框后设置名称、类型为【按钮】，再单击【确定】按钮，如图 4-74 所示。

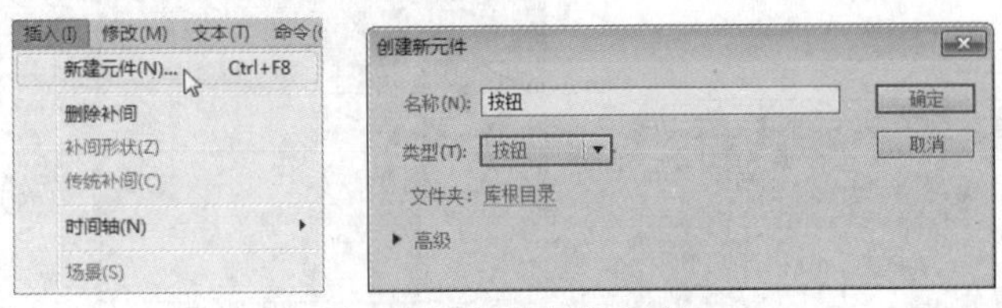

图 4-74　新建按钮元件

8　选择按钮元件的【弹起】状态帧，打开【库】面板，将【矩形】图形元件加入到舞台中，如图 4-75 所示。

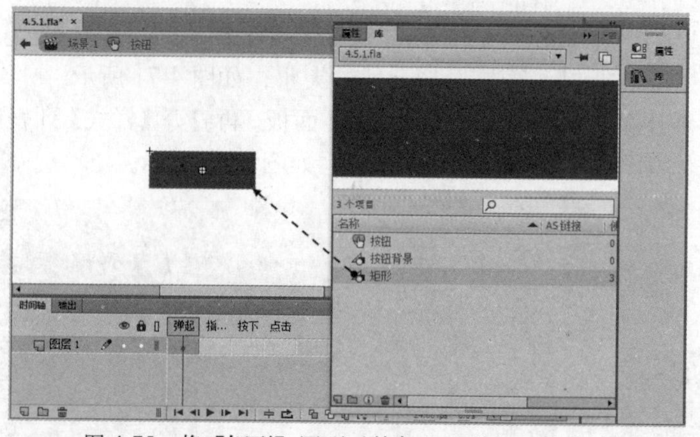

图 4-75　将【矩形】图形元件加入【弹起】状态帧

9　选择按钮元件的【指针经过】状态帧并按F7功能键插入空白关键帧，再将【库】面板的【按钮背景】图形元件加入到舞台中，如图4-76所示。

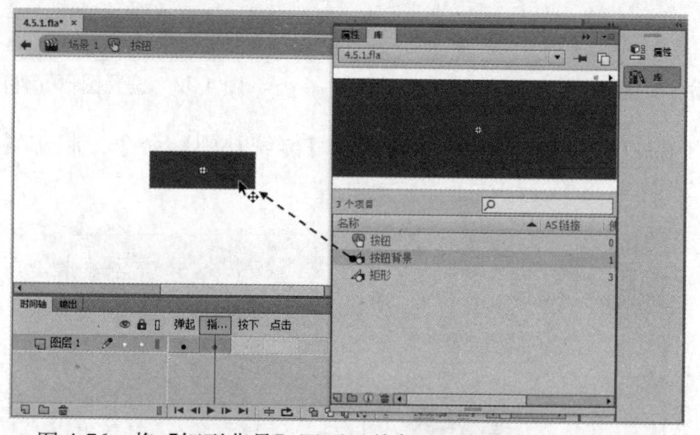

图 4-76　将【矩形背景】图形元件加入【指针经过】状态帧

10 选择【指针经过】状态帧上的【矩形背景】图形元件，再打开【属性】面板并更改实例行为为【影片剪辑】，将图形元件变成影片剪辑元件，如图4-77所示。

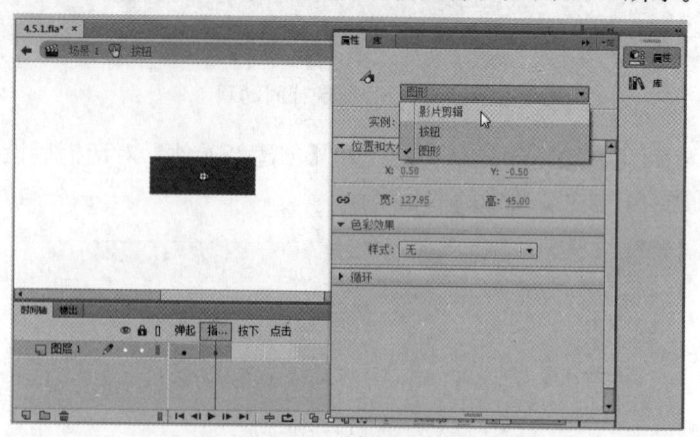

图 4-77　将图形元件变成影片剪辑元件

11 选择【点击】状态帧并按下F5功能键插入帧，然后新增图层2并选择【弹起】状态帧，接着使用【文本工具】T输入按钮文本并设置属性，如图4-78所示。

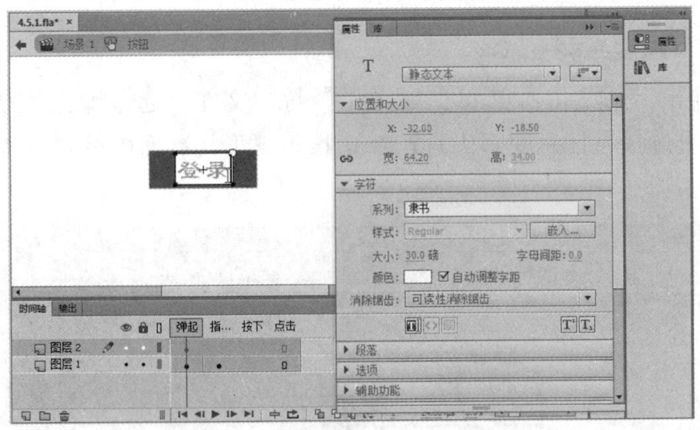

图 4-78　新增图层并输入按钮文本

12 单击【场景 1】按钮返回场景 1，然后在【时间轴】面板中新增图层 2，打开【库】面板并将【按钮】按钮元件加入舞台并放置在中央，如图 4-79 所示。

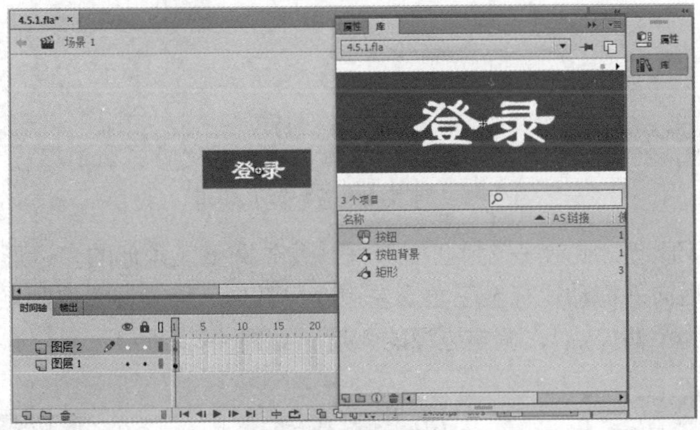

图 4-79　返回场景新增图层并加入按钮元件

4.5.2　通过变形处理制作插图

本例将通过变形的处理，将一个三角形的形状修改为一个心形，然后将这个心形放置在卡通小孩的上衣上，构成一副完整的卡通插图，如图 4-80 所示。

图 4-80　通过变形处理制作插图

动手操作　将三角形变形为心形

1　打开光盘中的“..\Example\Ch04\4.5.2.fla”练习文件，选择舞台上的三角形形状，然后在【工具】面板上选择【任意变形工具】，按下【工具】面板下方的【封套】按钮，如图4-81所示。

图4-81　启用【封套】变形功能

2　此时三角形形状上显示一个封套变形框。首先调整三角形的左边形状，可以按住变形框的控制点，然后向外拖动，直至三角形左边变成弧形，接着按住控制点的手柄控点（方点为控制点，圆点为手柄控点），调整边缘的弧度，如图4-82所示。

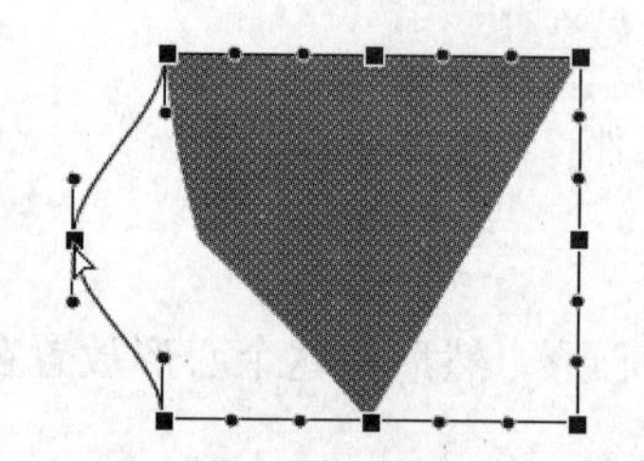
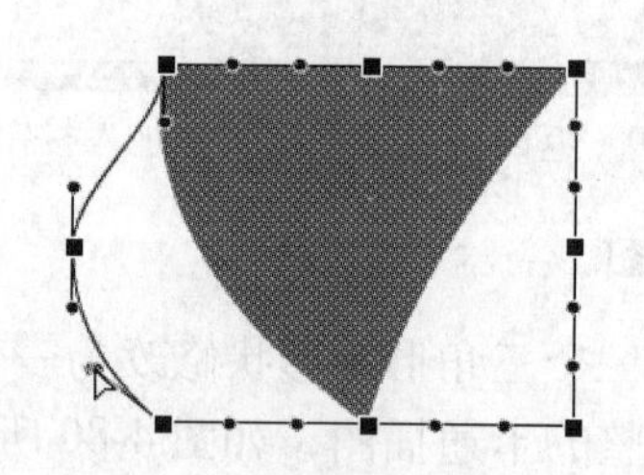
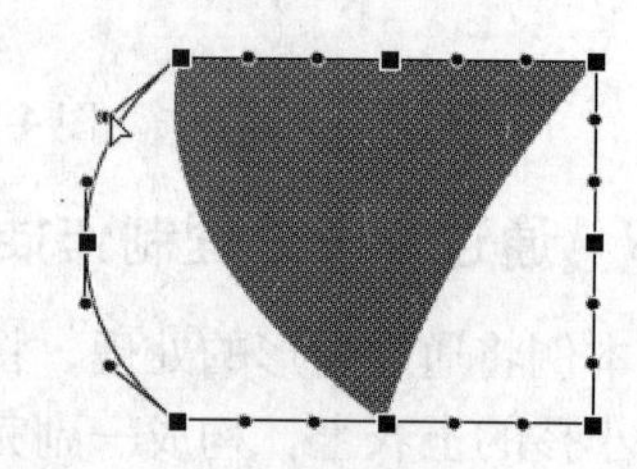

图4-82　调整三角形的左边形状

3　使用步骤2的方法，调整三角形右边的变形控制点和手柄控点，调整三角形右边缘的形状，如图4-83所示。

4　使用步骤2的方法，调整三角形上边缘的形状，如图4-84所示。

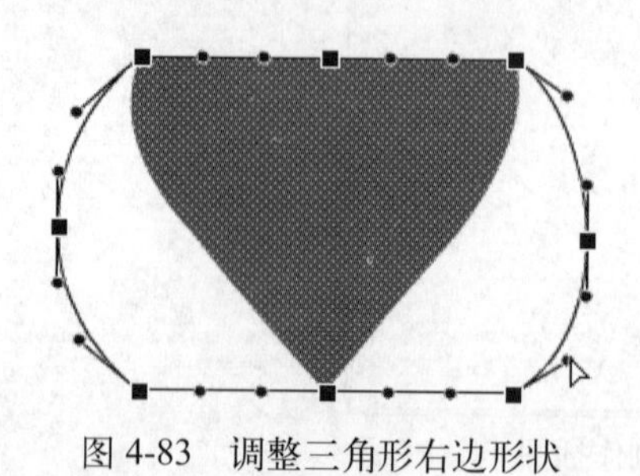

图4-83　调整三角形右边形状

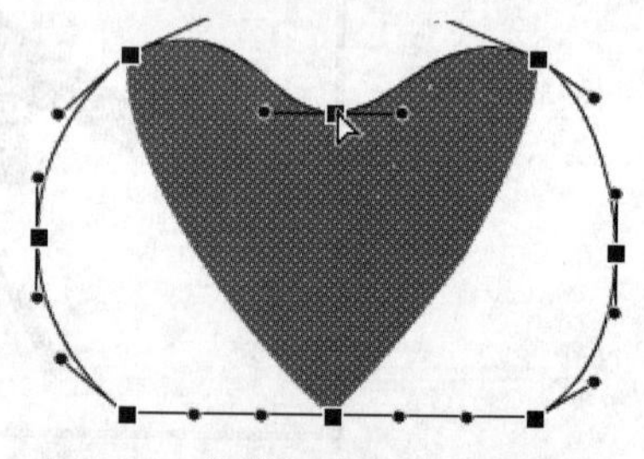

图4-84　调整三角形上边缘形状

5　初步调整的形状还不完善，此时可以通过拖动控制点手柄控点来调整边缘的弧度，使形状更像一个心形，如图 4-85 所示。

6　将三角形修改为心形后，选择【变形】｜【任意变形】命令，然后按住 Shift 键拖动形状的控制点等比例缩小形状，如图 4-86 所示。

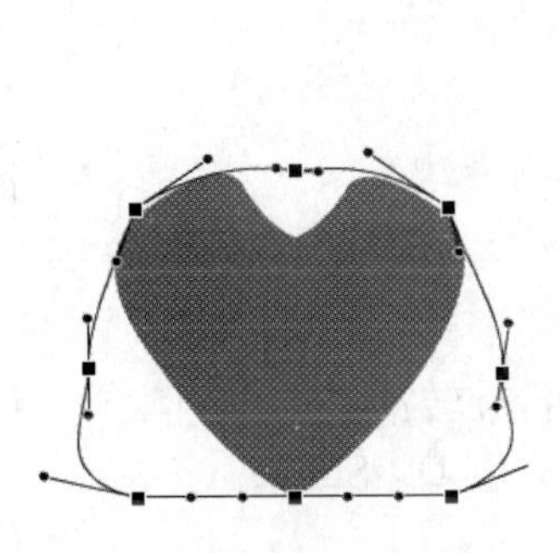

图 4-85　调整形状边缘的弧度

图 4-86　等比例缩小形状

7　在【工具】面板中选择【选择工具】，然后将形状移到卡通小孩上衣图形的中央，如图 4-87 所示。

图 4-87　调整心形形状的位置

4.6　本章小结

本章主要介绍了在 Flash 中使用元件和元件实例，以及利用【库】管理资源的方法，包括创建和编辑元件、【库】面板的使用、创建与编辑元件实例、动画对象变形处理等内容。

4.7 习题

一、填充题

（1）当为元件选择按钮行为时，Flash 会创建一个包含 4 帧的时间轴，前 3 帧显示按钮的________，第 4 帧定义按钮的________。

（2）________的作用是在 ActionScript 中使用该名称来引用实例。

（3）要断开一个实例与一个元件之间的链接，并将该实例放入未组合形状和线条的集合中，可以通过________的方法处理该实例。

（4）对元件实例进行编辑时，可以使用工具箱的________和________面板来完成，也可以通过________菜单中的命令来处理。

二、选择题

（1）按什么快捷键，可以打开【创建新元件】对话框？（　）

A. Ctrl+F1　　B. Ctrl+F8

C. Ctrl+F9　　D. Shift+F8

（2）旋转对象时按住什么键，对象将以 45 度角为增量进行旋转？（　）

A. F1　　B．Ctrl　　C．Alt　　D．Shift

（3）顺时针旋转 90 度的快捷键是什么？（　）

A. Ctrl+Shift+9　　B. Ctrl+Shift+7

C. Ctrl+Shift+8　　D. Ctrl+Shift+6

（4）使用【任意变形工具】变形元件时，当鼠标指针变成↺图示，则代表可以对元件进行什么变形处理？（　）

A. 倾斜　　B. 缩放　　C. 旋转　　D. 翻转

（5）分离对象的快捷键是什么？（　）

A. Ctrl+A　　B. Shift+B　　C. Ctrl+B　　D. Shift+C

三、上机实训题

将舞台上的形状转换成一个名为【女孩 1】的图形元件实例，复制另外一个相同的图形元件实例，然后将复制出的图形元件加入舞台，使用【变形】菜单水平翻转元件实例，最后适当调整元件实例位置，结果如图 4-88 所示。

图 4-88　上机实训题的结果

提示

（1）打开光盘中的“..\Example\Ch04\4.7.fla”文件，然后选择舞台上的所有形状对象。

（2）在选定的形状对象上单击右键，从打开的菜单中选择【转换为元件】命令，打开【转换为元件】对话框后，设置名称为【女孩 1】、类型为【图形】，最后单击【确定】按钮。

（3）打开【库】面板并选择【女孩 1】图形元件，单击右键并从弹出菜单中选择【直接复制】命令。

（4）弹出【直接复制元件】对话框后，设置名称为【女孩 2】、类型为【图形】，然后单击【确定】按钮。

（5）将【女孩 2】图形元件加入舞台，再选择【修改】|【变形】|【水平翻转】命令。

（6）适当调整元件实例的位置即可。

第 5 章　创作 Flash 补间动画

教学提要

本章先介绍 Flash 动画创作的基础，包括动画类型、帧频、补间动画等基础知识，然后介绍补间动画、传统补间、补间形状三种基本补间动画的创作方法。

5.1　认识时间轴

时间轴是组织 Flash 动画的重要元素，学习时间轴的应用，对于学习创作 Flash 动画非常重要。

5.1.1　关于时间轴

时间轴用于组织和控制一定时长内的图层和帧中的内容。Flash 文件将时长分为帧，而图层就像堆叠在一起的多张幻灯胶片一样，每个图层都包含一个显示在舞台中的不同图像，通过创建动画功能，Flash 会自动产生一个补间动画，将不同的图像作为动画的各个状态进行播放。

在【时间轴】面板上，可以通过颜色分辨创建的动画类型，如图 5-1 所示。

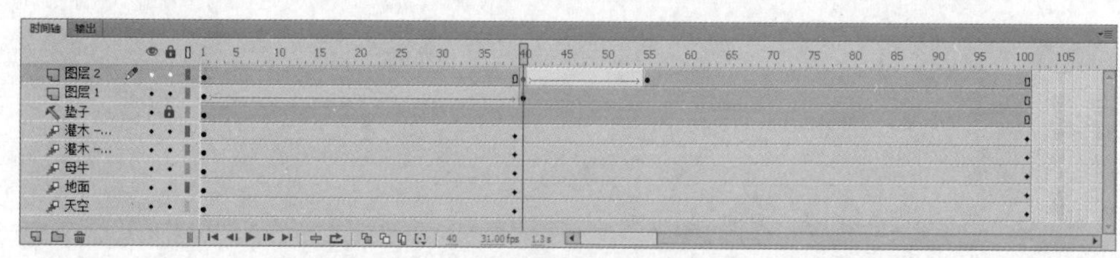

图 5-1　时间轴显示的动画类型

- 浅绿色的补间帧：表示为形状补间动画。
- 淡紫色的补间帧：表示为传统补间动画。
- 淡蓝色的补间帧：表示为 Flash CC 新的补间动画，可称为项目动画补间帧。

图 5-2　使用【时间轴】面板浮动

默认情况下，【时间轴】面板显示在程序窗口下方。如果要更改其位置，可以将【时间轴】面板与程序窗口分离，然后在单独的窗口中使【时间轴】面板浮动，或将其停放在选择的任何其他面板上，如图 5-2 所示。

如果要更改显示的图层数和帧数，可

以调整【时间轴】面板的大小。要在【时间轴】面板中加长或缩短图层名字段，则可以拖动时间轴中分隔图层名和帧部分的栏，如图 5-3 所示。

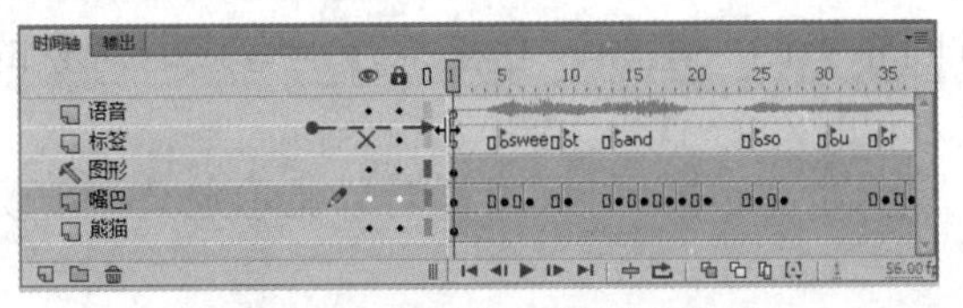

图 5-3　加长或缩短图层名字段

默认的情况下，单击时间轴的帧时只会单独选择到帧，如果想要基于整体范围进行选择帧，则可以打开【时间轴】菜单并选择【基于整体范围的选择】命令，如图 5-4 所示。

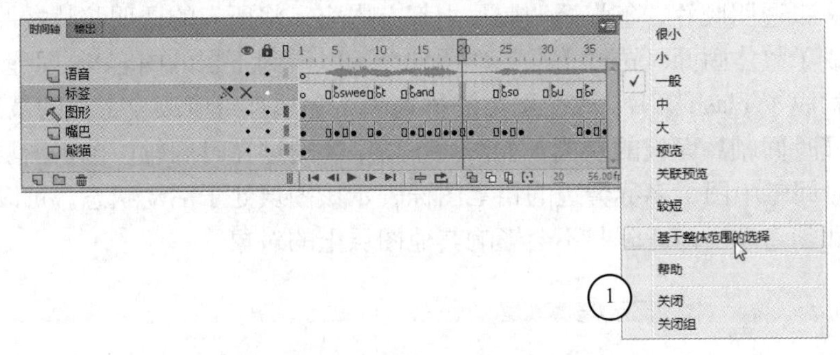

图 5-4　设置基于整体范围选择帧

5.1.2　时间轴的帧

在时间轴中，帧是用来组织和控制文件的内容。在时间轴中放置帧的顺序将决定帧内对象在最终内容中的显示顺序。

帧是 Flash 动画中的最小单位，类似于电影胶片中的小格画面。如果说图层是空间上的概念，图层中放置了组成 Flash 动画的所有元素，那么帧就是时间上的概念，不同内容的帧串联组成了运动的动画。如图 5-5 所示为 Flash 各种类型的帧。

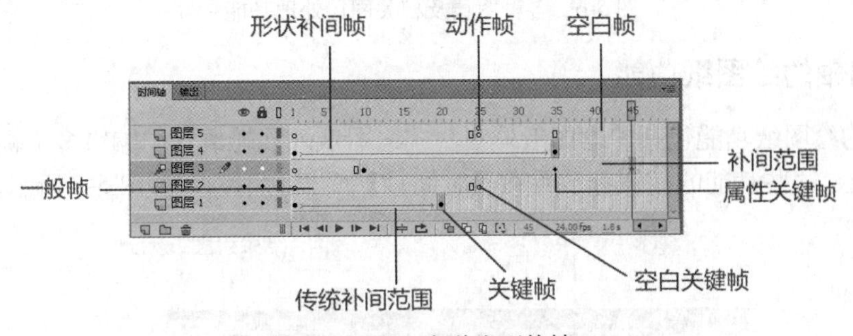

图 5-5　Flash 各种类型的帧

下面是各种帧的作用。

- 关键帧：用于延续上一帧的内容。
- 空白关键帧：用于创建新的动画对象。
- 动作帧：用于指定某种行为，在帧上有一个小写字母 a。
- 一般帧：指该帧上没有创建补间动画。
- 空白帧：用于创建其他类型的帧，时间轴的组成单位。

● 形状补间帧：创建形状补间动画时在两个关键帧之间自动生成的帧。
● 传统补间帧：创建传统补间动画时在两个关键帧之间自动生成的帧。
● 补间范围：是时间轴中的一组帧，它在舞台上对应的对象的一个或多个属性可以随着时间而改变。
● 属性关键帧：是在补间范围中为补间目标对象显示定义一个或多个属性值的帧。

5.1.3 时间轴的图层

图层可以帮助用户组织文件中的插图，可以在一个图层上绘制和编辑对象，而不会影响其他图层上的对象。在图层上没有内容的舞台区域中，可以透过该图层看到下面图层的内容。

图层就像一张透明胶片，每张透明胶片上都有内容，将所有的透明胶片按照一定顺序重叠起来，就构成了整体画面（透过上层的透明部分可以看到下层的内容）。同理，Flash 中的图层重叠起来构成了 Flash 影片，改变图层的排列顺序和属性可以改变影片的最终显示效果。

图层位于【时间轴】面板的左侧，如图 5-6 所示。通过在时间轴中单击图层名称可以激活相应图层，时间轴中图层名称旁边的铅笔图标表示该图层处于活动状态。可以在激活的图层上编辑对象和创建动画，此时并不会影响其他图层上的对象。

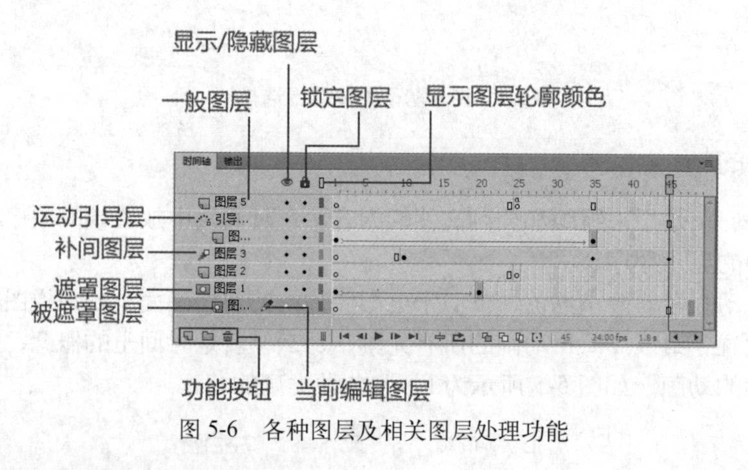

图 5-6 各种图层及相关图层处理功能

5.1.4 时间轴的绘图纸功能

时间轴的绘图纸功能包括“绘图纸外观”、“绘图纸外观轮廓”、“编辑多个帧”、“修改标记”4 个功能，这些功能的按钮都放置在【时间轴】面板的下方，如图 5-7 所示。

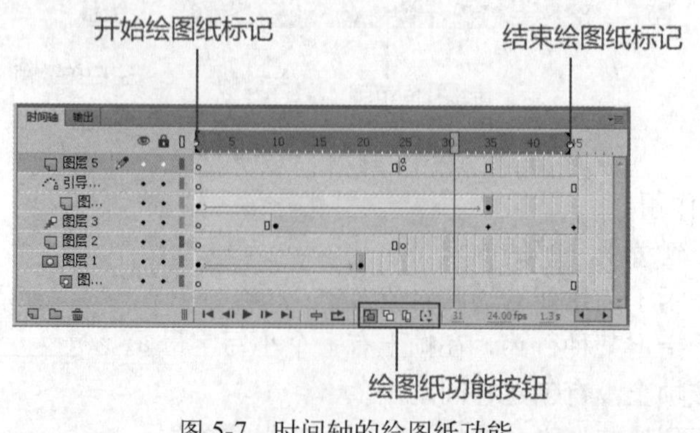

图 5-7 时间轴的绘图纸功能

下面分别对这些功能进行说明。

- 绘图纸外观：可以显示对象在每个帧下的位置和状态，这样就可以查看对象在产生动画效果时的变化过程。
- 绘图纸外观轮廓：可以显示对象在每个帧下的外观轮廓，同样用于查看对象在产生动画效果时的变化过程。
- 编辑多个帧：可以编辑绘图纸外观标记之间的所有帧。
- 修改标记：用于修改绘图纸标记的属性。
  - 始终显示标记：不管绘图纸外观是否打开，都会在时间轴标题中显示绘图纸外观标记。
  - 锚定标记：将绘图纸外观标记锁定在它们在时间轴标题中的当前位置。通常情况下，绘图纸外观范围是和当前帧指针以及绘图纸外观标记相关的。通过锁定绘图纸外观标记，可以防止它们随当前帧指针移动。
  - 标记范围 2：在当前帧的两边各显示两个帧。
  - 标记范围 5：在当前帧的两边各显示五个帧。
  - 标记整个范围：在当前帧的两边显示所有帧。

5.2 创作动画的基础

Flash CC 提供了多种方法用来创建动画和特殊效果，为用户创作精彩的动画内容提供了多种可能。

5.2.1 动画类型

Flash CC 支持以下类型的动画。

1. 补间动画

使用补间动画可设置对象的属性，如一个帧中以及另一个帧中的位置和 Alpha 透明度。对于由对象的连续运动或变形构成的动画，补间动画很有用。补间动画在时间轴中显示为连续的帧范围，默认情况下可以作为单个对象进行选择。补间动画功能强大，易于创建。

2. 传统补间

传统补间与补间动画类似，但是创建起来更复杂。传统补间允许一些特定的动画效果，使用基于范围的补间不能实现这些效果。

3. 补间形状

在形状补间中，可在时间轴中的特定帧绘制一个形状，然后更改该形状或在另一个特定帧绘制另一个形状。然后，Flash 将内插中间的帧的中间形状，创建一个形状变形为另一个形状的动画。

4. 逐帧动画

使用此动画技术，可以为时间轴中的每个帧指定不同的艺术作品。使用此技术可创建与快速连续播放的影片帧类似的效果。对于每个帧的图形元素必须有不同的复杂动画而言，此技术非常有用。

5.2.2 帧频

帧频是动画播放的速度，以每秒播放的帧数（fps）为度量单位。帧频太慢会使动画看起来一顿一顿的，帧频太快会使动画的细节变得模糊。24 fps 的帧速率是 Flash 文档的默认设置，通常可以在 Web 上提供最佳效果。因为只给整个 Flash 文件指定一个帧频，因此在开始创建动画之前，需要通过【属性】面板先设置帧频，如图 5-8 所示。

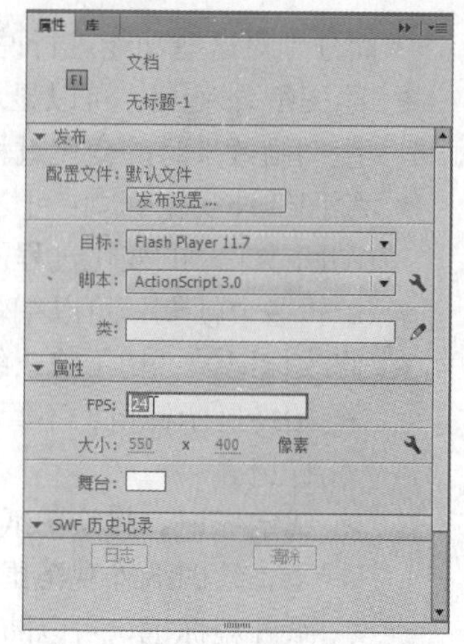

图 5-8 设置 Flash 文件的帧频

动画的复杂程度和播放动画的计算机的速度会影响回放的流畅程度。如果要确定最佳帧速率，可以在各种不同的计算机上测试动画。

5.2.3 在时间轴标识动画

Flash 通过在包含内容的每个帧中显示不同的指示符来区分时间轴中的逐帧动画和补间动画。

下面是【时间轴】面板中帧内容指示符标识动画的说明。

- ：一段具有蓝色背景的帧表示补间动画。补间范围的第 1 帧中的黑点表示补间范围分配有目标对象。黑色菱形表示最后一个帧和任何其他属性关键帧。属性关键帧是包含由用户定义属性更改的帧。
- ：第 1 帧中的空心点表示补间动画的目标对象已删除。补间范围仍包含其属性关键帧，并可应用新的目标对象。
- ：一段具有绿色背景的帧表示反向运动（IK）姿势图层。姿势图层包含 IK 骨架和姿势，每个姿势在时间轴中显示为黑色菱形。当创建反向运动姿势动画后，Flash 在姿势之间内插帧中骨架的位置。
- ：带有黑色箭头和蓝色背景的起始关键帧处的黑色圆点表示传统补间。
- ：虚线表示传统补间是断开或不完整的，例如在最后的关键帧已丢失时，或者关键帧上的对象已经被删除时。
- ：带有黑色箭头和淡绿色背景的起始关键帧处的黑色圆点表示补间形状。
- ：一个黑色圆点表示一个关键帧。单个关键帧后面的浅灰色帧包含无变化的相同内容。这些帧带有垂直的黑色线条，而在整个范围的最后一帧还有一个空心矩形。
- ：关键帧上如出现一个小“a”符号，则表示已使用【动作】面板为该帧分配了一个帧动作。
- 开始 结束：红色的小旗表示该帧包含一个标签。如图 5-9 所示为设置帧标签的方法。
- 开始：绿色的双斜杠表示该帧包含注释。

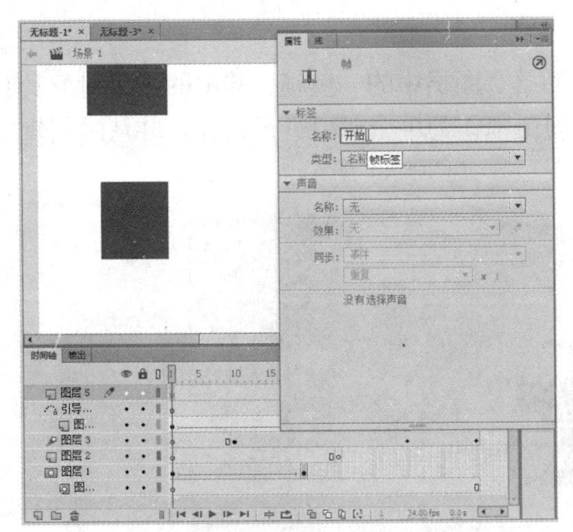

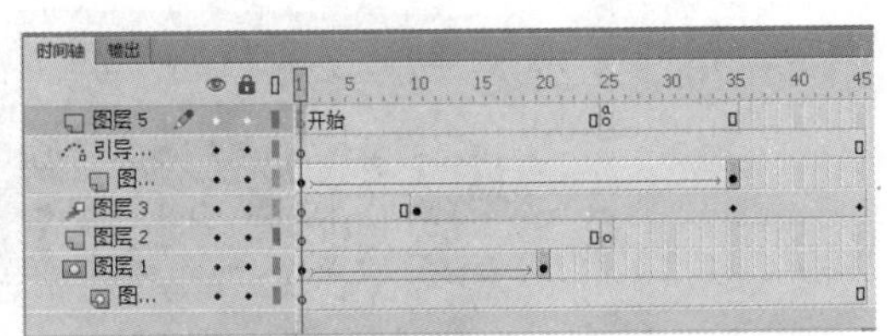

图 5-9　设置帧标签及其结果

5.3　创作补间动画

使用补间动画可设置对象的属性，例如，在一个帧中以及另一个帧中的位置和 Alpha 透明度。当创建补间动画后，Flash 在中间内插帧的属性值。对于由对象的连续运动或变形构成的动画，补间动画很有用。另外，补间动画在时间轴中显示为连续的帧范围，默认情况下可以作为单个对象进行选择。

5.3.1　关于补间动画

补间是通过为一个帧中的对象属性指定一个值，并为另一个帧中的相同属性指定另一个值创建的动画。Flash 会计算这两个帧之间该属性的值，从而在两个帧之间插入补间属性帧。

例如，可以在时间轴第 1 帧的舞台左侧放置一个图形元件，然后将该元件移到第 40 帧的舞台右侧。在创建补间时，Flash 将计算用户指定的左侧和右侧这两个位置之间的舞台上影片剪辑的所有位置，最后会得到“从第 1 帧到第 40 帧，图形元件从舞台左侧移到右侧”这样的动画，如图 5-10 所示。

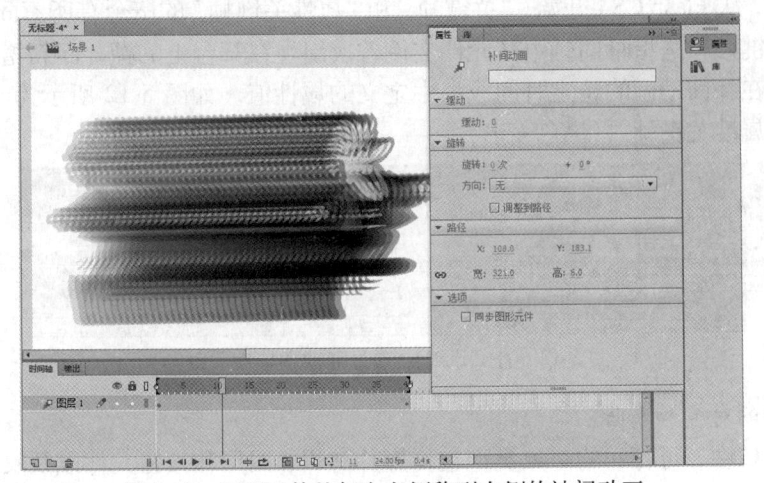

图 5-10　图形元件从舞台左侧移到右侧的补间动画

1. 补间范围

补间范围在时间轴中显示为具有蓝色背景的单个图层中的一组帧，其中的某个对象具有一个或多个随时间变化的属性。可以将这些补间范围作为单个对象进行选择，并从时间轴中的一个位置拖到另一个位置，包括拖到另一个图层，如图 5-11 所示。

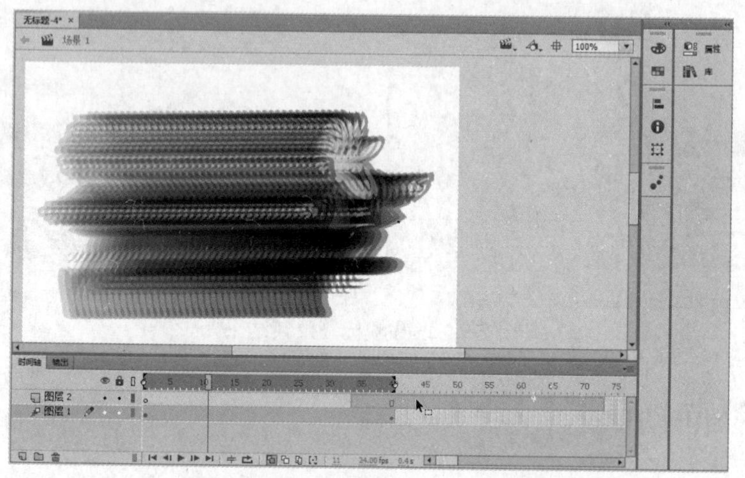

图 5-11　移动时间轴中的补间范围

在每个补间范围中，只能对舞台上的一个对象进行动画处理，此对象称为补间范围的目标对象。

2. 属性关键帧

属性关键帧是在补间范围中为补间目标对象显示定义一个或多个属性值的帧。定义的每个属性都有它自己的属性关键帧。如果在单个帧中设置了多个属性，则其中每个属性的属性关键帧会驻留在该帧中。另外，可以在动画编辑器中查看补间范围的每个属性及其属性关键帧。

在上面的示例中，在将影片剪辑从第 1 帧到第 20 帧，从舞台左侧补间到右侧时，第 1 帧和第 20 帧是属性关键帧。可以在选择的帧中指定这些属性值，而 Flash 会将所需的属性关键帧添加到补间范围，即 Flash 会为创建的属性关键帧之间的帧中的每个属性内插属性值。

需要注意，从 Flash CS4 开始，“关键帧”和“属性关键帧”的概念有所不同。在 Flash CC 中，术语“关键帧”是指时间轴中其元件实例首次出现在舞台上的帧，而新增的术语“属性关键帧”是指在补间动画的特定时间或帧中定义的属性值。如图 5-12 所示为“关键帧”（黑色圆点）和“属性关键帧”（黑色菱形）。

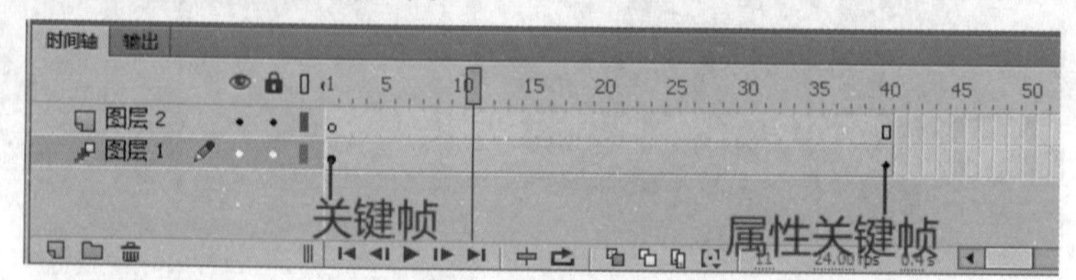

图 5-12　补间动画中的关键帧和属性关键帧

3. 可补间的对象和属性

在 Flash CC 中，可补间的对象类型包括影片剪辑、图形和按钮元件以及文本字段。可补间的对象的属性包括以下项目。

（1）平面空间的 X 和 Y 位置。

（2）三维空间的 Z 位置（仅限影片剪辑）。

（3）平面控制的旋转（绕 z 轴）。

（4）三维空间的 X、Y 和 Z 旋转（仅限影片剪辑）。

（5）三维空间的动画要求 Flash 文件在发布设置中面向 ActionScript 3.0 和 Flash Player 10 的属性。

（6）倾斜的 X 和 Y。

（7）缩放的 X 和 Y。

（8）颜色效果。颜色效果包括 Alpha（透明度）、亮度、色调和高级颜色设置（只能在元件上补间颜色效果。如果要在文本上补间颜色效果，需要将文本转换为元件）。

（9）滤镜属性（不包括应用于图形元件的滤镜）。

5.3.2　直线运动补间动画

制作直线路径的动画，其实就是改变目标对象的位置属性，这种补间动画是最常见的 Flash 动画效果之一。制作这种动画很简单，首先在时间轴中以关键帧设置对象的开始位置，再创建补间动画，然后以属性关键帧改变目标对象的位置属性即可。

动手操作　制作直线运动补间动画

1　打开光盘中的“..\Example\Ch05\5.3.2.fla”练习文件，选择舞台上的“鸟”群组对象，在对象上单击右键，从打开的菜单中选择【转换为元件】命令，接着在打开的对话框中设置元件名称和类型，最后单击【确定】按钮即可，如图 5-13 所示。

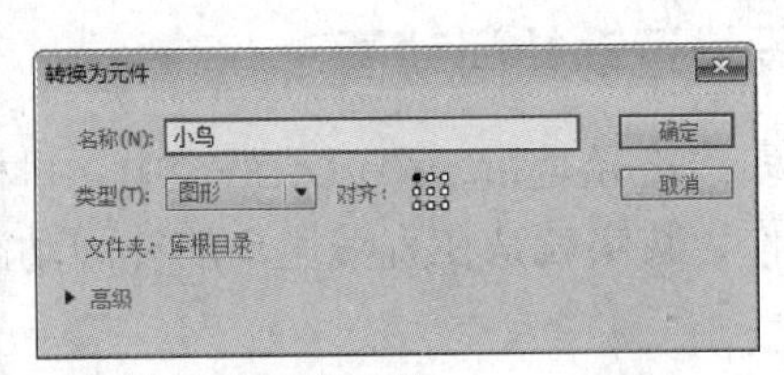

图 5-13　将“鸟”群组对象转换为图形元件

2　选择图层 2 的第 50 帧，然后按 F5 功能键插入帧，接着选择该图层第 1 帧并单击右键，从打开的菜单中选择【创建补间动画】命令，创建补间动画，如图 5-14 所示。

3　选择图层 1 第 50 帧，然后按 F6 功能键插入属性关键帧，接着将舞台上的【小鸟】图形元件移到舞台右上方，如图 5-15 所示。经过上面的操作，【小鸟】元件从舞台左下方向舞台右上方进行直线运动。

按住 Shift 键拖动，可以限制对象沿水平或垂直方向移动。

图 5-14　插入帧并创建补间动画

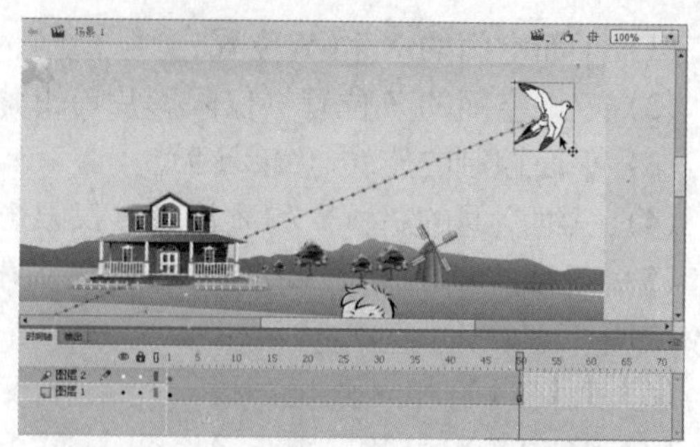

图 5-15　插入属性关键帧并调整对象位置

4　创建补间动画后，按 Ctrl+Enter 快捷键，或者选择【控制】｜【测试】命令，测试动画播放效果，如图 5-16 所示。

按照上述方法制作运动动画，鸟是匀速前进的。如果要使动画的开始或结束有缓冲过程，可以为动画添加介于−100~100 之间的缓动值。方法是选择补间动画范围，然后在【属性】面板的【缓动】文本框中输入数值即可，如图 5-17 所示。数值为正表示缓慢结束，数值为负表示缓慢开始。

图 5-16　测试影片

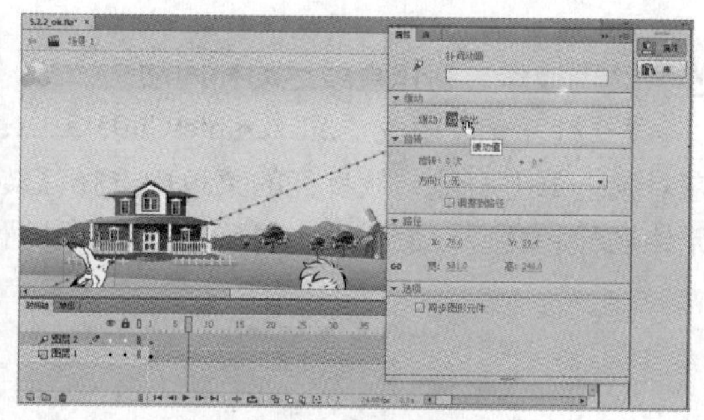

图 5-17　设置缓动值

5.3.3　多段线运动补间动画

所谓多段线路径是指一个运动路径中，目标对象沿着多个路径段进行运动。这种类型的补间动画制作，其实就是在直线运动的补间动画的基础上延伸，即添加其他不同方向的运动路径即可。

动手操作　制作多段线运动的动画

1　打开光盘中的“..\Example\Ch05\5.3.3.fla”练习文件，在时间轴上选择图层 2 第 70 帧，然后按 F5 功能键插入帧。

2　选择图层 2 第 1 帧并单击右键，从打开的菜单中选择【创建补间动画】命令，创建补间动画，如图 5-18 所示。

如果补间对象是图层上的唯一一项，则 Flash 将包含该对象的图层转换为补间图层。如果图层上没有其他任何对象，则 Flash 插入图层以保存原始对象堆叠顺序，并将补间对象放在自己的图层上。

3　在图层2第20帧上按F6功能键插入属性关键帧，使用相同的方法，分别为第40、60、70帧插入属性关键帧，如图5-19所示。

图5-18　创建补间动画

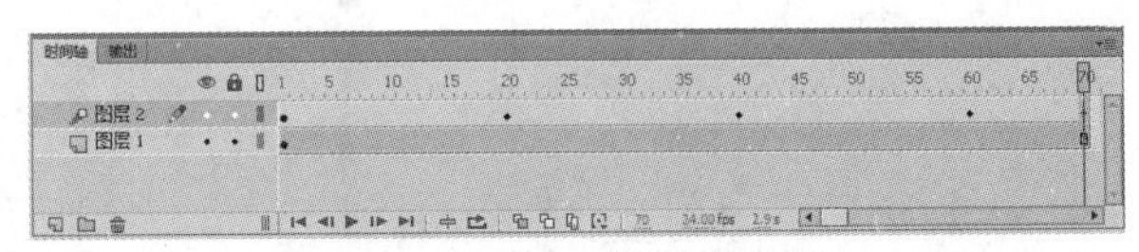

图5-19　插入属性关键帧

4　将播放头移到第20帧上，然后将舞台上的【小鸟】图形元件向右上方移动，如图5-20所示。使用相同的方法，分别调整第40帧、60帧、70帧上【小鸟】图形元件的位置，形成一个多段线运动路径，结果如图5-21所示。

图5-20　设置第20帧上对象的位置

图5-21　设置其他属性关键帧上的对象位置

5　创建补间动画后，按Ctrl+Enter快捷键，或者选择【控制】|【测试】命令，测试动画播放效果。此时可以看到小鸟沿着W字形的路径运动，如图5-22所示。

图5-22　测试影片播放的效果

5.3.4　编辑补间的运动路径

在Flash CC中，可以使用多种方法编辑补间的运动路径。

1. 更改对象的位置

通过更改对象的位置来更改运动路径，是最简单的编辑运动路径操作。在创建补间动画后，就可以调整属性关键帧的目标对象的位置来改变补间动画的运动路径，如图5-23所示。

2. 移动整个运动路径的位置

如果要移动整个运动路径，可以在舞台上拖动整个运动路径，也可以在【属性】面板中设置其位置。其中通过拖动的方式调整整个运动路径的方法最常用。

如果是使用工具移动运动路径，首先在【工具】面板中选择【选择工具】，然后单击选中运动路径，接着将路径拖到舞台上所需的位置即可，如图 5-24 所示。

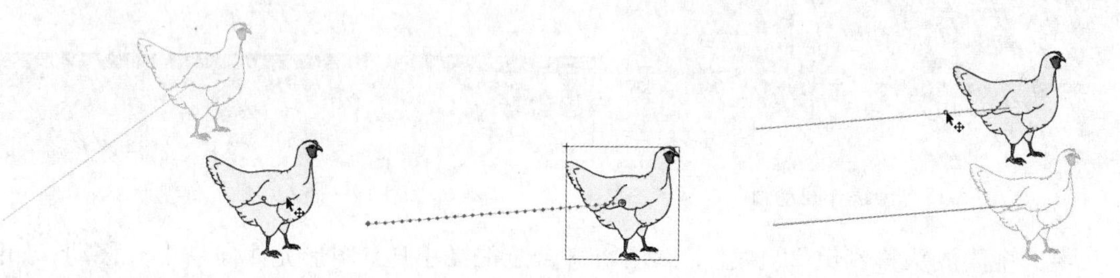

图 5-23 通过改变目标对象的位置达到改变路径的目的　　图 5-24 移动整个运动路径

如果是通过【属性】面板移动运动路径，同样先在在【工具】面板中选择【选择工具】，然后在【属性】面板中设置路径的 X 和 Y 值即可。

除了使用【选择工具】移动运动路径外，还可以通过上下左右箭头键来调整路径的位置。

3. 使用【任意变形工具】更改路径的形状或大小

在 Flash CC 中，可以使用【任意变形工具】来编辑补间动画的运动路径，例如缩放、倾斜或旋转路径，如图 5-25 所示。

图 5-25 使用【任意变形工具】旋转路径

5.3.5 改变补间运动路径形状

除了使用【任意变形工具】改变运动路径的形状外，还可以使用【选择工具】和【部分选取工具】来改变运动路径的形状。

使用【选择工具】，可通过拖动方式改变运动路径的形状，如图 5-26 所示。

补间中的属性关键帧将显示为路径上的控制点，因此也可以使用【部分选取工具】显示路径上对应于每个位置属性关键帧的控制点和贝塞尔手柄，并可使用这些手柄改变属性关键帧点周围的路径的形状。

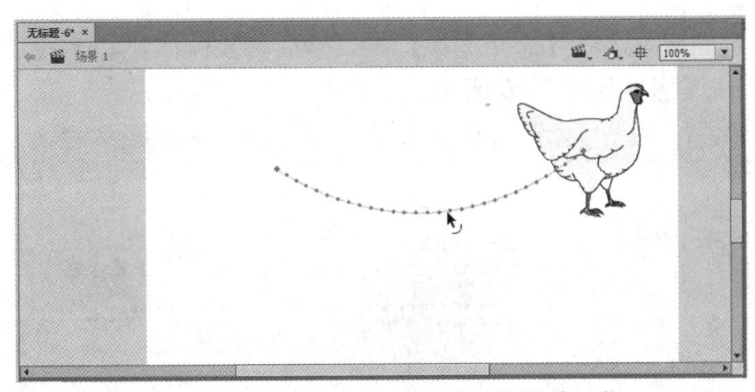

图 5-26　使用选择工具改变运动路径的形状

动手操作　改变补间运动路径

1　打开光盘中的“..\Example\Ch05\5.3.5.fla”练习文件，在时间轴上选择图层 2 第 50 帧，然后按 F5 功能键插入帧。

2　选择图层 2 第 1 帧并单击右键，再从打开的菜单中选择【创建补间动画】命令，创建补间动画，如图 5-27 所示。

3　在图层 2 第 15 帧上按下 F6 功能键插入属性关键帧，使用相同的方法，分别为第 30、40、50 帧插入属性关键帧，如图 5-28 所示。

图 5-27　创建补间动画

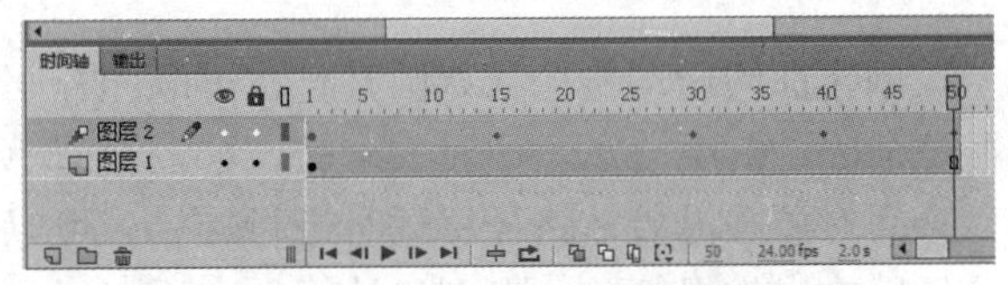

图 5-28　插入属性关键帧

4　分别调整第 15 帧、30 帧、40 帧、50 帧上【蝴蝶】图形元件的位置，结果如图 5-29 所示。

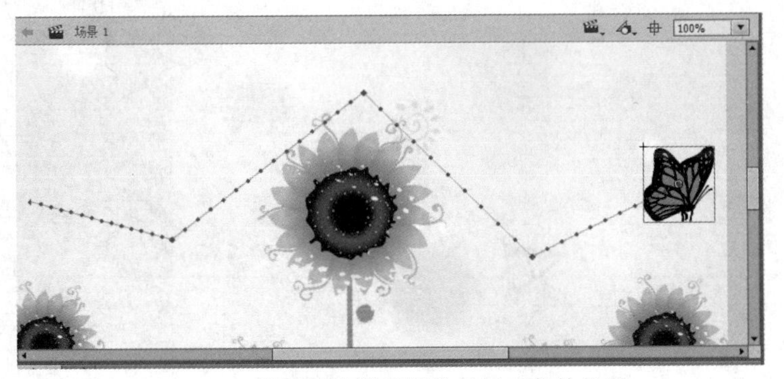

图 5-29　设置属性关键帧的目标对象的位置

5 在【工具】面板中选择【选择工具】，然后将鼠标移到第 1 段运动路径上，向上拖动路径，使之变成弧形，如图 5-30 所示。

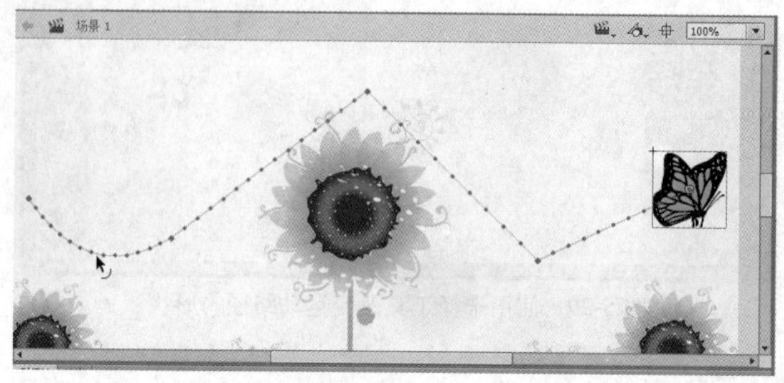

图 5-30 调整第 1 段运动路径的形状

6 使用步骤 5 的方法，分别调整其他两段运动路径的形状，从而制作蝴蝶沿着曲线运动的补间动画效果，如图 5-31 所示。

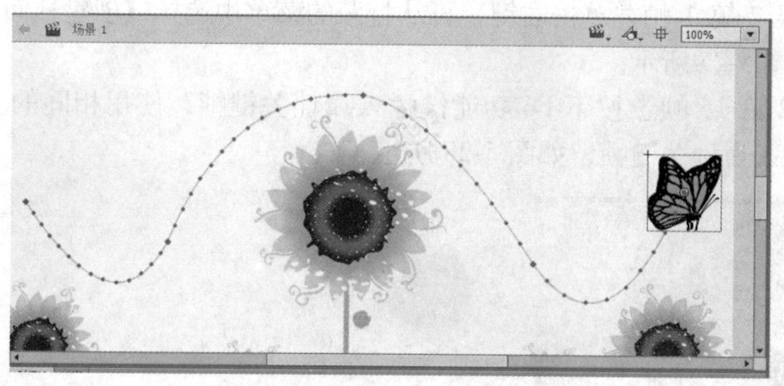

图 5-31 调整其他运动路径的形状

5.3.6 使对象调整到路径

在创建曲线运动路径（如圆）时，可以让补间对象在沿着该路径移动时进行旋转，就如同在一个固定的中心点上让对象旋转，如图 5-32 所示。

补间对象在沿着该路径移动时进行旋转，可以使对象相对于该路径的方向保持不变。实现该目标的操作很简单，当创建补间动画后，只需在【属性】面板上选择【调整到路径】复选项即可，如图 5-33 所示。

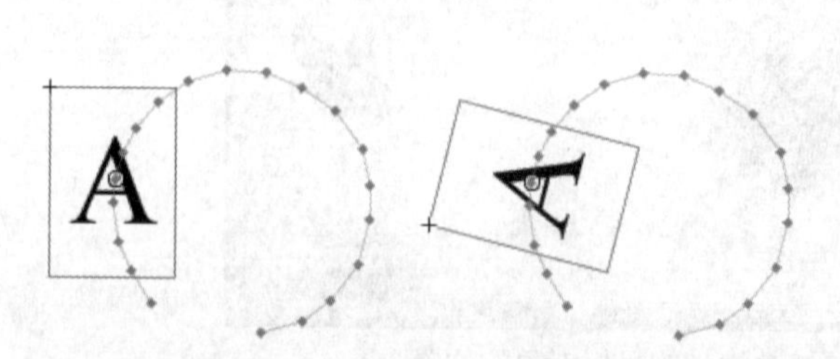

图 5-32 设置沿着路径移动时进行旋转的前后效果

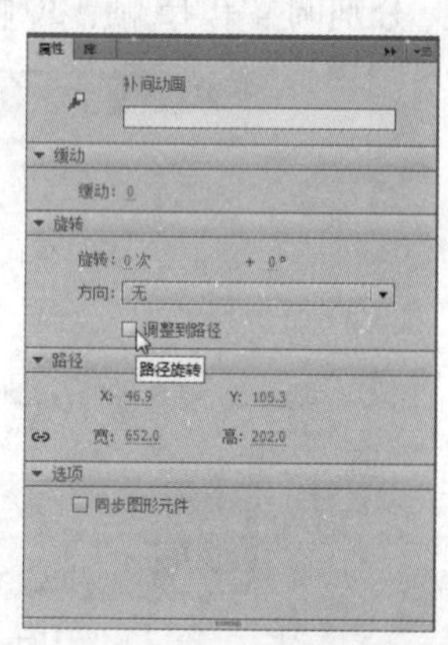

图 5-33 设置【调整到路径】属性

5.3.7　使用浮动属性关键帧

浮动属性关键帧是与时间轴中的特定帧无任何联系的关键帧。Flash 将调整浮动关键帧的位置，使整个补间中的运动速度保持一致。

浮动关键帧仅适用于空间属性 X、Y 和 Z。在通过将补间对象拖动到不同帧中的不同位置的方式，对舞台上的运动路径进行编辑之后，浮动关键帧非常有用。按照此方式编辑运动路径时，通常会创建一些路径片段，这些路径片段中的运动速度比其他片段中的运动速度要更快或更慢。这是因为路径段中的帧数会比其他路径段中的帧数更多或更少，如图 5-34 所示。

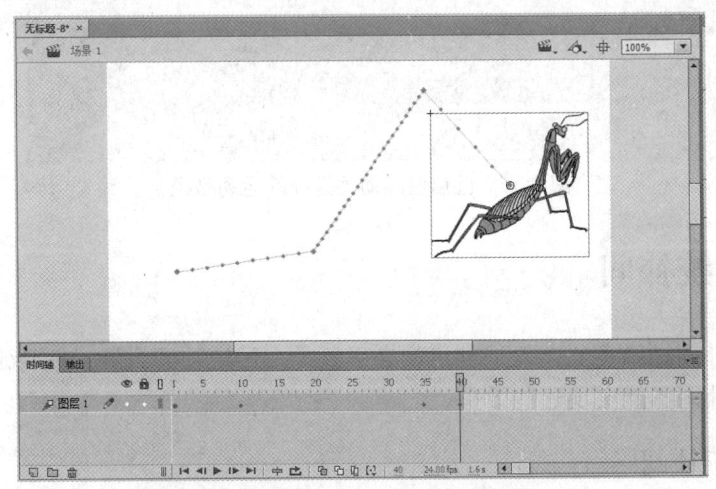

图 5-34　已禁用浮动关键帧的运动路径

使用浮动属性关键帧有助于确保整个补间中的动画速度保持一致。当属性关键帧设置为浮动时，Flash 会在补间范围中调整属性关键帧的位置，以便补间对象在补间的每个帧中移动相同的距离。然后，可以通过缓动来调整移动，使补间开头和结尾的加速效果显得很逼真。

如果要为整个补间启用浮动关键帧，可以选择补间范围并单击右键，然后在打开的菜单中选择【运动路径】|【将关键帧切换为浮动】命令，如图 5-35 所示。

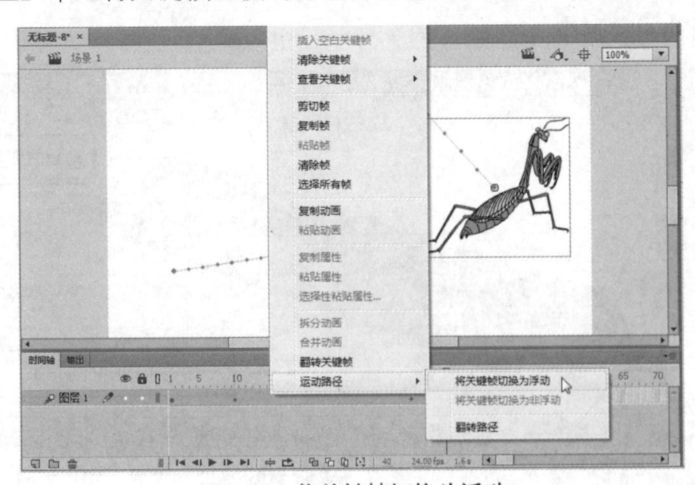

图 5-35　将关键帧切换为浮动

在将补间动画的关键帧切换成浮动属性关键帧后，舞台上的运动路径的帧变得分布均匀，如图 5-36 所示。

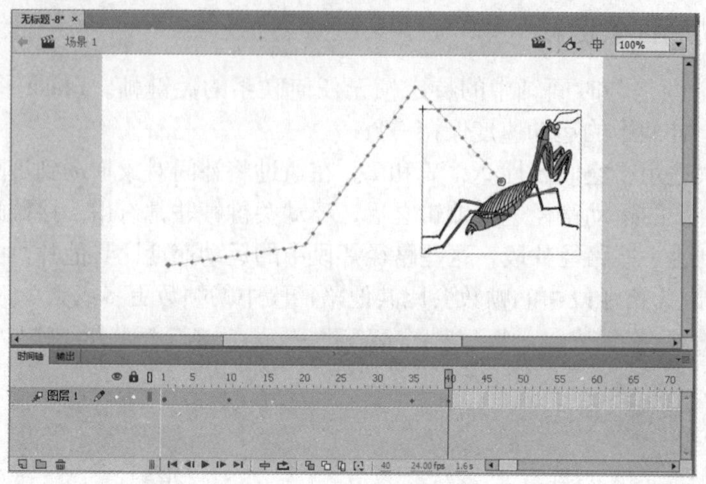

图 5-36　已启用浮动关键帧的运动路径

5.4　创作传统补间

传统补间与补间动画类似，但是创建起来更复杂。传统补间允许一些特定的动画效果，使用基于范围的补间不能实现这些效果。

5.4.1　关于传统补间

从原理上来说，传统补间是指在一个特定时间定义一个实例、组、文本块、元件的位置、大小和旋转等属性，然后在另一个特定时间更改这些属性。当两个时间进行交换时，属性之间就会随着补间帧进行过渡，从而形成动画，这种补间帧的生成就是依照传统补间功能来完成的，如图 5-37 所示。

传统补间可以实现两个对象之间的大小、位置、颜色（包括亮度、色调、透明度）变化。这种动画可以使用实例、元件、文本、组合和位图作为动画补间的元素，形状对象只有“组合”后才能应用到补间动画中。

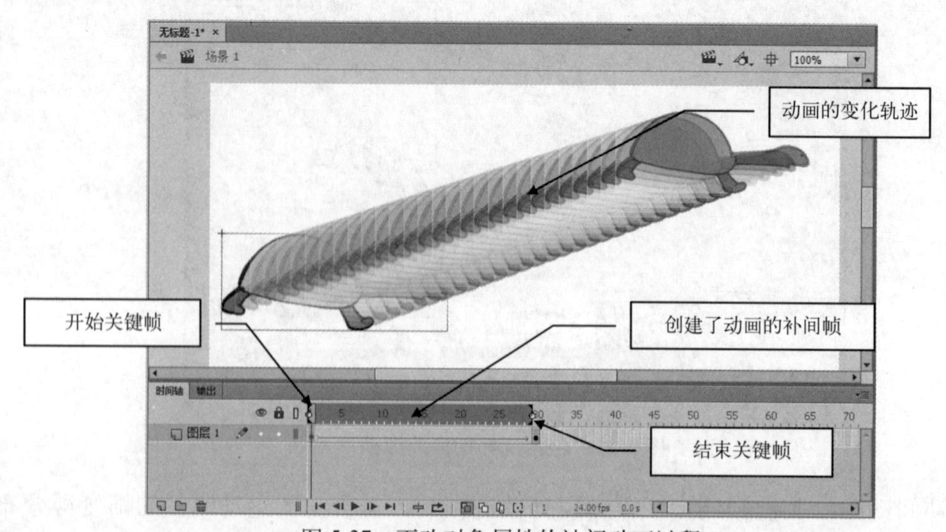

图 5-37　更改对象属性的补间动画过程

1. 补间动画和传统补间之间的差异

补间动画是从 Flash CS4 版本开始引入的，其功能强大且易于创建。通过补间动画可以对补间的动画进行最大限度地控制。传统补间（包括在早期版本的 Flash 中创建的所有补间）的创建过程更为复杂。补间动画提供了更多的补间控制，而传统补间提供了一些用户可能希望使用的某些特定功能。

补间动画和传统补间之间的差异包括。

（1）传统补间使用关键帧。关键帧是显示对象的新实例的帧。补间动画只能具有一个与之关联的对象实例，并使用属性关键帧而不是关键帧。

（2）补间动画在整个补间范围上由一个目标对象组成。

（3）补间动画和传统补间都只允许对特定类型的对象进行补间。如果应用补间动画，则在创建补间时会将所有不允许的对象类型转换为影片剪辑，而应用传统补间会将这些对象类型转换为图形元件。

（4）补间动画会将文本视为可补间的类型，而不会将文本对象转换为影片剪辑。传统补间会将文本对象转换为图形元件。

（5）在补间动画范围上不允许帧脚本。传统补间则允许帧脚本。

（6）补间目标上的任何对象脚本都无法在补间动画范围的过程中更改。

（7）可以在时间轴中对补间动画范围进行拉伸和调整大小，并将它们视为单个对象。

（8）如果要在补间动画范围中选择单个帧，必须按住 Ctrl 键，然后单击帧。

（9）对于传统补间，缓动可应用于补间内关键帧之间的帧组。对于补间动画，缓动可应用于补间动画范围的整个长度。如果要仅对补间动画的特定帧应用缓动，则需要创建自定义缓动曲线。

（10）利用传统补间，可以在两种不同的色彩效果（如色调和 Alpha 透明度）之间创建动画，而补间动画可以对每个补间应用一种色彩效果。

（11）只可以使用补间动画来为 3D 对象创建动画效果，无法使用传统补间为 3D 对象创建动画效果。

（12）只有补间动画才能保存为动画预设。

（13）对于补间动画，无法交换元件或设置属性关键帧中显示的图形元件的帧数。应用了这些技术的动画要求是使用传统补间。

2. 传统补间的属性设置

通过“传统补间”类型创建的 Flash 动画，可以实现对象的颜色、位置、大小、角度、透明度的变化。在制作动画时，只需在【时间轴】面板上添加开始关键帧和结束关键帧，然后通过舞台更改关键帧的对象属性，接着在图层上单击右键并选择【创建传统补间】命令即可，如图 5-38 所示。

为开始关键帧和结束关键帧之间创建传统补间后，可以通过【属性】面板设置传统补间的选项，例如缩放、旋转、缓动等。

传统补间的属性设置选项说明如下。

- 缓动：设置动画类似于运动缓冲的效果。使用【缓动】文本框输入缓动值或拖动滑块设置缓动值。缓动值大于 0，则运动速度逐渐减小；缓动值小于 0，则运动速度逐渐增大。

- 【编辑缓动】按钮：提供用户自定义缓动样式。单击此按钮，将打开【自定义缓入/缓出】对话框，如图 5-39 所示。该对话框中直线的斜率表示缓动程度，可以使用鼠标拖动直线，改变缓动值。

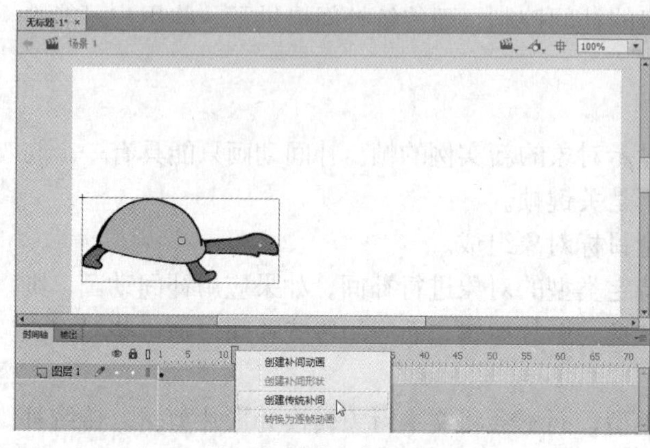

图 5-38　创建传统补间

图 5-39　编辑缓动

- 旋转：可以设置关键帧中的对象在运动过程中是否旋转、怎么旋转。包括【无】、【自动】、【顺时针】、【逆时针】4 个选项。在使用【顺时针】和【逆时针】样式后，会激活一个【旋转数】文本框，在该文本框中输入对象在传统补间动画包含的所有帧中旋转的次数。
  - ➢【无】选项：对象在【传统补间】动画包含的所有帧中不旋转。
  - ➢【自动】选项：对象在【传统补间】动画包含的所有帧中自动旋转，旋转次数也自动产生。
  - ➢【顺时针】选项：对象在【传统补间】动画包含的所有帧中沿着顺时针方向旋转。
  - ➢【逆时针】选项：对象在【传统补间】动画包含的所有帧中沿着逆时针方向旋转。
- 调整到路径：将靠近路径的对象移到路径上。
- 同步：同步处理元件。
- 贴紧：让对象贴紧到辅助线上。
- 缩放：可对对象应用缩放属性。

5.4.2　缩放移动传统补间动画

缩放变化并产生移动是传统补间改变对象位置和大小属性的动画。其中，产生移动的位置变化动画是指随着播放时间的推移，对象的位置逐渐变化的动画。

动手操作　制作缩放移动传统补间动画

1　打开光盘中的“..\Example\Ch05\5.4.2.fla”练习文件，选择图层 1 的第 60 帧，然后在这个帧中按 F6 功能键插入关键帧。

2　选择第 60 帧，然后使用【选择工具】将【卡通】图形元件移到舞台的右下方，如图 5-40 所示。

3　选择第 60 帧上的【卡通】图形元件，在工具箱中选择【任意变形工具】，然后等比例放大【卡通】图形元件，如图 5-41 所示。

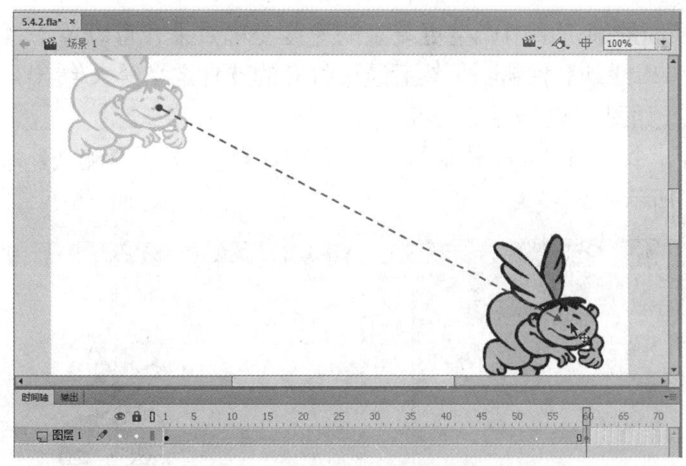

图 5-40　移动图形元件的位置

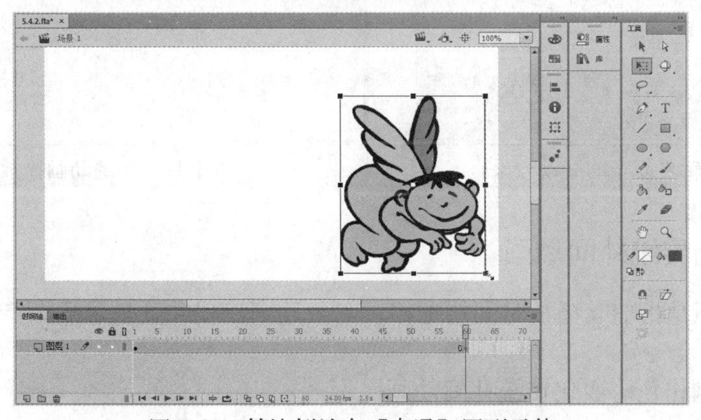

图 5-41　等比例放大【卡通】图形元件

4　选择第 1 个关键帧，然后在该关键帧上单击右键，从打开的菜单中选择【创建传统补间】命令，以创建传统补间动画。

5　如果想要产生更逼真的动画效果，可对传统补间应用缓动。如果要对传统补间应用缓动，可以打开【属性】面板的【补间】栏，然后在【缓动】字段上为所创建的传统补间指定缓动值，如图 5-42 所示。

图 5-42　设置传统补间的缓动

6 为了要在补间的帧范围中产生更复杂的速度变化效果，可以单击【属性】面板【缓动】项目旁边的【编辑缓动】按钮，然后通过打开的【自定义缓入/缓出】对话框设置更复杂的速度变化效果，如图 5-43 所示。

7 设置属性后，按 Ctrl+Enter 快捷键，或者选择【控制】｜【测试】命令，测试动画播放效果，如图 5-44 所示。

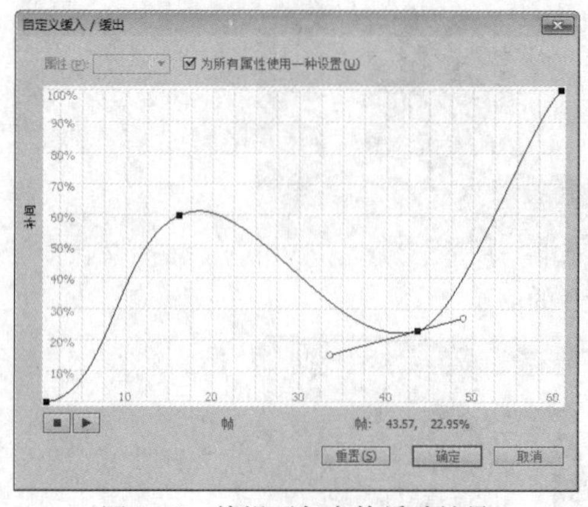

图 5-43 编辑更复杂的缓动效果

图 5-44 测试动画播放效果

5.4.3 色彩变化传统补间动画

色彩变化动画是指随着播放时间的推移，对象逐渐出现并且色彩逐渐产生变化的动画。

动手操作 制作色彩变化传统补间动画

1 打开光盘中的“..\Example\Ch05\5.4.3.fla”练习文件，在舞台上选择文本对象，然后单击右键并选择【转换为元件】命令，如图 5-45 所示。

2 在【转换为元件】对话框中设置元件的名称为【标题】、类型为【图形】，最后单击【确定】按钮，如图 5-46 所示。

图 5-45 转换为元件

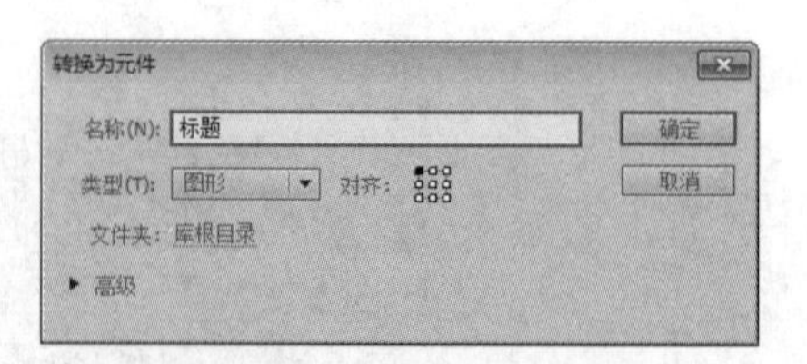

图 5-46 设置元件的属性

3　同时选择两个图层第 60 帧，然后按 F5 功能键插入帧，接着分别选择图层 2 的第 20 帧、40 帧、60 帧，并插入关键帧，如图 5-47 所示。

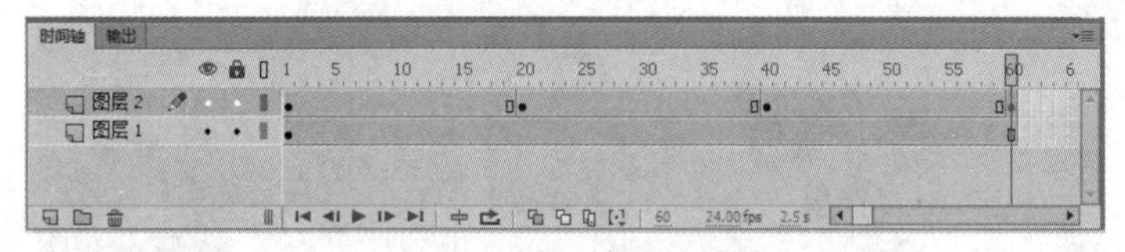

图 5-47　插入帧和关键帧

4　选择图层 2 第 1 帧，再选择舞台上的【标题】图形元件，然后打开【属性】面板，设置色彩效果的样式为【Alpha】，设置 Alpha 为 0%，使标题文本变成透明，如图 5-48 所示。

图 5-48　设置 Alpha 属性

5　选择图层 2 第 40 帧，再选择舞台上的【标题】图形元件，然后打开【属性】面板，设置色彩效果的样式为【色调】，设置色调的着色为【#FF00FF】，如图 5-49 所示。

图 5-49　设置第 40 帧的元件实例色调属性

6　选择图层 2 第 60 帧，再选择舞台上的【标题】图形元件，然后打开【属性】面板，设置色彩效果的样式为【色调】，设置色调的着色为【#003300】，如图 5-50 所示。

图 5-50 设置第 60 帧的文本色调属性

7 选择图层 2 所有的帧，然后单击右键并从打开的菜单中选择【创建传统补间】命令，创建传统补间动画，如图 5-51 所示。

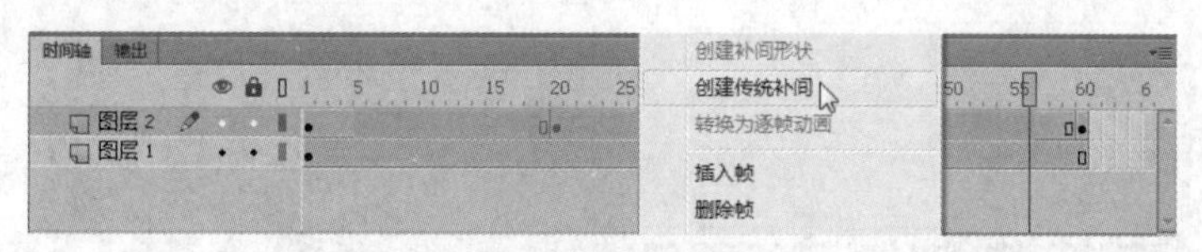

图 5-51 创建传统补间

8 设置属性后，按 Ctrl+Enter 快捷键，或者选择【控制】|【测试】命令，测试动画播放效果，如图 5-52 所示。

图 5-52 测试动画播放效果

5.4.4 定义旋转传统补间动画

改变对象的角度有旋转和翻转两种方式，这种形式的动画其实可以通过制作变形动画的方式来实现，即在制作补间动画过程中使用【任意变形工具】和【变形】命令旋转或翻转对象，从而达到改变对象角度的目的。

除此之外，还可以通过设置补间动画的【旋转】选项来制作改变角度的旋转动画，例如，为一个对象创建从左到右的移动动画，然后设置【旋转】选项，即可使对象在移动的过程中出现旋转效果。

动手操作　制作定义旋转传统补间动画

1　打开光盘中的“..\Example\Ch05\5.4.4.fla”练习文件，选择图层 1 的第 40 帧，然后按 F6 功能键插入关键帧，接着使用【选择工具】将【车轮】图形元件移到舞台的右边，如图 5-53 所示。

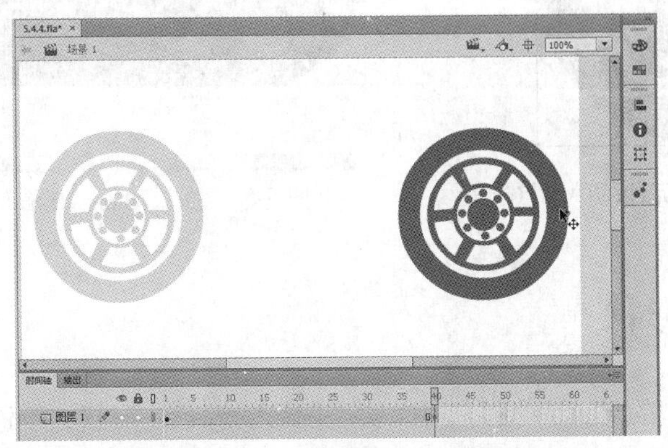

图 5-53　插入关键帧并调整元件位置

2　选择第 1 个关键帧，然后在该关键帧上单击右键，从打开的菜单中选择【创建传统补间】命令，如图 5-54 所示。

3　创建传统补间动画后，打开【属性】面板，设置缓动为 20、旋转为【逆时针】，旋转次数为 4 次，如图 5-55 所示。

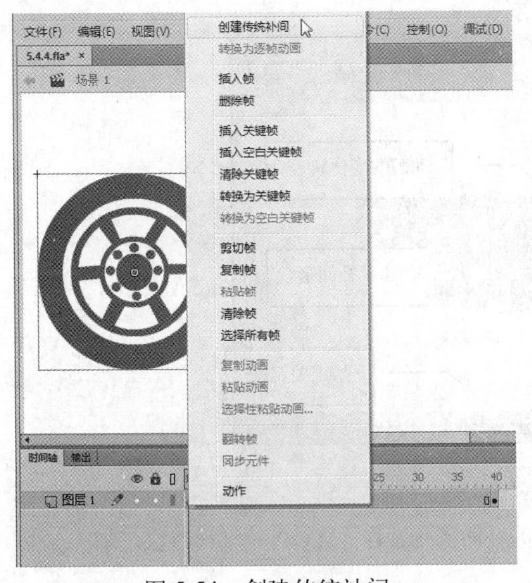

图 5-54　创建传统补间

图 5-55　设置传统补间的属性

要实现本小节实例车轮滚动的效果，必须确保车轮的中心点位于车轮的中央位置，否则旋转会出现差错。如图 5-56 所示为【车轮】图形元件的中心点位置。

4　设置属性后，按 Ctrl+Enter 快捷键，或者选择【控制】|【测试】命令，测试动画播放效果，如图 5-57 所示。

图 5-56 【车轮】图形元件的中心点位置

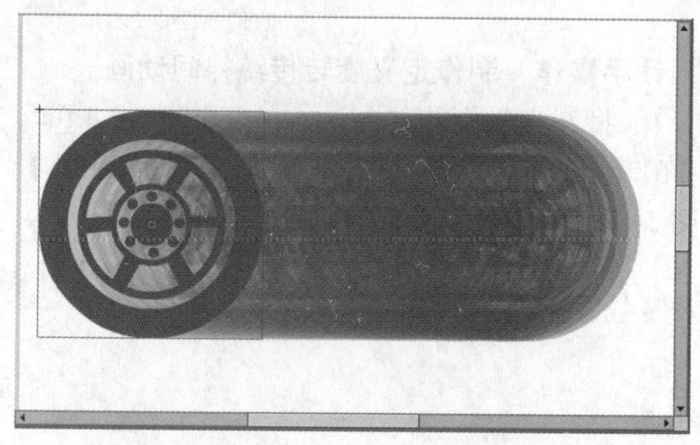

图 5-57 播放动画，观看车轮滚动的效果

5.5 创作补间形状

创建补间形状类型的 Flash 动画，可以实现图形的颜色、形状、不透明度、角度的变化。

5.5.1 关于补间形状

在补间形状中，在一个特定时间绘制一个形状，然后在另一个特定时间更改该形状或绘制另一个形状，当创建补间形状后，Flash 会自动插入二者之间的帧的值或形状来创建动画，这样就可以在播放补间形状动画中，看到形状逐渐过渡的过程，从而形成形状变化的动画，如图 5-58 所示。

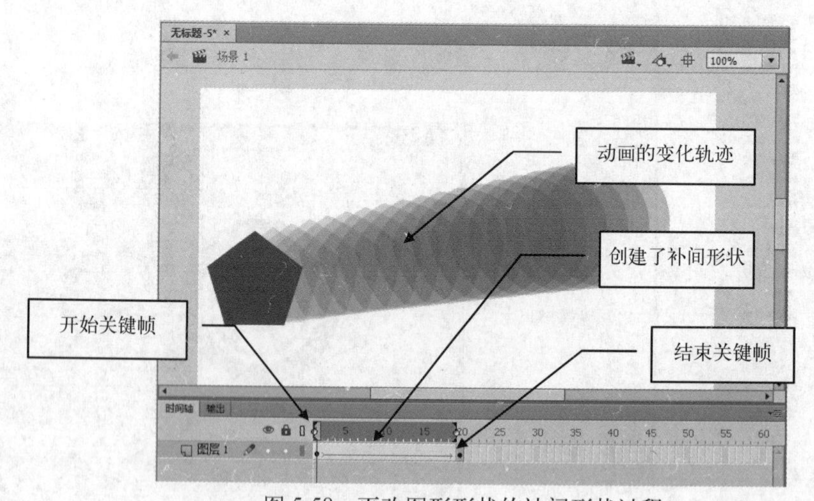

图 5-58 更改图形形状的补间形状过程

1. 补间形状的作用对象

补间形状可以实现两个形状之间的大小、颜色、形状和位置的相互变化。这种动画类型只能使用形状对象作为形状补间动画的元素，其他对象（例如实例、元件、文本、组合等）必须先分离成形状后，才能应用到补间形状动画。

换言之，补间动画可以实现两个对象之间的大小、位置、颜色（包括亮度、色调、透明度）变化。这种动画可以使用实例、元件、文本、组合和位图作为动画补间的元素，形状对象只有“组合”后才能应用到补间动画中。补间形状则可以实现两个形状之间的大小、颜色、形状和位置的相互变化。这种动画类型只能使用形状对象作为形状补间动画的元素，其他对象（例如实例、元件、文本、组合等）必须先分离成形状才能应用到补间形状动画。

补间动画创建失败是初学者经常遇到的问题，主要原因有两点：一是选择了不合适的补间类型（例如为形状创建传统补间动画，如图5-59所示）；二是没有参照创建补间动画的方法，随意添加或删除动画对象，或者增加了多余的帧。要避免上述情况的发生，最好的方法就是多动手、多动脑，增加实际操作经验。

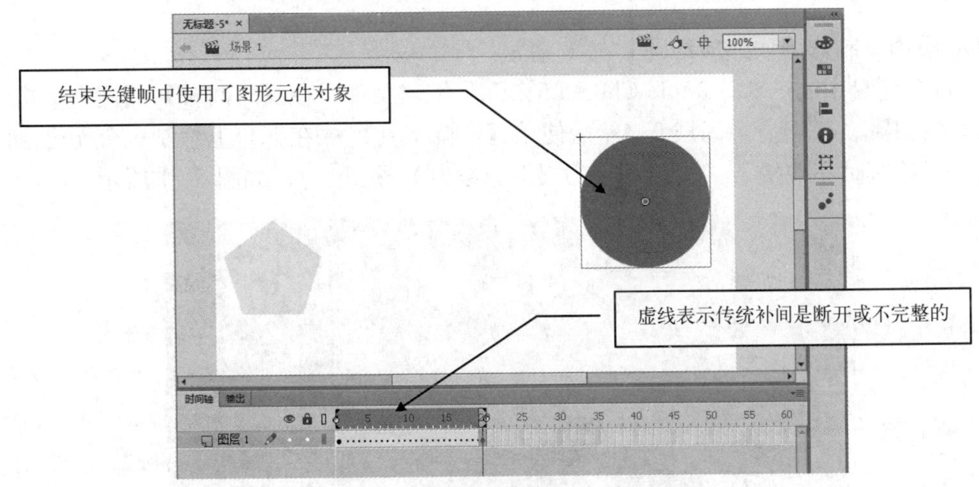

图 5-59　创建失败的传统补间动画

2. 补间形状的属性

在制作补间形状动画时，只需在【时间轴】面板上添加开始关键帧和结束关键帧，然后在关键帧中创建与设置图形，接着为开始关键帧和结束关键帧创建补间形状动画即可。

为开始关键帧和结束关键帧之间创建补间形状后，可以通过【属性】面板设置补间形状的选项，其中包括【缓动】和【混合】选项，如图5-60所示。

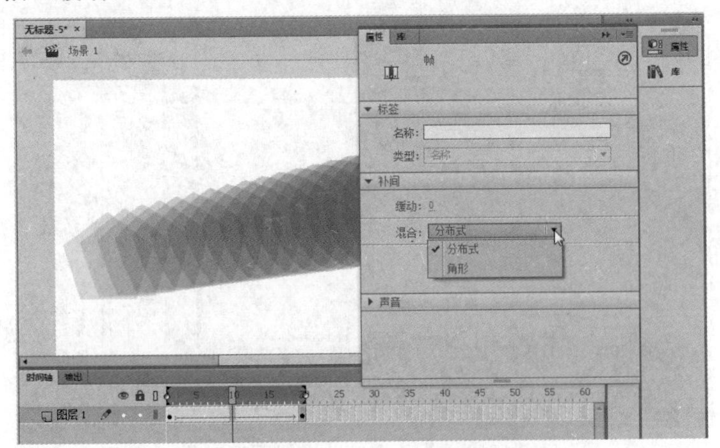

图 5-60　设置补间形状动画的属性

补间形状动画属性的设置选项说明如下。

- 缓动：设置图形以类似运动缓冲的效果进行变化。使用【缓动】文本框输入缓动值或拖动滑块设置缓动值。缓动值大于0，则运动速度逐渐减小；缓动值小于0，则运动速度逐渐增大。

- 混合：用于定义对象形状变化时，边缘的变化方式。包括分布式和角形两种方式。
  - 分布式：对象形状变化时，边缘以圆滑的方式逐渐变化。
  - 角形：对象形状变化时，边缘以直角的方式逐渐变化。

5.5.2 改变大小与位置的补间形状

通过创建补间形状，可以制作改变形状大小和位置等属性的动画。

动手操作　制作移动缩放动画

1　打开光盘中的“..\Example\Ch05\5.5.2.fla”练习文件，在【时间轴】面板中单击【新建图层】按钮，新增一个图层2，然后使用【椭圆工具】在舞台上绘制一个无笔触的橙色的圆形（绘制时不要按下工具箱下方的【对象绘制】按钮），如图5-61所示。

图5-61　插入图层并绘制一个圆形

2　在图层2第20帧上插入关键帧，然后将圆形移到舞台右上方，在使用【任意变形工具】的同时按住Shift键从中心向外增大圆形，如图5-62所示。

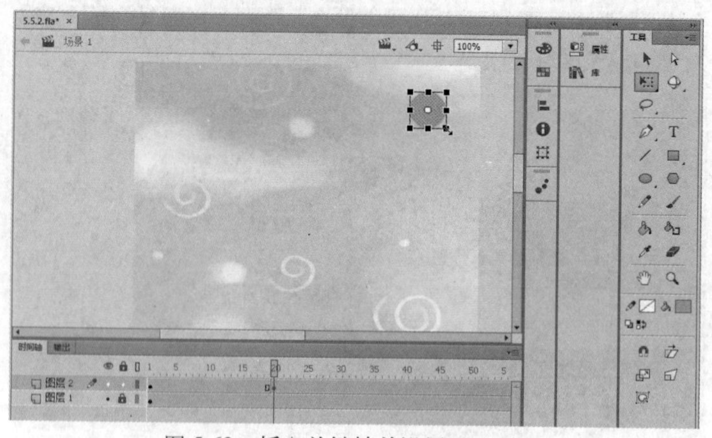

图5-62　插入关键帧并设置图形对象

3　选择【窗口】｜【颜色】命令，打开【颜色】面板，然后使用【选择工具】选择图层2第1帧上的图形，再通过【颜色】面板设置图形的Alpha为0%，如图5-63所示。

4　选择图层2第1帧，单击右键并从打开的菜单中选择【创建补间形状】命令，创建补间形状动画，如图5-64所示。

图 5-63 设置第1帧图形的 Alpha 属性

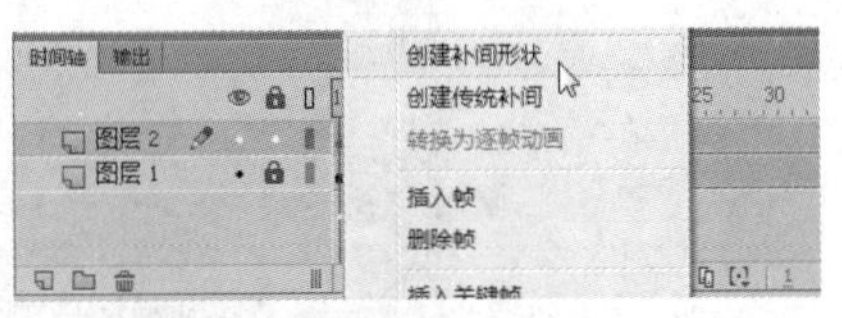

图 5-64 创建补间形状动画

5 选择图层 2，然后在该图层上插入一个新图层并命名为图层 3，接着将图层 3 移到图层 2 下方，在第 20 帧上按 F7 功能键插入空白关键帧，再使用【椭圆工具】在橙色圆形的位置上绘制一个淡黄色的圆形，如图 5-65 所示。

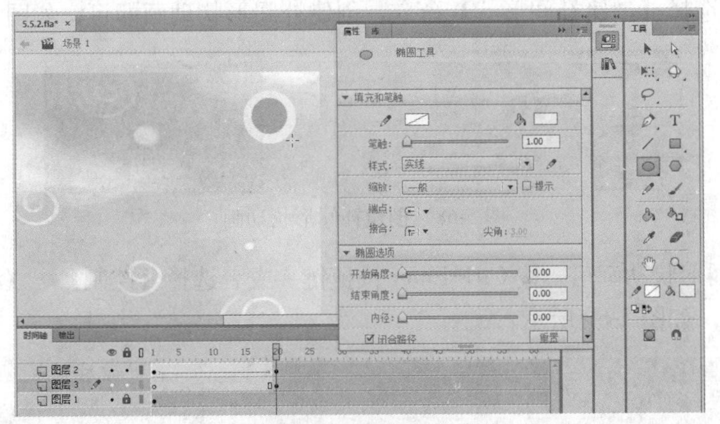

图 5-65 插入图层并绘制另一个圆形

6 使用【选择工具】选择图层 3 第 20 帧上的图形，然后在【颜色】面板中设置颜色类型为【径向渐变】，接着设置颜色从浅黄色到白色透明的渐变，如图 5-66 所示。

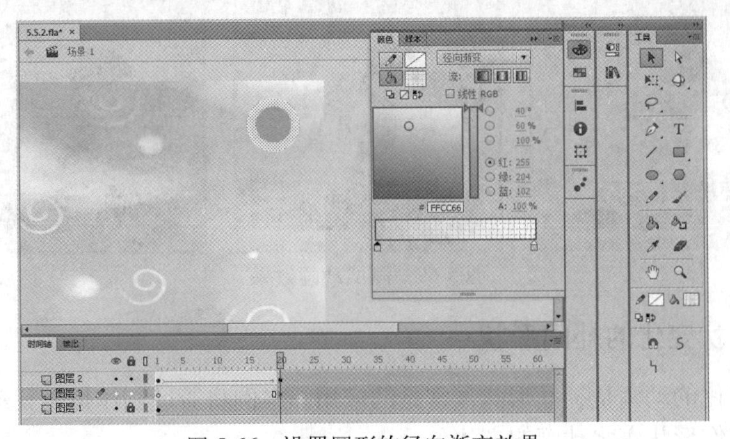

图 5-66 设置圆形的径向渐变效果

7　在图层3第40帧、60帧、80帧、100帧上插入关键帧，再选择第40帧，然后使用【任意变形工具】，同时按住Shift键从中心点向四周增大该帧下的圆形，如图5-67所示。使用相同的方法，增大图层3第80帧下的圆形。

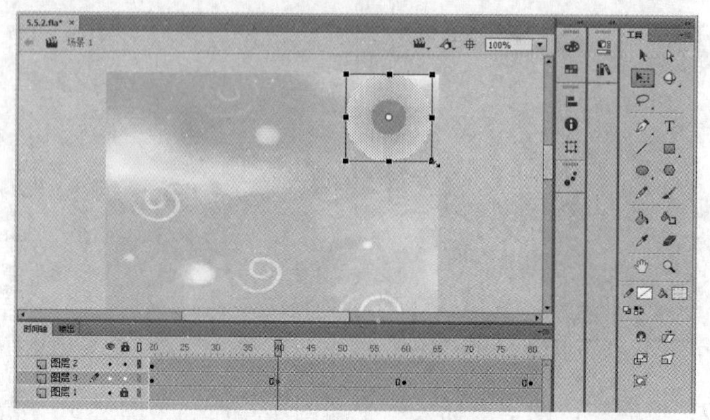

图5-67　设置关键帧下的图形大小

8　完成上述的操作后，选择图层3第20帧到第100帧之间的所有帧，然后单击右键并从打开的菜单中选择【创建补间形状】命令，创建补间形状动画即可，如图5-68所示。

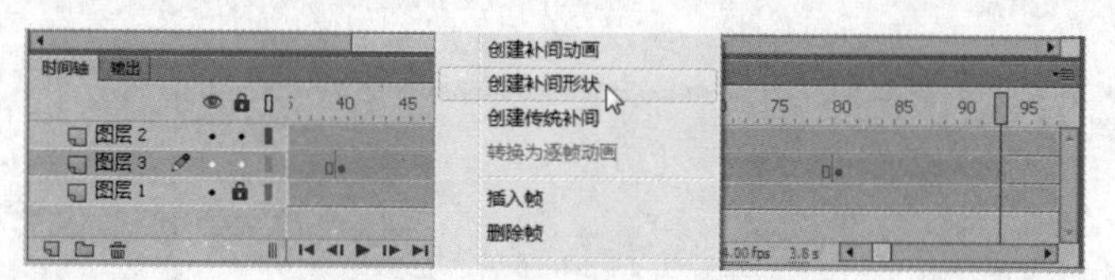

图5-68　创建补间形状动画

9　创建补间形状动画后，按Ctrl+Enter快捷键，或者选择【控制】|【测试】命令，测试动画播放效果，如图5-69所示。

图5-69　测试动画效果

5.5.3　改变形状变化的补间形状

制作形状变化的动画是补间形状最常见的应用。本例将通过制作烛光晃动的效果来介绍利用补间形状制作形状变化动画的方法。

动手操作　制作改变形状变化补间形状动画

1　打开光盘中的“..\Example\Ch05\5.5.3.fla”练习文件，选择舞台上的烛光组合，然后按Ctrl+B快捷键分离成形状，接着分别在图层1和图层2的第80帧上插入关键帧，如图5-70所示。

2　在图层2第20帧上插入关键帧，然后在【工具箱】面板上选择【选择工具】，使用该工具调整烛光的形状，如图5-71所示。

图5-70　分离组合并插入关键帧

图5-71　插入关键帧并调整形状

3　使用步骤2的方法，在图层2第40帧和第60帧上插入关键帧，再使用【选择工具】分别修改各个关键帧下烛光的形状，如图5-72所示。

图5-72　插入关键帧并修改各关键帧的形状

4　拖动鼠标选择图层2中各关键帧之间的帧，然后单击右键并从弹出的菜单中选择【创建补间形状】命令，如图5-73所示。

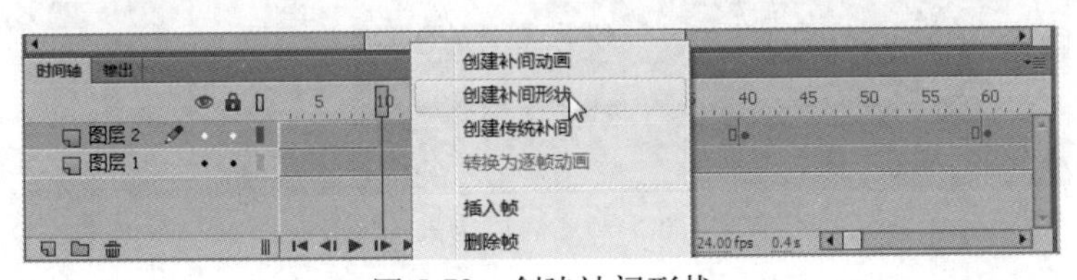

图5-73　创建补间形状

5　设置属性后，按Ctrl+Enter快捷键，或者选择【控制】|【测试】命令，测试动画播放效果，如图5-74所示。

图 5-74　测试动画效果

5.6　播放与测试影片

播放与测试影片是 Flash 创作过程中不可或缺的环节，可以在播放过程中观察动画的效果，找出其中不尽如人意的地方并加以改正。另外，通过测试动画，可以了解各种网络环境中动画的下载情况，观察各种数值的变化，同时还可以检测动画中是否存在 AcitonScript 语法的错误。

5.6.1　播放场景

“播放场景”功能允许用户在编辑环境中预览动画。在播放场景时，播放头按照预设的帧速在时间轴中移动，按顺序显示各帧内容产生动画效果。此时，不支持按钮元件和脚本语言的交互功能，也就是无法使用按钮，也无法交互控制影片。

在菜单栏中选择【控制】｜【播放】命令（或者按 Enter 键）。此时将在播放头指示的当前帧开始播放动画，如图 5-75 所示。如果要暂停播放场景，可以按下 ESC 键，或单击时间轴中的任意帧即可。

图 5-75　播放场景

默认情况下，动画在播放到最后一帧后停止。如果想重复播放，可以在菜单栏选择【控制】｜【循环播放】命令，动画结束后将从第 1 帧开始继续播放。

5.6.2　通过播放器测试影片

通过播放器测试影片时，Flash 软件会自动生成 SWF 文件，并且将 SWF 动画文件放置在当前 Flash 文件所在的文件夹中，然后在 Flash Play 中打开影片，并附加相关的测试功能。

在菜单栏中选择【控制】|【测试】命令（或者按 Ctrl+Enter 快捷键），即可打开 Flash Play 来测试影片，如图 5-76 所示。

图 5-76　通过播放器测试影片

如果仅想测试当前场景，可以在菜单栏选择【控制】|【测试场景】命令，或者按 Ctrl+Alt+Enter 快捷键。

5.7　课堂实训

下面通过制作蝴蝶飞舞动画场景和制作弹跳补间动画效果两个范例，介绍 Flash 中创建补间动画的技巧。

5.7.1　制作蝴蝶飞舞动画场景

本例将创建补间动画和补间形状，制作【蝴蝶】图形元件从舞台右边沿着曲线路径移动到舞台左边的效果，以及舞台左上角太阳图形在发出光芒的动画。结果如图 5-77 所示。

图 5-77　蝴蝶飞舞动画场景制作结果

动手操作 制作蝴蝶飞舞动画场景

1 打开光盘中的“..\Example\Ch05\5.7.1.fla”练习文件，然后在【时间轴】面板中选择图层2，将【库】面板中的【蝴蝶】图形元件加入舞台的右边，如图5-78所示。

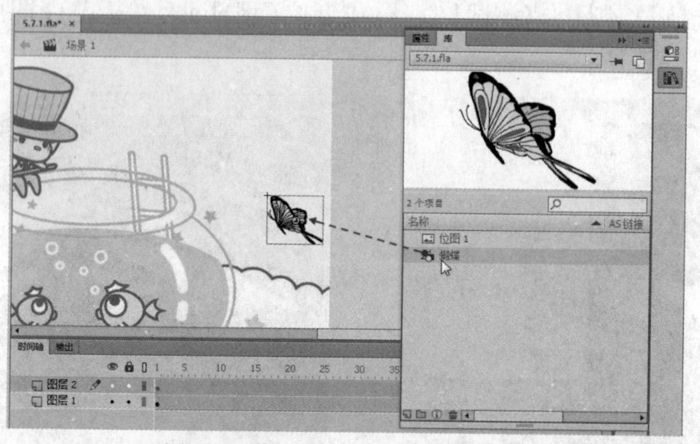

图5-78 插入图层并加入图形元件

2 选择图层2第1帧，然后单击右键并从打开的菜单中选择【创建补间动画】命令，为图层2创建补间动画，如图5-79所示。

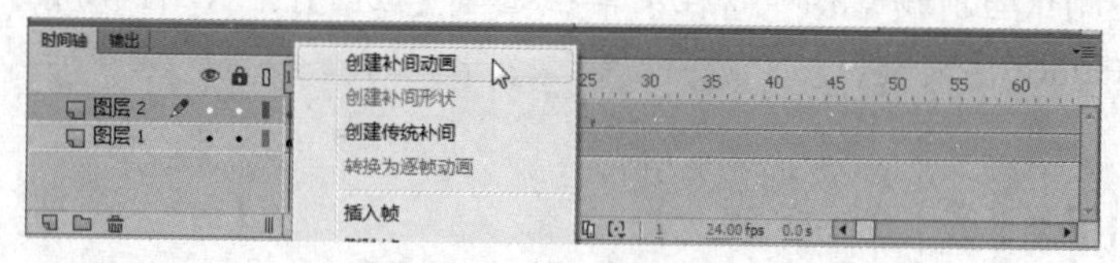

图5-79 创建补间动画

3 分别在图层2第30帧、第60帧、第80帧上插入F6功能键插入属性关键帧，接着分别调整第30帧、第60帧、第80帧上的【蝴蝶】图形元件在舞台上的位置，使之从舞台右边移到舞台左边，如图5-80所示。

图5-80 插入属性关键帧并调整元件的位置

4 在工具箱中选择【选择工具】，然后将鼠标移各段运动路径上，拖动路径使之变成弧形，结果如图5-81所示。

5 选择图层2第1帧，打开【属性】面板，在【缓动】项中设置缓动为–40，如图5-82所示。

图 5-81　调整运动路径的形状

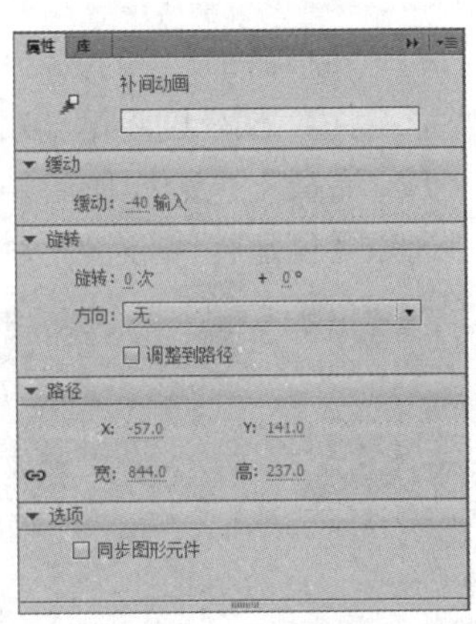

图 5-82　设置缓动

6　在图层 2 上插入图层 3，然后使用【椭圆工具】在舞台上绘制一个橙色的圆形（绘制时不要按下工具箱下方的【对象绘制】按钮），如图 5-83 所示。

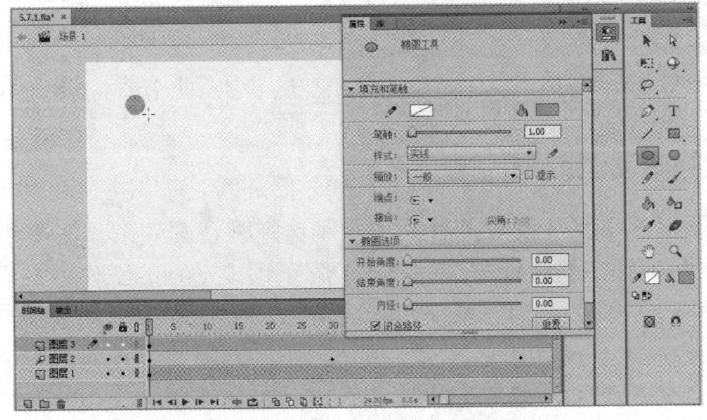

图 5-83　插入图层并绘制圆形

7　在图层 3 上插入图层 4，然后将图层 4 移到图层 3 下方，使用【椭圆工具】在橙色圆形的位置上绘制一个圆形，通过【颜色】面板设置颜色填充类型为【径向渐变】，最后设置渐变颜色条左端控制点的颜色为红色，右端控制点的颜色为白色透明，如图 5-84 所示。

8　选择图层 3 上的圆形，使用步骤 7 的方法，为图形设置径向渐变的渐变颜色（渐变颜色条左端控制点的颜色为橙色，右端控制点的颜色为橙色透明），如图 5-85 所示。

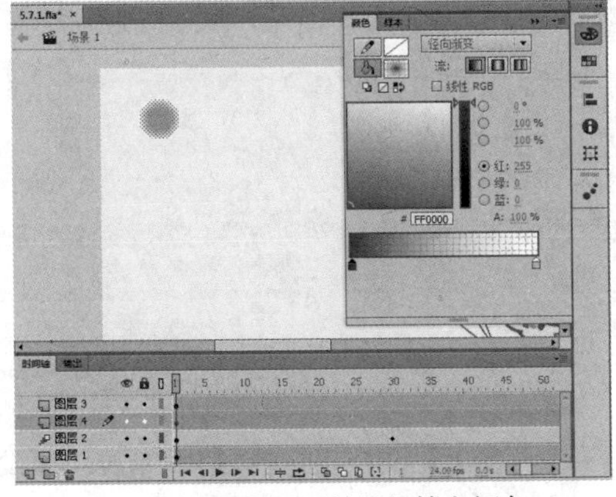

图 5-84　绘制图形并设置填充颜色

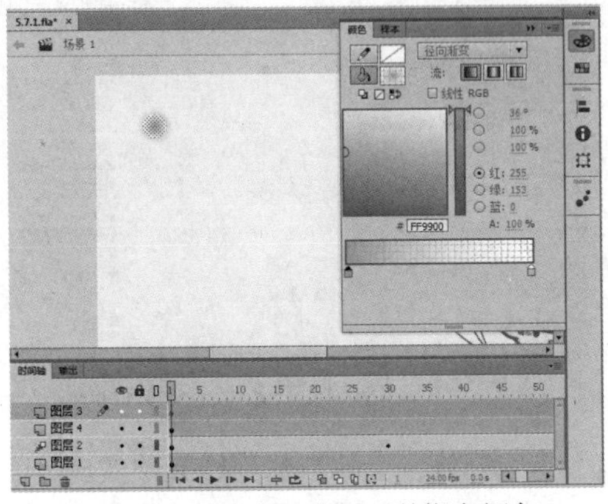

图 5-85　设置另一个图形的渐变颜色

9　分别在图层4的第20帧、第40帧、第60帧、第80帧上插入关键帧，接着使用【任意变形工具】分别将第20帧、第60帧的图形从中心点向四周增大，如图5-86所示。

10　完成上述的操作后，选择图层4各个关键帧之间的帧，然后单击右键并从打开的菜单中选择【创建补间形状】命令，创建补间形状动画即可，如图5-87所示。

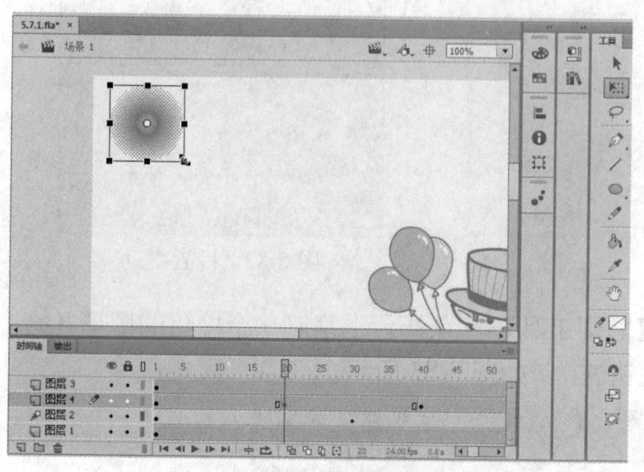

图5-86　增大关键帧的图形

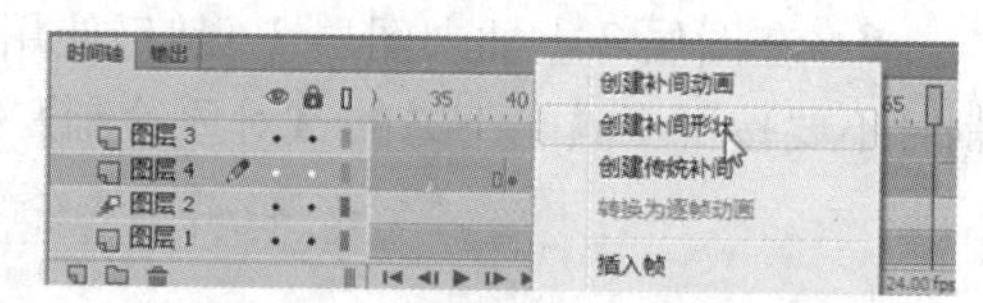

图5-87　创建补间形状动画

5.7.2　制作弹跳补间动画效果

本例将使用 Flash CC 预先配置的补间动画制作弹跳动画效果。使用动画预设是学习在Flash中添加动画的基础知识的快捷方法，一旦了解了预设动画的工作方式后，自己制作动画就非常容易了。

动手操作　制作弹跳的动画效果

1　打开光盘中的“..\Example\Ch05\5.7.2.fla”练习文件，然后选择【窗口】|【动画预设】命令，打开【动画预设】面板，如图5-88所示。

2　在【动画预设】面板中打开【默认预设】列表，然后在列表中选择一种预设，接着通过面板的预览区预览动画效果，如图5-89所示。

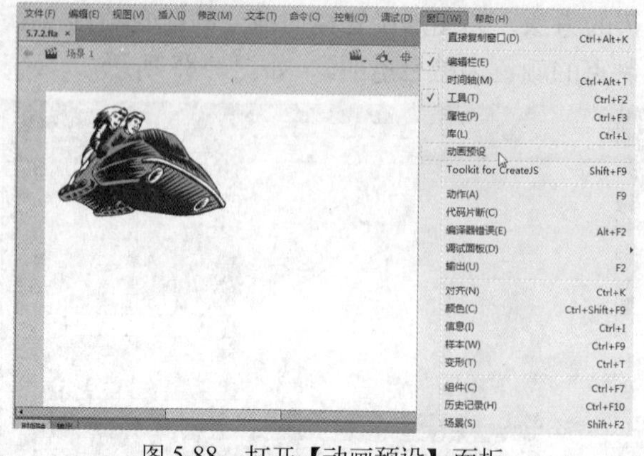

图5-88　打开【动画预设】面板

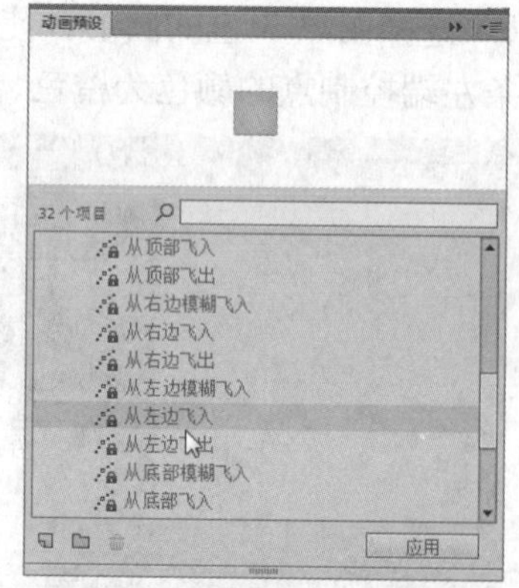

图5-89　预览预设动画的效果

3　选择舞台上的影片剪辑元件实例，然后在【动画预设】面板上选择【3D弹入】预设项目，接着单击【应用】按钮，如图5-90所示。

4 应用预设动画后，Flash 将以影片剪辑元件实例制作补间动画，在时间轴上添加补间范围和属性关键帧。选择【任意变形工具】，再使用该工具选择补间动画路径，接着调整路径的位置和大小，如图 5-91 所示。

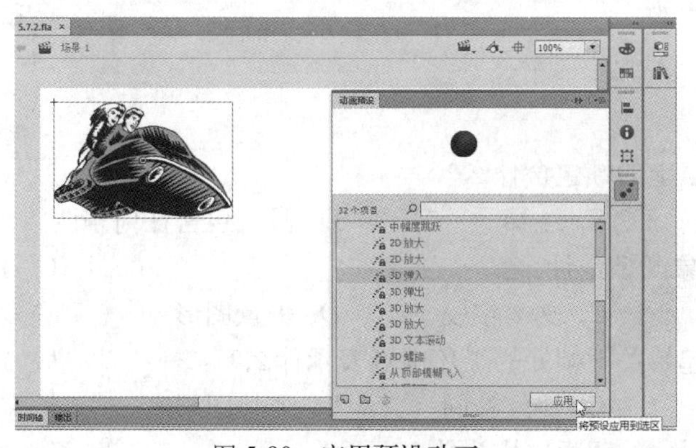

图 5-90　应用预设动画

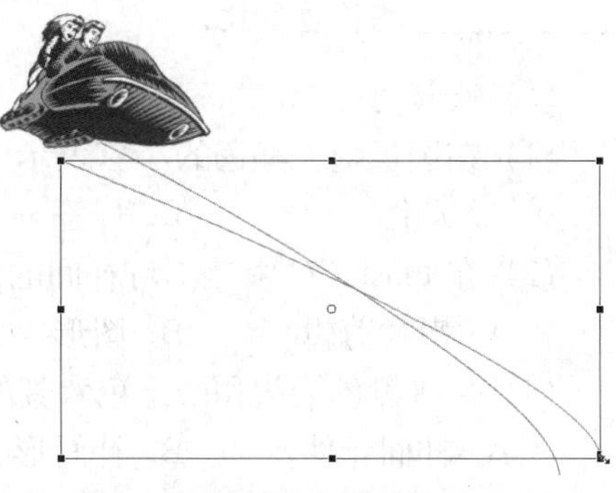

图 5-91　调整补间动画路径大小

5 选择【控制】|【播放】命令，在工作区上预览补间动画的效果，如图 5-92 所示。

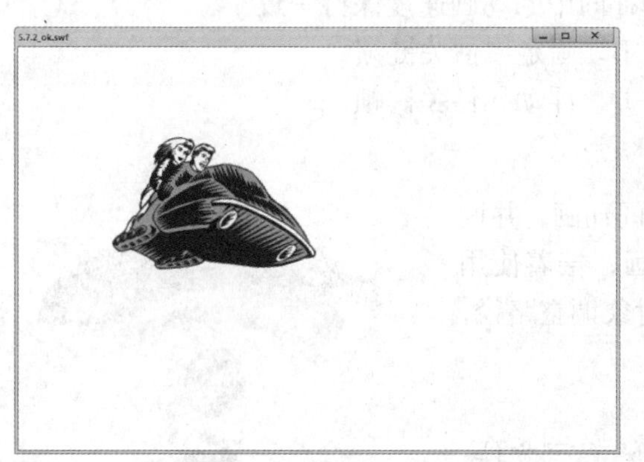

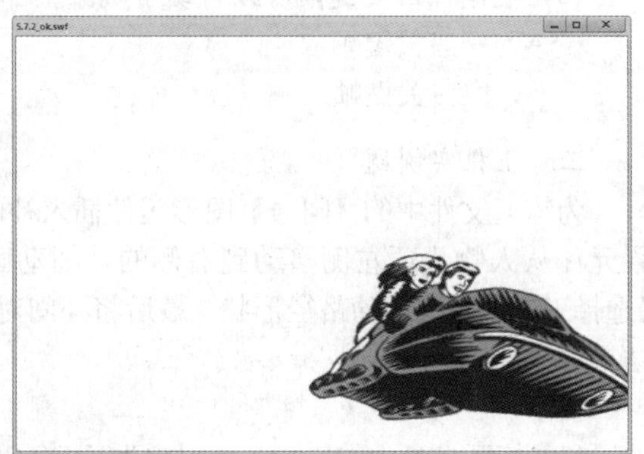

图 5-92　预览弹跳动画效果

5.8　本章小结

本章主要介绍了 Flash 基本补间动画的制作，包括 Flash 动画的基础以及补间动画、传统补间、补间形状等基本动画类型的概念和创作，最后介绍了播放和测试动画的基本方法。

5.9　习题

一、填充题

（1）Flash CC 支持__________、__________、__________、__________等多种类型的动画。

（2）帧频是动画播放的速度，以每秒播放的__________（fps）为度量单位。

（3）补间是通过为一个帧中的________指定一个值，并为另一个帧中的________指定另一个值创建的动画。

（4）补间范围是时间轴中的__________，它在舞台上对应的对象的__________可以随着时间而改变。

（5）属性关键帧是在__________中为__________显示定义一个或多个属性值的帧。

（6）补间形状可以实现两个形状之间的__________、__________、__________和__________的相互变化。

二、选择题

（1）在图层上，红色的小旗表示图层上的帧包含什么？（　）

A. 动作　B. 标签　C. 注释　D. 没有包含任何东西

（2）在 Flash CC 中，不可补间的对象类型是什么？（　）

A. 影片剪辑　B. 图形　C. 文本字段　D. 矢量图形

（3）带有黑色箭头和淡绿色背景的起始关键帧处的黑色圆点表示什么？（　）

A. 补间元件　B. 补间形状　C. 传统补间　D. 姿势图层

（4）当创建补间动画后，包含作用对象的图层转换为什么图层？（　）

A．动作图层　B．引导图层　C．补间图层　D．关键图层

（5）使用什么关键帧可以有助于确保整个补间中的动画速度保持一致？（　）

A．一般关键帧　B．固定属性关键帧

C．空白关键帧　D．浮动属性关键帧

三、上机实训题

为练习文件中的【问号】图形元件插入补间动画，并设置元件从人物头顶左侧移动到右侧的补间动画，接着使用【选择工具】修改运动路径形状，最后将补间对象调整路径，结果如图 5-93 所示。

图 5-93　上机实训题效果

提示

（1）打开光盘中的“..\Example\Ch05\5.9.fla”练习文件，选择图层 2 的第 1 帧，然后打开【插入】菜单，选择【补间动画】命令，为图层 2 插入补间动画。

（2）将播放头移到时间轴的第 1 帧处，将问号元件实例移到卡通人物插图头顶左上方，接着将播放头移动第 60 帧处，并按 F6 功能键插入属性关键帧。

（3）将播放头移到第 60 帧处，然后将问号元件实例移到人物插图头顶右上方。

（4）在工具箱中选择【选择工具】，然后将运动路径修改成弧形的形状。

（5）选择图层 2 上的补间范围，然后打开【属性】面板，并选择【调整到路径】复选框，调整补间对象到路径。

（6）将播放头移到第 1 帧处，然后在工具箱中选择【任意变形工具】，再使用此工具旋转舞台上的元件实例，适当调整实例的倾斜度。

第 6 章　补间动画的高级应用

内容提要

本章主要介绍多种 Flash 动画创作的高级方法，包括创建形状提示控制的补间形状动画、创建引导层动画、在动画中应用遮罩层等。

6.1　应用形状提示

补间形状动画是对象由一种形状变换成为另一种形状的动画，形状变化的过程是随机的。但某些时候，如果想控制形状的变化，使变化符合自己的预期，这就需要借助形状提示的功能。

6.1.1　关于形状提示

"形状提示"功能可以标识起始形状和结束形状中相对应的点，这些标识点，又称为形状提示点。在补间形状动画中设置了形状提示后，前后两个关键帧中的动画将按照提示点的位置进行变换。例如，在补间形状动画前后两个关键帧中分别设置了形状提示点 a 和 b，在创建补间形状动画后，起始关键帧中的形状提示点 a 和 b，将对应变换至结束关键帧中的形状提示点 a 和 b 上，相同的字母相互对应。如图 6-1 所示为添加形状提示和没有添加形状提示的补间形状变化。

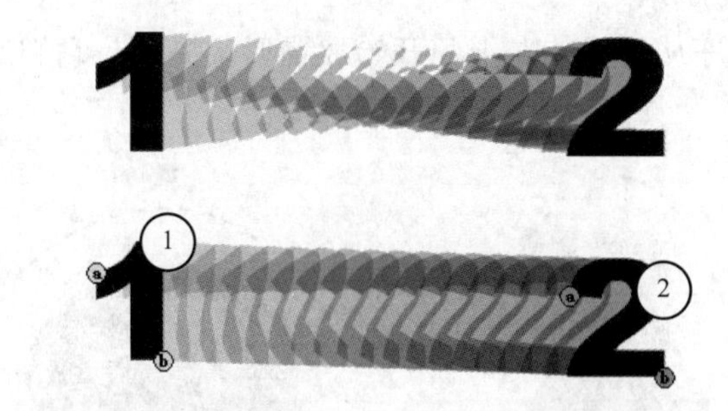

（1.开始关键帧形状提示点为黄色；2.结束关键帧形状提示点为绿色）

图 6-1　利用形状提示控制形状变化

由图 6-1 可以看出，没有添加形状提示的形状变化没有规律性，而添加了形状提示的形状变化则严格依照提示点标识的位置对象变化。通过形状提示的应用，可以很好地控制形状的变化，而不会使形状变化过程混乱。

6.1.2　使用形状提示的准则

添加形状提示（快捷键：Ctrl+Shift+H），必须在已经建立形状补间动画的前提下才可以进行。形状提示以字母（a~z）表示，以识别开始形状和结束形状中相互对应的点，最多可以使用 26 个形状提示。

当添加到形状上的形状提示为红色时，在开始关键帧中的设置好的形状提示是黄色，结束关键帧中设置好的形状提示是绿色，当不在一条曲线上时为红色（即没有对应到的形状提示显示为红色），如图 6-2 所示。

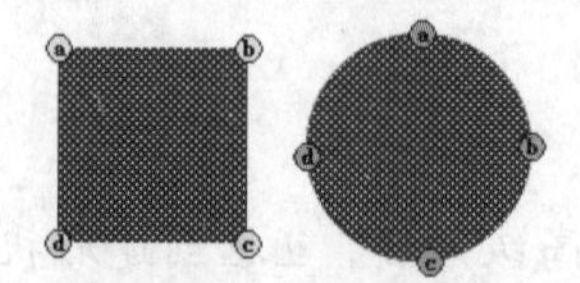

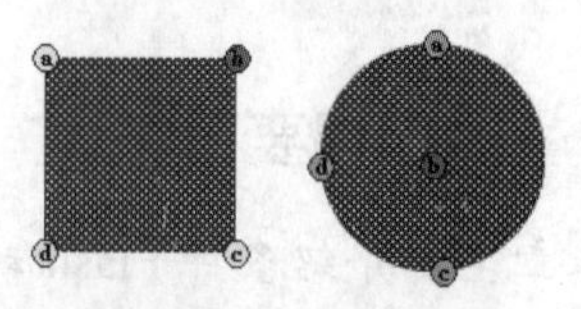

图 6-2　形状提示的颜色

要使用形状提示在补间形状动画时获得最佳效果，需要遵循以下准则：

（1）在复杂的补间形状中，需要创建中间形状然后再进行补间，而不要只定义开始和结束的形状，如图 6-3 所示。

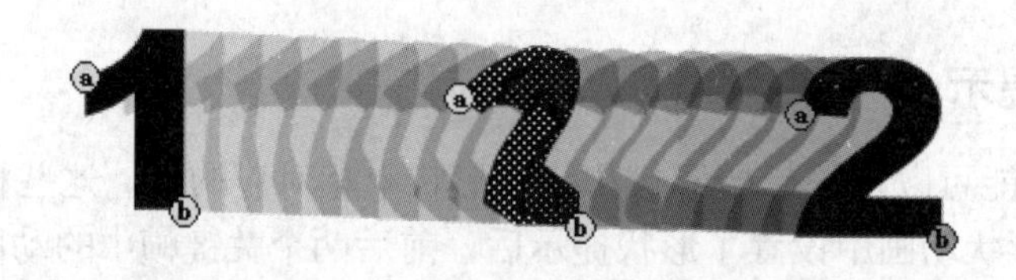

图 6-3　创建中间形状进行补间

（2）确保形状提示是符合逻辑的。例如，如果在一个三角形中使用三个形状提示，则在原始三角形和要补间的图形中，它们的顺序必须相同，不能在第一个关键帧中是 abc，而在第二个中是 acb，如图 6-4 所示。

（3）如果按逆时针顺序从形状的左上角开始放置形状提示，它们的工作效果最好。

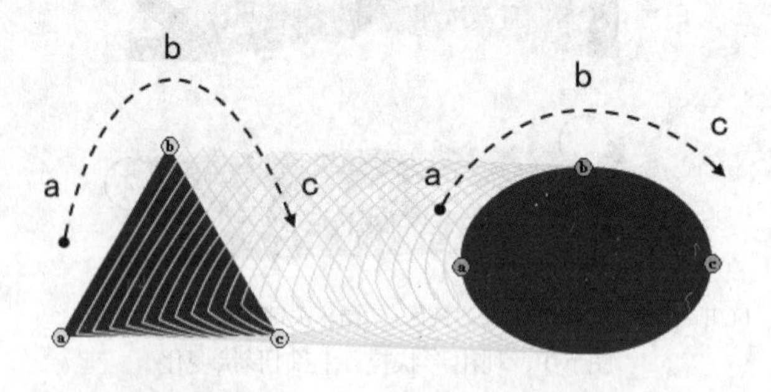

图 6-4　形状提示的位置要符合逻辑

6.1.3　添加与管理形状提示

使用形状提示有下面几种常用的方法。

1. 添加形状提示

选择补间形状上的开始关键帧，再选择【修改】|【形状】|【添加形状提示】命令，或者按 Ctrl+Shift+H 快捷键，即可在形状上添加形状提示，如图 6-5 所示。

刚开始添加的形状提示只有 a 点，如果需要添加其他形状提示，可以再次按 Ctrl+Shift+H 快捷键，也可以选择已经添加的形状提示，然后按住 Ctrl 键并拖动鼠标，即可新添加另外一个形状提示，如图 6-6 所示。

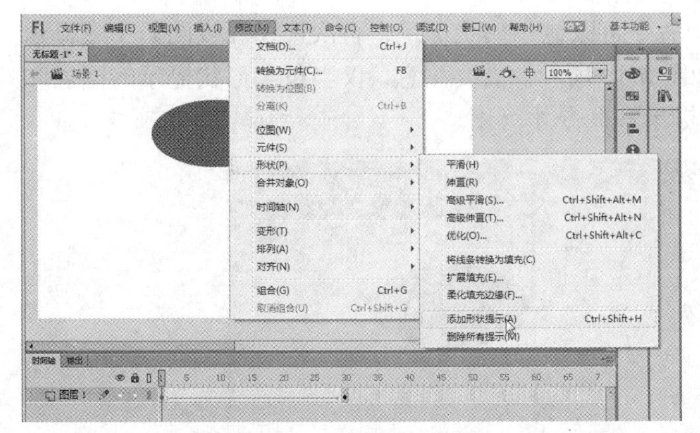

图 6-5　添加形状提示

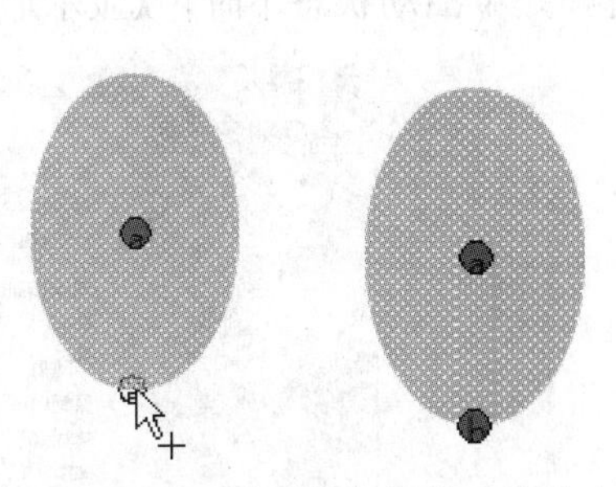

图 6-6　通过拖动添加新的形状提示

在添加形状提示后，将提示点移到要标记的点，然后选择补间序列中的最后一个关键帧，此时结束形状提示会在该形状上显示为一个带有字母的提示点，需要将这些形状提示移到结束形状中与开始关键帧标记的形状提示对应的点上，如图 6-7 所示。

图 6-7　设置开始关键帧和结束关键帧的形状提示

2. 删除形状提示

如果需要将单个形状提示删除，可以选择该形状提示的点，然后单击右键，在打开的菜单中选择【删除提示】命令，如图 6-8 所示。

如果要删除形状提示，需要在开始关键帧的形状上执行删除动作。如果在结束关键帧的形状上执行删除的操作，是无法删除形状提示的。

如果要将所有的形状提示删除，可以在任意一个形状提示上单击右键，并从打开的菜单中选择【删除所有提示】命令，如图 6-9 所示。

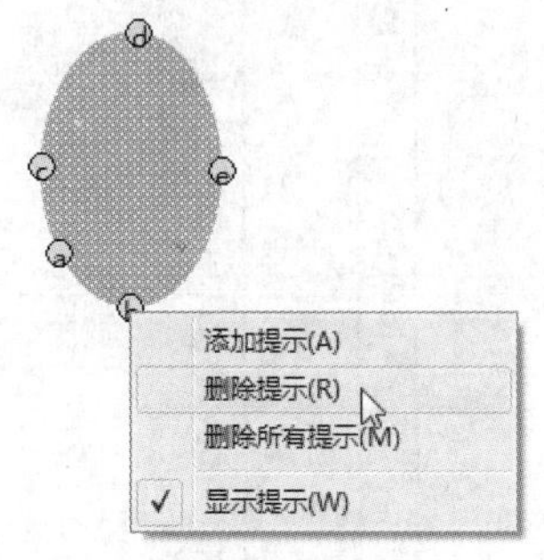

图 6-8　删除选定的形状提示

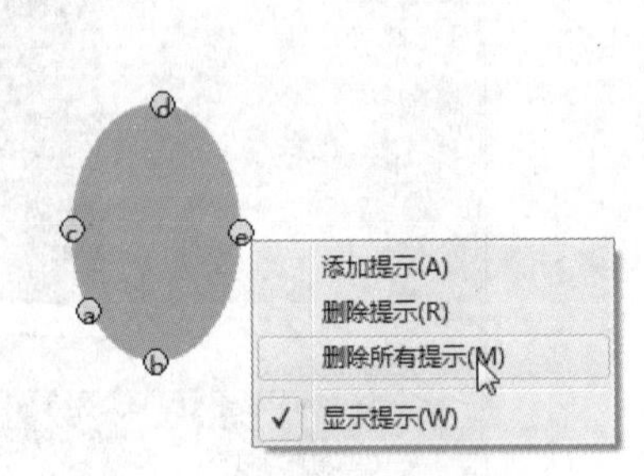

图 6-9　删除所有形状提示

在形状提示的某点被删除后，其他的形状提示会自动按照 a~z 的字母顺序显示。例如，形状上包含了 a、b、c 这 3 个形状提示，当删除了 b 后，c 将自动变成 b。另外，开始形状上的形状提示删除后，结束形状上对应的形状提示也会同时被删除。

3. 显示与隐藏形状提示

选择【视图】|【显示形状提示】命令可以显示形状提示，再次选择【视图】|【显示形状提示】命令可以隐藏形状提示，如图 6-10 所示。需要注意，仅当包含形状提示的图层和关键帧处于活动状态下时，【显示形状提示】命令才可用。

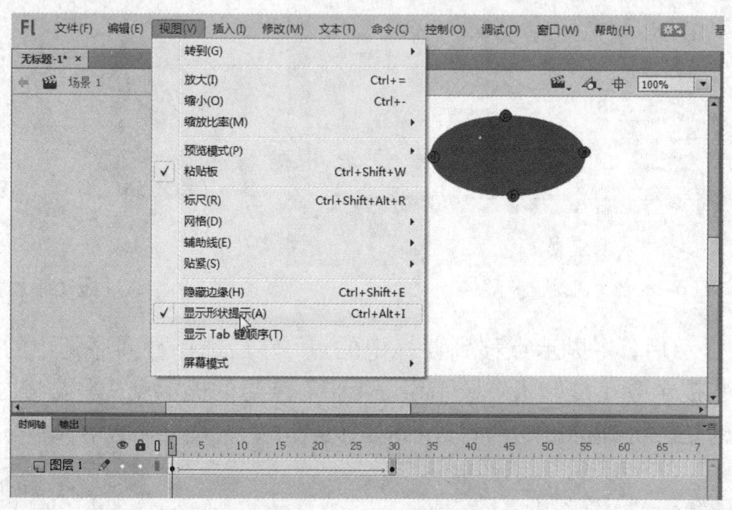

图 6-10　显示和隐藏形状提示

6.1.4　制作随风飘动的风帆动画

本例将利用形状提示制作风帆图形的补间形状动画。在本例中，首先绘制一个矩形并制成风帆的形状，然后创建补间形状动画，即可添加形状提示并利用形状提示控制形状变化。

动手操作　制作随风飘动的风帆动画

1　打开光盘中的“..\Example\Ch06\6.1.4.fla”练习文件，选择图层 2，然后在【工具】面板中选择【椭圆工具】，通过调色板设置笔触颜色为【无】、填充颜色为【#00A5E3】，接着在帆船的左侧绘制一个矩形，如图 6-11 所示。

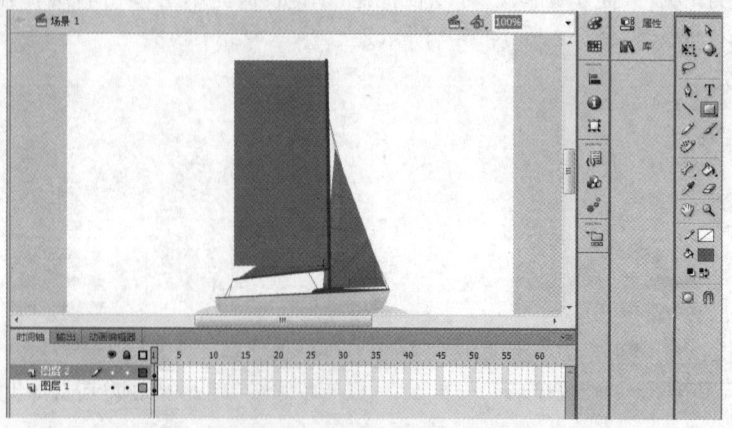

图 6-11　绘制一个矩形形状

2　在【工具】面板中选择【选择工具】，再选择舞台上的矩形，拖动矩形的角点，调整矩形的形状，如图 6-12 所示。

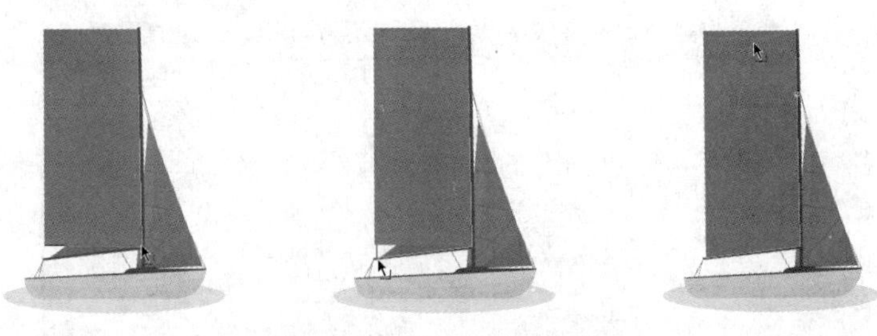

图 6-12　调整矩形的形状

3　同时选择图层 1 和图层 2 的第 60 帧，然后按 F5 功能键插入帧，接着为图层 2 的第 15 帧、30 帧、45 帧和第 60 帧插入关键帧，如图 6-13 所示。

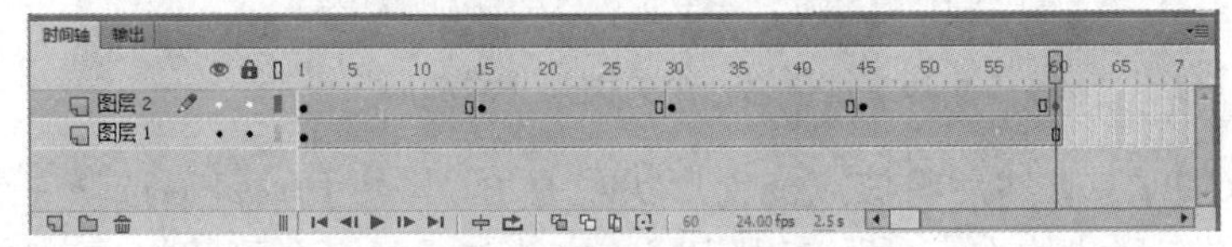

图 6-13　插入帧和关键帧

4　选择图层 2 的所有帧，然后单击右键并从弹出的菜单中选择【创建补间形状】命令，创建补间形状动画，如图 6-14 所示。

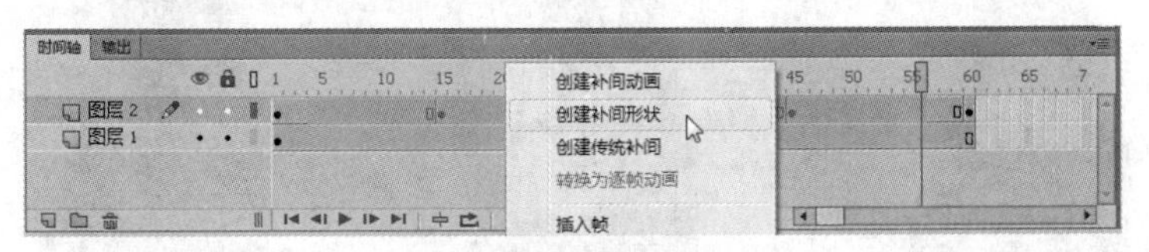

图 6-14　创建补间形状动画

5　在【工具】面板中选择【选择工具】，然后分别为图层 2 上第 1 帧、第 15 帧、第 30 帧、第 45 帧和第 60 帧上的图形调整不同的形状，其形状调整的结果如图 6-15 所示。

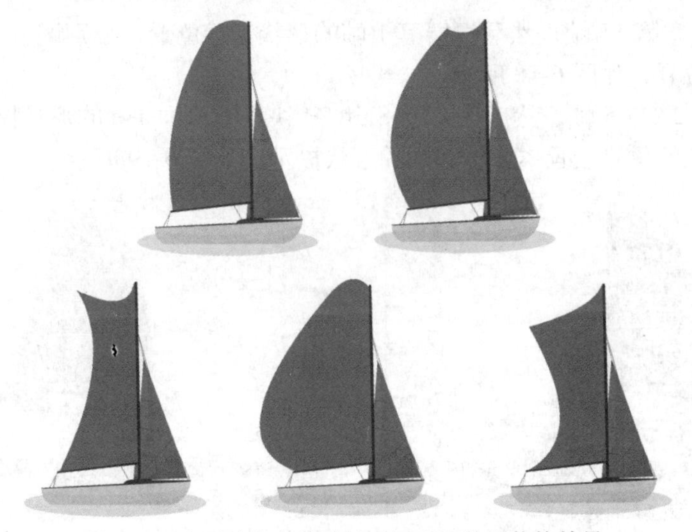

图 6-15　分别为各个关键帧下图形调整形状的结果

6 选择图层 2 的第 1 帧，然后选择【修改】|【形状】|【添加形状提示】命令，添加形状提示，如图 6-16 所示。

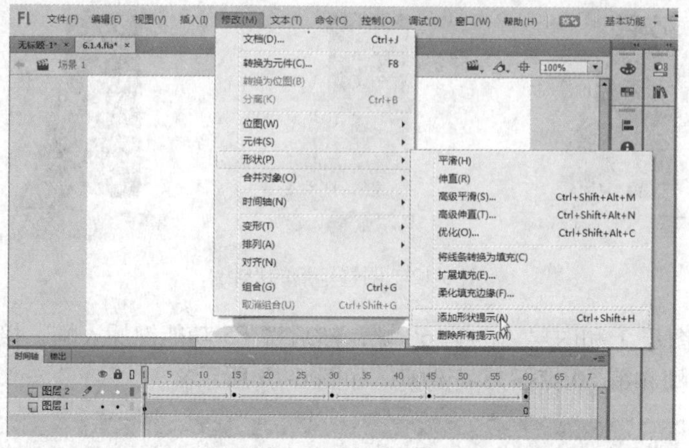

图 6-16　选择第一个关键帧并添加形状提示

7 选择形状提示点，然后将该点拖到形状左上角，按住 Ctrl 键后选择 a 点，然后拖出 b 点，并将 b 点放置在形状的右上角。使用相同的方法，添加多个形状提示，然后分别调整它们的位置，如图 6-17 所示。

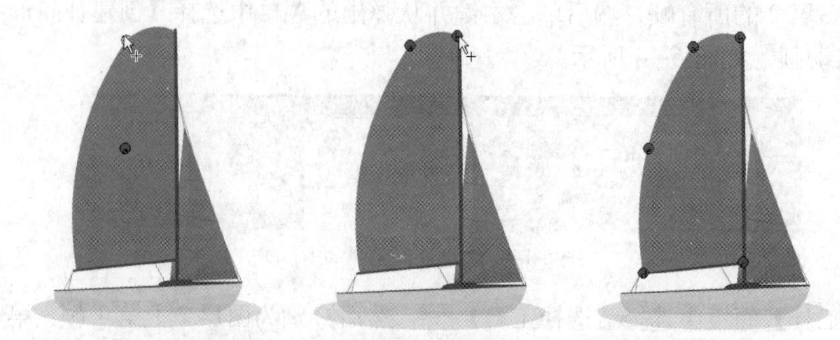
图 6-17　添加其他形状提示并调整它们的位置

8 选择图层 2 第 15 帧，然后根据第 1 帧的形状提示位置，分别调整第 15 帧的形状提示所对应的点的位置，如图 6-18 所示。

9 选择图层 2 第 15 帧，然后按 Ctrl+Shift+H 快捷键添加 a~e 的形状提示，接着根据步骤 8 形状提示的点的位置放置本步骤添加的形状提示，如图 6-19 所示。

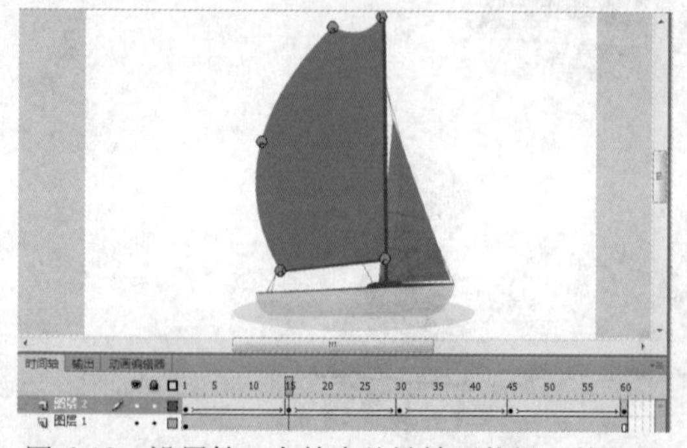
图 6-18　设置第 1 个结束关键帧形状提示的位置

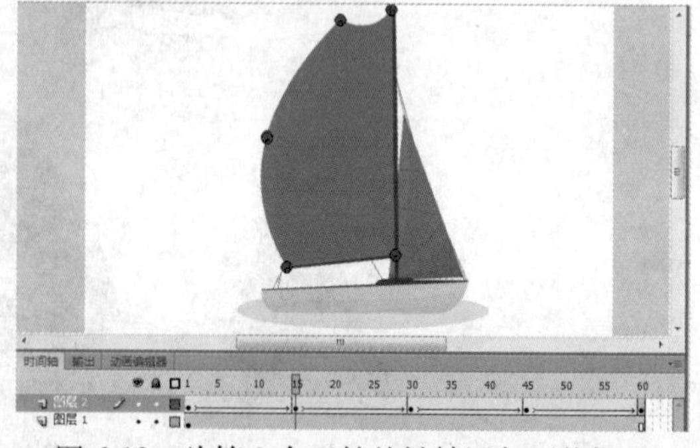
图 6-19　为第 2 个开始关键帧添加形状提示

10 选择图层 2 第 30 帧，然后将添加的形状提示按照步骤 9 的形状提示的位置一一对应放置，如图 6-20 所示。

11 按照步骤 9 和步骤 10 的方法，选择第 30 帧并添加 a~e 的形状提示，接着调整形状提示的位置，并在第 45 帧处调整形状提示与第 30 帧的形状提示的位置，结果如图 6-21 所示。

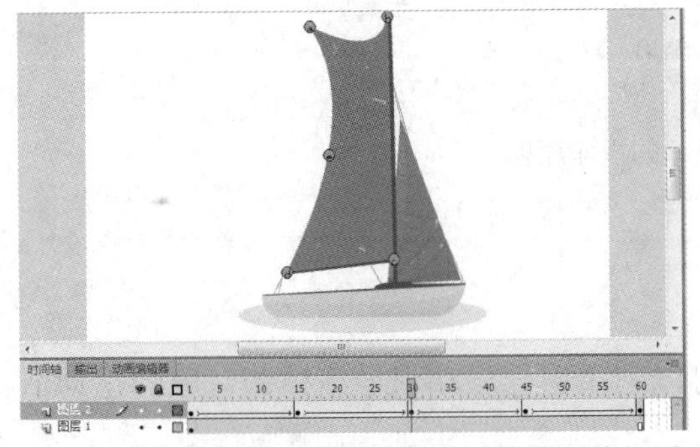

图 6-20　设置第 2 个结束关键帧形状提示的位置

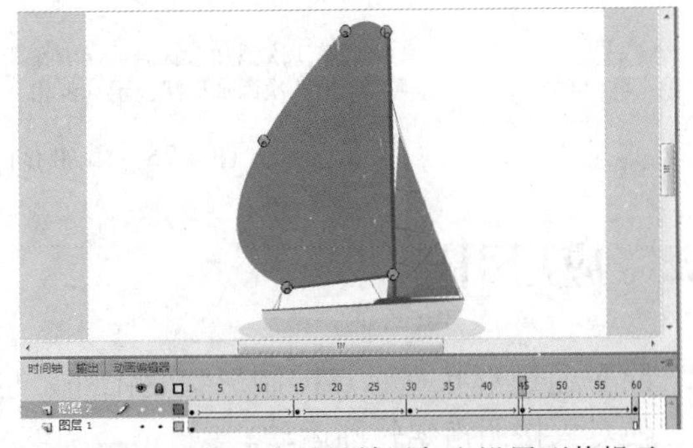

图 6-21　为第 3 个关键帧添加和设置形状提示

12 完成上述操作后，即可保存文件，按 Ctrl+Enter 快捷键，或者选择【控制】｜【测试】命令，测试动画播放效果，如图 6-22 所示。

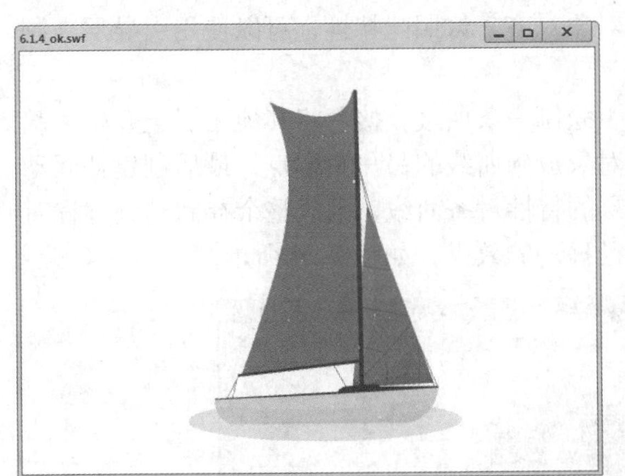

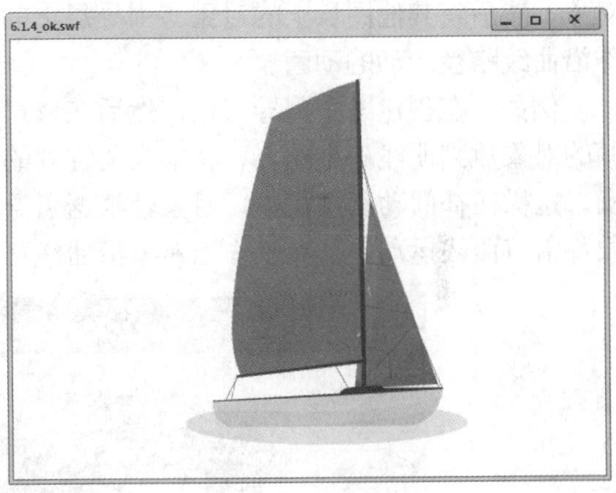

图 6-22　查看动画效果

在开始关键帧添加形状提示点后，结束关键帧同样添加了形状提示点，例如，本例中在第 1 帧（开始关键帧）上添加了形状提示，第 15 帧（结束关键帧）也同样自动添加形状提示。因为形状提示只对开始关键帧和结束关键帧产生作用，在需要控制多个关键帧的形状变化时，就要分别为各个开始关键帧和结束关键帧添加形状提示点，例如，步骤 7 和步骤 8 为第 1 帧（开始关键帧）和第 15 帧（结束关键帧）设置形状提示，而步骤 9 和步骤 10 则为第 15 帧（开始关键帧）和第 30 帧（结束关键帧）添加形状提示。换而言之，在步骤 9 中，第 15 帧已经变成了它与第 30 帧之间的开始关键帧。关于本例多个关键帧添加形状提示的原理，如图 6-23 所示。

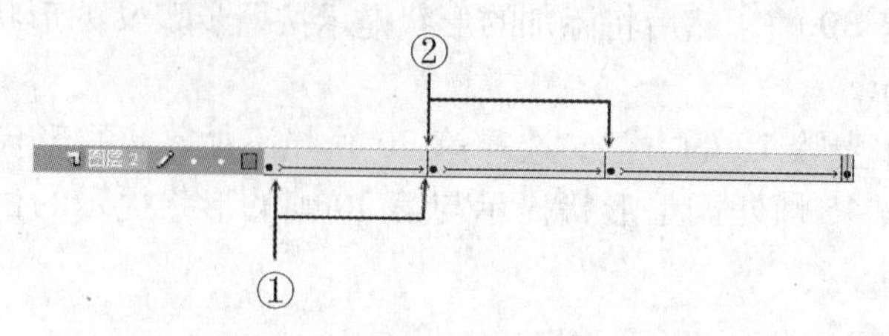

① 第 1 次添加形状提示（步骤 7～步骤 8）
② 第 2 次添加形状提示（步骤 9～步骤 10）

图 6-23 添加形状提示的操作原理

6.2 应用引导层

除了通过形状提示点控制形状变化外，也可以利用引导层和引导线控制对象的运动情况，使对象按照指定轨迹运动。

6.2.1 关于引导层

引导层是一种使其他图层的对象对齐引导层对象的一种特殊图层，可以在引导层上绘制对象，然后将其他图层上的对象与引导层上的对象对齐。依照此特性，可以使用引导层来制作沿曲线路径运动的动画。

例如，在创建一个引导层后，然后在该层上绘制一条曲线，接着将其他图层上开始关键帧的对象放到曲线一个端点，将结束关键帧的对象放到曲线的另一个端点，最后创建补间动画，这样在补间动画过程中，对象就根据引导层的特性对齐曲线，因此整个补间动画过程对象都沿着曲线运动，从而制作出对象沿曲线路径移动的效果，如图 6-24 所示。

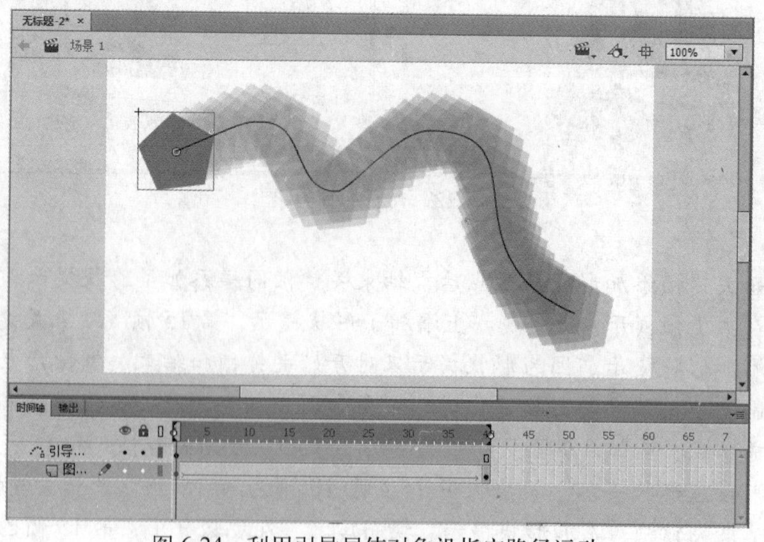

图 6-24 利用引导层使对象沿指定路径运动

引导层不会导出，因此引导线不会显示在发布的 SWF 文件中。任何图层都可以作为引导层，图层名称左侧的辅助线图标表明该层是引导层。

6.2.2　使用引导层的须知

使用引导层制作对象沿路径运动的补间动画时，需要注意以下 3 个方面。

1. 引导层与其他图层的配合

插入运动引导层后，可以在运动引导层上绘制曲线或直线线条作为运动路径。当另外一个图层的对象想要沿运动引导层的曲线运动时，就需要将该图层链接到运动引导层，使该图层的对象沿运动引导层所包含的曲线进行运动，如图 6-25 所示。

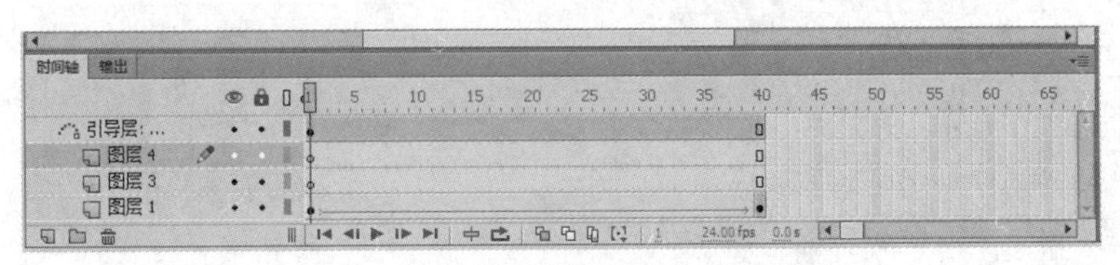

图 6-25　将多个层链接到一个运动引导层

2. 引导层的两种形式

引导层有两种形式：一种是未引导对象的引导层；另一种是已引导对象的引导层，如图 6-26 所示。

（1）未引导对象的引导层会在图层上显示图示，这种引导层没有组合图层，即没有引导被作用对象的图层，所以不会形成引导线动画。

（2）已经引导对象的引导层会在图层上显示图示，这种引导层已经组合了图层，可以使被引导层的对象沿着引导线运动。

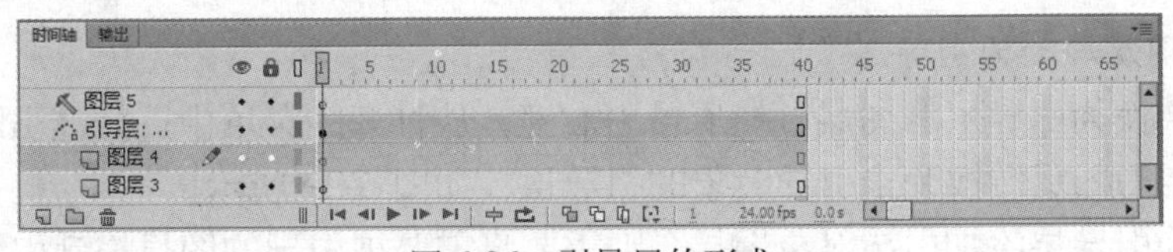

图 6-26　引导层的形式

3. 引导层引导对象的要求

利用引导层制作对象沿引导线运动有 3 个要求，只要满足了这 3 个要求，即可为对象制作沿路径（引导线）运动的动画。

（1）对象已经为其开始关键帧和结束关键帧之间创建补间动画。

（2）对象的中心必须放置在引导线上，如图 6-27 所示。

（3）对象不可以是形状。

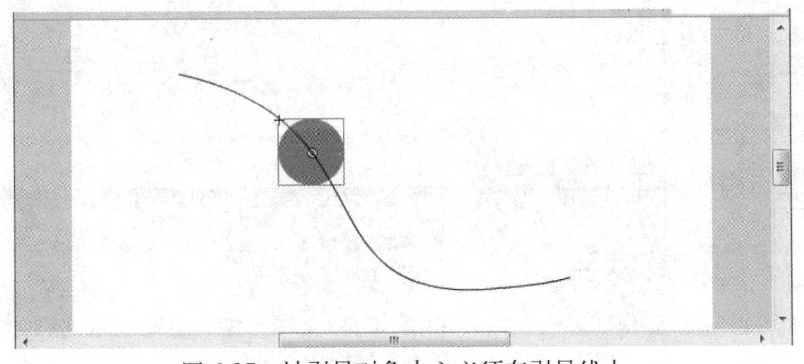

图 6-27　被引导对象中心必须在引导线上

6.2.3 添加引导层的方法

在 Flash CC 中，可以通过以下 2 种方法添加引导层。

1. 通过菜单添加引导层

选择需要被引导的图层，然后在该图层上单击右键，并从打开的菜单中选择【添加传统运动引导层】命令，如图 6-28 所示。

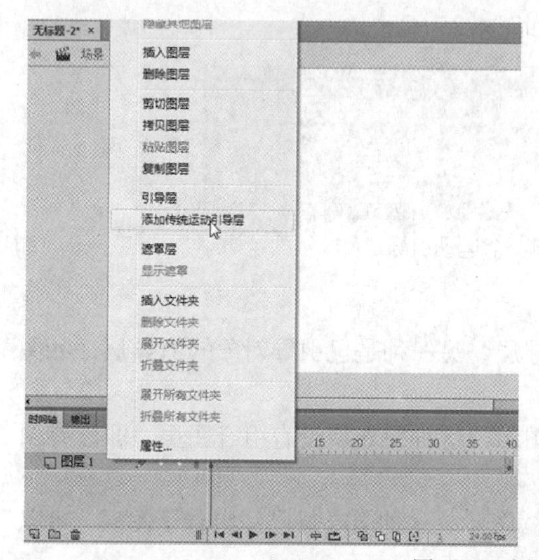

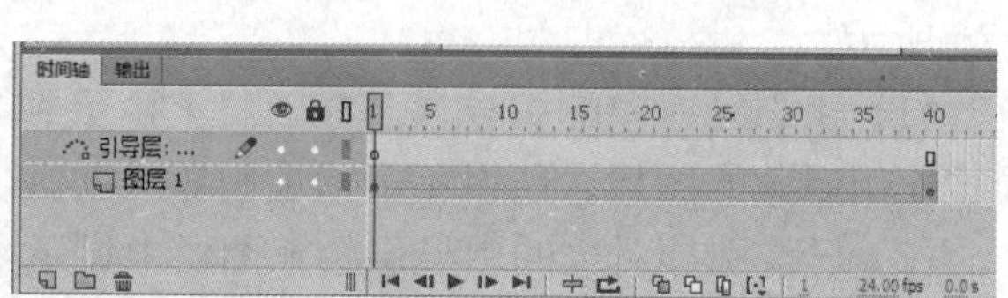

图 6-28 添加传统运动引导层

2. 将普通图层转换为引导层

选择将被转换为引导层的图层，然后单击右键，从打开的菜单中选择【引导层】命令，此时即可将选定的图层转换为未引导对象的引导层，如图 6-29 所示。

如果想要为引导层添加引导对象图层，则需要将需要被引导的图层拖到引导层下方，使该图层与引导层链接，此时原来的引导层即可引导对象，如图 6-30 所示。

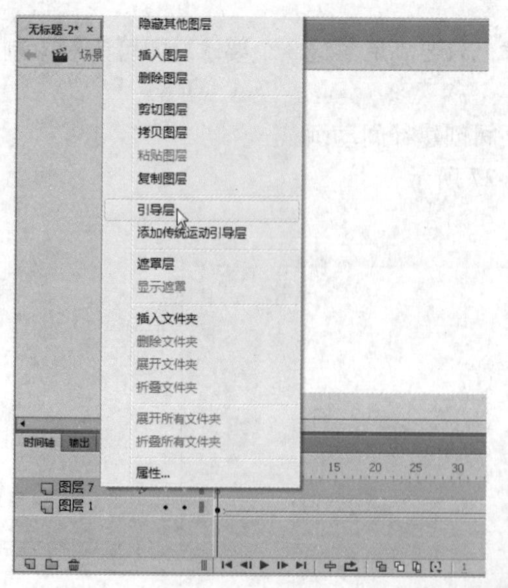

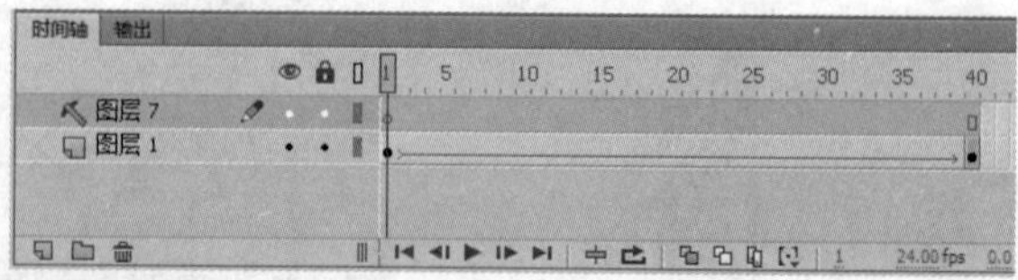

图 6-29 将普通图层转换成引导层

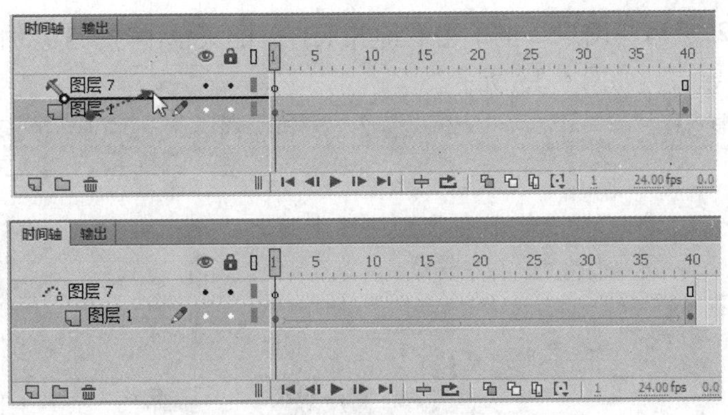

图 6-30　为引导层链接引导对象的图层

6.2.4　制作飞碟沿曲线运动的动画

本例将利用引导层和绘制引导线，制作飞碟对象沿引导线飞出的动画。在本例中，首先制作飞碟对象从舞台左边到舞台右边的运动传统补间动画，然后添加引导层并绘制引导线，最后将飞碟对象的中心放置在引导线上即可。

动手操作　制作飞碟沿曲线运动的动画

1　打开光盘中的“..\Example\Ch06\6.2.4.fla”练习文件，选择图层 2 第 50 帧，然后插入关键帧，再将舞台上的【飞碟】图形元件移到舞台右上角，如图 6-31 所示。

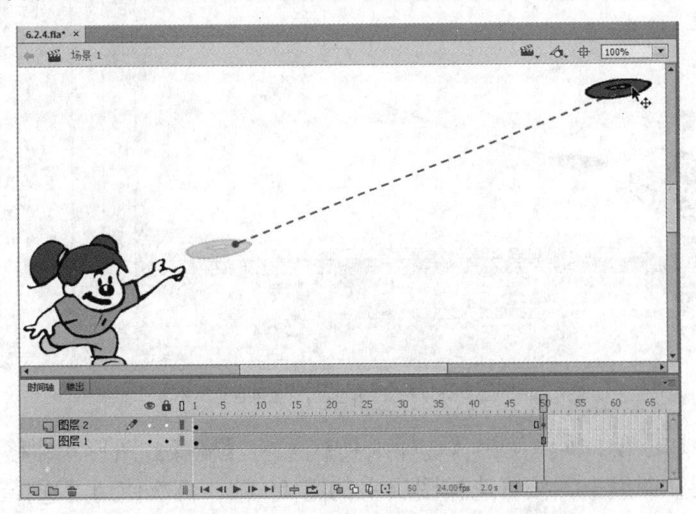

图 6-31　插入关键帧并设置元件的位置

2　选择图层 2 的第 1 帧，然后单击右键并从打开的菜单中选择【创建传统补间】命令，创建传统补间动画，如图 6-32 所示。

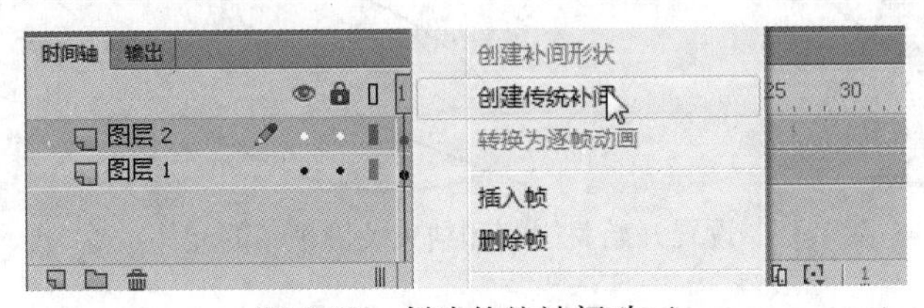

图 6-32　创建传统补间动画

3 选择图层2，然后在图层2上单击右键并从打开的菜单中选择【添加传统运动引导层】命令，添加运动引导层，如图6-33所示。

图6-33 添加传统运动引导层

4 在【工具】面板中选择【铅笔工具】，然后在舞台上绘制一条曲线，作为运动路径，如图6-34所示。

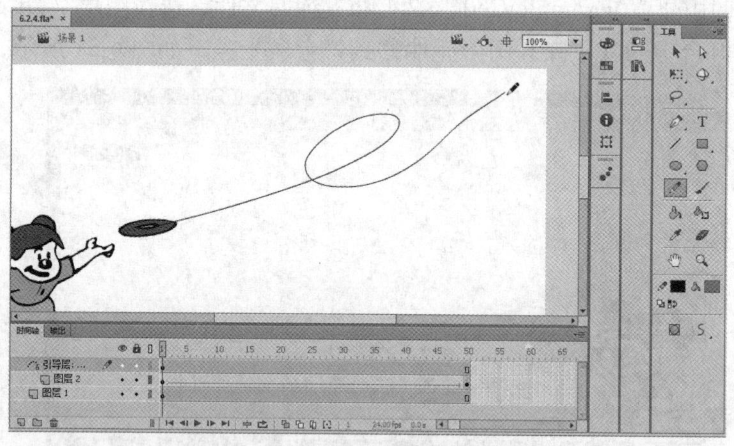

图6-34 绘制运动路径曲线

5 选择图层1的第1帧，使用【选择工具】将【蝴蝶】图形元件移到曲线左端，并且将元件中心放置在曲线上，接着选择图层1的第50帧，再次使用【选择工具】将【飞碟】图形元件移到曲线右端，并且将元件中心放置在曲线上，如图6-35所示。

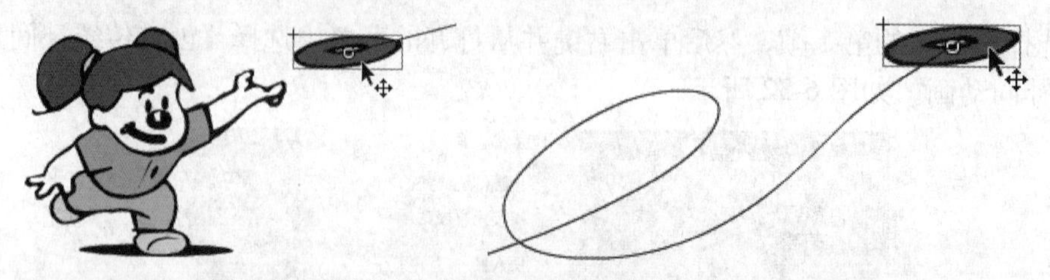

图6-35 设置开始关键帧和结束关键帧下的元件位置

6 选择图层2任意帧，再打开【属性】面板，设置补间的缓动为-70，如图6-36所示。

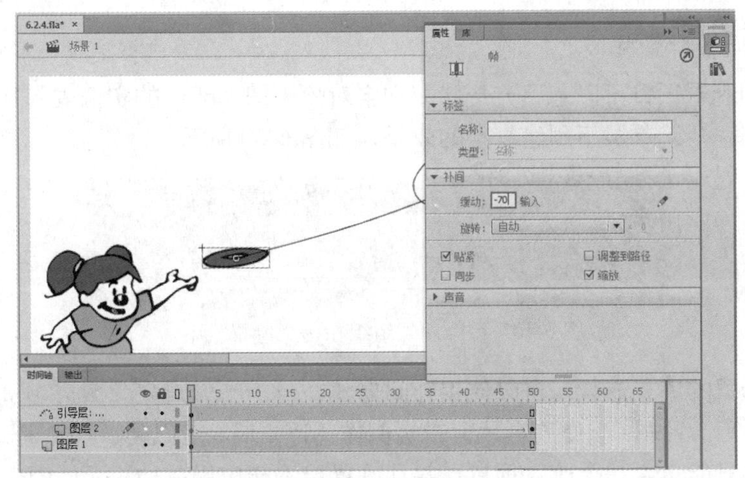

图 6-36　设置补间的缓动值

7　设置属性后，按 Ctrl+Enter 快捷键，或者选择【控制】｜【测试】命令，测试动画播放效果。因为添加了引导层和引导线，所以【飞碟】图形元件将沿着引导线运动，结果如图 6-37 所示。

图 6-37　飞碟沿着引导线运动

6.3　应用遮罩层

在 Flash CC 中，除了可以使用引导层制作动画外，还可以使用遮罩层来制作特殊的动画效果，例如聚光灯效果和过渡效果等。

6.3.1　关于遮罩层

遮罩层是一种可以挖空被遮罩层的特殊图层，可以使用遮罩层来显示下方图层中图片或图形的部分区域。例如，图层 1 上是一张图片，可以为图层 1 添加遮罩层，然后在遮罩层上添加一个椭圆形，那么图层 1 的图片就只会显示与遮罩层的椭圆形重叠的区域，椭圆形以外的区域无法显示，如图 6-38 所示。

综合如图 6-38 所示的效果分析，可以将遮罩层理解成一个可以挖空对象的图层，即遮罩层上的椭圆形就是一个挖空区域，当从上往下观察图层 1 的内容时，就只能看到挖空区域的内容，如图 6-39 所示。

图 6-38　遮罩层的对比效果

图 6-39　遮罩层的原理

6.3.2 使用遮罩层须知

遮罩层上的遮罩项目可以是填充形状、文字对象、图形元件的实例或影片剪辑。可以将多个图层组织在一个遮罩层下创建复杂的效果，如图 6-40 所示。

图 6-40 多个图层组织在一个遮罩层下

对于用作遮罩的填充形状，可以使用补间形状；对于类型对象、图形实例或影片剪辑，可以使用补间动画。另外，当使用影片剪辑实例作为遮罩时，可以使遮罩沿着运动路径运动。

一个遮罩层只能包含一个遮罩项目，并且遮罩层不能应用在按钮元件内部，也不能将一个遮罩应用于另一个遮罩。

6.3.3 添加遮罩层的方法

方法 1 选择需要作为遮罩层的图层，然后单击右键，并从打开的菜单中选择【遮罩层】命令，此时选定的层将变成遮罩层，而选定的层的下方邻近的层将自动变成被遮罩层，如图 6-41 所示。

方法 2 选择需要转换为遮罩层的图层，然后选择【修改】|【时间轴】|【图层属性】命令，打开【图层属性】对话框后选择【遮罩层】单选按钮，最后单击【确定】按钮即可，如图 6-42 所示。

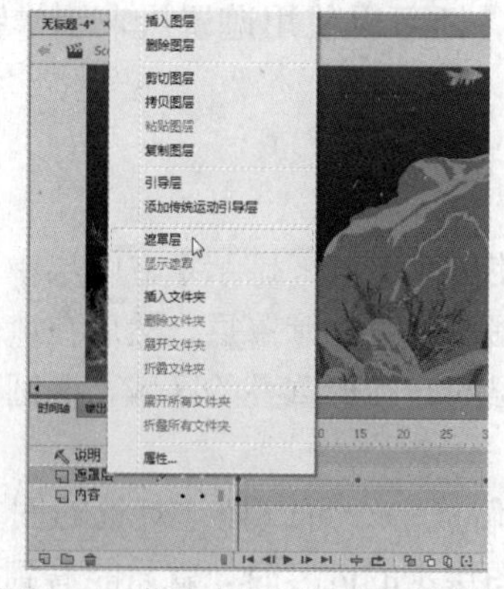

图 6-41 将选定图层转换为遮罩层

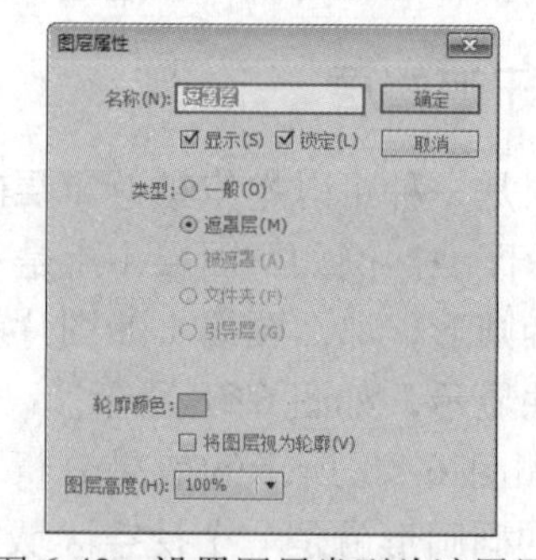

图 6-42 设置图层类型为遮罩层

6.3.4 制作影片开场效果的遮罩动画

本例将绘制一个圆形，然后将圆形所在的图层转换为遮罩图层，接着制作圆形从小到大的补间形状动画，使圆形从小到大的过程中逐渐显示舞台的内容，就如同影片开场的过渡效果一样。

动手操作 制作影片开场效果的遮罩动画

1 打开光盘中的“..\Example\Ch06\6.3.4.fla”练习文件，在【工具】面板上选择【椭圆形工具】，然后打开【属性】面板设置笔触颜色为【无】、填充颜色为【红色】，如图6-43所示。

2　新增图层1，然后按住Shift键在舞台上拖动鼠标，在舞台上绘制一个正圆形，如图6-44所示。

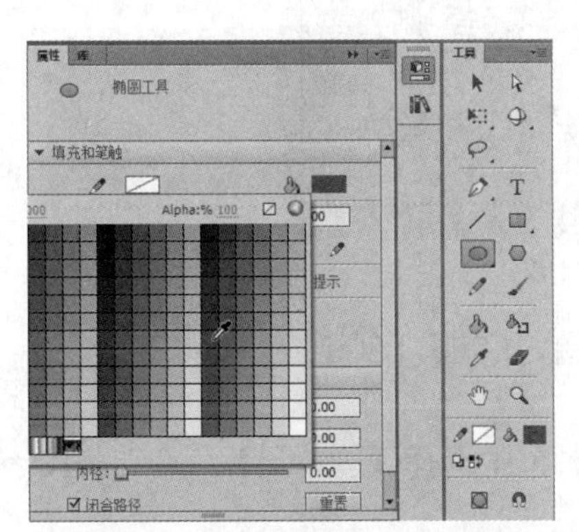

图6-43　设置椭圆形工具的属性

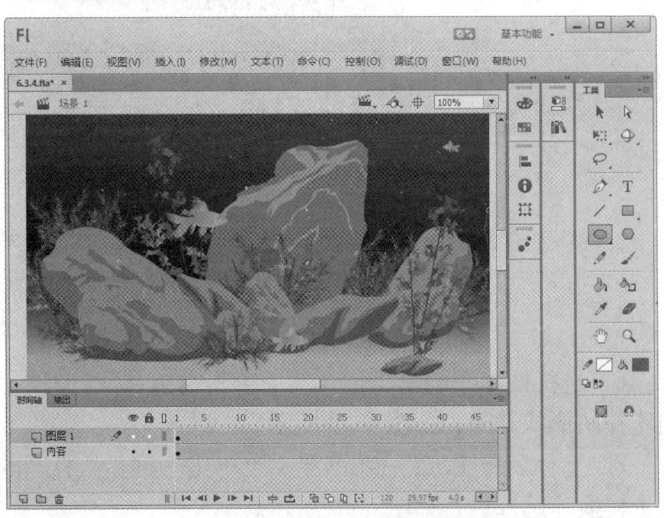

图6-44　新增图层并绘制圆形

3　选择舞台上的圆形形状，选择【窗口】|【对齐】命令，打开【对齐】面板，选择【与舞台对齐】复选框，分别单击【水平中齐】按钮和【垂直中齐】按钮，如图6-45所示。

图6-45　设置圆形的对齐方式

4　选择图层1第21帧，然后按F7功能键插入空白关键帧，接着选择图层1的第20帧，再按F6功能键插入关键帧，如图6-46所示。

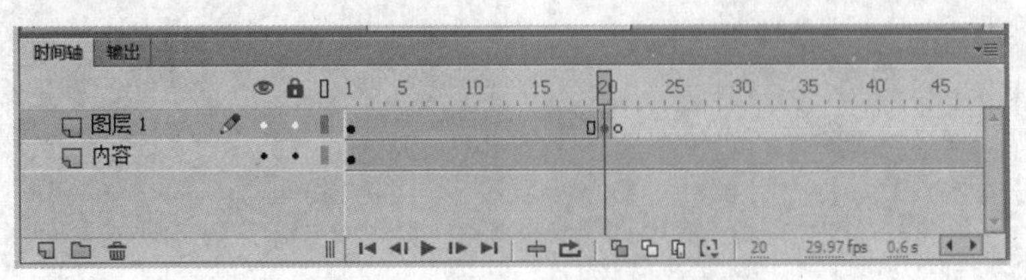

图6-46　插入空白关键帧和关键帧

5　在【工具】面板中选择【任意变形工具】，然后选择圆形，同时按住Shift和Alt键向外拖动变形控制点，等比例从中心向外扩大圆形，如图6-47所示。

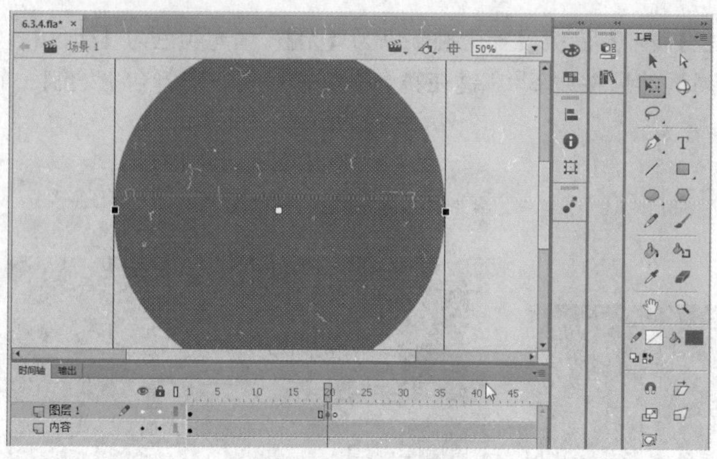

图 6-47　等比例从中心向外扩大圆形

6　选择图层 1 的第 1 帧，然后单击右键并从打开的菜单中选择【创建补间形状】命令，创建补间形状动画，如图 6-48 所示。

7　选择图层 1，然后在图层 1 上单击右键，从打开的菜单中选择【遮罩层】命令，将图层 1 转换为遮罩层，如图 6-49 所示。

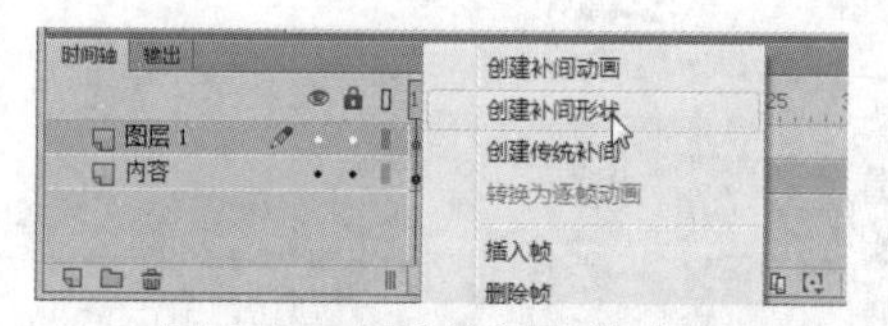

图 6-48　创建补间形状动画

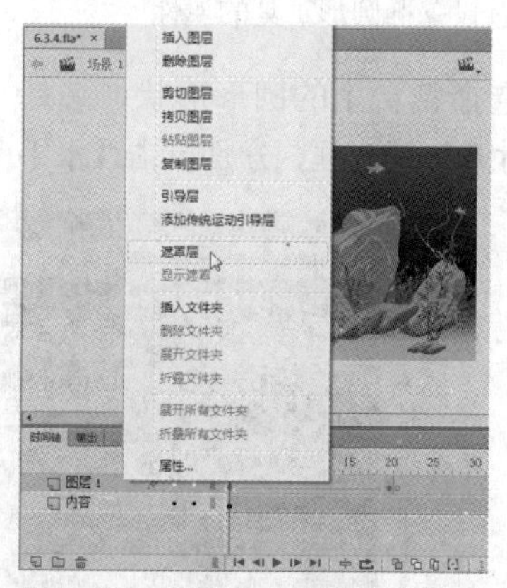

图 6-49　将图层 5 转换为遮罩层

8　完成上述操作后，可以按 Ctrl+Enter 快捷键，或者选择【控制】|【测试】命令，测试动画播放效果。当动画播放时，舞台将从中央以圆形向外扩展慢慢显示出来，如图 6-50 所示。

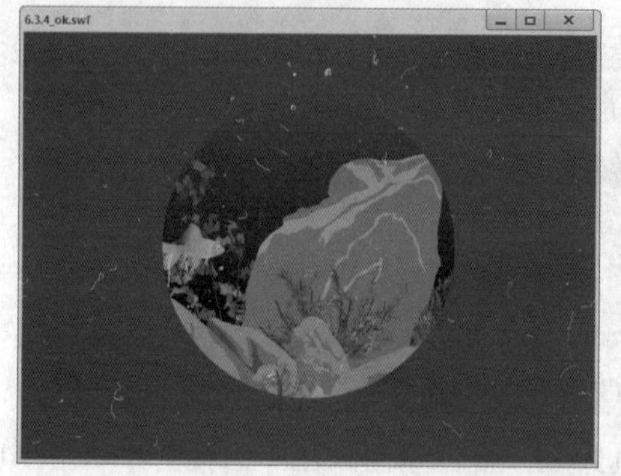

图 6-50　测试动画播放的效果

6.4　课堂实训

下面通过制作循环路径引导动画和制作文本逐渐显示出来的动画两个范例，介绍 Flash 中补间动画的高级应用。

6.4.1　制作循环路径引导动画

本例将为舞台上的图形元件创建传统补间动画，然后添加一个引导层，并在该层上绘制一个圈作为运动路径，将图形元件的中心点放置在引导线上，使元件沿着椭圆形路径循环运动，如图 6-51 所示。

动手操作　制作循环路径引导动画

1　打开光盘中的“..\Example\Ch06\6.4.1.fla”练习文件，然后在图层 1 的第 40 帧处按 F6 功能键插入关键帧，再选择第 1 帧并单击右键，在打开的菜单中选择【创建传统补间】命令，如图 6-52 所示。

图 6-51　循环路径运动的引导动画

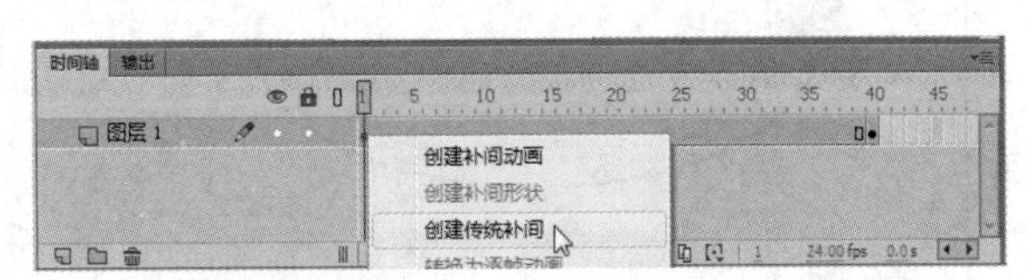

图 6-52　插入关键帧并创建传统补间

2　在【时间轴】面板上选择图层 1，然后单击右键并从打开的菜单中选择【添加传统运动引导层】命令，添加一个引导层，如图 6-53 所示。

3　选择引导层，然后在【工具】面板中选择【椭圆工具】，接着设置笔触颜色为【黑色】、笔触高度为 2、填充颜色为【无】，在舞台上绘制一个椭圆形轮廓，如图 6-54 所示。

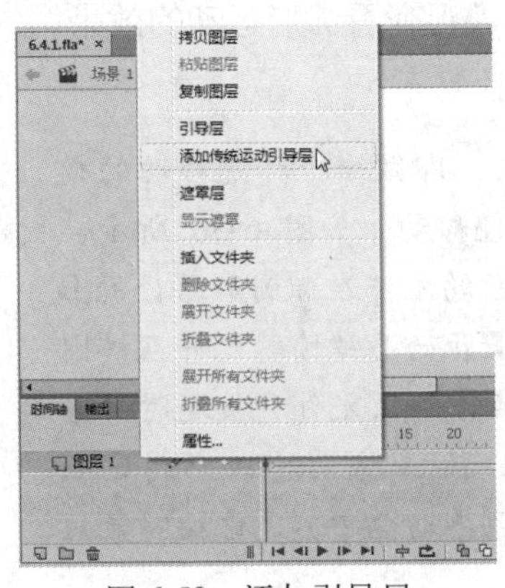

图 6-53　添加引导层

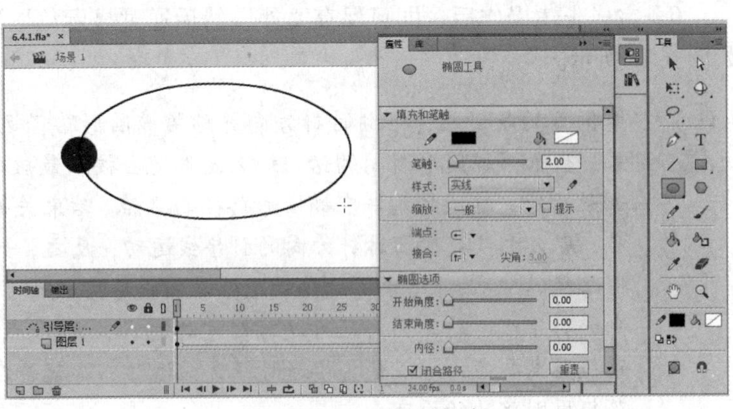

图 6-54　绘制椭圆轮廓

4　选择引导层，在【工具】面板中选择【橡皮擦工具】，然后设置橡皮擦模式为【标准擦除】、橡皮擦形状为【最小的矩形】，接着擦除椭圆轮廓左边的一段，使椭圆形不封闭，如图 6-55 所示。

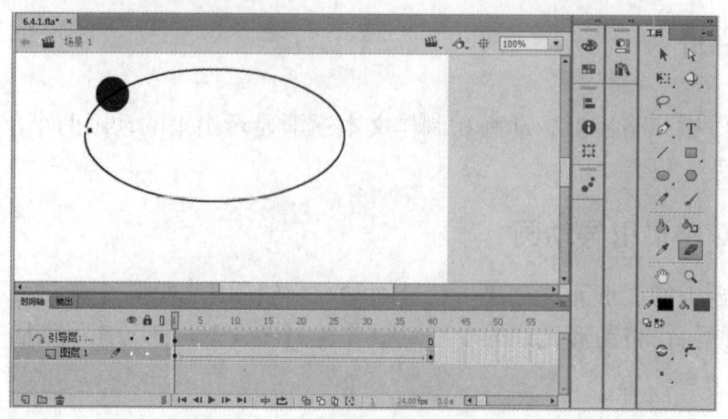

图 6-55 擦出椭圆形轮廓的缺口

5 选择图层 1 的第 1 帧，然后将图形元件的中心点移到椭圆形轮廓的上方缺角上，再选择图层 1 的第 40 帧，将图形元件的中心点移到椭圆形轮廓的下方缺角上，如图 6-56 所示。

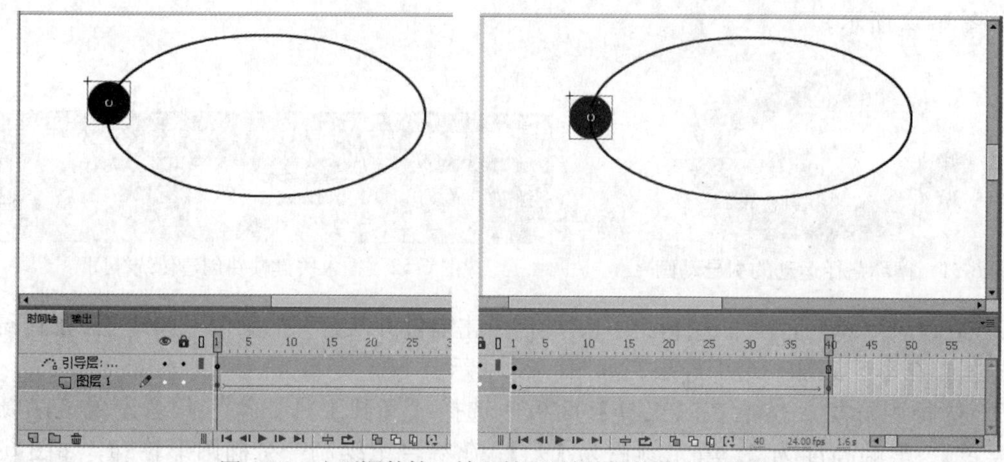

图 6-56 分别调整第 1 帧和第 40 帧的元件的中心点位置

6 完成上述操作后，即可保存文件，然后通过显示绘图纸外观查看圆形运动的效果，如图 6-57 所示。

本例目的是使元件沿顺时针方向并贴紧椭圆形路径运动，即做一个环绕移动的效果。但如果椭圆形封闭的话，那么元件就会按照最短路径移动。如图 6-58 所示，如果开始关键帧的元件在椭圆形路径的 A 点，结束关键帧的元件在椭圆形路径的 B 点，那么元件就按顺时针方向的引导线运动；反之，如果开始关键帧的元件在椭圆形路径的 A 点，结束关键帧的元件在椭圆形路径的 C 点，那么元件就按逆时针方向的引导线运动，因为此时逆时针方向的 A 点到 C 点比顺时针方向的 A 点到 C 点路径距离要短，所以就会按逆时针方向运动，这就是在引导动画中，元件按照最短路径原则移动的原理。

为了避免元件沿逆时针方向移动，可以将封闭的路径打开一个缺口，然后将开始关键帧和结束关键帧的元件分别放在路径的两端，即可让元件沿路径的顺时针方向移动，步骤 4 的处理正是这个原因。

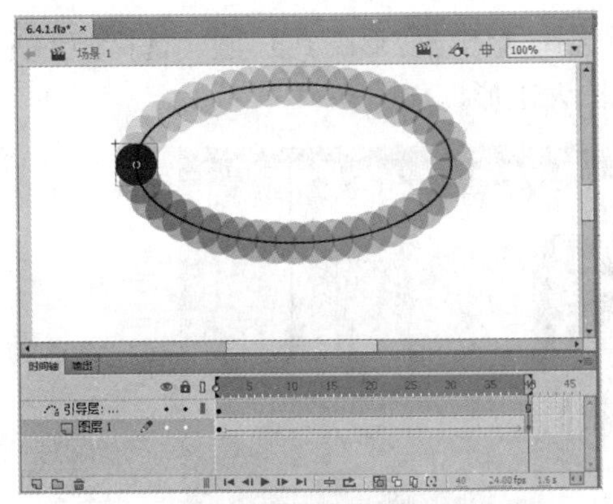

图 6-57　通过绘图纸外观查看动画效果

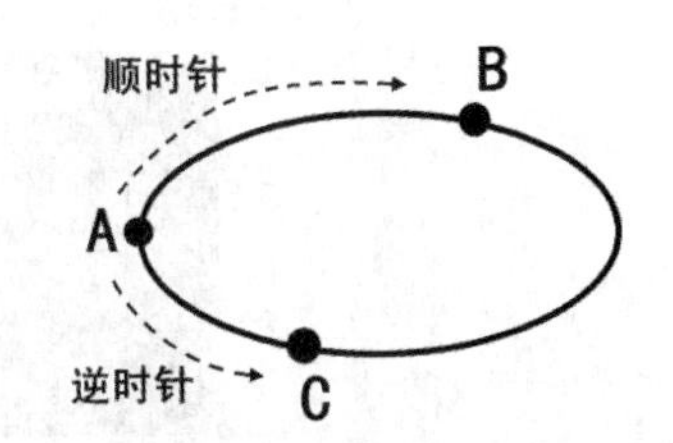

图 6-58　按照最短路径移动的原理图

6.4.2　制作文本逐渐显示出来的动画

本例将利用遮罩层制作文本逐渐显示的效果。在本例中，先插入图层并绘制一个矩形图形，制作图形向右扩大的补间形状动画，然后将图形所在图层转换为遮罩文本的遮罩层，从而使文本在遮罩层的作用下逐渐显示出来，结果如图 6-59 所示。

图 6-59　制作文本逐渐显示出来的动画

动手操作　制作文本逐渐显示出来的动画

1　打开光盘中的“..\Example\Ch06\6.4.2.fla”练习文件，在【时间轴】面板上新增图层 3，然后选择【矩形工具】在插图上绘制一个红色无笔触的矩形，如图 6-60 所示。

图 6-60　新增图层并绘制矩形

2 在图层 3 第 40 帧上插入关键帧，然后选择【任意变形工具】，选择矩形并按住 Alt 键，拖动矩形上的控制点向右拖动以单方向扩大矩形，如图 6-61 所示。

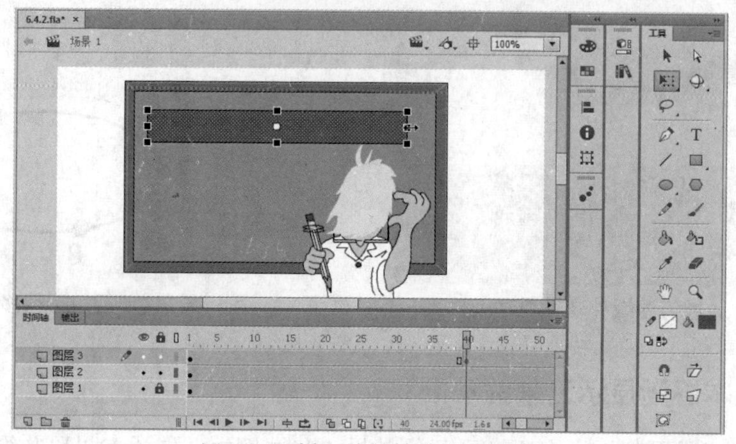

图 6-61 插入关键帧并扩大图形

3 选择图层 3 的第 1 帧并单击右键，在弹出的菜单中选择【创建补间形状】命令，如图 6-62 所示。

4 选择图层 3 并在该图层上单击右键，在弹出的菜单中选择【遮罩层】命令，将图层 3 转换为遮罩层，如图 6-63 所示。

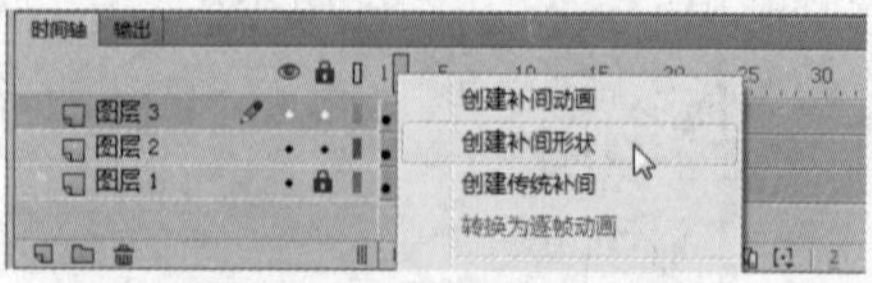

图 6-62 创建补间形状

图 6-63 将图层转换为遮罩层

6.5 本章小结

本章介绍了 Flash 的多种高级动画创作方法，包括利用形状提示来制作补间形状动画、利用引导层来制作对象沿路径 z 运动的传统补间动画、利用遮罩层控制显示动画区域。通过学习这些方法，可以设计出各种效果一流的 Flash 动画。

6.6 习题

一、填充题

（1）“形状提示”功能可以标识________和________中相对应的点，这些标识点，又称为________。

（2）形状提示以________表示，以识别开始形状和结束形状中相互对应的点，最多可以使用________个形状提示。

（3）引导层是一种________________________的一种特殊图层。

（4）引导层不会导出，因此________不会显示在发布的SWF文件中。

（5）一个遮罩层只能包含________遮罩项目，并且遮罩层不能应用在________内部，也不能将一个遮罩应用于另一个遮罩。

二、选择题

（1）添加形状提示的快捷键是什么？（ ）

A. Ctrl+Shift+F　　B. Ctrl+Alt+H　　C. Ctrl+Shift+H　　D. Shift+H

（2）在Flash CC中，最多可以为同一个形状添加多少个形状提示点？（ ）

A. 10个　　B. 26个　　C. 35个　　D. 80个

（3）引导层有哪两种形式？（ ）

A. 未引导对象和已引导对象

B. 单个引导对象和多个引导对象

C. 有引导线和没有引导线

D. 未引导对象和没有引导线

（4）利用引导层制作对象沿引导线运动的动画中，被引导对象不能是什么？（ ）

A. 影片剪辑元件　　B. 图形元件

C. 按钮元件　　D. 形状

三、上机实训题

要求使用遮罩层制作文本遮罩动画效果。首先添加一个图层，然后在该图层上绘制一个圆形，并将它转换成图形元件，接着为元件创建直线移动的传统补间动画，最后将此图层转换成遮罩层，使它遮罩在文本上以制作文本遮罩的效果，如图6-64所示。

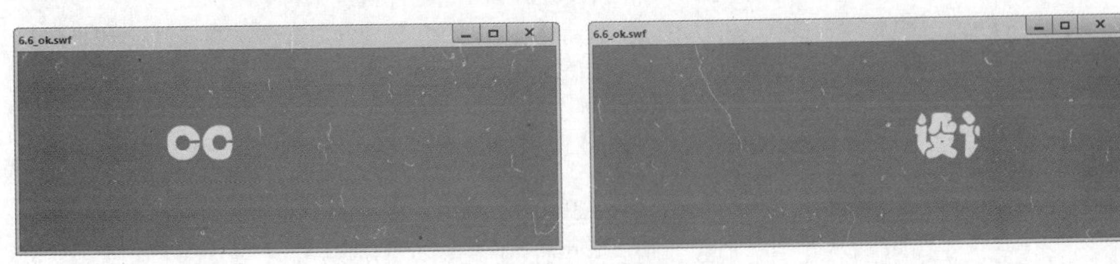

图6-64　上机实训题效果

提示

（1）打开光盘中的“..\Example\Ch06\6.6.fla”练习文件，然后在【时间轴】面板中单击【插入图层】按钮，接着选择【椭圆工具】，在舞台左边绘制一个圆形对象。

（2）选择圆形对象并单击右键，然后从打开的菜单中选择【转换为元件】命令，打开【转换为元件】对话框后，选择类型为【图形】，设置名称为【圆】，最后单击【确定】按钮。

（3）在新插入的图层上选择第40帧，并按F6功能键插入关键帧，接着将元件移到舞台的右边，并覆盖最后一个文本。

（4）选择新插入图层的第1帧并单击右键，然后从打开的菜单中选择【创建传统补间】命令，为关键帧之间创建传统补间动画。

（5）选择新插入的图层并单击右键，然后在打开的菜单中选择【遮罩层】命令，将该图层转换成遮罩层。

（6）完成上述操作后保存文件，按Ctrl+Enter快捷键测试动画播放效果即可。

第 7 章　在动画中应用文本

内容提要

本章主要介绍在 Flash 动画中应用文本的内容，包括动画文本的基本概念、静态文本的输入、编辑和调整静态文本、动态文本的输入与应用以及分离文本和创建滚动文本的技巧等。

7.1　文本应用基础

文本以编码的形式在 Flash 中保存和显示，它是 Flash 动画不可缺少的一部分。

7.1.1　关于文本编码

计算机中的所有文本均被编码为一系列字节，而系统可以用很多种不同的编码格式（字节数也不同）表示文本，所以不同类型的操作系统，可能使用不同类型的文本编码。常用的 Windows 系统通常使用 Unicode 编码。

Flash Player（Flash 提供用于播放 Flash 动画的程序）及更高版本都支持 Unicode 文本编码，所以使用 Flash Player 10 或更高版本的用户，无论运行该播放器的操作系统使用何种语言，只要安装了正确的字体，均可查看多语言文本。这一支持大大提高了在 SWF 文件中使用多语言文本的能力。例如，可以在一个文本字段内使用两种语言。

Unicode 可以对世界各地使用的绝大多数语言和字符进行编码。计算机使用的其他文本编码格式是 Unicode 格式的子集，专为世界上的特定地区定制。这些格式中的部分格式在某些范围内是兼容的，而在另一些范围内则不兼容，因此使用正确的编码非常重要。

7.1.2　创建文本对象

在 Flash 中，各种文本类型的输入文本的方法基本一样，不同的是创建不同的文本字段，可以使输入文本的结果有所不同。

在【工具】面板中选择【文本工具】T，然后通过【属性】面板设置文本的类型和属性，然后在舞台上输入文本内容即可创建文本对象，如图 7-1 所示。

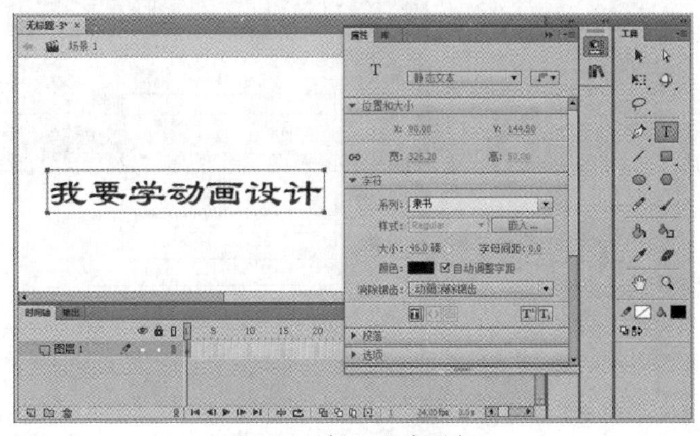

图 7-1　输入文本对象

7.1.3 FlashType 文本引擎

FlashType 是 Flash 内置的文本显示引擎，它可以在 Flash 创作环境和发布文件中清晰地显示高质量的文本。FlashType 还具备消除锯齿功能，通过自定义消除锯齿选项，可以指定在各个文本中使用的字体粗细和字体清晰度。在使用较小字体呈现文本时，FlashType 极大地改善了文本的可读性。

在使用 Flash Player 10 以上的播放器版本，并且消除锯齿模式是【可读性消除锯齿】或【自定义消除锯齿】时，FlashType 便会自动启用。使用 FlashType 可能会导致加载文件时出现轻微的延迟。如果 Flash 影片第一帧中使用了多种不同的字符集，这种延迟现象会尤为明显。此外，FlashType 引擎还可能会增加播放时的系统资源占用量。

符合以下情况之一，FlashType 将被禁用。

(1) 选定的 Flash Player 版本是 Flash Player 7 或更低版本。

(2) 选择的消除锯齿选项不是【可读性消除锯齿】或【自定义消除锯齿】。

(3) 文本被倾斜或翻转。

(4) FLA 文件导出为 PNG 文件。

7.1.4 Flash 的文本类型

在 Flash 中，文本的类型根据其来源可划分为静态文本、动态文本、输入文本 3 种类型，它们的说明如下。

- 静态文本：这种文本类型只能通过 Flash 的【文本工具】T来创建。静态文本用于比较短小并且不会更改（而动态文本则会更改）的文本，可以将静态文本看作类似于在 Flash 创作工具中在舞台上绘制的圆或正方形的一种图形元素。默认情况下，使用【文本工具】T在舞台上输入的文本，属于静态文本类型。
- 动态文本：这种文本类型包含从外部源（例如文本文件、XML 文件以及远程 Web 服务）加载的内容，即可以从其他文件中读取文本内容。动态文本具有文本更新功能，利用此功能可以显示股票报价或天气预报等。
- 输入文本：这种文本类型是指用户输入的任何文本或可以编辑的动态文本。例如，可以创建一个【输入文本】类型的文本字段，允许访问者在框内输入文本，如图 7-2 所示。

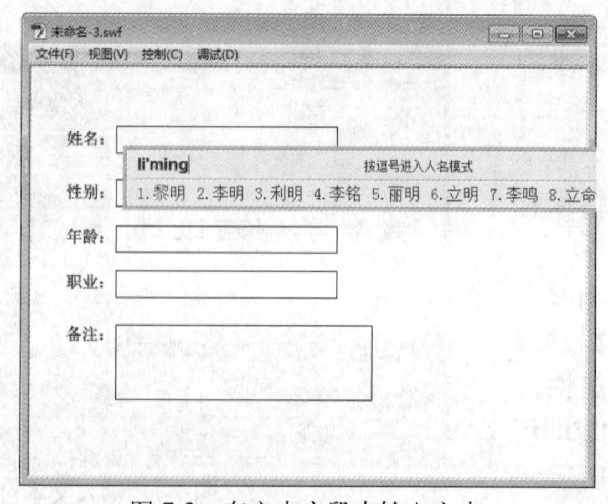

图 7-2 在文本字段中输入文本

7.1.5　关于文本字段类型

因为 Flash 具有静态、动态和输入 3 种传统文本类型，所以可以创建静态、动态和输入 3 种类型的文本字段，这 3 种文本字段的作用如下。

（1）静态文本字段显示不会动态更改字符的文本。

（2）动态文本字段显示动态更新的文本，如股票报价或天气预报。

（3）输入文本字段使用户可以在表单或调查表中输入文本。

在创建静态文本、动态文本或输入文本时，可以将文本放在单独的一行字段中，该行会随着键入的文本而扩大；或者可以将文本放在定宽字段（适用于水平文本）或定高字段（适用于垂直文本）中，这些字段同样会根据输入的文本而自动扩大和折行。

Flash 在文本字段的一角显示一个手柄，用以标识该文本字段的类型。

（1）对于可扩大的静态水平文本，会在该文本字段的右上角出现一个圆形手柄，如图 7-3 所示。

（2）对于固定宽度的静态水平文本，会在该文本字段的右上角出现一个方形手柄，如图 7-4 所示，只需使用【文本工具】在舞台上拖出文本框，即可创建这种类型的文本字段。

图 7-3　可扩大的静态水平文本字段

图 7-4　固定宽度的静态水平文本字段

（3）对于文本方向为【垂直，从右向左】并且可以扩大的静态文本，会在该文本字段的左下角出现一个圆形手柄，如图 7-5 所示。

（4）对于文本方向为【垂直，从右向左】并且高度固定的静态文本，会在该文本字段的左下角出现一个方形手柄，如图 7-6 所示。

（5）对于文本方向为【垂直，从左向右】并且可以扩大的静态文本，会在该文本字段的右下角出现一个圆形手柄，如图 7-7 所示。

（6）对于文本方向为【垂直，从左向右】并且高度固定的静态文本，会在该文本字段的右下角出现一个方形手柄，如图 7-8 所示。

图 7-5　从右到左并可扩大的垂直静态文本字段

图 7-6　从右到左并固定高度的垂直静态文本字段

图 7-7　从左到右并可扩大的垂直静态文本字段

图 7-8　从左到右并固定高度的垂直静态文本字段

（7）对于可扩大的动态或输入文本字段，会在该文本字段的右下角出现一个圆形手柄，如图 7-9 所示。

（8）对于具有定义的高度和宽度的动态或输入文本，会在该文本字段的右下角出现一个方形手柄，如图 7-10 所示。

可扩大动态或
输入文本字段

图 7-9 可扩大的动态或输入文本字段

可扩大动态或
输入文本字段

图 7-10 固定宽高的动态或输入文本字段

（9）对于动态可滚动文本字段，圆形或方形手柄会变成实心黑块而不是空心手柄，如图 7-11 所示。如果要设置文本的可滚动性，可以打开【文本】菜单，然后选择【可滚动】命令。

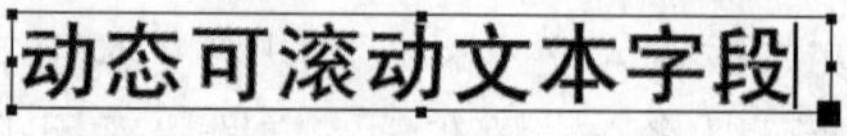

动态可滚动文本字段

图 7-11 动态可滚动文本字段

7.1.6 文本轮廓和设备字体

Flash 应用程序在发布或导出包含静态文本的文件时，会自动创建文本的轮廓，并在 Flash Player 中使用这些轮廓显示文本。Flash 应用程序在发布或导出包含动态或输入文本字段的文件时，会存储文本的字体类型信息，当播放 Flash 影片时，使用这些字体类型信息在用户的计算机中查找相同或近似的字体。

不过，并非所有的字体都可以作为轮廓随 Flash 影片发布。要验证字体是否可以导出，可以在菜单栏中选择【视图】|【预览模式】|【消除文字锯齿】命令，并预览文本，如图 7-12 所示。如果文本边缘出现锯齿，则表明 Flash 不能识别该字体轮廓，因而将不会导出文本。

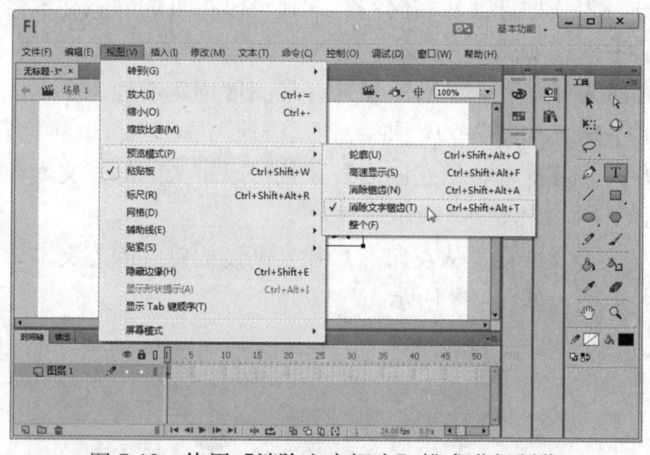

图 7-12 使用【消除文字锯齿】模式进行预览

在 Flash 中，可以使用设备字体作为创建文本轮廓的替代方式，但这仅适用于静态水平文本。设备字体并不会嵌入到 Flash 影片中。相反，Flash Player 会使用计算机中与设备字体最相近的字体显示文本。因为并未嵌入设备字体信息，所以使用设备字体生成的 SWF 文件体积更小。此外，设备字体在小磅值（小于 10 磅）时比文本轮廓更清晰易读。但是，由于设备字体并未嵌入到文件中，因此如果用户的计算机中未安装与该设备字体对应的字体，文本看起来可能会与预料中的不同。

Flash 应用程序包括 3 种设备字体：_sans（类似于 Helvetica 或 Arial 字体）、_serif（类似于 Times Roman 字体）和_typewriter（类似于 Courier 字体）。要使用设备字体，可以在【属性】面板中选择任意一种 Flash 设备字体即可。

要为静态文本使用设备字体，可以先选择文本，然后打开【属性】对话框，在其中打开【字体】列表框，接着选择一种设备字体即可，如图 7-13 所示。

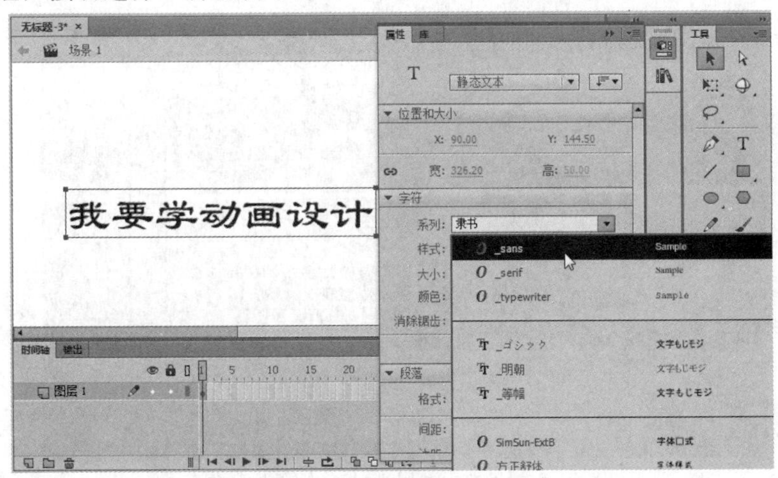

图 7-13　选择设备字体

7.2　输入与设置静态文本

静态文本是制作一般 Flash 动画最常用的文本类型，虽然如此，但是应用静态文本还是有许多技巧。下面重点介绍在 Flash CC 中输入与设置静态文本的方法。

7.2.1　输入水平文本

在 Flash 中，各种文本类型的输入文本的方法基本一样，不同的是创建不同的文本字段，可以让输入文本的结果有所不同。

动手操作　输入水平文本

1　打开光盘中的“..\Example\Ch07\7.2.1.fla”练习文件，在【工具】面板中选择【文本工具】T，然后在舞台上单击，创建可扩大的文本字段，如图 7-14 所示。

图 7-14　创建可扩大的文本字段

2 打开【属性】面板，然后设置文本属性，只需要利用输入法输入文本即可，结果如图 7-15 所示。

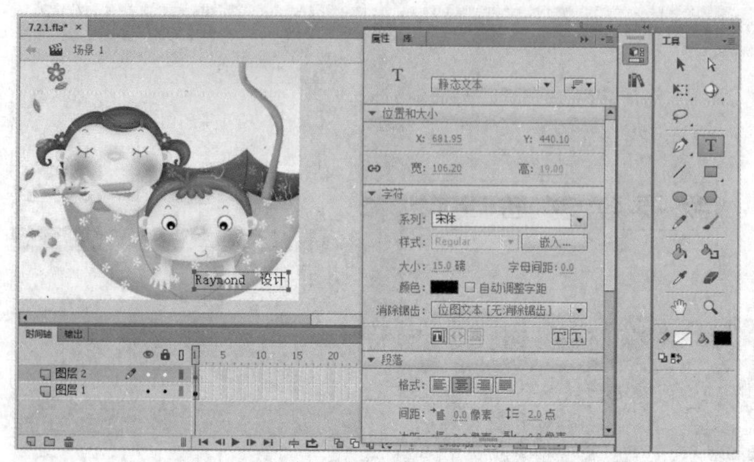

图 7-15 设置文本属性并静态输入文本

3 在【工具】面板中选择【文本工具】T，然后在舞台上拖动鼠标创建出固定宽度的文本字段。

4 通过【属性】面板设置文本属性，接着利用输入法输入文本即可。如果输入的文本长度超过文本字段在水平方向上可容纳的长度，那么文本将自动换行，如图 7-16 所示。

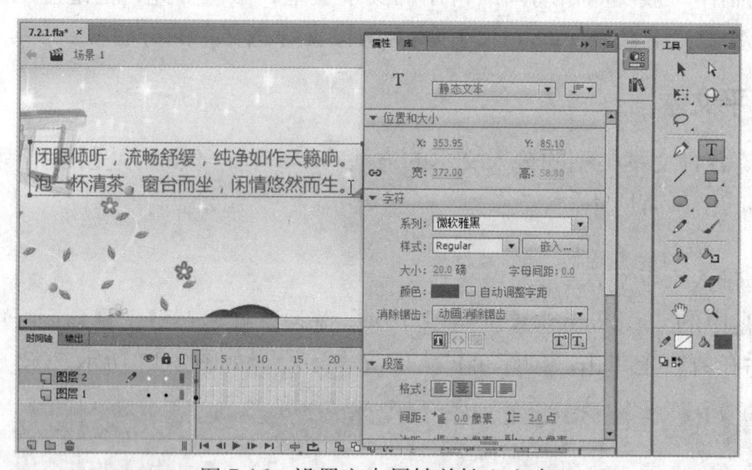

图 7-16 设置文本属性并输入文本

如果要将可扩大的文本字段转换为固定宽度的文本字段，可以拖动调节点；如果要将固定宽度的文本字段转换为可扩大的文本字段，双击调节点即可。

7.2.2 输入垂直文本

输入垂直方向的静态文本与输入水平方向的静态文本的方法差不多，只是多了改变文本方向的操作。

在垂直方向上，Flash 允许用户设置【垂直】和【垂直，从左向右】两种文本排列顺序，可以在输入文本前打开【属性】对话框，然后单击【改变文本方向】按钮，接着选择一种垂直方向，如图 7-17 所示。

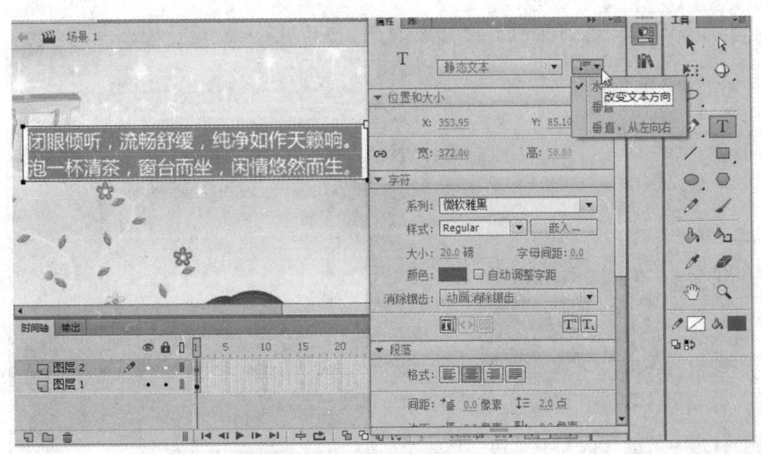

图 7-17　改变文本方向

【垂直】和【垂直，从左向右】两种文本排列顺序的区别如下：

- 垂直：当在固定高度的文本字段内输入文本时，超出文本字段高度的文本将从右到左换行排列。如 7-18 所示。
- 垂直，从左向右：当在固定高度的文本字段内输入文本时，超出文本字段高度的文本将从左到右换行排列。例如，在固定文本字段内输入“广州施博资讯科技有限公司”文本，超出的文本将从左到右排列，如图 7-19 所示。

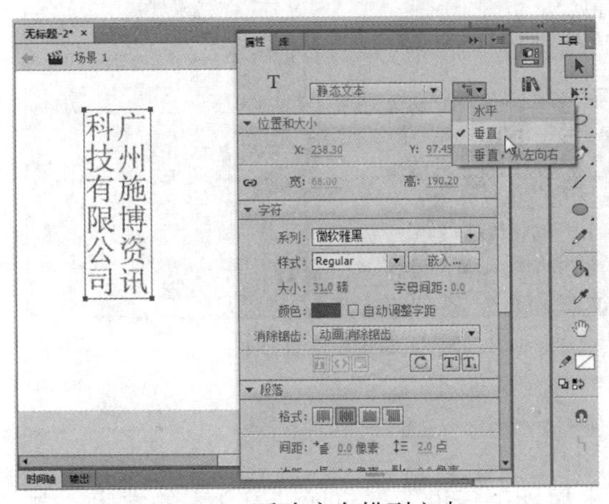

图 7-18　垂直方向排列文本

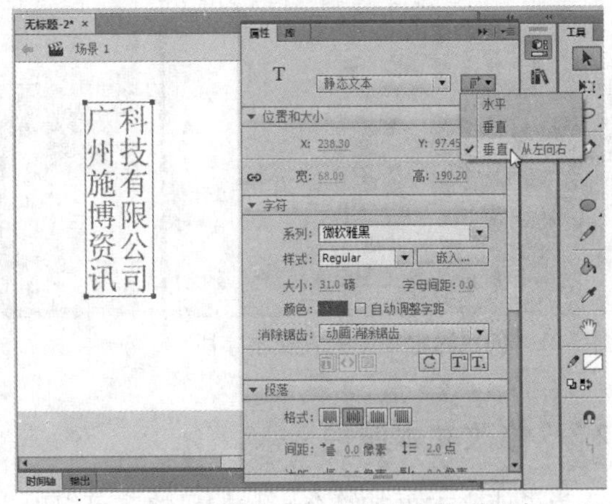

图 7-19　垂直方向上从左到右排列文本

下面将先选择【文本工具】T，然后设置【垂直，从左向右】的文本方向，在舞台上创建一个垂直方向并固定高度的文本字段，最后输入文本，介绍输入垂直文本的方法。

动手操作　输入垂直文本

1　打开光盘中的“..\Example\Ch07\7.2.2.fla”练习文件，在【工具】面板中选择【文本工具】T。

2　按 Ctrl+F3 快捷键打开【属性】面板，然后单击【改变文本方向】按钮，从打开的列表框中选择【垂直，从左向右】选项，如图 7-20 所示。

图 7-20　改变文本方向

3　使用鼠标在舞台左方创建一个固定高度的文本字段，如图 7-21 所示。

4　创建文本字段后，在字段内输入文本文本内容并设置文本属性即可，如图 7-22 所示。

图 7-21　创建固定高度垂直文本字段

图 7-22　输入文本并设置属性

7.2.3　修改文本属性

为了使文本更加符合影片的风格，可以对文本属性进行设置，包括设置文本的字体、字号、字体颜色，以及使用粗体或斜体显示文本等。

动手操作　设置文本基本属性

1　打开光盘中的“..\Example\Ch07\7.2.3.fla”练习文件，在【工具】面板中选择【选择工具】。

2　选择舞台上要设置字体的文本，然后在【属性】面板的【字体】列表框中选择一种合适的字体，如图 7-23 所示。

3　如果要更改文本的大小，可以在【大小】文本框中输入合适的字体大小，或者直接将鼠标移到数值上方，然后拖动设置文本的大小，如图 7-24 所示。

图 7-23　设置文本的字体

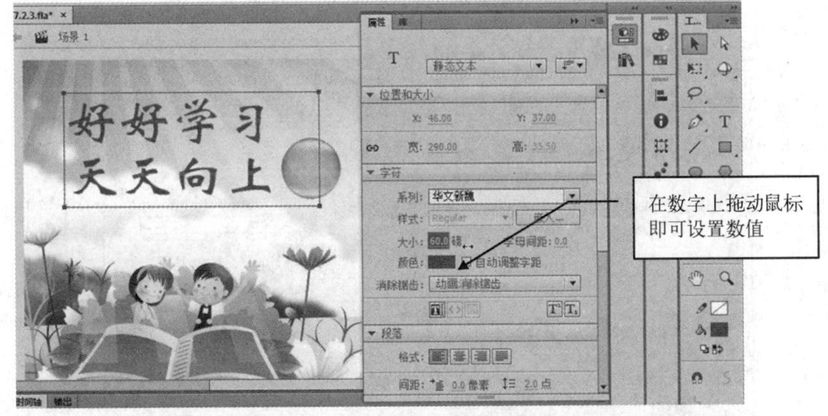

图 7-24　设置文本的大小

4　如果要更改文本的颜色，则可以单击【颜色】按钮，然后在打开的调色板列表中选择一种合适的颜色，如图 7-25 所示。

图 7-25　设置文本颜色

5　如果需要对文本进行消除锯齿处理，可以打开【消除锯齿】列表框，然后选择消除锯齿的方向即可，如图 7-26 所示。

6　如果需要设置对齐方式，可以根据需要按下【属性】面板中的【左对齐】按钮、【居中对齐】按钮、【右对齐】按钮、【两端对齐】按钮，如图 7-27 所示。

图 7-26 设置消除锯齿方式

图 7-27 设置文本对齐方式

7.3 编辑与调整静态文本

除了可以设置文本的基本属性外，在不同的动画应用中，还经常会根据需要进行各种各样的编辑和调整，例如制作上下标文本、调整文本间距、设置段落文本格式等。

7.3.1 制作上下标文本

在输入某些特殊的文本时（例如化学公式、数学公式），常常需要将文本内容转换为上标或下标类型。

动手操作 制作上下标文本

1 创建一个空白的Flash文件，然后在【工具】面板中选择【文本工具】T，接着在舞台上输入一组数学公式，如图7-28所示。

2 使用【文本工具】T选择文本中字母a后面的“2”，然后在【属性】面板中单击【切换上标】按钮T，设置“2”为上标文本。接着使用相同的方法，设置字母b后面的“2”为上标文本，如图7-29所示。

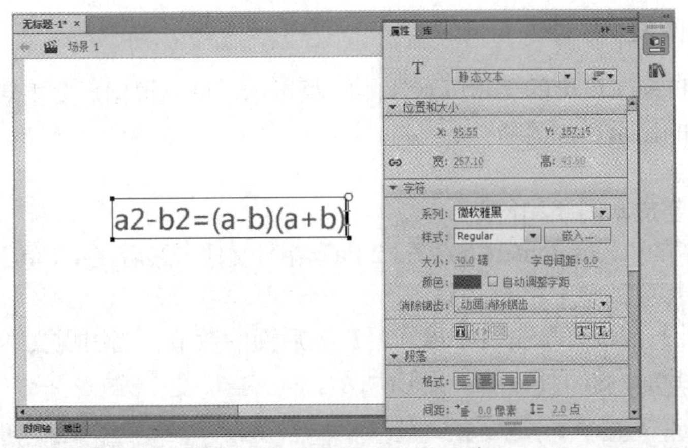

图 7-28　输入数学公式文本

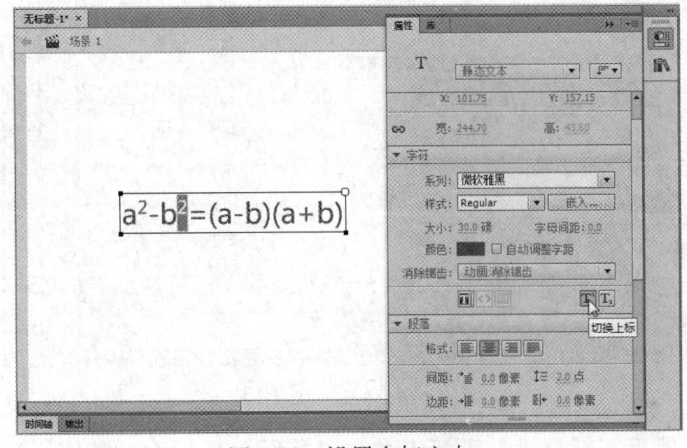

图 7-29　设置上标文本

3　在数学公式下方输入一组化学公式文本，接着分别选择字母 H 后的“2”，单击【切换下标】按钮T_1，设置下标文本，结果如图 7-30 所示。

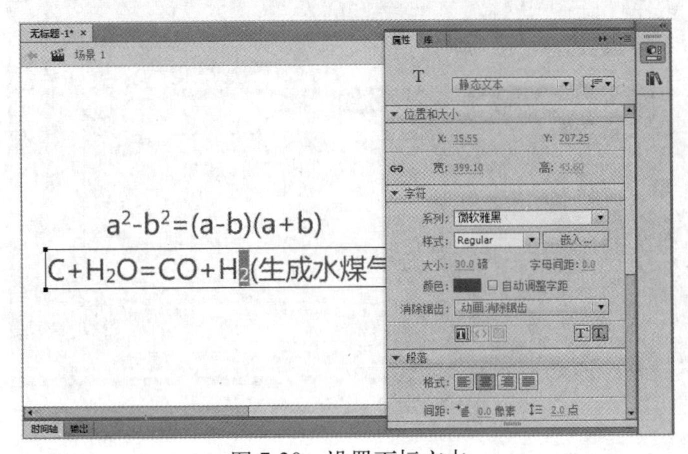

图 7-30　设置下标文本

在菜单栏中选择【文本】|【样式】命令，然后在打开子菜单中选择【上标】或者【下标】命令，也可制作上下标文本。

7.3.2 调整文本间距和行距

默认情况下，Flash CC 中的文本以默认的间距显示，可以根据需要重新调整文本间距和行距，使文本内容的显示更加清晰。

动手操作 调整文本间距和行距

1 打开光盘中的“..\Example\Ch07\7.3.2.fla”练习文件，然后在【工具】面板中选择【文本工具】T，并选择要调整字距的文本。

2 打开【属性】面板，单击【字母间距】项后面的数值，当出现文本框后，输入文本字距的数值并按下 Enter 键即可，如图 7-31 所示。

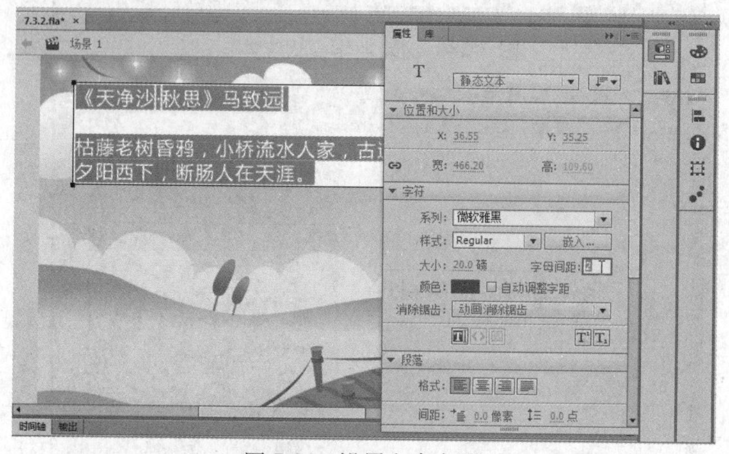

图 7-31 设置文本字距

3 选择文本，然后在【属性】面板上单击【行距】项后面的数值，当出现文本框后，输入文本行距的数值并按 Enter 键即可，如图 7-32 所示。

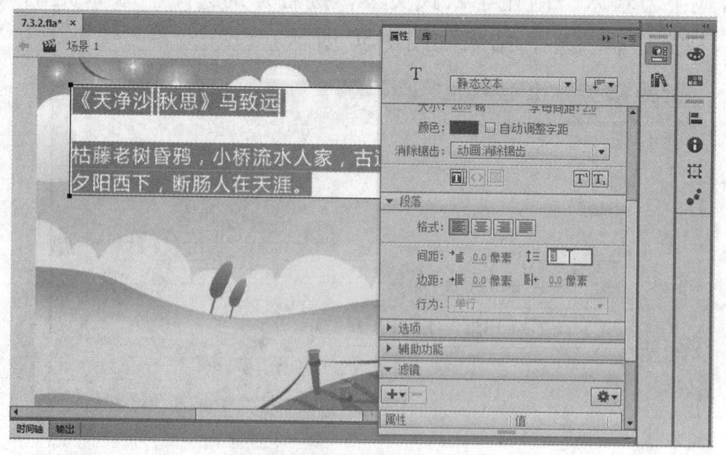

图 7-32 设置文本行距

增大字距快捷键：Ctrl+ Alt+右箭头。

减少字距快捷键：Ctrl+ Alt+左箭头。

重置字距快捷键：Ctrl+ Alt+上箭头。

7.3.3 设置文本超链接

在为文本添加超链接时，可以将文本链接到指定的文件对象、网站地址和邮件地址，这样可以方便浏览者通过超链接打开目标文件，或进入指定的位置。

动手操作 设置文本超链接

1 打开光盘中的“..\Example\Ch07\7.3.3.fla”练习文件，使用【文本工具】T选择需要添加URL链接的文本（可以是部分文字，也可以是整个文本）。

2 打开【属性】面板，再打开面板上的【选项】组，在【链接】文本框中输入文本链接的URL地址，如图7-33所示。

3 此时原来不可用的【目标】选项可以被设置，打开【目标】列表框，选择目标为【_blank】，如图7-34所示。

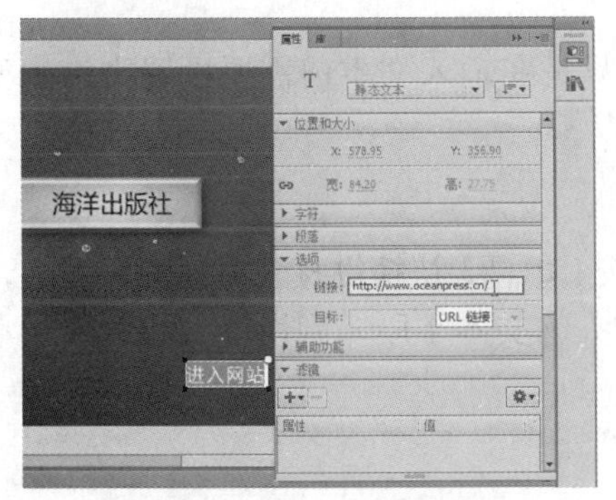

图7-33 设置URL链接地址

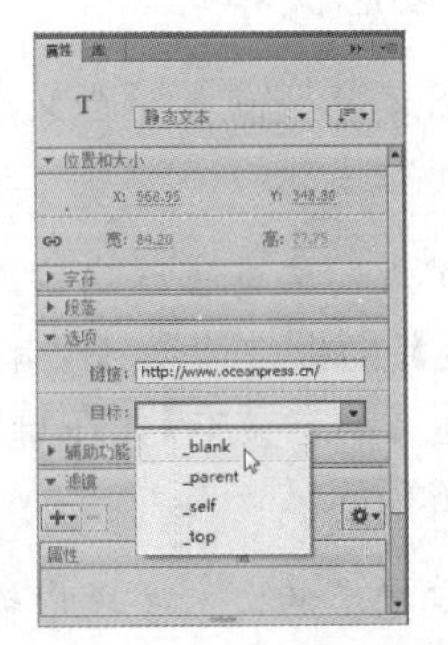

图7-34 设置链接的目标

超链接目标的说明如下。

- _blank：将链接的文件载入一个未命名的新浏览器窗口中。
- _parent：将链接的文件载入含有该链接的框架的父框架集或父窗口中。如果包含链接的框架不是嵌套的，则链接文件加载到整个浏览器窗口中。
- _self：将链接的文件载入该链接所在的同一框架或窗口中。此目标是默认的，所以通常不需要指定它。
- _top：将链接的文件载入整个浏览器窗口中。

4 完成上述操作后，按Ctrl+Enter快捷键测试影片，将光标移至设置了URL链接的文本上方，光标会变成手形，单击文本内容，即可转跳到指定的链接位置上，如图7-35所示。

图7-35 测试文本链接

7.4 动态文本与输入文本

动态文本允许更新显示的内容，输入文本则允许在文本字段中输入内容，通过这两种文本，可以实现许多交互功能。因为动态文本和输入文本是可以变化的，所以这两种文本的信息往往用于 Flash 的 ActionScript 编程中。它们的特定用途如下。

（1）用户输入：允许用户编辑文本内容，接受用户输入信息所触发的动作，提交信息和处理信息。动态文本和输入文本可以提供与 HTML 窗体不并行的交互。

（2）更新信息：可以在特殊的影片中提供实时跟踪和显示信息的方法。

（3）密码字段：将正常的文本内容转换为密码字段，使输入的内容在文本框中显示为星号隐藏，和常见的密码输入框功能一样。

7.4.1 输入动态文本

输入动态文本与输入静态文本的方法差不多，只是在输入文本前需要设置文本类型为【动态文本】。

1. 在可扩大的文本字段内输入动态文本

在【工具】面板中选择【文本工具】T，然后按 Ctrl+F3 快捷键打开【属性】面板，设置文本类型为【动态文本】，在舞台上单击创建可扩大的文本字段，利用输入法输入文本即可，如图 7-36 所示。

2. 在固定宽度的文本字段内输入动态文本

在【工具】面板中选择【文本工具】T，然后打开【属性】对话框，设置文本类型为【动态文本】，在舞台上拖动鼠标创建出固定宽度的文本字段，再利用输入法输入文本即可。如果输入的文本长度超过文本字段在水平方向上可容纳的长度，那么文本将自动换行，如图 7-37 所示。

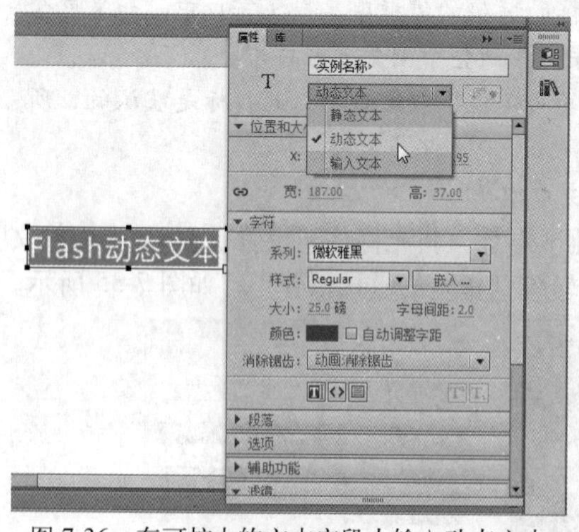

图 7-36 在可扩大的文本字段内输入动态文本

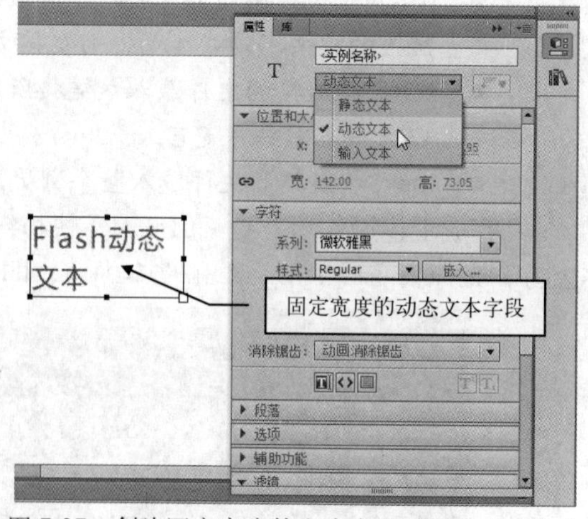

图 7-37 创建固定宽度的文本字段并输入动态文本

动态文本输入框中输入的文本内容将作为运行时的预设值，也可以拖动调整文本框的大小。另外，动态文本只有水平方向，无法创建垂直方向的动态文本。

7.4.2　应用动态文本

动态文本可以用于信息的控制。例如，最常用的就是在设计 Flash 动画时，通过动态文本字段框，引用设置的数值，甚至可以让数值动态显示。在引用动态文本内容时，只要为动态文本字段设置变量，然后可以通过 ActionScript 3.0 脚本语言使用动态文本的变量名引用内容。

下面将通过文件中的动态文本字段，使各自对应的同时从 1 滚动显示到设置好 5 个数值（10，20，30，40，50），然后自动停止。

动手操作　应用动态文本

1　打开光盘中的“..\Example\Ch07\7.4.2.fla”练习文件，选择【文本工具】T，接着通过【属性】面板设置文本类型为【动态文本】，设置字符的属性，如图 7-38 所示。

2　此时在舞台的静态文本右侧分别创建 5 个动态文本字段，如图 7-39 所示。

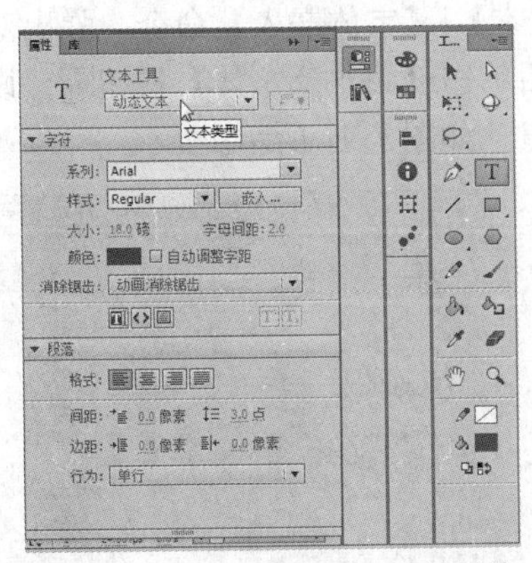

图 7-38　设置文本类型和字符属性

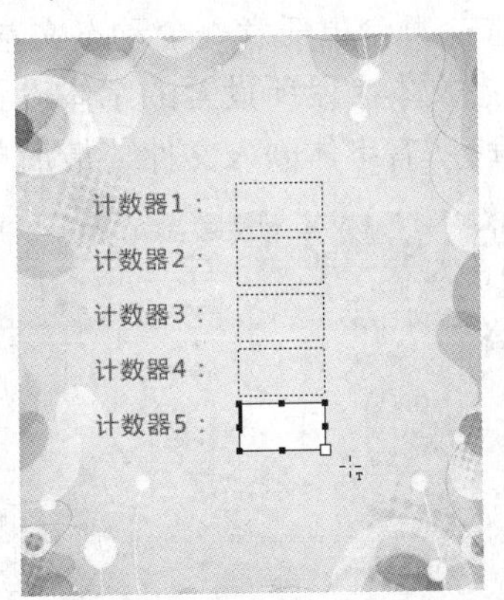

图 7-39　创建动态文本字段

3　选择第一个动态文本字段，打开【属性】面板，设置实例名称为【myinput0】，使用相同的方法，分别设置其他 4 个动态文本字段的实例名称为【myinput1】、【myinput2】、【myinput3】、【myinput4】，如图 7-40 所示。

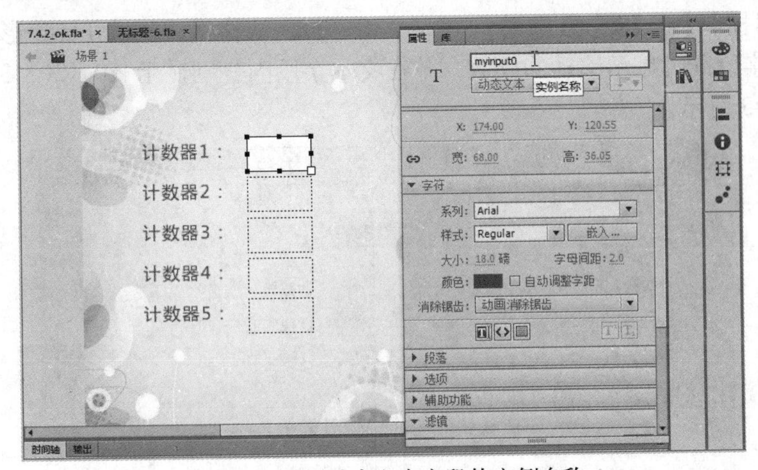

图 7-40　设置动态文本字段的实例名称

4　在【时间轴】面板上新增图层 3，然后在图层 1 第 1 帧上单击右键并选择【动作】命令，在打开的【动作】面板中输入 ActionScrpt 脚本代码，如图 7-41 所示。

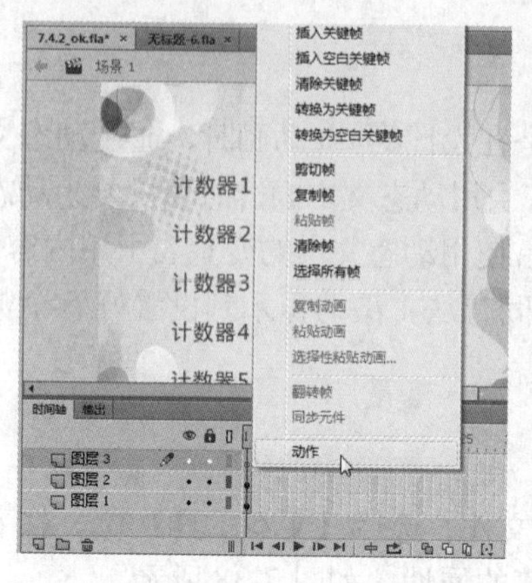

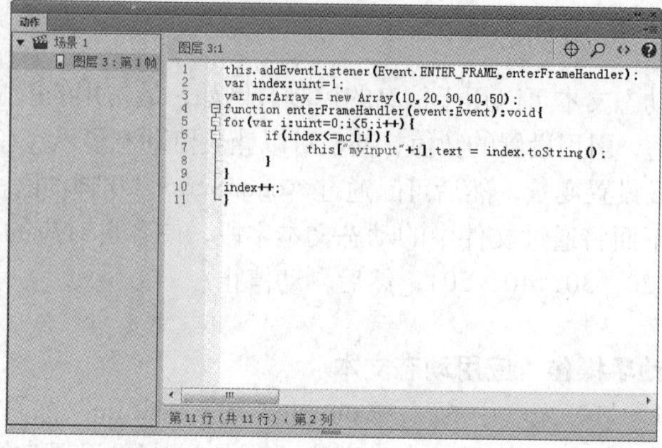

图 7-41　打开【动作】面板并输入脚本代码

5　选择舞台上任意一个动态文本字段，选择【文本】|【字体嵌入】命令，弹出对话框后，为动态文本字段所设置的字体设置一个名称，然后单击【添加新字体】按钮，设置动态文本字段所有字体嵌入文件，最后单击【确定】按钮，如图 7-42 所示。

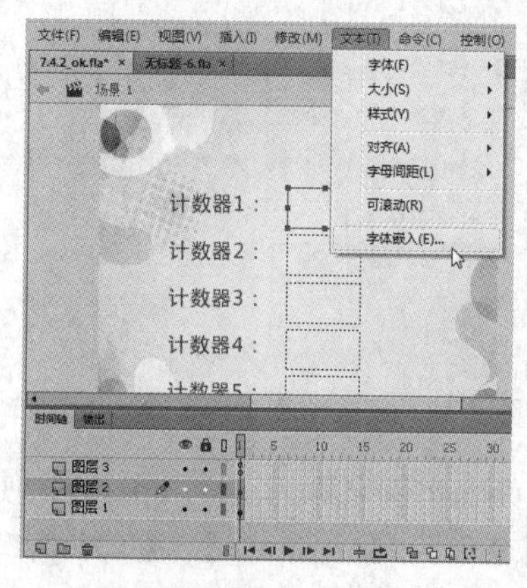

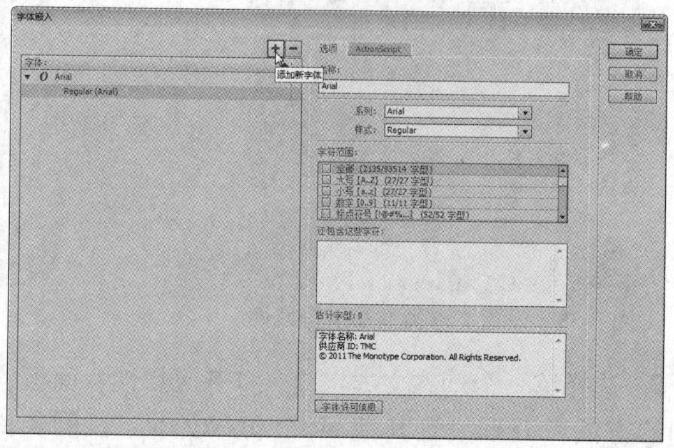

图 7-42　设置字体嵌入

6　选择【控制】|【测试】命令，或按 Ctrl+Enter 快捷键，测试 Flash 影片。此时可以看到动态文本字段同时显示滚动的读数，并在文本字段内分别显示 10、20、30、40、50 的数值，如图 7-43 所示。

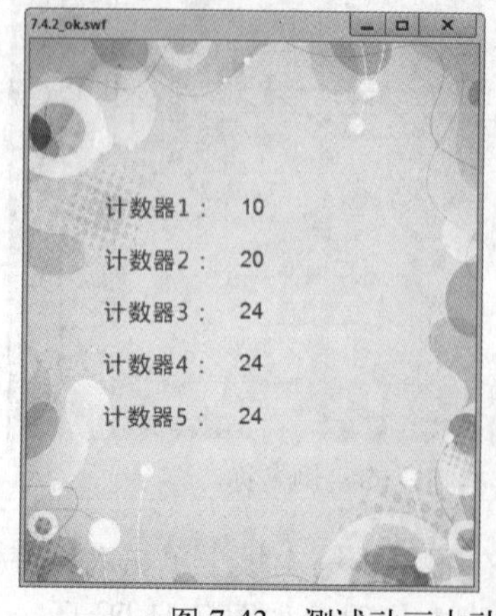

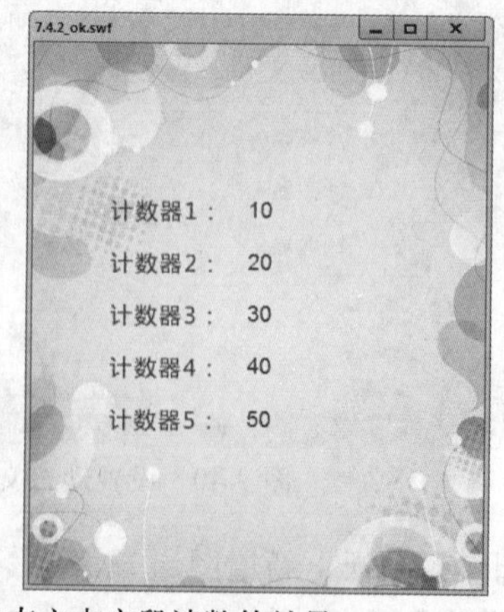

图 7-43　测试动画中动态文本字段读数的效果

7.4.3　应用输入文本字段

【输入文本】类型的文本字段可以使浏览者直接在 Flash 影片中输入信息，因此这种类型的文本经常应用在表单的设计上。例如，在表单中设置一个项目，然后创建一个【输入文本】类型的文本字段，用户就可以在此字段内输入文本。

动手操作　创建输入文本字段

1　打开光盘中的“..\Example\Ch07\7.4.5.fla”练习文件，在图层 1 上插入新图层，然后选择【文本工具】T，通过【属性】面板设置文本类型为【输入文本】，在舞台的【用户名:】和【密码:】项目后绘制两个文本字段，如图 7-44 所示。

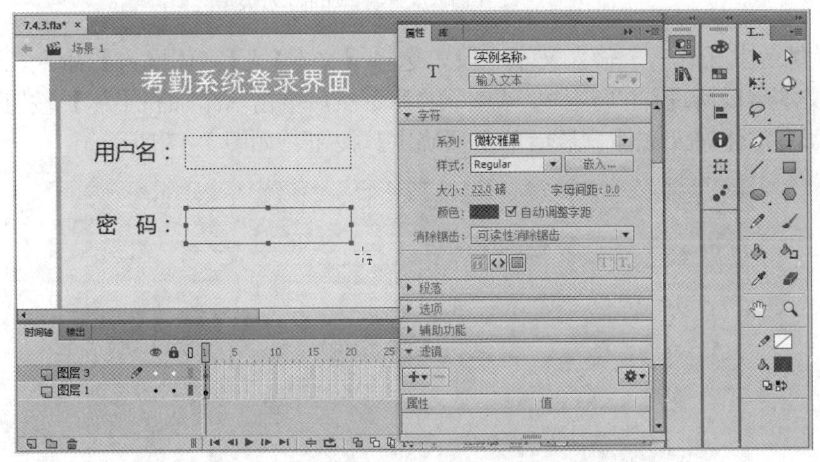

图 7-44　创建两个输入文本类型的文本字段

2　在【工具】面板中选择【选择工具】，选择第一个输入文本字段，单击【属性】面板的【在文本周围显示边框】按钮，接着使用相同的方法，显示另外一个输入文本字段的边框，如图 7-45 所示。

图 7-45　显示输入文本字段的边框

3　选择【密码:】项目右边的输入文本字段，然后打开【属性】面板的【行为】列表框，选择【密码】，设置文本字段的行为类型为密码，如图 7-46 所示。

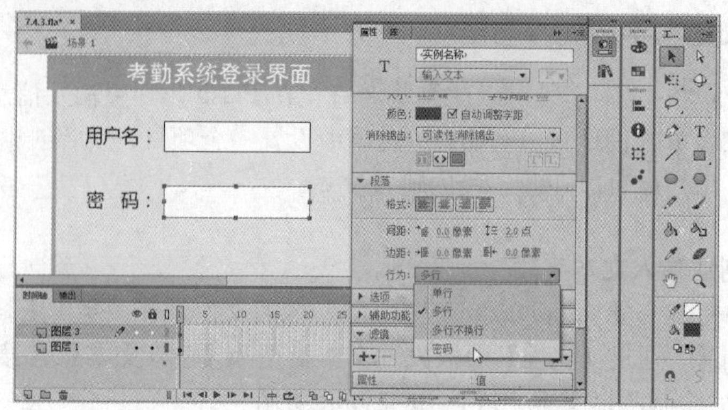

图 7-46　设置输入文本字段的行为类型

4 选择舞台上任意一个输入文本字段，选择【文本】|【字体嵌入】命令，弹出对话框后，为动态文本字段所设置的字体设置一个名称，然后单击【添加新字体】按钮，设置动态文本字段所有字体嵌入文件，最后单击【确定】按钮，如图 7-47 所示。

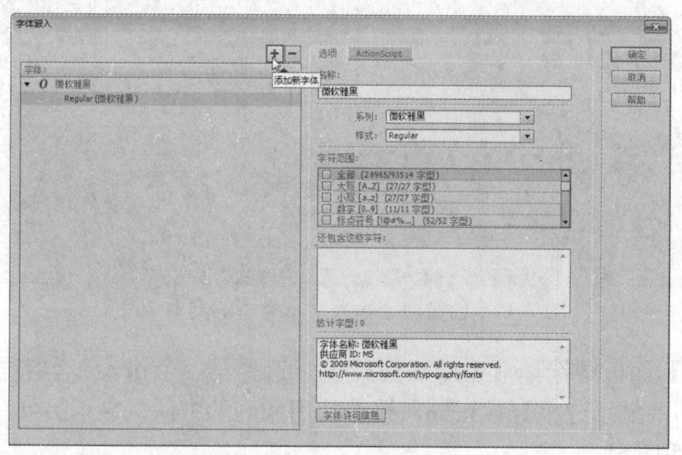

图 7-47　设置字体嵌入

5 选择任意一个输入文本字段，打开【属性】面板，设置消除锯齿选项为【使用设备字体】，使用相同的方法，设置另外一个输入文本字段的消除锯齿选项，如图 7-48 所示。

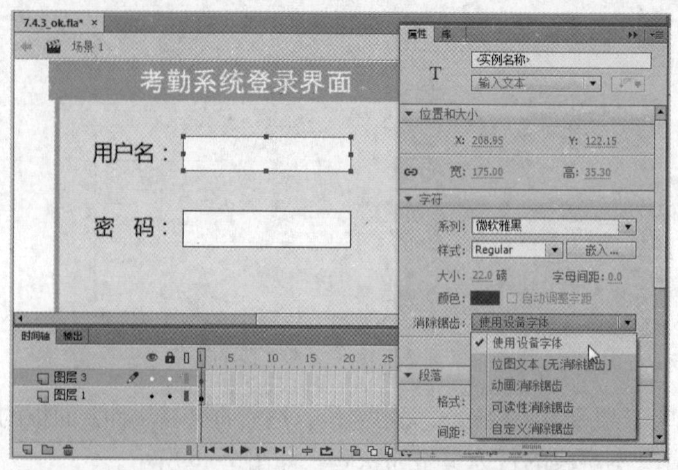

图 7-48　设置输入文本字段的消除锯齿选项

6　选择【控制】|【测试】命令，或按 Ctrl+Enter 快捷键，测试 Flash 影片。打开影片播放窗口后，在输入文本字段上可以用户用户名，当输入密码时，可发现文本以星号显示，如图 7-49 所示。

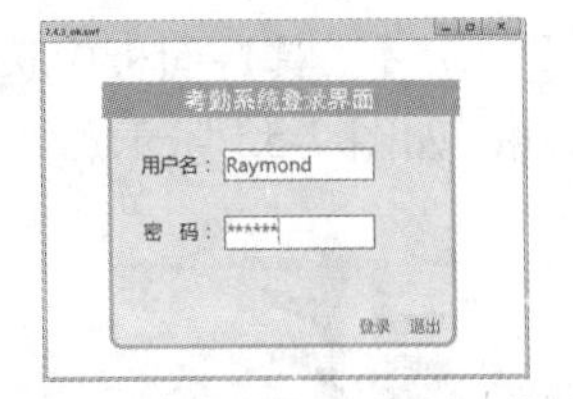

图 7-49　测试输入文本字段的结果

7.5　课堂实训

下面通过设计创意文字图形和设计可滚动的公告栏两个范例，介绍 Flash 中的文本应用技巧。

7.5.1　设计创意文字图形

对于文本而言，它的形状由字体决定，当需要一些特殊形状的文字效果时，可以先将文本分离成形状，然后通过改变形状的方法来改变文本外观。本例将“非”字分离成形状，然后通过改变形状的外观，设计创意文字图形的效果。

动手操作　设计创意文字图形

1　新建一个 Flash 文件，在【工具】面板中选择【文本工具】T，在【属性】面板上设置文本的属性，然后在舞台上输入一个“非”字，如图 7-50 所示。

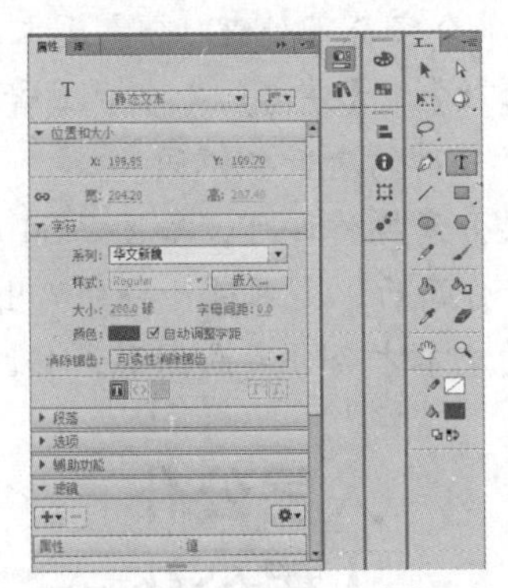

图 7-50　输入静态文本

2　选择舞台上的文本，然后按 Ctrl+B 快捷键或选择【修改】|【分离】命令，将文本分离成形状，如图 7-51 所示。

图 7-51　将文本分离成形状

3 在【工具】面板中选择【选择工具】，然后通过修改形状的方式来改变文本“丿”的外观，如图 7-52 所示。

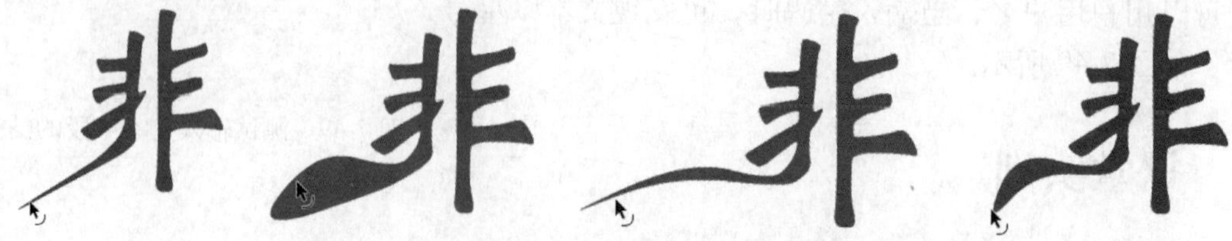

图 7-52 修改文本形状“丿”的外观

4 选择【选择工具】，通过修改形状的方式来改变文本“丨”的外观，如图 7-53 所示。

图 7-53 修改文本形状“丨”的外观

将文本转换成图形，可以使文本具备图形的特性，从而将文本作为图形来编辑，实现填充渐变色、填充轮廓线条、改变文本单个字符等处理。分离文本的操作很简单，只需先选择要分离的文本，然后选择【修改】|【分离】命令，或者按下 Ctrl+B 快捷键即可。但是，文本的数量不同，执行分离的次数也不同。

对于只有一个文本的文本，只需执行一次分离操作即可，如图 7-54 所示。

对于两个或两个以上的文本，第一次执行分离后，文本对象将分离出每个独立的文本，再执行一次分离的操作，每个独立的文本才会分离成图形，如图 7-55 所示。

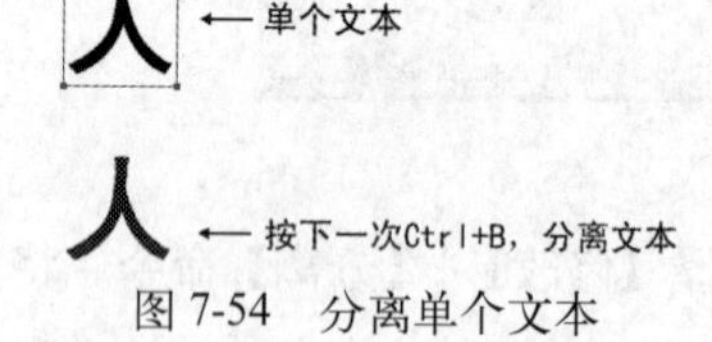

图 7-54 分离单个文本

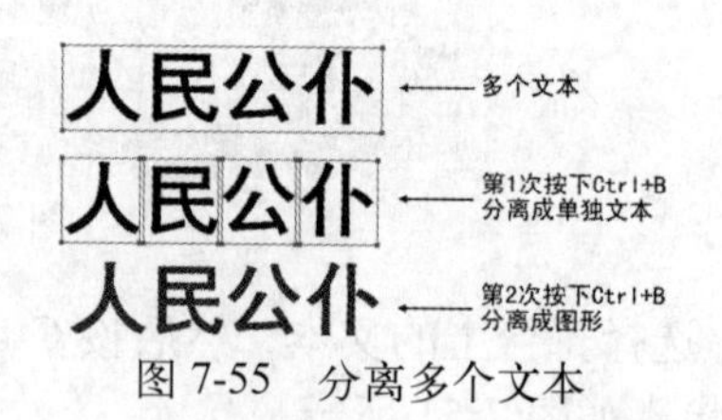

图 7-55 分离多个文本

7.5.2 设计可滚动的公告栏

当输入有着大量文字的文本时，文本的内容可能会占据过多的舞台空间，造成观众观赏上的不便。为此，可以将文本设置为可滚动文本，然后使用 UIScrollBar 组件配搭动态文本字段，使用户可以通过组件的滚动条来滚动浏览文本内容。

动手操作 设计可滚动的公告栏

1 打开光盘中的“..\Example\Ch07\7.5.2.fla”练习文件，在【工具】面板中选择【文本工具】，在【属性】面板中设置文本类型为【动态文本】，接着新增一个图层并在舞台中创建一个动态文本字段，如图 7-56 所示。

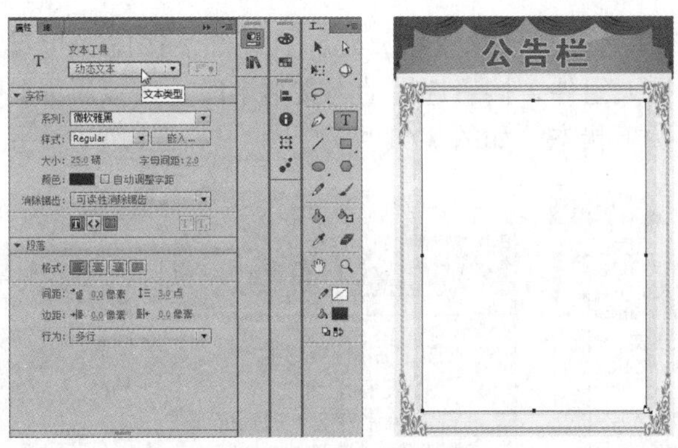

图 7-56　创建一个动态文本字段

2　将文本内容输入到动态文本字段内。当内容过多时，会将文本字段扩大，结果如图 7-57 所示。

3　选择动态文本字段，然后打开【文本】菜单，在菜单中选择【可滚动】命令，设置文本的可滚动性，如图 7-58 所示。

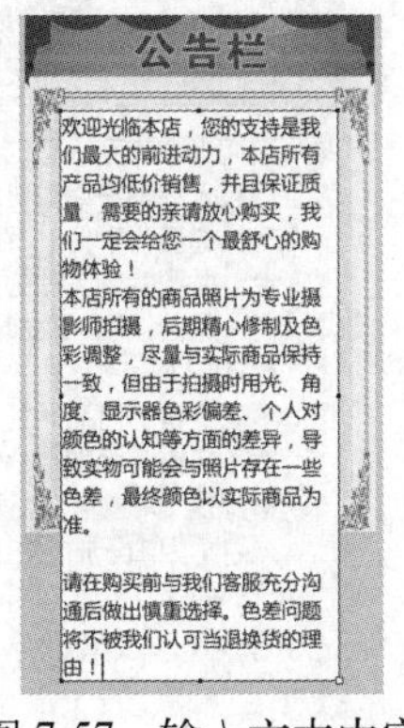

图 7-57　输入文本内容

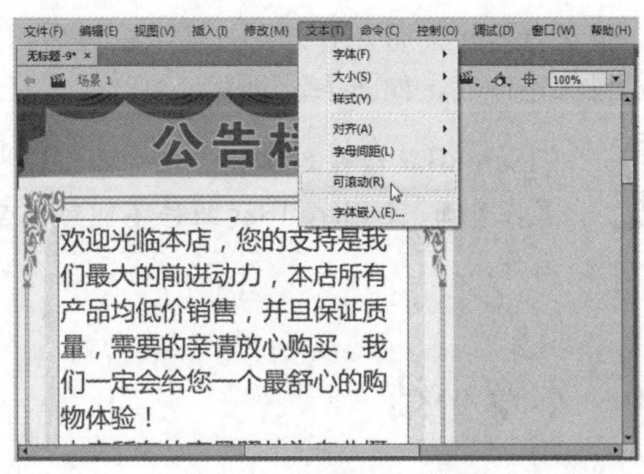

图 7-58　设置文本可滚动

4　使用【选择工具】选择文本字段下方的控制点，然后向上拖动，缩小文本字段的高度，如图 7-59 所示。

5　选择【窗口】|【组件】命令，打开【组件】面板后，将【UIScrollBar】组件拖到动态文本字段右边缘内边，如图 7-60 所示。其目的是为文本字段添加一个窗口滚动条，方便浏览者拖动滚动来滚动阅读内容。

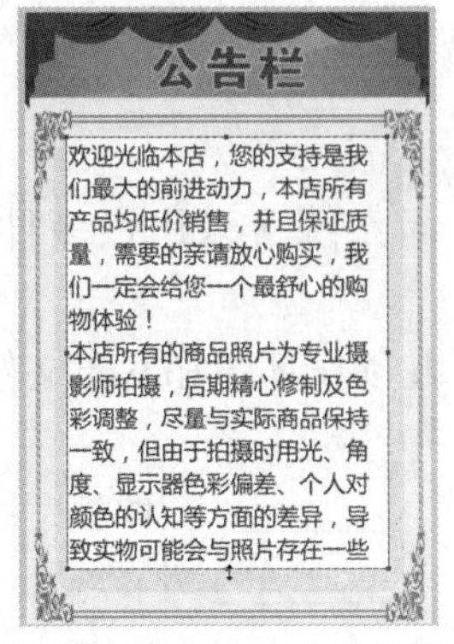

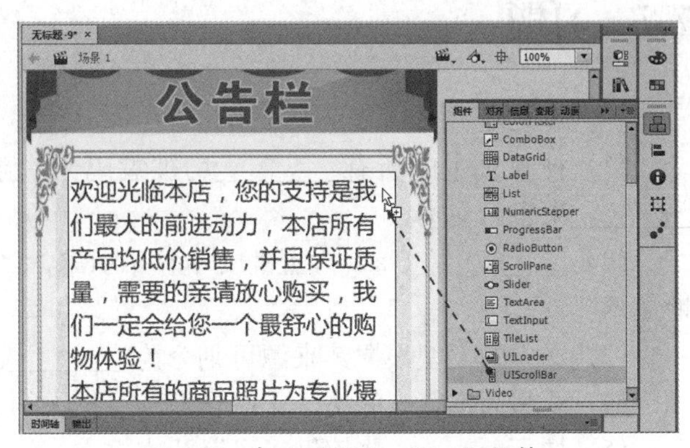

图 7-60　加入【UIScrollBar】组件

图 7-59　缩小文本字段的高度

6 在【工具】面板中选择【任意变形工具】，然后按住 Alt 键后选择变形框下边缘节点并向下拖动，向下扩大组件，接着选择动态文本字段，在【属性】面板上取消【在文本周围显示边框】按钮的按下状态，如图 7-61 所示。

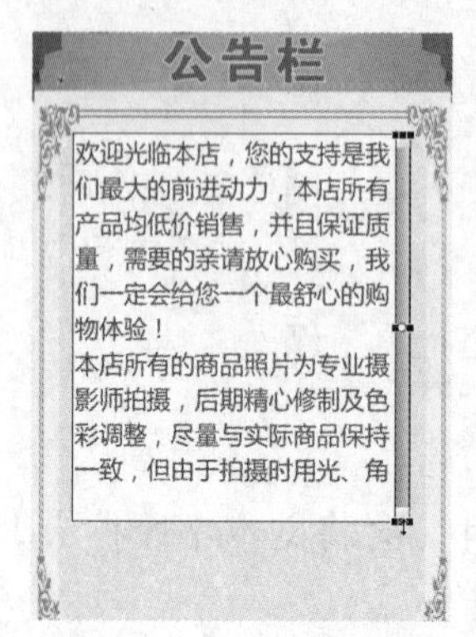

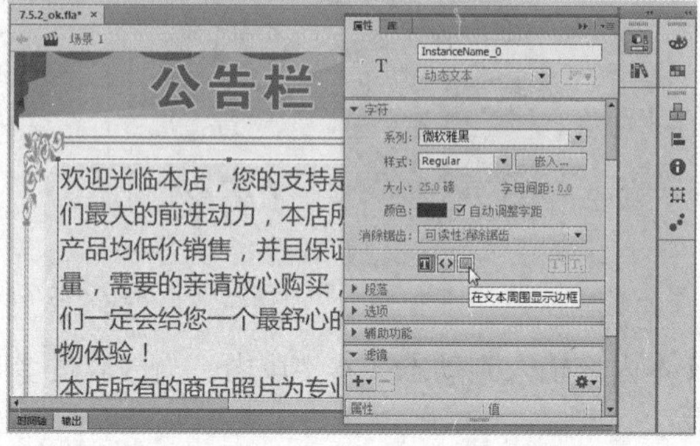

图 7-61　扩大组件并取消文本字段的边框

7 选择【控制】|【测试】命令，或按 Ctrl+Enter 快捷键，测试 Flash 影片。打开影片播放窗口后，可以通过滚动条滚动文本内容，如图 7-62 所示。

UIScrollBar 组件必须放置在文本字段内边。如果放置在外面，UIScrollBar 组件不能对动态文本字段产生作用。

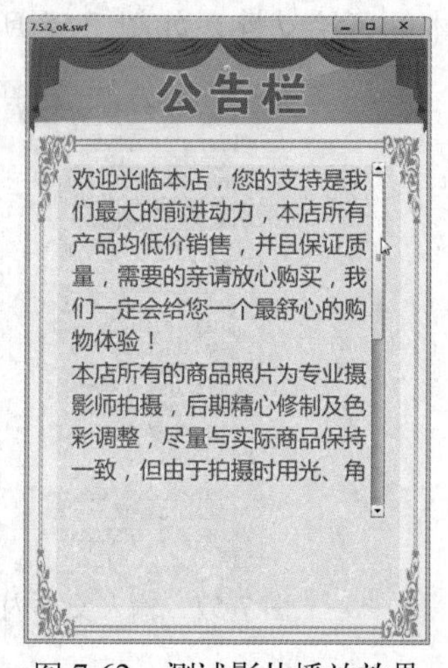

图 7-62　测试影片播放效果

7.6 本章小结

本章主要介绍了 Flash 动画文本的编排与应用，包括动画文本的基本概念，输入水平和垂直静态文本、设置文本属性、制作上下标文本、调整文本间距和行距、设置文本超链接、创建动态文本、应用动态文本信息等内容。此外，还根据文本的应用技巧，介绍了通过分离文本改变文字形状以及创建可滚动文本的方法。

7.7 习题

一、填充题

（1）计算机中的所有________均被编码为一系列字节，而系统可以用很多种不同的________来表示文本。

（2）________是 Flash 内置的文本显示引擎，它可以在 Flash 创作环境和发布文件中清晰地显示________。

（3）文本的类型根据其来源可划分为________、________、________三种类型。

（4）要将固定宽度的文本字段转换为可扩大的文本字段，可________调节点。

（5）按下________快捷键，可以分离文本。

二、选择题

(1) 以下哪种类型的文本字段可以让用户在表单或调查表中输入文本？　(　)

A. 输入文本字段　　B. 静态文本字段

C. 动态文本字段　　D. 行为文本字段

(2) 以下哪种不是 Flash 应用程序的设备字体？　(　)

A. _sans　　B. _serif　　C. _typewriter　　D. Arial Unicode MS

(3) 增大字距的快捷键是什么？　(　)

A. Ctrl+ Alt+左箭头　　B. Ctrl+ Alt+右箭头

C. Ctrl+ Alt+上箭头　　D. Ctrl+ Alt+下箭头

(4) 要将“我们”两个字的文本分离成图形，应该执行多少次分离的操作？　(　)

A. 1 次　　B. 2 次　　C. 3 次　　D. 4 次

(5) 以下哪种文本类型的 4 文本字段可以加载外部内容？　(　)

A. 静态文本字段　　B. 输入文本字段

C. 动态文本字段　　D. 固态文本字段

三、上机实训题

在 Flash 文件上输入“情人节快乐”静态文本，设置文本垂直方向，接着将文本分离成独立的字元，将“人”字分离成图形，最后使用【选择工具】改变“人”字的形状，结果如图 7-63 所示。

图 7-63　上机实训题结果

提示

(1) 打开光盘上的“..\Example\Ch07\7.7.fla”练习文件，然后在工具箱中选择【文本工具】T，在舞台左边输入“情人节快乐”文本。

(2) 打开【属性】面板，然后选择文本，通过【属性】面板设置文本类型为【静态文本】、大小为 50、颜色为【深红】。

(3) 在【属性】面板上单击【改变文本方向】按钮，并选择【垂直，从左到右】选项。

(4) 按 Ctrl+B 快捷键，将文本分离成独立的字元。此时选择“人”字并设置字体大小为 100，接着将改文本向右边移动。

(5) 选择“人”字文本，再次按 Ctrl+B 快捷键将文本分离成图形，接着使用【选择工具】调整“人”字的形状。

第 8 章　应用声音、视频和滤镜

内容提要

本章主要介绍在 Flash CC 中应用声音、视频、滤镜以及混合模式设计动画的内容，包括声音的导入与应用、声音效果的设置、视频的导入、滤镜的使用和混合模式设计等。

8.1　在动画中应用声音

Flash CC 允许用户将声音导入到动画中，使动画具有各种各样的声音效果，以增加动画的观赏性。下面将介绍在 Flash 中应用声音的方法，包括动画声音使用须知、导入并应用声音、设置声音同步和效果等内容。

8.1.1　声音应用须知

如果正在为移动设备创作 Flash 内容，Flash 还允许在发布的 SWF 文件中包含设备声音。设备声音是以设备本身支持的音频格式编码的声音，如 MIDI、MFI、SMAF。

在 Flash CC 中，可以导入以下格式的声音文件。

- ASND（Windows 或 Macintosh）。这是 Adobe Soundbooth 的本机声音格式。
- WAV（仅限 Windows 系统）。
- AIFF（仅限 Macintosh 系统）。
- MP3（Windows 系统或 Macintosh 系统）。

如果系统上安装了 QuickTime 4 或更高版本，则可以导入以下格式的声音文件。

- AIFF（Windows 系统或 Macintosh 系统）。
- Sound Designer II（仅限 Macintosh 系统）。
- 只有声音的 QuickTime 影片（Windows 系统或 Macintosh 系统）。
- Sun AU（Windows 系统或 Macintosh 系统）。
- System 7 声音（仅限 Macintosh 系统）。
- WAV（Windows 系统或 Macintosh 系统）。

ASND 格式是 Adobe Soundbooth 的本机音频文件格式。ASND 文件可以包含应用了效果的音频数据、Soundbooth 多轨道会话和快照（允许恢复到 ASND 文件的前一状态）。

声音要使用大量的磁盘空间和内存，但 mp3 声音数据经过压缩，比 WAV 或 AIFF 声音数据小。在使用 WAV 或 AIFF 文件时，最好使用 16~22kHz 的单声（立体声使用的数据量是单声的两倍）处理，但是 Flash 可以导入采样比率为 11kHz、22kHz 或 44kHz 的 8 位或 16 位的声音，因此，在将声音导入到 Flash 时，如果声音的记录格式不是 11kHz 的倍数（例如 8、32 或 96kHz），将会重新采样。同样，在导出声音时，Flash 会把声音转换成采样比率较低的声音。

如果要向 Flash 中添加声音效果，最好导入 16 位声音。如果计算机的内存很少，应使用短的声音剪辑或用 8 位声音而不是 16 位声音，以提高 Flash 动画播放的质量。如图 8-1 所示为通过【声音属性】对话框查看导入的声音素材的属性。

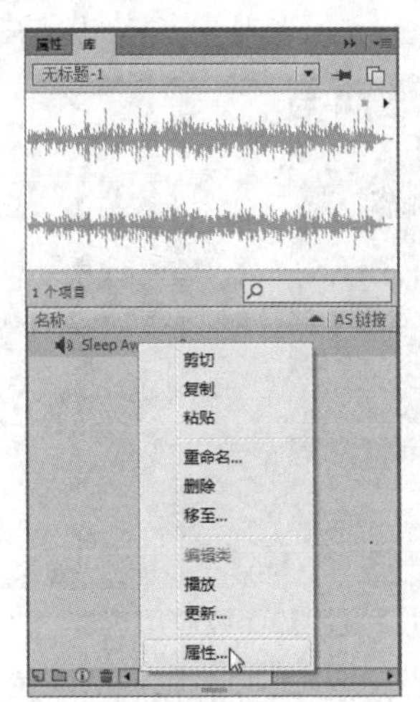

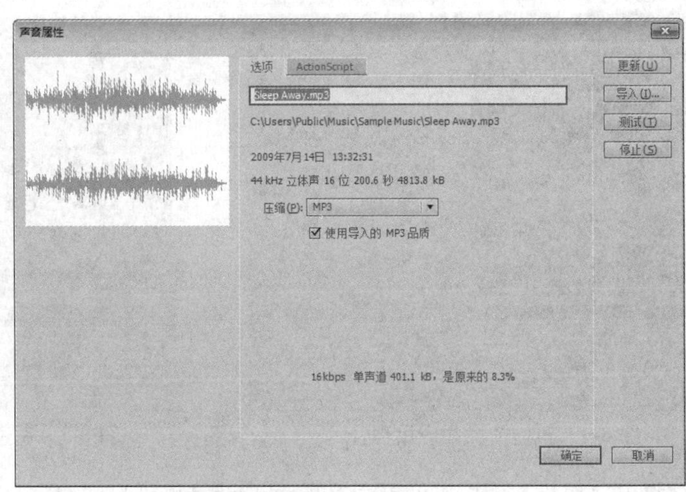

图 8-1　查看声音属性

8.1.2　导入与使用声音

在 Flash 中使用声音，可以先将声音导入到库内，然后可以依照设计需要多次从库中调用声音。另外，如果要将声音从库中添加到文件，建议为声音新增一个图层，以便在【属性】面板中查看与设置声音的属性选项并对声音做单独的处理。

动手操作　导入与使用声音

1　打开光盘中的“..\Example\Ch08\8.1.2.fla”练习文件，选择【文件】|【导入】|【导入到库】命令，如图 8-2 所示。

2　打开【导入到库】对话框后，选择声音文件，单击【打开】按钮，如图 8-3 所示。

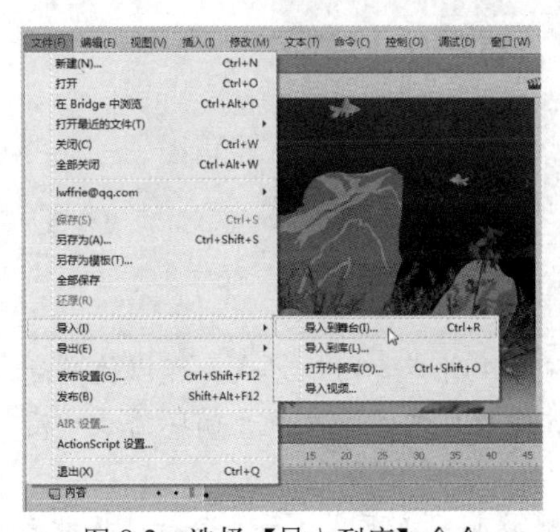

图 8-2　选择【导入到库】命令

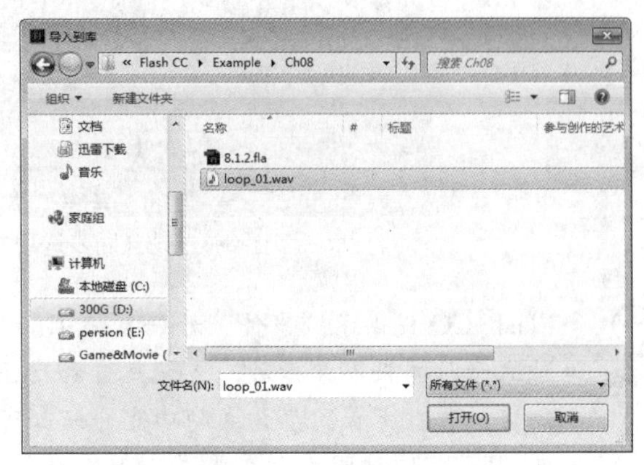

图 8-3　打开声音文件

3 在【时间轴】面板中选择图层 1，单击【新建图层】按钮，插入图层 2，接着选择图层 2 的第 1 帧，将【库】面板的声音对象拖到舞台上，如图 8-4 所示。

除了步骤 3 加入声音的方法外，还可以先选择图层的一个帧，然后打开【属性】面板，打开【声音名称】列表框，从列表框中选择需要添加到动画的声音即可，如图 8-5 所示。

图 8-4　新增图层并应用声音

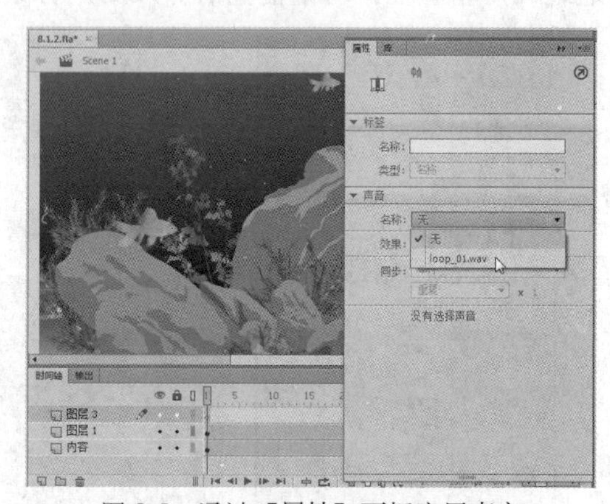

图 8-5　通过【属性】面板应用声音

4 打开【属性】面板，设置声音的同步为【事件】，此时可以单击【时间轴】面板的【播放】按钮，播放时间轴以预览声音效果，如图 8-6 所示。

图 8-6　设置同步选项并播放时间轴

Flash CC 提供了“事件、开始、停止、数据流”4 种声音同步方式，可以使声音独立于时间轴连续播放，或使声音和动画同步播放，也可以使声音循环播放一定次数。各种声音同步方式的功能介绍如下。

- 事件：这种同步方式要求声音必须在动画播放前完成下载，而且会持续播放直到有明确命令为止。

- 开始：这种方式与事件同步方式类似，在设定声音开始播放后，需要等到播放完毕才会停止。
- 停止：是一种设定声音停止播放的同步处理方式。
- 数据流：这种方式可以在下载了足够的数据后就开始播放声音（即一边下载声音，一边播放声音），无需等待声音全部下载完毕再进行播放。

8.1.3　设置声音的效果

没有经过处理的声音会依照原来的模式进行播放。为了使声音更加符合动画设计，可以对声音设置各种效果。

1. 预设声音效果

Flash CC 提供了多种预设声音效果，例如淡入、淡出、左右声道等，如图 8-7 所示。

各种声音预设效果说明如下。

- 左声道：声音由左声道播放，右声道为静音。
- 右声道：声音由右声道播放，左声道为静音。
- 向右淡出：声音从左声道向右声道转移，然后从右声道逐渐降低音量，直至静音。
- 向左淡出：声音从右声道向左声道转移，然后从左声道逐渐降低音量，直至静音。
- 淡入：左右声道从静音逐渐增加音量，直至最大音量。
- 淡出：左右声道从最大音量逐渐减低音量，直至静音。

2. 自定义声音效果

如果 Flash 默认提供的声音效果不能适合设计需要，可以通过编辑声音封套的方式，对声音效果进行自定义编辑，以达到随意改变声音的音量和播放效果的目的。

编辑声音封套，可以使用户定义声音的起始点，或在播放时控制声音的音量。通过编辑封套，还可以改变声音开始播放和停止播放的位置，这对于通过删除声音文件的无用部分来减小文件的大小是很有用的。

如果要编辑声音封套，可以选择添加声音的关键帧（目的是选择到声音），然后打开【效果】列表框，并选择【自定义】选项，或者直接单击【效果】列表后的【编辑声音封套】按钮，如图 8-8 所示。

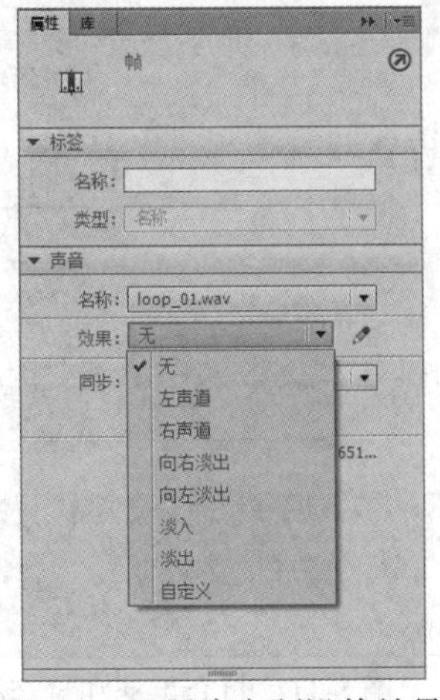

图 8-7　设置声音预设的效果

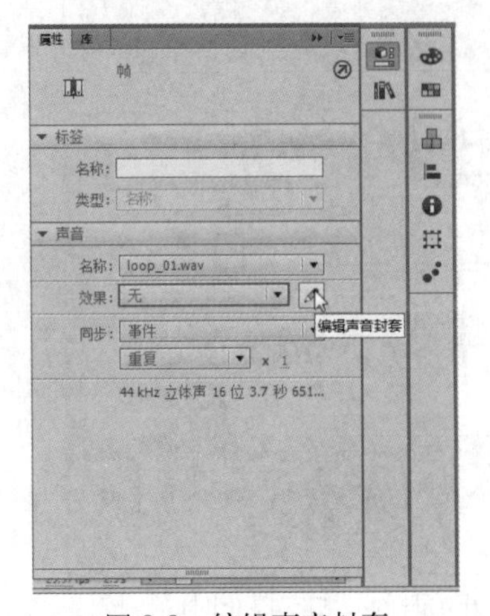

图 8-8　编辑声音封套

打开【编辑封套】对话框后，可以在此对话框中自定义声音效果，如图 8-9 所示。

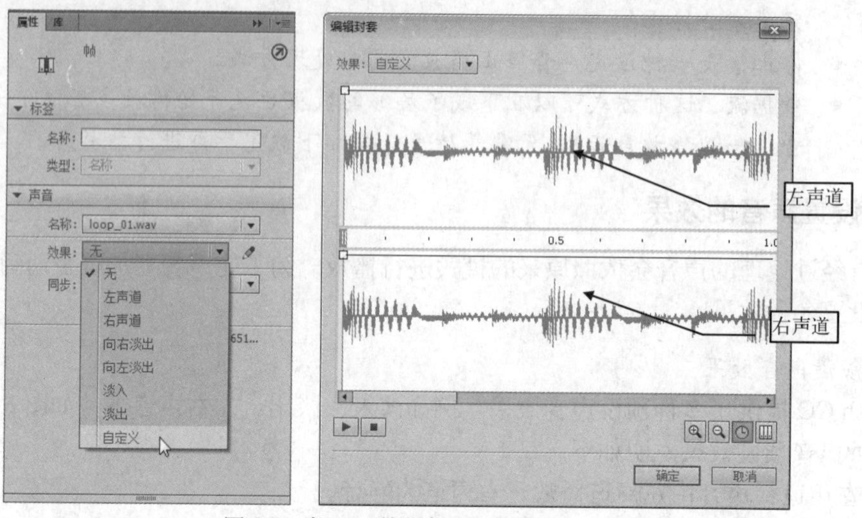

图 8-9 打开【编辑封套】对话框

3. 编辑封套的操作

通过【编辑封套】对话框定义声音效果的基本操作方法如下。

(1) 如果要改变声音的起始点和终止点，可以拖动【编辑封套】对话框中的“开始时间”和“停止时间”控件，如图 8-10 所示。

(2) 如果要更改声音封套，可以拖动封套手柄来改变声音中不同点处的级别。封套线显示声音播放时的音量。如图 8-11 所示为封套手柄和封套线。

(3) 如果要创建封套手柄，可以单击封套线；若要删除封套手柄，请将其拖出窗口即可。Flash 最多可以允许添加 8 个封套手柄。

(4) 如果要改变窗口中显示声音的多少，可以单击【放大】按钮或【缩小】按钮。

(5) 如果要切换秒或帧的单位，可以单击【秒】按钮和【帧】按钮。

(6) 如果要在【编辑封套】对话框中播放声音，可以单击【播放声音】按钮；单击【停止声音】按钮则可以停止播放当前声音。

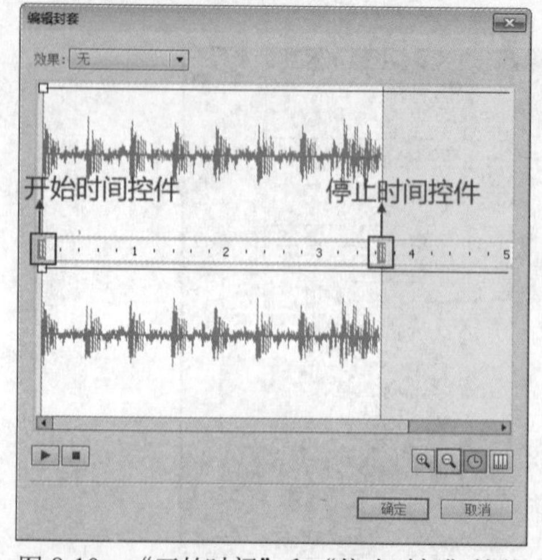

图 8-10 “开始时间”和“停止时间”控件

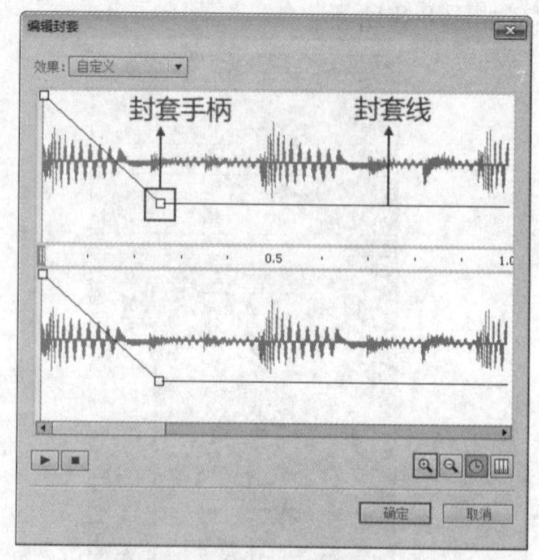

图 8-11 封套手柄和封套线

8.1.4　向按钮添加声音

Flash 允许将声音和一个按钮元件的不同状态关联起来。因为声音和元件存储在一起，所以它们可以用于元件的所有实例。

动手操作　向按钮添加声音

1　打开光盘中的“..\Example\Ch08\8.1.4.fla”练习文件，选择【文件】|【导入】|【导入到库】命令，打开【导入到库】对话框后，选择声音文件，再单击【打开】按钮，如图 8-12 所示。

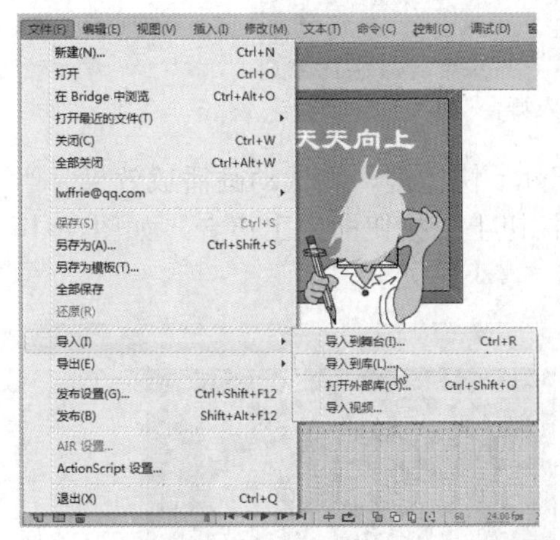

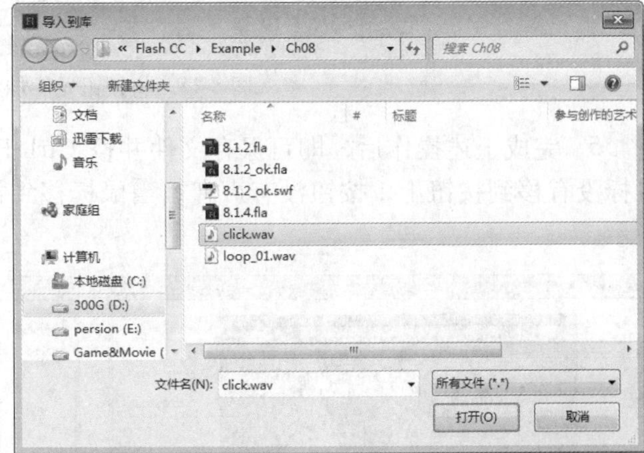

图 8-12　将声音导入到库

2　打开【库】面板，在【开始】按钮元件上单击右键，再选择【编辑】命令，打开按钮元件的编辑窗口，如图 8-13 所示。

3　在【时间轴】面板上新增图层 3，在【指针经过】状态帧上单击 F7 功能键插入空白关键，然后打开【属性】面板，为状态帧指定添加的声音，如图 8-14 所示。

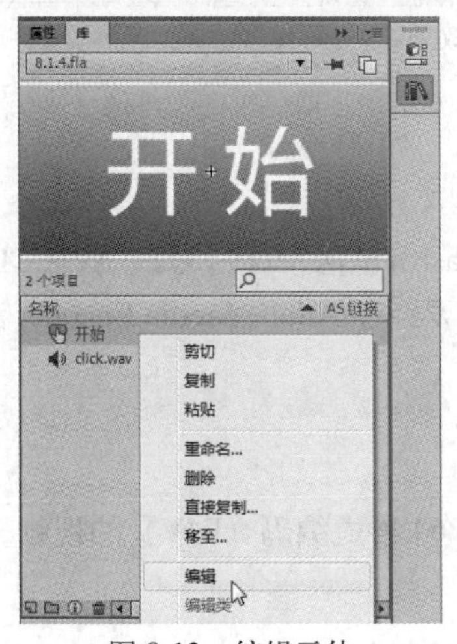

图 8-13　编辑元件

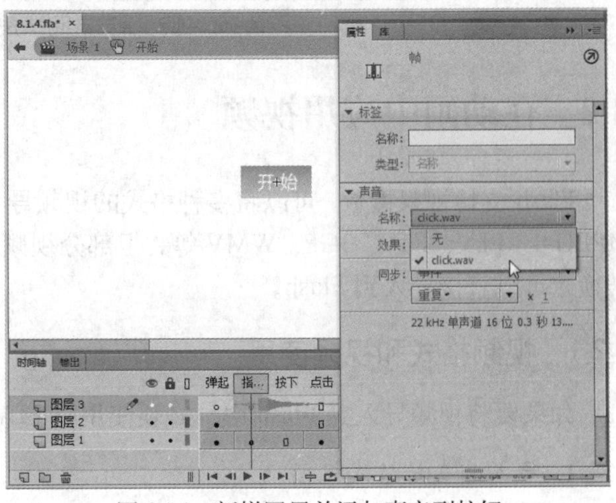

图 8-14　新增图层并添加声音到按钮

4　返回场景中，在【时间轴】面板上新增图层 5，然后通过【库】面板将【开始】按钮拖到舞台中，如图 8-15 所示。

图 8-15 将按钮元件加入舞台

5 完成上述操作后，即可保存文件并按 Ctrl+Enter 快捷键，测试动画播放效果。当鼠标没有移到按钮上，按钮没有声音；当鼠标移到按钮上，按钮即发出声音，如图 8-16 所示。

8-16 通过播放器测试按钮声音效果

8.2 在动画中应用视频

Flash 支持视频播放，可以将多种格式的视频导入到 Flash，包括 MOV、QT、AVI、MPG、MPEG-4、FLV、F4V、3GP、WMV 等，但部分视频格式需要经过 Adobe Media Encoder 程序转换才可以直接导入到 Flash。

8.2.1 视频格式和视频使用

如果要将视频导入到 Flash 中，必须使用以 FLV 或 H.264 格式编码（F4V）的视频。

1. 导入非支持格式视频

当导入视频时，Flash 的视频导入向导会检查选择导入的视频文件。如果视频不是 Flash 播放器可以播放 FLV 或 F4V 格式，向导会提醒使用 Adobe Media Encoder 以适当的格式对视频进行编码，如图 8-17 所示。

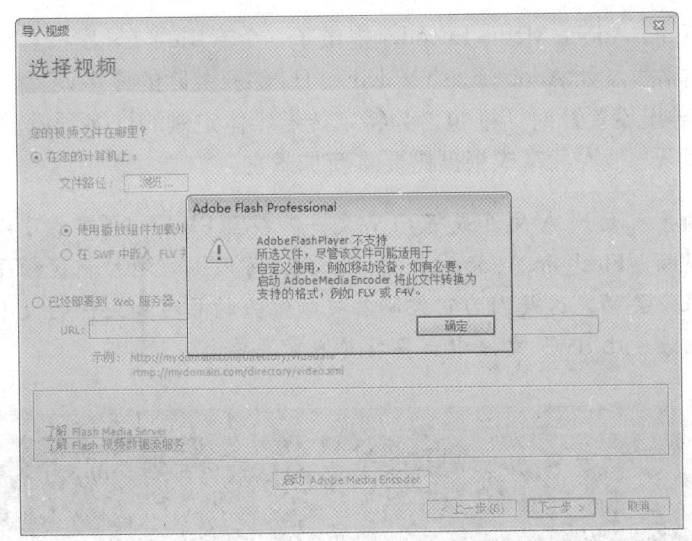

图 8-17　当导入非 FLV 或 F4V 格式的视频时弹出提示信息

2. 使用视频的方法

在 Flash 中，可以通过不同方法使用导入视频。

（1）从 Web 服务器渐进式下载：此方法保持视频文件处于 Flash 文件和生成的 SWF 文件的外部。这使 SWF 文件大小可以保持较小。这是在 Flash 中使用视频的最常见方法。

（2）使用 Adobe Flash Media Server 流式加载视频：此方法也保持视频文件处于 Flash 文件的外部。除了流畅的流播放体验之外，Adobe Flash Media Streaming Server 还会为视频内容提供安全保护。

（3）直接在 Flash 文件中嵌入视频数据：此方法会生成非常大的 Flash 文件，因此建议只用于短小视频剪辑。

3. Adobe Media Encoder

Adobe Media Encoder 是独立编码应用程序，Adobe Premiere Pro、Adobe Soundbooth 和 Flash 之类的程序可以使用该应用程序输出到某些媒体格式。如图 8-18 所示为 Adobe Media Encoder 程序界面。

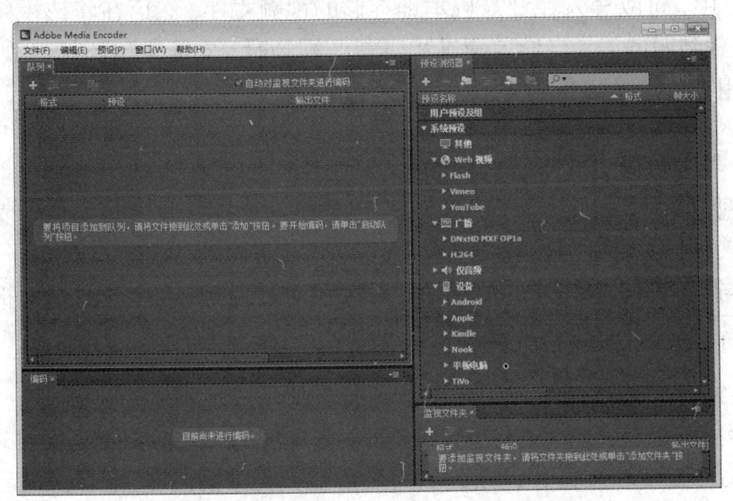

图 8-18　Adobe Media Encoder 程序界面

根据程序的不同，Adobe Media Encoder 提供了一个专用的【导出设置】对话框，该对话框包含与某些导出格式（如 Adobe Flash Video 和 H.264）关联的许多设置，如图 8-19 所示。对于每种格式，【导出设置】对话框包含为特定传送媒体定制的许多预设。也可以保存自定义预设，这样就可以与他人共享或根据需要重新加载它。

在将视频导入至 FLA 文件或将 FLV 文件加载至 SWF 文件前，可以使用多种选项来编辑视频。Flash 和 Adobe Media Encoder 可以更好地控制视频压缩。仔细压缩视频是很重要的，这是因为它控制着视频镜头的品质和文件的大小。视频文件即使经过压缩也比 SWF 文件中大多数其他资源要大。

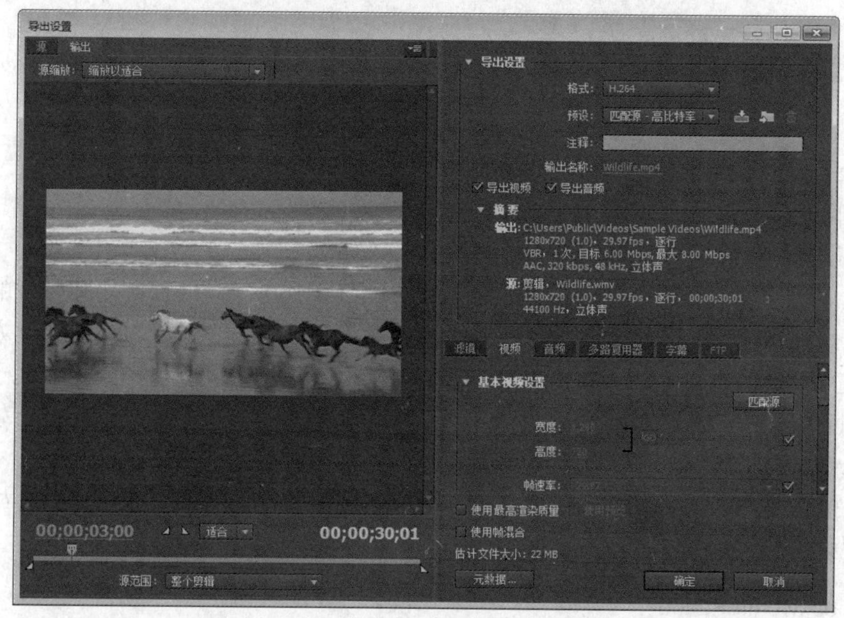

图 8-19 【导出设置】对话框

8.2.2 导入供渐进式下载的视频

在 Flash CC 中，可以导入在计算机本地存储的视频文件，然后在将该视频文件导入 FLA 文件后，将其上载到服务器。当导入渐进式下载的视频时，实际上仅添加对视频文件的引用。Flash 使用该引用在本地计算机或 Web 服务器上查找视频文件。

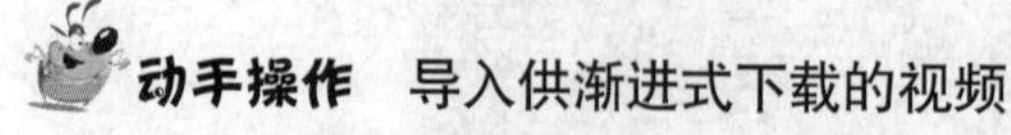

动手操作 导入供渐进式下载的视频

1 打开光盘中的“..\Example\Ch08\8.2.2.fla”练习文件，打开【文件】菜单，然后选择【导入】|【导入视频】命令，如图 8-20 所示。

2 打开【导入视频】对话框后，单击【浏览】按钮打开【打开】对话框，然后选择视频素材文件，单击【打开】按钮，如图 8-21 所示。

使用供渐进式下载的导入方法导入视频后，导入时指定的视频文件不能变更位置和名称。如果该视频文件变更了位置或名称，将会导致 FLA 文件和对应发布的 SWF 文件无法对应链接视频，从而无法播放视频的问题。

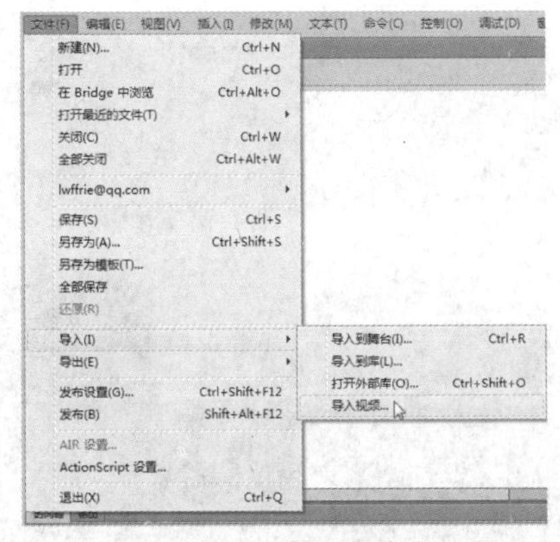

图 8-20　导入视频

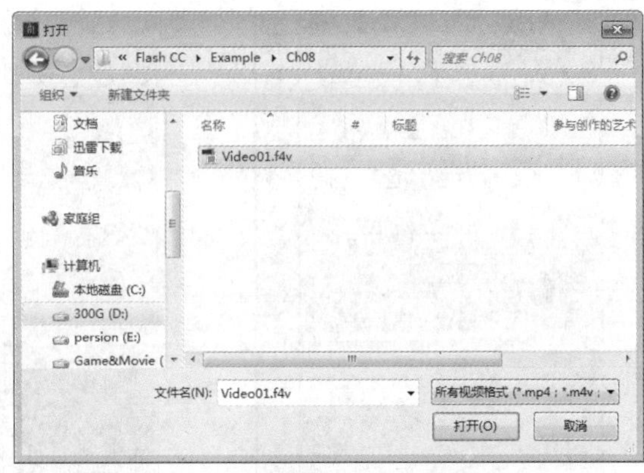

图 8-21　选择视频文件并打开

3　返回【导入视频】对话框后，选择【使用播放器组件加载外部视频】单选项，然后单击【下一步】按钮，如图 8-22 所示。

4　此时【导入视频】向导将进入外观设定界面，可以选择一种播放组件外观，并设置对应的颜色，然后单击【下一步】按钮，如图 8-23 所示。

5　此时向导显示导入视频的所有信息，查看无误后，即可单击【完成】按钮，如图 8-24 所示。

6　导入视频后，选择视频对象，在【属性】面板上设置对象的 X 和 Y 的数值均为 0，以便将视频放置在舞台内，如图 8-25 所示

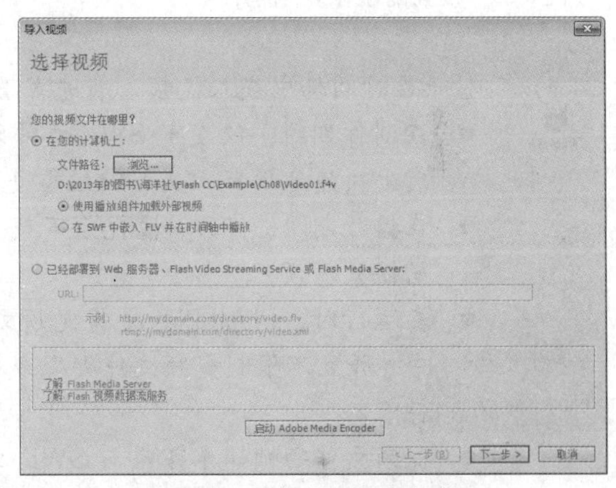

图 8-22　选择使用视频的方法

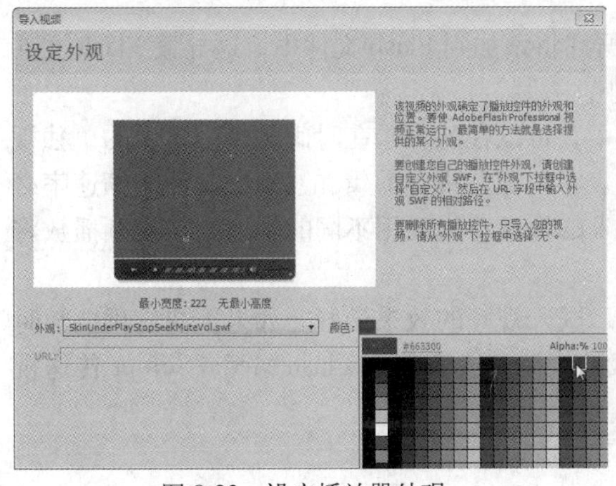

图 8-23　设定播放器外观

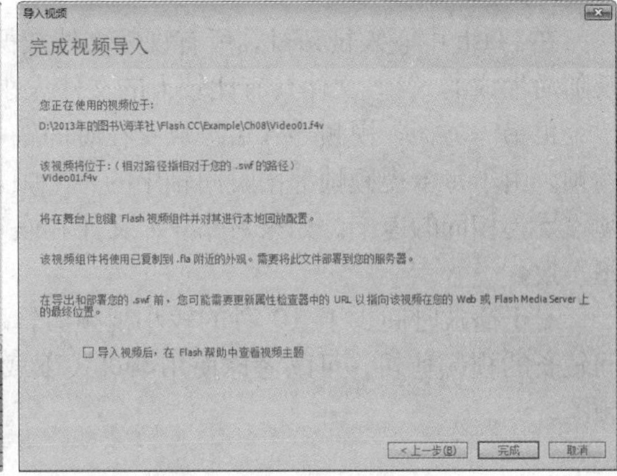

图 8-24　查看信息并完成导入

7　完成上述操作后，即可保存文件并按 Ctrl+Enter 快捷键，测试动画播放效果。此时可以单击视频上的播放组件，播放视频，如图 8-26 所示。

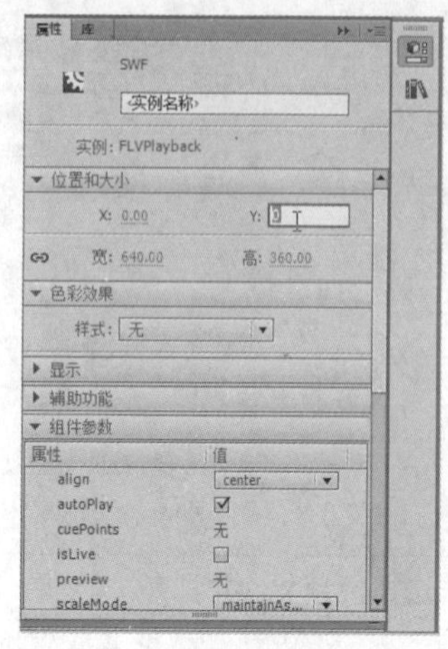

图 8-25 设置视频对象的位置

图 8-26 播放视频

对于在时间轴中嵌入视频，渐进式下载具有下列优势。

- 在创作期间，仅发布 SWF 文件即可预览或测试部分或全部 Flash 内容。因此能更快速地预览，从而缩短重复试验的时间。
- 在播放期间，将第一段视频下载并缓存到本地计算机的磁盘驱动器后，即可开始播放视频。
- 在运行时，Flash Player 将视频文件从计算机的磁盘驱动器加载到 SWF 文件中，并且不限制视频文件大小或持续时间。不存在音频同步的问题，也没有内存限制。
- 视频文件的帧速率可以与 SWF 文件的帧速率不同，从而允许在创作 Flash 内容时有更大的灵活性。

8.2.3 在 Flash 文件内嵌入视频

在 Flash 中嵌入视频时，所有视频文件数据都将添加到 Flash 文件中。这导致 Flash 文件及随后生成的 SWF 文件具有比较大的文件大小。

但另一方面，视频导入后被放置在时间轴中，可以在此查看在时间轴帧中显示的单独视频帧。由于每个视频帧都由时间轴中的一个帧表示，因此视频剪辑和 SWF 文件的帧速率必须设置为相同的速率。如果对 SWF 文件和嵌入的视频剪辑使用不同的帧速率，视频播放将不一致。

对于播放时间少于 10 秒的较小视频剪辑，嵌入视频的效果最好。如果正在使用播放时间较长的视频剪辑，可以考虑使用渐进式下载的视频，或者使用 Flash Media Server 传送视频流。

动手操作 在 Flash 文件内嵌入视频

1 打开光盘中的“..\Example\Ch08\8.2.3.fla”练习文件，打开【文件】菜单，然后选择【导入】|【导入视频】命令，如图 8-27 所示。

2 打开【导入视频】对话框后，单击【浏览】按钮打开【打开】对话框，然后选择视频素材文件，单击【打开】按钮，如图 8-28 所示。

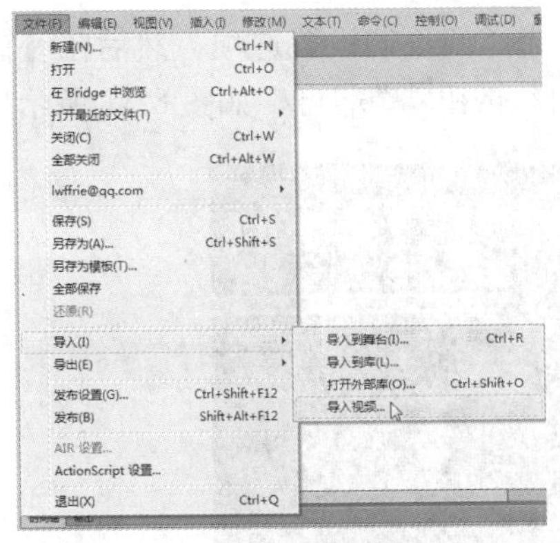

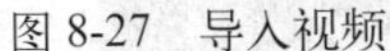
图 8-27　导入视频

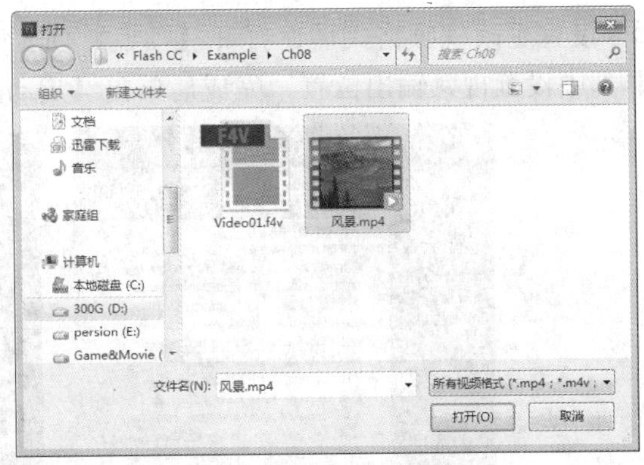

图 8-28　选择视频文件并打开

3　由于视频的原始格式不被 Flash 播放器支持，因此选择导入的视频后，向导会弹出一个不受播放器支持，需要转换成 FLV 或 F4V 格式的提示对话框，此时单击【确定】按钮，单击【启动 Adobe Media Encoder】按钮，以便将视频转换为 FLV 格式的影片，如图 8-29 所示。

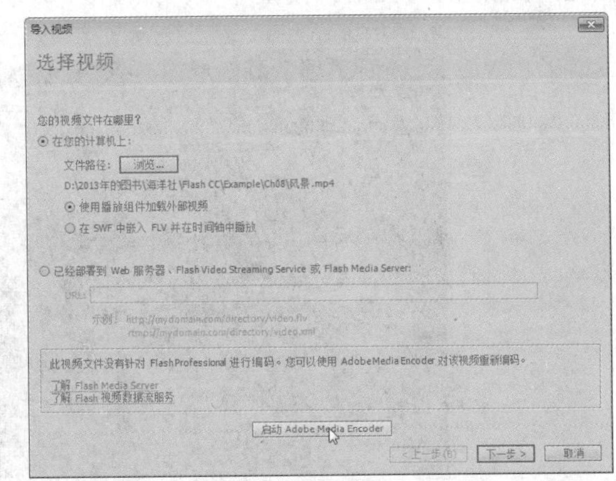

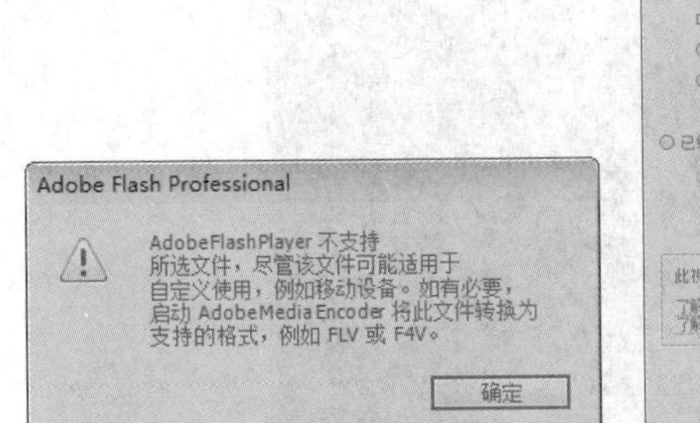

图 8-29　启动 Adobe Media Encoder 应用程序

4　在弹出的提示信息对话框中单击【确定】按钮，打开【Adobe Media Encoder】应用程序，并显示视频正等待开始新编码。此时可以设置转换视频的目标格式，如图 8-30 所示。

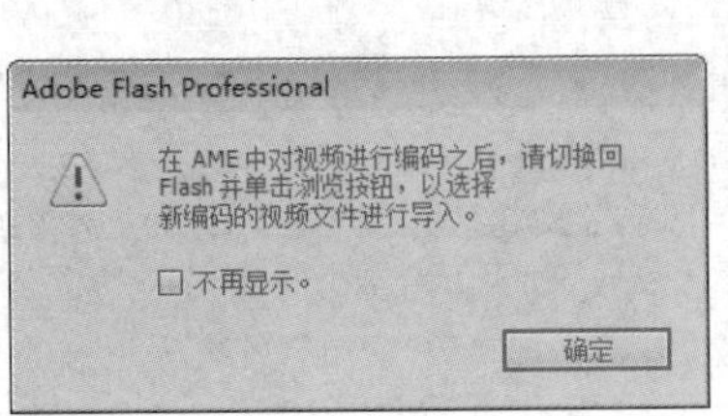

图 8-30　设置转换视频的目标格式

5 设置更改视频格式后，打开【预设】列表框，选择预设的设置选项，然后在【输出文件】列中设置视频输出位置，完成后单击【启动队列】按钮 即可，如图 8-31 所示。

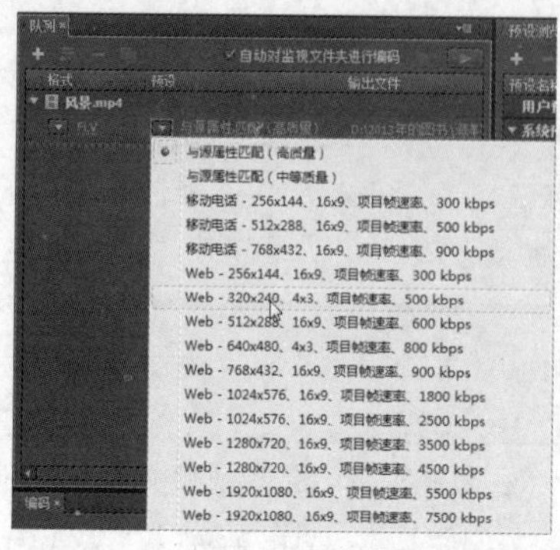

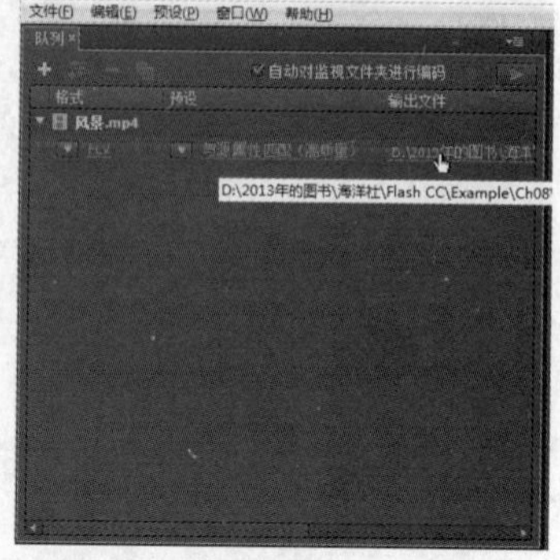

图 8-31　设置预设选项和输出位置并启动队列

6 启动队列后，Adobe Media Encoder 将使用指定的视频格式编码重新编组视频，完成后只需单击对话框的【关闭】按钮即可，如图 8-32 所示。

图 8-32　对视频进行重新编码

7 返回【导入视频】对话框中，重新单击【浏览】按钮，在【打开】对话框中选择 FLV 格式的影片，单击【打开】按钮，如图 8-33 所示。

8 在【导入视频】对话框中选择【在 SWF 中嵌入 FLV 并在时间轴中播放】单选项，单击【下一步】按钮，如图 8-34 所示。

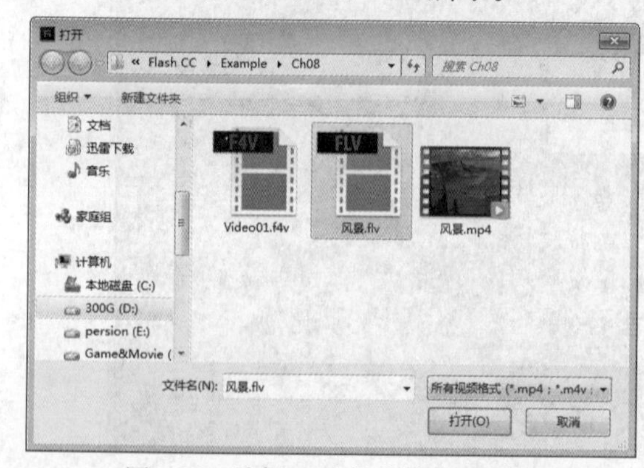

图 8-33　选择 FLV 格式的视频文件

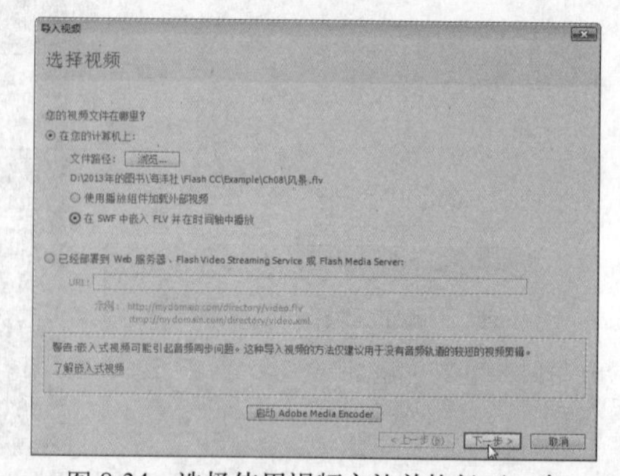

图 8-34　选择使用视频方法并执行下一步

9　进入【嵌入】向导界面后，设置符号类型为【嵌入的视频】，然后全选向导界面上其他复选项，单击【下一步】按钮，如图 8-35 所示。

10　此时向导显示导入视频的所有信息，查看无误后，即可单击【完成】按钮，如图 8-36 所示。

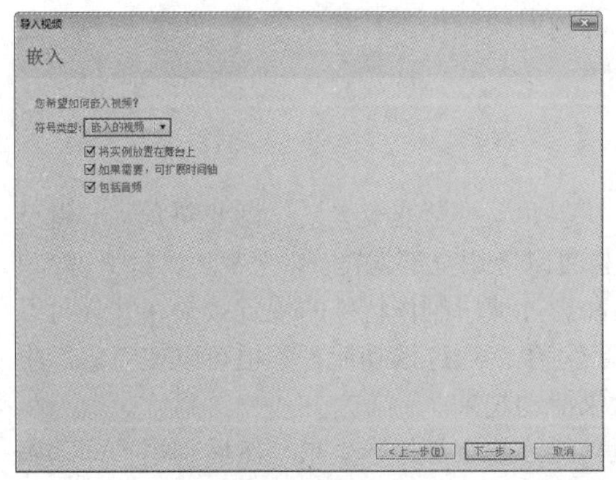

图 8-35　设置嵌入选项

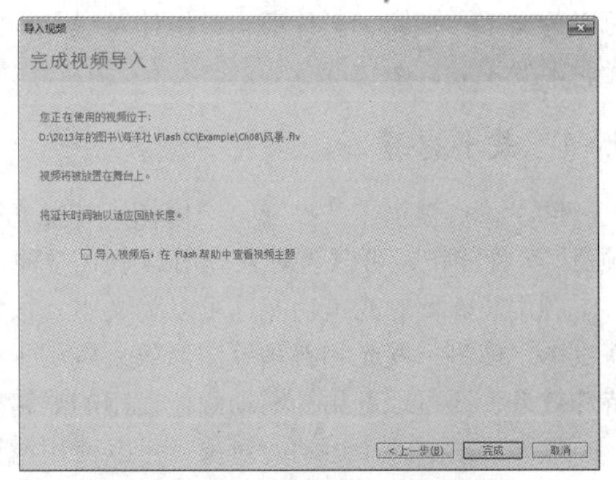

图 8-36　查看信息后完成导入

符号类型可以设置 3 个选项，它们的说明如下。

- 嵌入的视频：如果要使用在时间轴上线性播放的视频剪辑，那么最合适的方法就是将该视频导入到时间轴。
- 影片剪辑：良好的习惯是将视频置于影片剪辑实例中，这样可以获得对内容的最大控制。视频的时间轴独立于主时间轴进行播放，因此不必为容纳该视频而将主时间轴扩展很多帧，但这样做会导致难以使用 FLA 文件。
- 图形：将视频嵌入为图形元件时，无法使用 ActionScript 与该视频进行交互。

11　返回 Flash 文件中，可以看到视频被导入到舞台并且放置在时间轴上。可以单击【时间轴】面板的【播放】按钮，播放视频，如图 8-37 所示。

图 8-37　播放时间轴以预览视频

8.3 应用滤镜和混合模式

为了创作出更出色的动画，Flash CC 提供了“滤镜”和“混合”功能。应用这两个功能，可以为文本、按钮、影片剪辑、组件及已编译的剪辑对象制作丰富视觉效果，例如模糊、发光、渐变发光、颜色混合等。

8.3.1 关于滤镜

Flash CC 提供了“投影”、“模糊”、“发光”、“斜角”、“渐变发光”、“渐变斜角”、“调整颜色”7 种滤镜，可以为对象应用其中的一种，也可以应用全部滤镜。

利用 Flash 的滤镜功能，可以为文本、按钮和影片剪辑制作特殊的视觉效果，并且可以将投影、模糊、发光和斜角等图形效果应用于图形对象。通过该功能，不但可以使对象产生特殊效果，还可以利用补间动画让使用的滤镜效果活动起来。

例如，对于一个运动的对象，可以使用滤镜功能为其添加投影效果，然后利用补间动画效果使对象与其投影一起运动，则对象的运动动画效果将更加逼真，如图 8-38 所示。

图 8-38　应用投影滤镜时的动画效果

要让时间轴中的滤镜活动起来，需要由一个补间接合不同关键帧上的各个对象，并且都有在中间帧上补间的相应滤镜的参数。如果某个滤镜在补间的另一端没有相匹配的滤镜（相同类型的滤镜），则会自动添加匹配的滤镜，以确保在动画序列的末端出现该效果。

8.3.2 添加与删除滤镜

要为对象应用滤镜，可以先选择对象，然后打开【属性】面板切换到【滤镜】选项组，单击【添加滤镜】按钮 +▾，在打开的菜单中选择需要应用的滤镜即可，如图 8-39 所示。

如果需要删除滤镜，可以在【滤镜】列表中选择滤镜项目，然后单击【删除滤镜】按钮 −。如果要将所有应用的滤镜都删除，可以单击【添加滤镜】按钮 +▾，然后在打开的菜单中选择【删除全部】命令，如图 8-40 所示。

对象每添加一个新滤镜，就会显示在【滤镜】面板的对象滤镜列表中，可以对一个对象应用多个滤镜，也可以删除以前应用的滤镜。另外，应用滤镜后，还可以通过【滤镜】面板设置滤镜的参数，使之可以产生不同的效果，如图 8-41 所示。

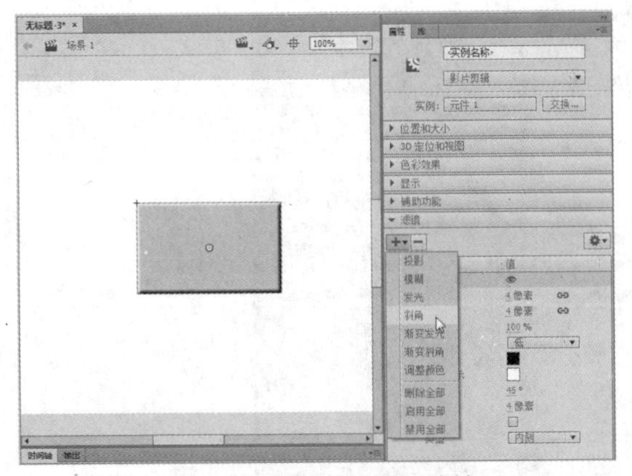

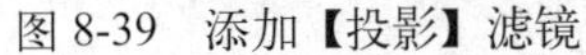

图 8-39　添加【投影】滤镜

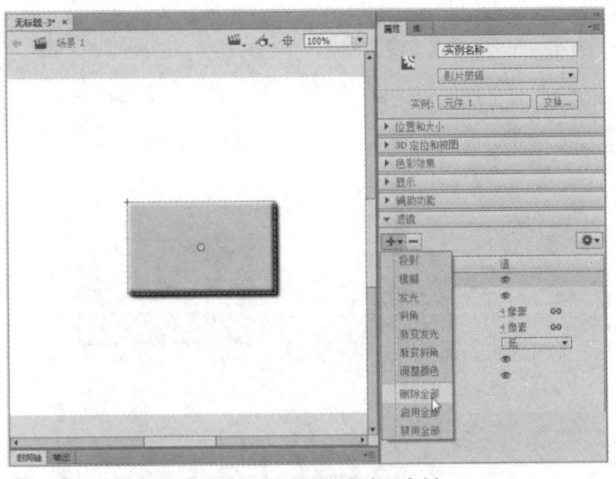

图 8-40　删除全部滤镜

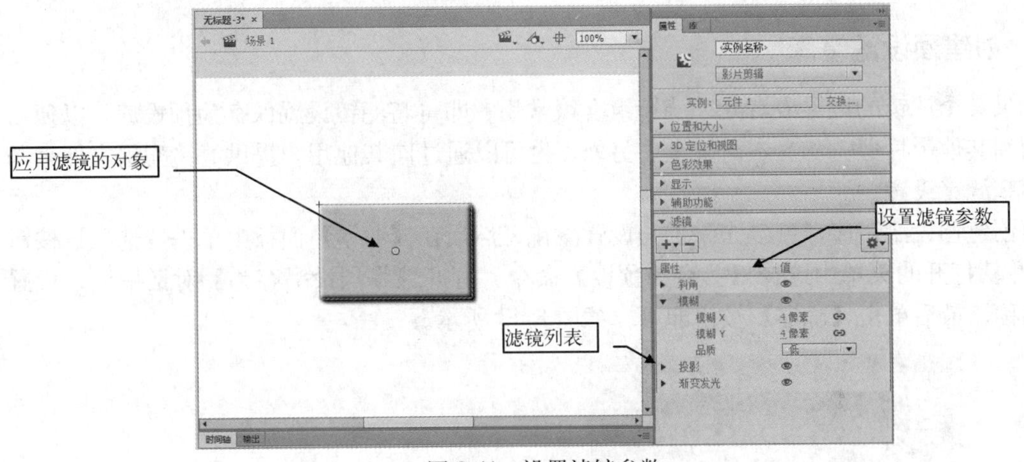

图 8-41　设置滤镜参数

对于 Flash CS6 和更早版本，滤镜的应用仅限于影片剪辑和按钮元件，而对于 Flash CC 来说，还可以将滤镜额外应用于已编译的剪辑和影片剪辑组件。这样可以通过单击（或双击）一个按钮，直接向组件添加各种效果，使应用程序看起来更为直观。

8.3.3　启用与禁止滤镜

如果不想删除滤镜，但需要暂不显示滤镜效果时，则可以禁止滤镜，当需要显示滤镜效果时，只需将滤镜重新启用即可。如果要启用或禁止全部滤镜，可以单击【添加滤镜】按钮，然后在打开的菜单中选择【启用全部】命令或【禁止全部】命令。

如果要启用或禁用指定的滤镜，可以在滤镜列表中选择要启用或禁用的滤镜，然后单击该【滤镜】选项组下方的【启用或禁用滤镜】按钮即可，如图 8-42 所示。

应用于对象的滤镜类型、数量和质量会影响 SWF 文件的播放性能。应用于对象的滤镜越多，Flash 播放器要正确显示创建的视觉效果所需的处理量也就越大，因此播放延时就越长。

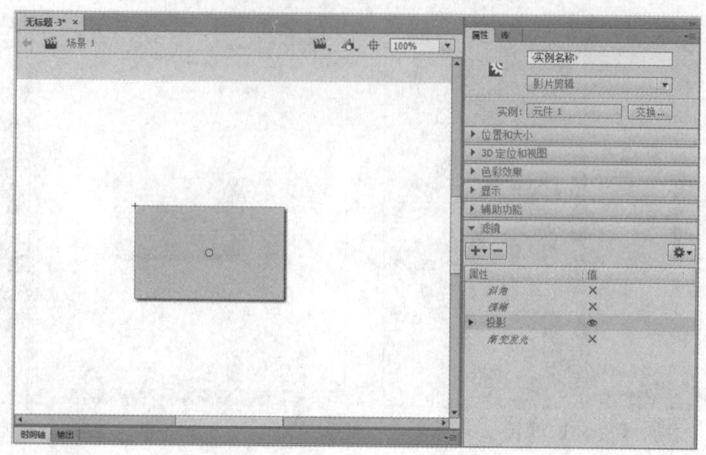

图 8-42　启用与禁止滤镜

8.3.4　创建预设滤镜库

如果某个滤镜的设置或者几个滤镜组合很常用，即可将滤镜设置保存为预设库，以便后续应用到其他影片剪辑和文本对象上。另外，也可以通过向其他用户提供滤镜配置文件来与他们共享滤镜设置。

要创建预设滤镜库，可以先添加与设置滤镜，然后在【滤镜】面板中单击【选项】按钮 ，并从打开的菜单中选择【另存为预设】命令，打开【将预设另存为】对话框后，设置预设名称，最后单击【确定】按钮即可，如图 8-43 所示。

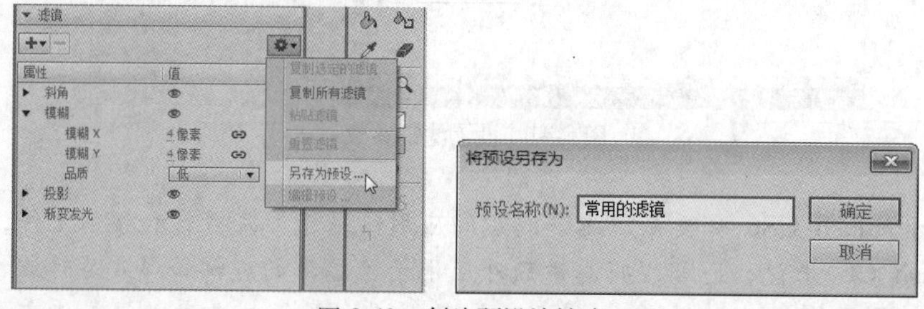

图 8-43　创建预设滤镜库

8.3.5　滤镜的设置与效果

1. 投影滤镜

“投影”滤镜模拟对象投影到一个表面的效果。利用这种滤镜，可以制作出对象投影的效果，可以让对象更具有立体感，如图 8-44 所示。

“投影”滤镜的设置项目说明如下。

- 模糊 X 和模糊 Y：设置投影的宽度和高度，拖动【模糊 X】和【模糊 Y】滑块，即可调整投影的宽度和高度。
- 颜色：可以打开【颜色选择器】并设置阴影颜色。
- 强度：设置阴影暗度。数值越大，阴影越暗。
- 品质：选择投影的质量级别。设置为【高】则近似于高斯模糊；设置为【低】可以实现最佳的回放性能。
- 角度：设置阴影的角度。输入一个值或者单击角度选取器并拖动角度盘都可以设置角度。

- 距离：要设置阴影与对象之间的距离。
- 挖空：可挖空（即从视觉上隐藏）源对象，并在挖空图像上只显示投影，如图 8-45 所示。
- 内部阴影：在对象边界内应用阴影。
- 隐藏对象：隐藏对象并只显示其阴影。使用【隐藏对象】可以更轻松地创建逼真的阴影，如图 8-46 所示。

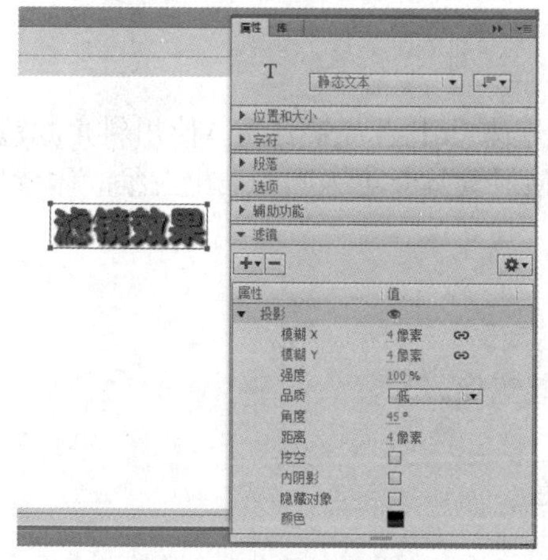

图 8-44　应用投影滤镜

图 8-45　挖空效果

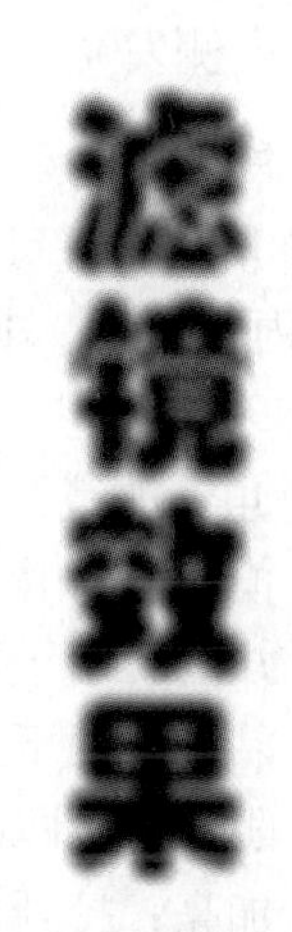

图 8-46　隐藏对象效果

2. 模糊滤镜

“模糊”滤镜可以柔化对象的边缘和细节。将模糊滤镜应用于对象后，可以使对象看起来好像位于其他对象的后面，或者使对象看起来好像是运动的，如图 8-47 所示。

“模糊”滤镜的设置项目说明如下。

- 模糊 X 和模糊 Y：用于设置模糊的宽度和高度。
- 品质：用于选择模糊的质量级别。包含低、中、高 3 个选项。

3. 发光滤镜

“发光”滤镜可以为对象的边缘应用颜色。利用发光滤镜可以制作出光晕字效果，或者为对象制作出发光的动画效果，如图 8-48 所示。

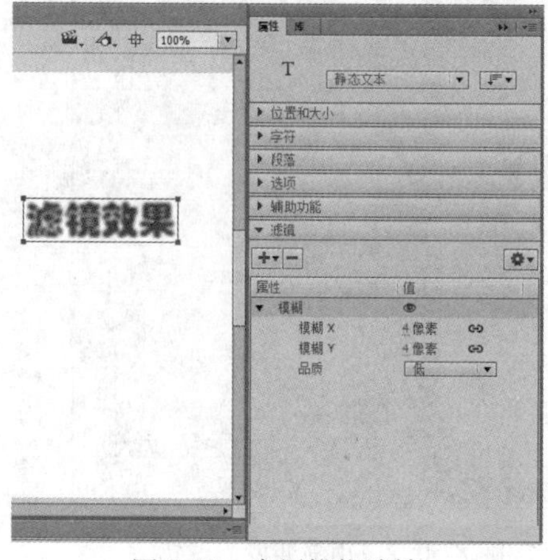

图 8-47　应用模糊滤镜

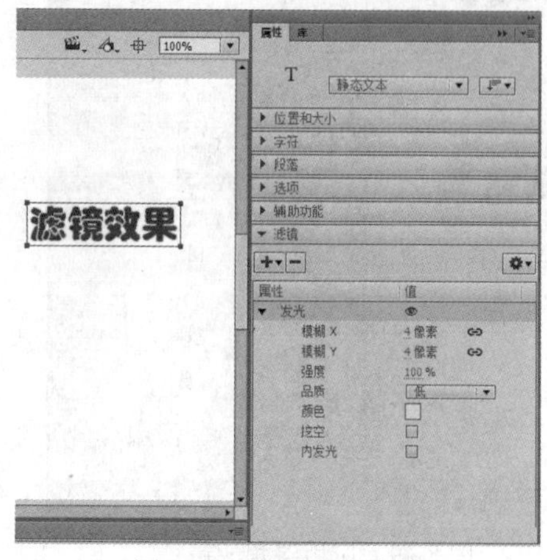

图 8-48　应用发光滤镜

“发光”滤镜的设置项目说明如下。

- 模糊 X和模糊 Y：用于设置发光的宽度和高度。
- 强度：用于设置发光的清晰度。
- 品质：用于选择发光的质量级别。
- 颜色：可以打开调色板，然后设置发光颜色。
- 挖空：挖空（即从视觉上隐藏）源对象并在挖空图像上只显示发光。
- 内侧发光：用于在对象边界内应用发光效果。

4. 斜角滤镜

“斜角”滤镜可以向对象应用加亮效果，使其看起来凸出于背景表面。使用斜角滤镜可以创建内侧斜角、外侧斜角或者整个斜角效果，从而使对象具有更强烈的凸出三维立体效果，如图 8-49 所示。

“斜角”滤镜的设置项目说明如下。

- 模糊 X和模糊 Y：用于设置斜角的宽度和高度。
- 强度：用于设置斜角的不透明度，而不影响其宽度。
- 品质：用于选择斜角的质量级别。
- 阴影：可以打开调色板，设置斜角的阴影颜色。
- 加亮：打开调色板，设置斜角的加亮颜色。
- 角度：用于指定斜边投下的阴影角度。
- 距离：用于设置斜角的宽度。
- 挖空：用于挖空源对象，并在挖空图像上只显示斜角效果。
- 类型：用于选择要应用到对象的斜角类型，可以选择内斜角（内侧）、外斜角（外侧）、或者完全斜角（整个）。

5. 渐变发光滤镜

“渐变发光”滤镜可以在发光表面产生带渐变颜色的发光效果。渐变发光要求渐变开始处颜色的 Alpha 值为 0，不能移动此颜色的位置，但可以改变该颜色。渐变发光滤镜的效果如图 8-50 所示。

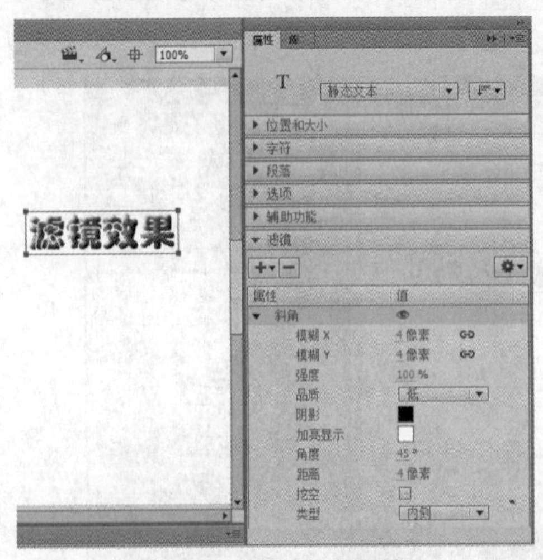

图 8-49　应用斜角滤镜

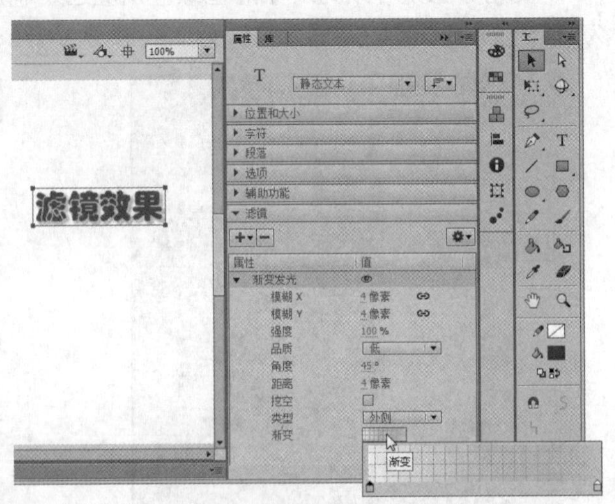

图 8-50　应用渐变发光滤镜

“渐变发光”滤镜的设置项目说明如下。

- 模糊 X 和模糊 Y：用于设置发光的宽度和高度。
- 强度：设置发光的不透明度，而不影响其宽度。
- 品质：选择渐变发光的质量级别。
- 角度：更改发光投下的阴影角度。
- 距离：设置阴影与对象之间的距离。
- 挖空：用于挖空源对象，并在挖空图像上只显示渐变发光效果。
- 类型：设置要应用到对象的发光类型，可以选择内侧发光（内侧）、外侧发光（外侧）、或者完全发光（整个）。
- 渐变：用于指定发光的渐变颜色。渐变包含两种和多种可相互淡入或混合的颜色。可以通过设置不同的渐变颜色，使滤镜产生不同的效果。

6. 渐变斜角滤镜

“渐变斜角”滤镜可以产生一种凸起效果，使对象看起来好像从背景上凸起，且斜角表面有渐变颜色。同样，“渐变斜角”滤镜要求渐变的中间有一种颜色的 Alpha 值为 0，无法移动此颜色的位置，但可以改变该颜色。利用“渐变斜角”滤镜，可以制作出雕刻的效果，如图 8-51 所示。

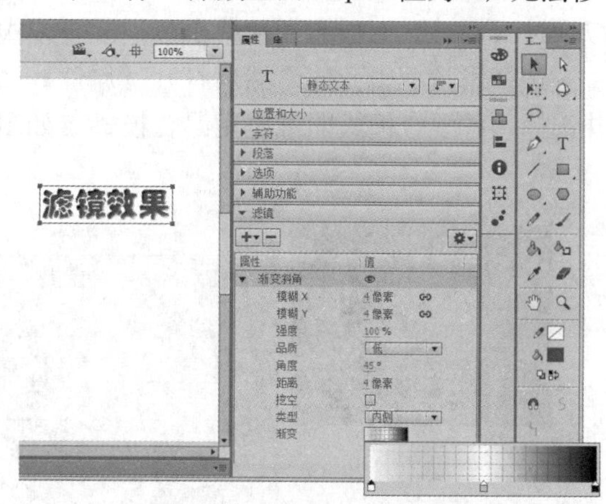

图 8-51　应用渐变斜角滤镜

“渐变斜角”滤镜的设置项目说明如下。

- 模糊 X 和模糊 Y：设置斜角的宽度和高度。
- 强度：设置斜角平滑度，而不影响斜角宽度。
- 品质：选择渐变斜角的质量级别。
- 角度：设置光源的角度。
- 距离：设置斜角的宽度。
- 类型：设置要应用到对象的斜角类型。用户设置不同的斜角类型，可产生不同的斜角效果。
- 渐变颜色：用于指定斜角的渐变颜色。渐变包含两种和多种可相互淡入或混合的颜色，中间的指针控制渐变的 Alpha 颜色。

7. 调整颜色滤镜

“调整颜色”滤镜可以调整所选影片剪辑、按钮或者文本对象的高度、对比度、色相和饱和度。应用“调整颜色”滤镜的效果如图 8-52 所示。

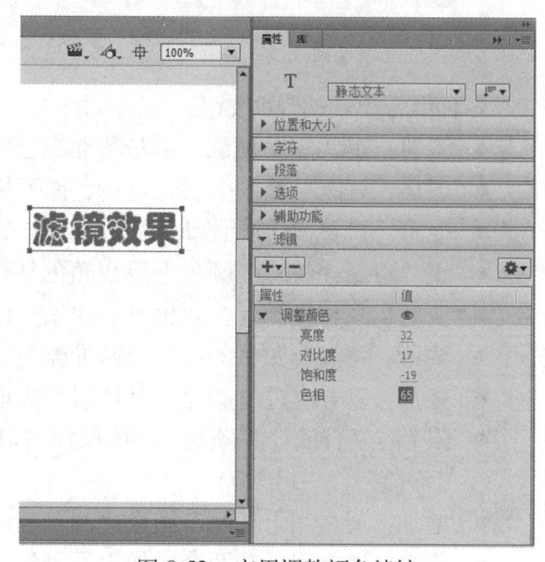

图 8-52　应用调整颜色滤镜

“调整颜色”滤镜的设置项目说明如下。

- 亮度：调整图像的亮度。数值范围：－100～100。

- 对比度：调整图像的加亮、阴影及中调。数值范围：－100～100。
- 饱和度：调整颜色的强度。数值范围：－100～100。
- 色相：调整颜色的深浅。数值范围：－180～180。

8.3.6 应用混合模式

使用混合模式可以创建复合图像。复合是改变两个或两个以上重叠对象的透明度或者颜色相互关系的过程。使用混合可以混合重叠影片剪辑中的颜色，从而创造独特的效果。

混合模式包含以下元素。

- 混合颜色：应用于混合模式的颜色。
- 不透明度：应用于混合模式的透明度。
- 基准颜色：混合颜色下面的像素的颜色。
- 结果颜色：基准颜色上混合效果的结果。

1. 混合模式

混合模式不仅取决于要应用混合的对象的颜色，还取决于基础颜色。在Flash CC中，可以通过【属性】面板为影片剪辑应用混合模式。

选择影片剪辑元件，然后打开【属性】面板的【显示】选项组，再打开【混合】列表，并选择一种混合模式即可应用混合模式，如图8-53所示。

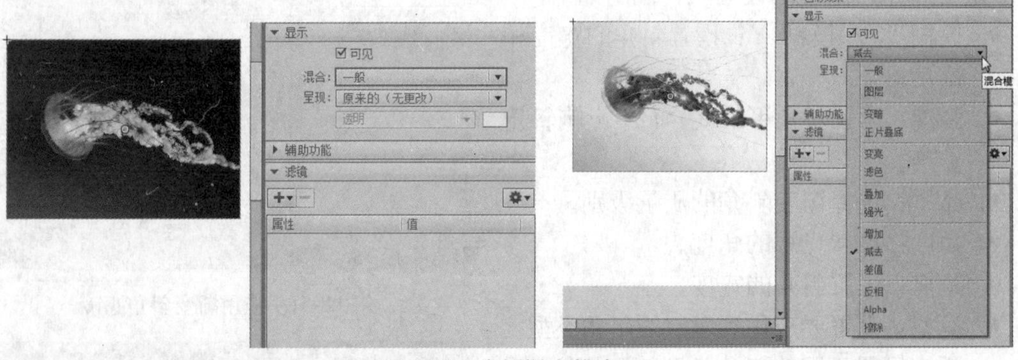

图8-53 应用混合模式

各种混合模式的说明如下。

- 一般：正常应用颜色，不与基准颜色发生交互。
- 图层：可以层叠各个影片剪辑，而不影响其颜色。
- 变暗：只替换比混合颜色亮的区域。比混合颜色暗的区域将保持不变。
- 正片叠底：将基准颜色与混合颜色复合，从而产生较暗的颜色。
- 变亮：只替换比混合颜色暗的像素。比混合颜色亮的区域将保持不变。
- 滤色：将混合颜色的反色与基准颜色复合，从而产生漂白效果。
- 叠加：复合或过滤颜色，具体操作需取决于基准颜色。
- 强光：复合或过滤颜色，具体操作需取决于混合模式颜色。该效果类似于用点光源照射对象。
- 增加：通常用于在两个图像之间创建动画的变亮分解效果。
- 减去：通常用于在两个图像之间创建动画的变暗分解效果。

- 差值：从基色减去混合色或从混合色减去基色，具体取决于哪一种的亮度值较大。该效果类似于彩色底片。
- 反相：反转基准颜色。
- Alpha：应用 Alpha 遮罩层。
- 擦除：删除所有基准颜色像素，包括背景图像中的基准颜色像素。

2. 混合模式示例

以下示例说明了不同的混合模式如何影响图像的外观，如图 8-54 所示。一种混合模式产生的效果可能会有很大差异，具体取决于基础图像的颜色和应用的混合模式的类型。

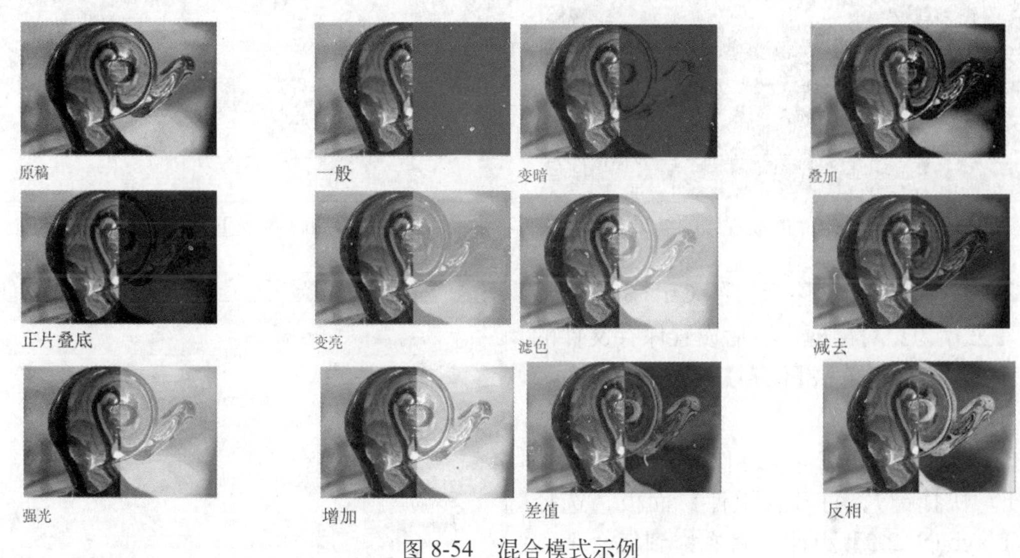

图 8-54 混合模式示例

8.4 课堂实训

下面通过使用 FLV 回放组件导入视频和使用滤镜设计徽标插图两个范例，介绍在 Flash 中应用声音、视频和滤镜的技巧。

8.4.1 使用 FLV 回放组件导入视频

通过 FLVPlayback 组件，可以将视频播放器包括在 Flash 应用程序中，以便播放通过 HTTP 渐进式下载的视频（FLV 或 F4V）文件。本例将在 Flash 文件中加入 FLVPlayback 组件，然后通过组件指定播放视频，结果如图 8-55 所示。

FLVPlayback 组件是用于查看视频的显示区域。FLVPlayback 组件包含 FLV 自定义用户界面控件，这是一组控制按钮，用于播放、停止、暂停和播放视频。FLVPlayback 组件具有下列功能。

(1) 提供一组预制的外观，以自定义播放控件和用户界面的外观。

(2) 使高级用户可以创建自己的自定义外观。

(3) 提供提示点，以将视频与 Flash 应用程序中的动画、文本和图形同步。

(4) 提供对自定义内容的实时预览。

(5) 保持合理的 SWF 文件大小以便于下载。

动手操作　使用 FLV 回放组件导入视频

1 选择【文件】|【新建】命令，然后选择【ActionScript 3.0】类型，设置舞台的宽高，单击【确定】按钮，如图 8-56 所示。

图 8-55　通过组件播放视频的结果

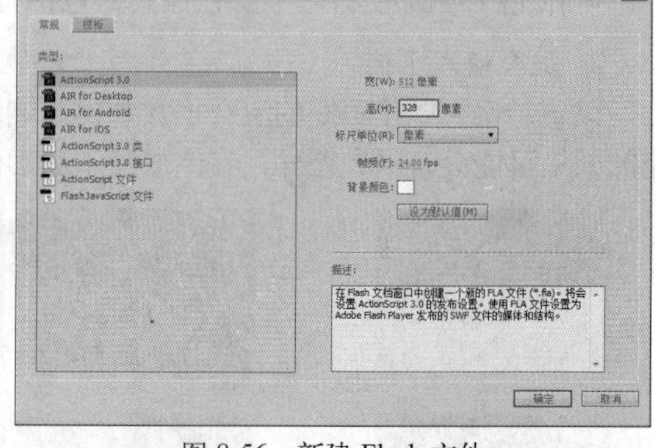

图 8-56　新建 Flash 文件

2 新建 Flash 文件后，按 Ctrl+S 快捷键打开【另存为】对话框，然后设置保存文件的位置和文件名，再单击【保存】按钮，如图 8-57 所示。

3 选择【窗口】|【组件】命令（或按 Ctrl+F7 快捷键），打开【组件】面板，选择【FLVPlayback 2.5】组件并将它拖到舞台上，如图 8-58 所示。

4 选择舞台上的组件对象，打开【属性】面板并设置 X 和 Y 的位置均为 0，然后单击【将宽度值和高度值锁定在一起】按钮解开锁定，接着设置组件对象的宽高，如图 8-59 所示。

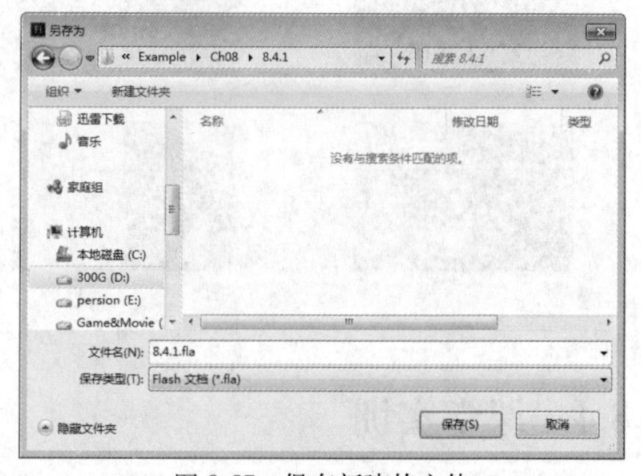

图 8-57　保存新建的文件

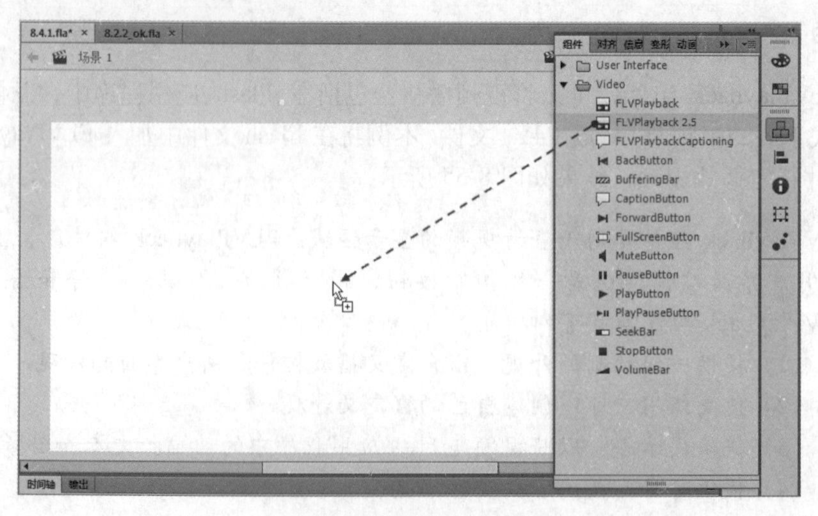

图 8-58　将组件拖到舞台上

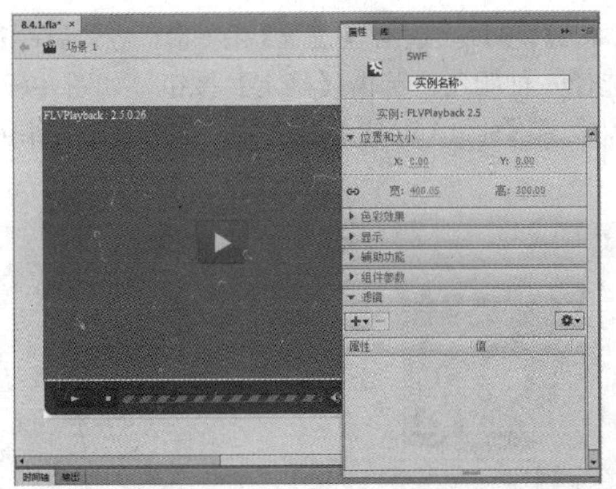

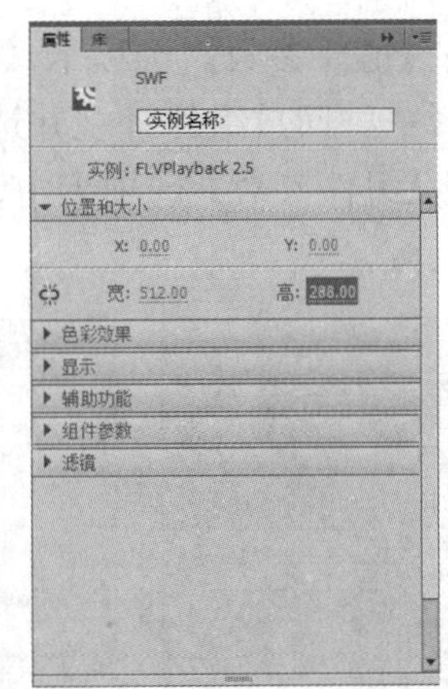

图 8-59　设置组件的位置和大小

5　选择组件并打开【属性】面板的【组件参数】选项卡，然后单击【source】项右边的【设置】按钮，打开【内容路径】对话框后，再单击【浏览】按钮，如图 8-60 所示。

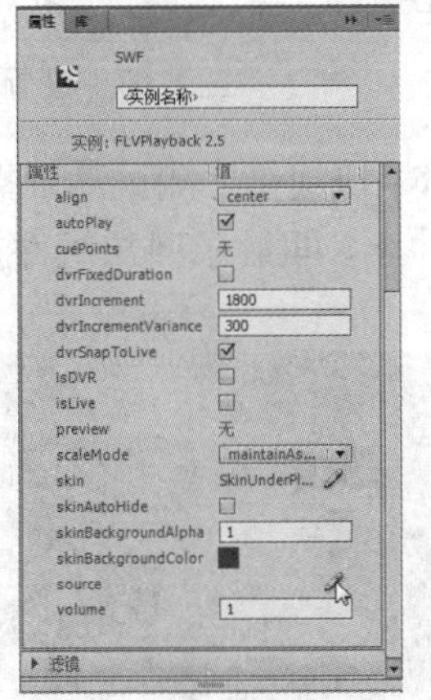

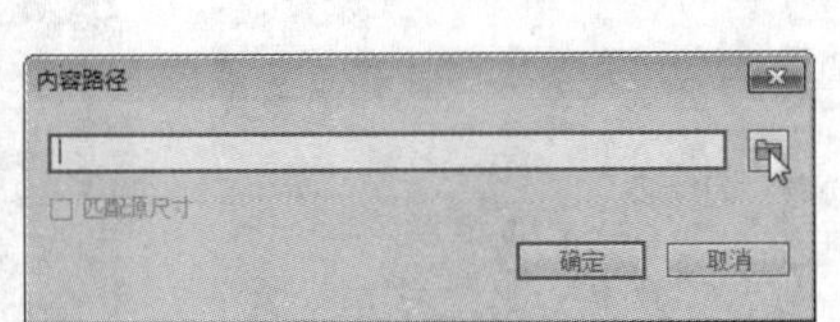

图 8-60　准备设置视频内容

6　打开【浏览源文件】对话框后，在“..\Example\Ch08\8.4.1”文件夹内选择视频文件，然后单击【打开】按钮，返回【内容路径】对话框后，选择【匹配源尺寸】复选项，再单击【确定】按钮，如图 8-61 所示。

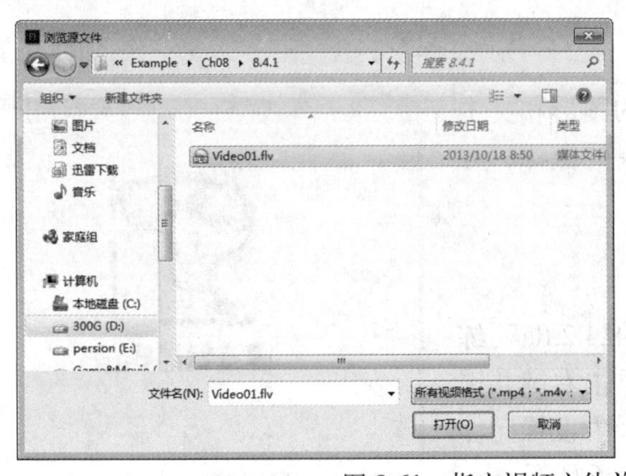

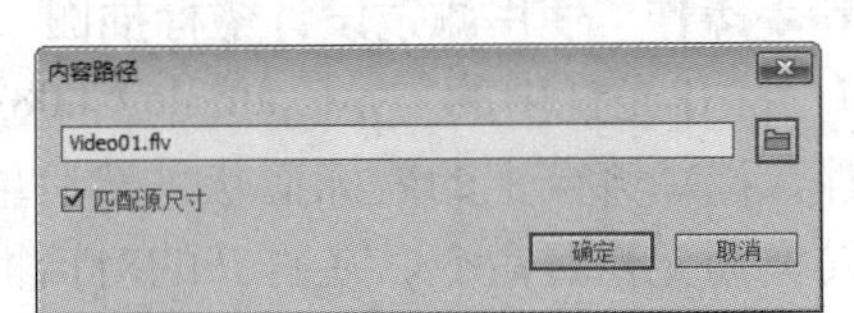

图 8-61　指定视频文件并匹配源尺寸

7 单击【组件参数】选项卡【skin】项目右边的【设置】按钮，然后在【选择外观】对话框中选择一种回放组件外观并选择一种颜色，单击【确定】按钮，如图8-62所示。

8 返回【组件参数】选项卡中，勾选【skinAutoHide】选项，设置回放组件可自动隐藏，如图8-63所示。

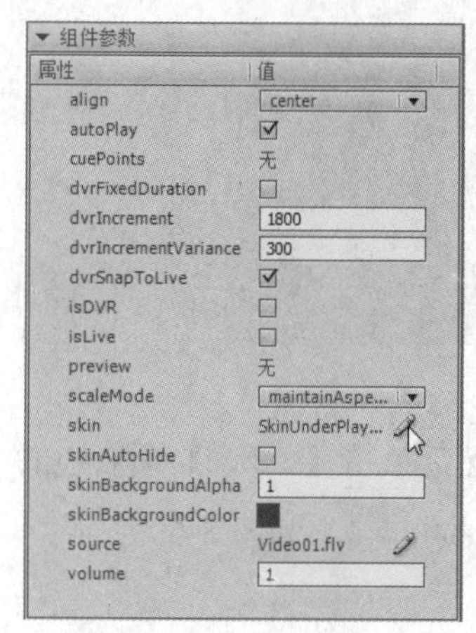

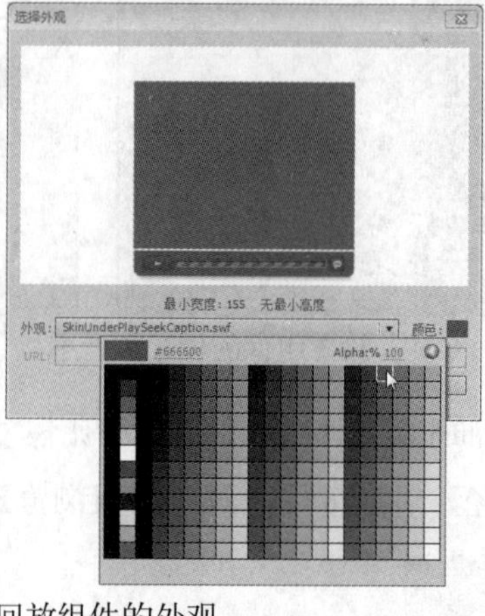

图8-62 设置回放组件的外观

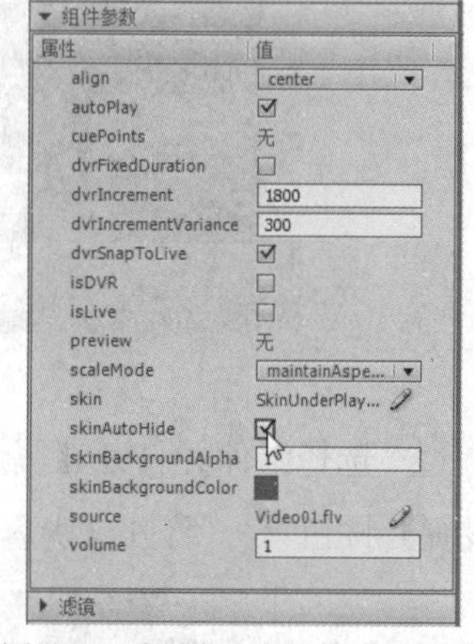

图8-63 设置回放组件自动隐藏

9 完成上述操作后，即可保存文件并按Ctrl+Enter快捷键，测试动画播放效果。动画刚打开时，回放组件处于隐藏状态，当鼠标没有移到组件上，即显示回放组件，如图8-64所示。

图8-64 测试动画播放效果

8.4.2 使用滤镜设计徽标插图

本例利用“滤镜”功能，为徽标中的图形和文本分别应用不同的滤镜，设计出更美观效果的徽标，如图8-65所示。

图8-65 使用滤镜设计的徽标插图效果

动手操作 使用滤镜设计徽标插图

1 打开光盘中的“..\Example\Ch08\8.4.2.fla”练习文件，选择舞台上的徽标形状，然后单击右键并选择【转换为元件】命令，在打开的对话框中设置元件名称和类型，单击【确定】按钮，如图8-66所示。

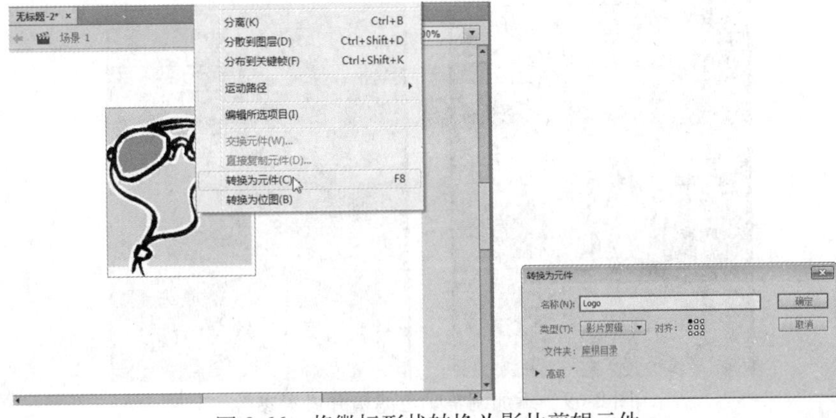

图 8-66　将徽标形状转换为影片剪辑元件

2　选择徽标影片剪辑元件，然后单击【添加滤镜】按钮 ，在打开的菜单中选择【投影】选项，在【属性】面板中打开滤镜项，然后设置滤镜的参数，如图 8-67 所示。

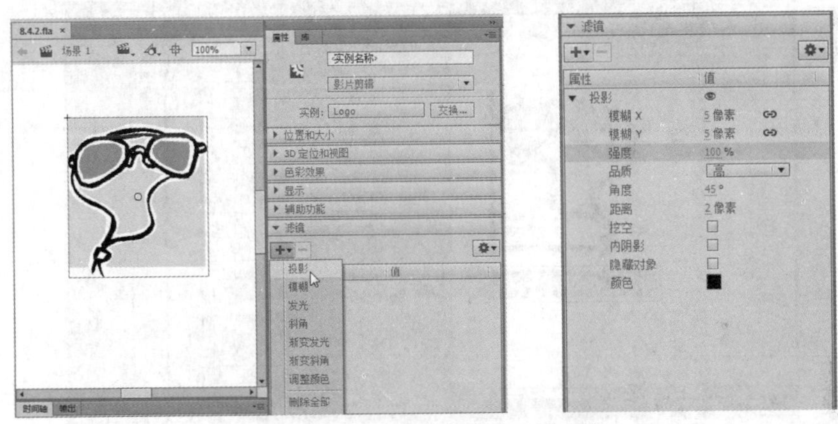

图 8-67　添加投影滤镜并设置参数

3　选中徽标影片剪辑元件，然后单击【添加滤镜】按钮 ，在打开的菜单中选择【斜角】选项，在【属性】面板中打开滤镜项，设置滤镜的参数，如图 8-68 所示。

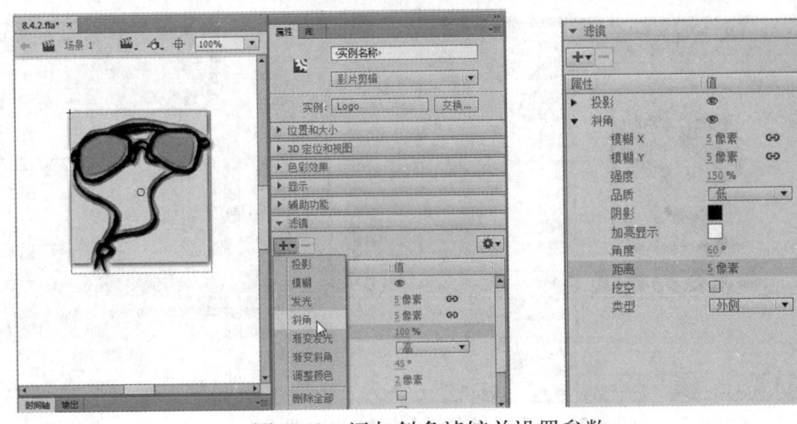

图 8-68　添加斜角滤镜并设置参数

4　单击【添加滤镜】按钮 ，在打开的菜单中选择【调整颜色】选项，在【属性】面板中打开滤镜项，然后设置滤镜的亮度和色相参数，如图 8-69 所示。

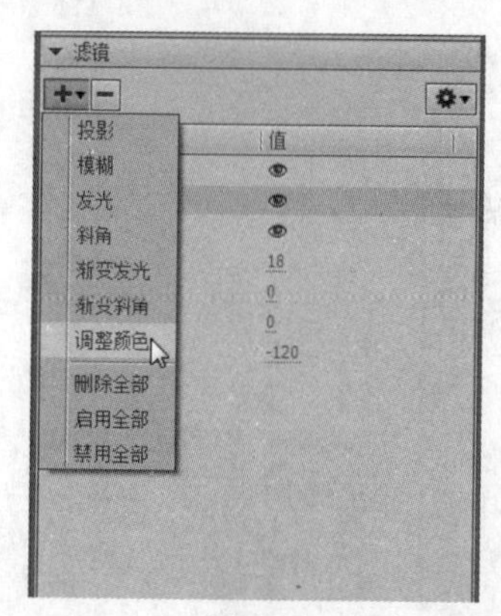

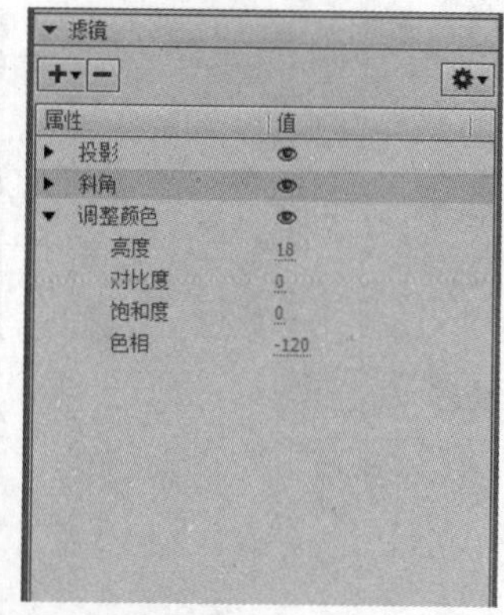

图 8-69　添加调整颜色滤镜并设置参数

5　选择【文本工具】T，打开【属性】面板并设置文本属性，在徽标影片剪辑元件下方输入名称文本，如图 8-70 所示。

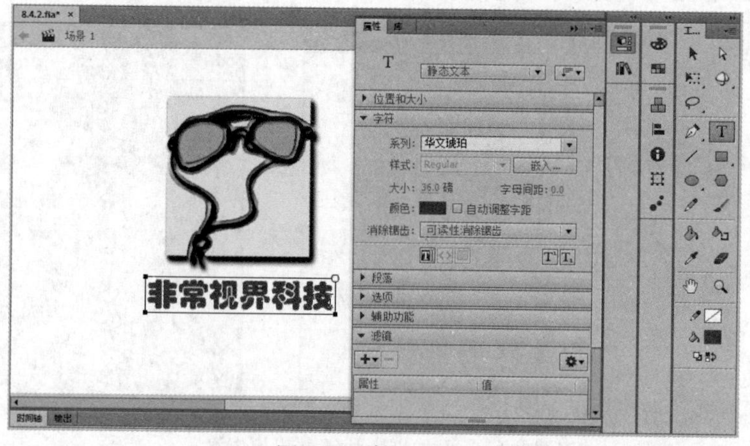

图 8-70　输入文本

6　选择文本对象，单击【添加滤镜】按钮，在打开的菜单中选择【渐变斜角】选项，在【属性】面板中打开滤镜项，然后设置滤镜的参数和渐变颜色，如图 8-71 所示。

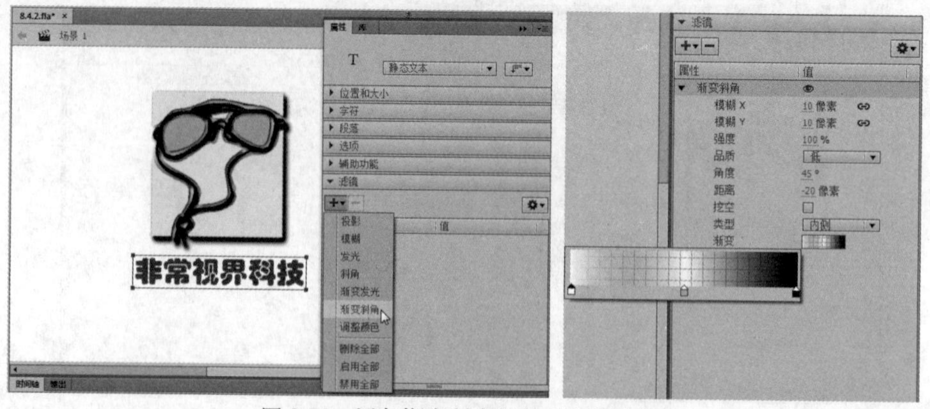

图 8-71　添加渐变斜角滤镜并设置参数

7　选择文本对象，单击【添加滤镜】按钮，在打开的菜单中选择【投影】选项，在【属性】面板中打开滤镜项，然后设置滤镜的参数和颜色，如图 8-72 所示。

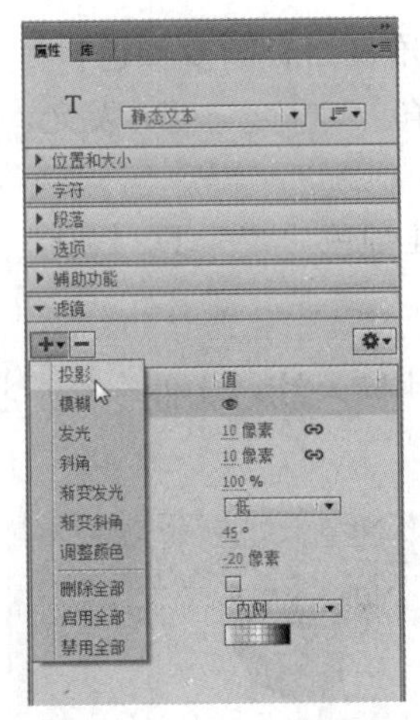

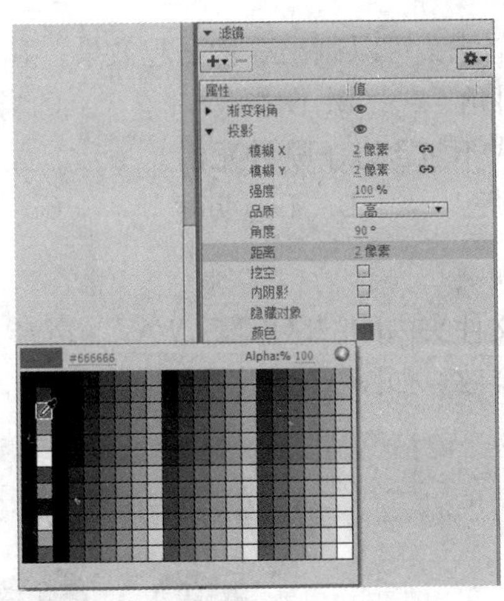

图 8-72　添加投影滤镜并设置参数

8.5　本章小结

本章主要介绍了声音、视频、滤镜和混合模式在 Flash 动画创作的应用，包括导入和应用声音、编辑声音效果、导入视频、添加与删除滤镜、应用混合模式等。

8.6　习题

一、填充题

(1) Flash CC 提供了________、________、________、________4 种声音同步方式。

(2) 编辑声音封套，可以定义声音的________，或在播放时控制声音的________。

(3) Flash 支持视频播放，可以将多种格式的视频导入到 Flash，但是除了__________和________格式的视频外，其他视频格式需要经过 Adobe Media Encoder 程序转换才可以直接导入到 Flash。

(4) 以供渐进式下载的方法导入视频后，当 SWF 文件导入渐进式下载的视频时，实际上仅添加对视频文件的________。

(5) Flash CC 提供了________、________、________、________、________、________、________7 种滤镜。

二、选择题

(1) 哪种声音同步方式可以在下载了足够的数据后就开始播放声音，即一边下载声音一边播放声音？　(　)

A. 事件　B. 开始　C. 停止　D. 数据流

(2) 在 Flash 中，不能对以下哪种类型的对象应用滤镜？　(　)

A. 文本　B. 按钮　C. 影片剪辑　D. 形状

(3) 在【导入视频】向导中，可以设置符号类型的 3 个选项，下面哪个选项是没有提供选择的？　(　)

A. 嵌入的视频　B. 影片剪辑　C. 组合对象　D. 图形

（4）下面哪个滤镜可以制出一种凸起效果，且斜角表面有渐变颜色？（ ）

A. 渐变斜角　　B. 阴影　　C. 斜角　　D. 发光

（5）混合模式不包含以下哪种元素？（ ）

A. 混合颜色　　B. 不透明度　　C. 基准颜色　　D. 锐化

三、上机实训题

将光盘素材文件夹内的“SOUND.WAV”声音文件导入练习文件，然后将声音添加到舞台，作为动画的音效，如图 8-73 所示。

图 8-73　导入并应用声音的结果

提示

（1）打开光盘中的“..\Example\Ch08\8.6.fla”练习文件，选择【文件】|【导入】|【导入到库】命令。

（2）打开【导入到库】对话框后，选择声音文件，再单击【打开】按钮。

（3）在【时间轴】面板中新增图层并命名为【语音】，接着选择该图层的第 1 帧，并将【库】面板的声音对象拖到舞台上。

（4）打开【属性】面板，再设置声音的同步为【数据流】。

第 9 章　应用 ActionScript 语言

内容提要

本章主要介绍 Flash 中 ActionScript 语言的应用，包括 ActionScript 语言基础、ActionScript 3.0 编程基础、ActionScript 3.0 处理声音和视频的方法、ActionScript 3.0 创建和应用滤镜的方法，以及通过【代码片断】面板使用 ActionScript 3.0 代码的方法等。

9.1　ActionScript 语言基础

ActionScript 是 Flash 的脚本撰写语言，使用 ActionScript 可以使 Flash 以灵活的方式播放动画，并用于制作各种无法以时间轴表示的复杂的功能。

9.1.1　关于 ActionScript

ActionScript 是专为 Flash 设计的交互性脚本语言，是一种面向对象的编程语言，它提供了自定义函数、数学函数、颜色、声音、XML 等对象的支持。使用 Flash 中的 ActionScript 脚本，可以制作高质量、交互性的动画效果，甚至可以制作出动态网页。

ActionScript 是 Flash 专用的一种编程语言，它的语法结构类似于 JavaScript 脚本语言，都是采用面向对象化的编程思想。ActionScript 脚本撰写语言允许用户向 Flash 添加复杂的交互性、回放控制和数据显示。

例如，在默认的情况下 Flash 动画按照时间轴的帧数播放，如图 9-1 所示。当为时间轴的第 40 帧添加“返回第 10 帧并播放”（gotoAndPlay(15);）的 ActionScript，那么时间轴播放到第 40 帧时，即触发 ActionScript，从而返回时间轴第 15 帧重新播放，如图 9-2 所示。

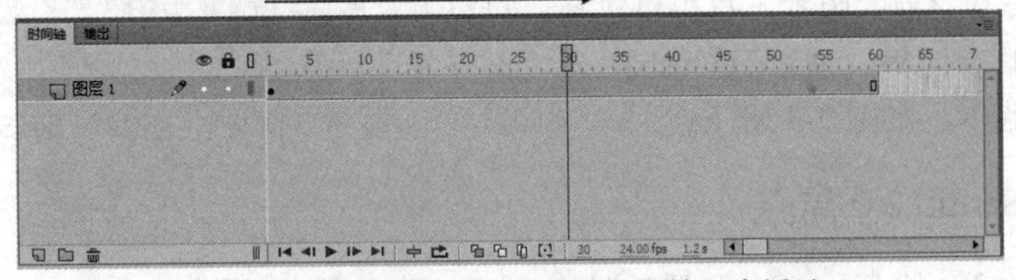

图 9-1　默认情况下，时间轴按照帧顺序播放

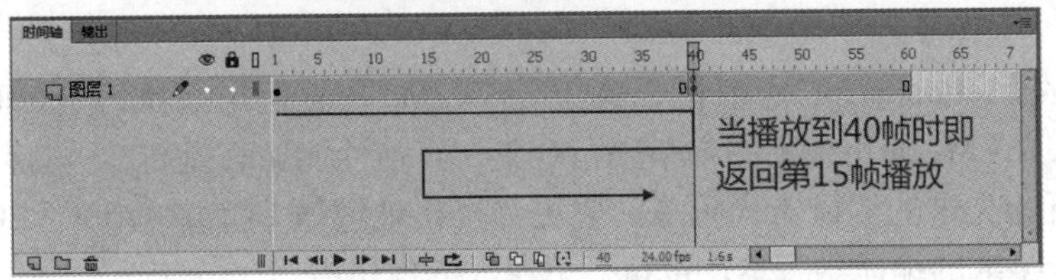

图 9-2　触发 ActionScript 后，改变了播放方式

语言：定义为在计算机中使用的一种互通的交流方式。
脚本：是一种解释型语言，具备了解释型语言的开发迅速、动态性强、学习门槛低等优点。

9.1.2 ActionScript 的版本

对于 Flash 所应用的 ActionScript 语言来说，包含 ActionScript 1.0、ActionScript 2.0、ActionScript 3.0 这 3 个版本，各个版本的说明如下。

1. ActionScript 1.0

ActionScript 1.0 是最简单的 ActionScript，但仍为 Flash Lite Player 的一些版本所使用，ActionScript 1.0 和 2.0 可共存于同一个 Flash 文件中。

2. ActionScript 2.0

ActionScript 2.0 也基于 ECMAScript 规范，但并不完全遵循该规范，而且 Flash Player 运行编译后的 ActionScript 2.0 代码比运行编译后的 ActionScript 3.0 代码的速度慢。但是 ActionScript 2.0 对于许多计算量不大的项目仍然十分有用，目前很多 Flash 动画基本的交互控制都是使用 ActionScript 2.0 来实现的。

3. ActionScript 3.0

这种版本的 ActionScript 的执行速度极快，与其他 ActionScript 版本相比，此版本要求开发人员对面向对象的编程概念有更深入的了解。

ActionScript 3.0 完全符合 ECMAScript 规范，提供了更出色的 XML 处理、改进的事件模型以及用于处理屏幕元素的改进的体系结构。不过需要注意，使用 ActionScript 3.0 的 Flash 文件不能包含 ActionScript 的早期版本。

在 Flash CC 中，只提供了 ActionScript 3.0 语言，对 ActionScript 3.0 之前的版本不再提供支持。可以打开【发布设置】对话框，通过【Flash】选项卡查看 ActionScript 的版本，如图 9-3 所示。

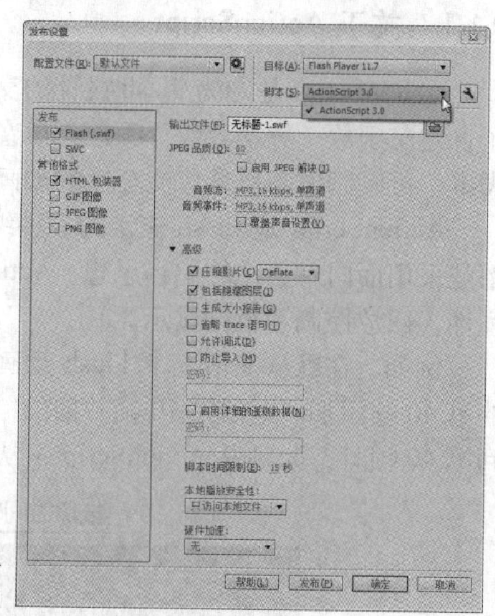

图 9-3 查看 ActionScript 版本

9.1.3 ActionScript 3.0 简介

ActionScript 3.0 是 Flash CC 配置的唯一 ActionScript 脚本语言，它在 Flash 内容和应用程序中实现了交互性、数据处理以及其他功能。

1. 特色

(1) 新增的 ActionScript 虚拟机，称之为 AVM2，它是用来执行 Flash Player 中的 ActionScript 的。AVM2 使用全新的字节码指令集，可使性能显著提高。

(2) 提供更为先进的编译器代码库，它更为严格地遵循 ECMAScript（ECMA 262）标准，并且相对于早期的编译器版本，可执行更深入的优化。

（3）扩展并改进的应用程序编程接口（API），拥有对对象的低级控制和真正意义上的面向对象的模型。

（4）完全基于即将发布的ECMAScript（ECMA-262）的语言规范。

（5）提供基于ECMAScript for XML（E4X）规范的XML API。其中，E4X是ECMAScript的一种语言扩展，它将XML添加为语言的本机数据类型。

（6）提供基于文档对象模型（DOM）第3级事件规范的事件模型。

2. 优缺点

ActionScript 3.0的脚本编写功能超越了ActionScript的早期版本，可以通过强大的编写功能，创建拥有大型数据集和面向对象的可重用代码库的高度复杂应用程序。

ActionScript 3.0使用新型的虚拟机AVM2实现了性能的改善，其执行代码的速度可以比旧的ActionScript代码快10倍。

另外，ActionScript 3.0改进了部分包括新增的核心语言功能，并能够更好地控制低级对象的改进Flash Player API。

不过，ActionScript 3.0需要Flash Player 9及以上版本播放器支持，而且在Flash Player 9中引入ActionScript 3.0后，对在Flash Player 9中运行的旧内容和新内容之间的操作会出现一些兼容性问题，主要的问题如下。

（1）单个SWF文件无法将ActionScript 1.0或ActionScript 2.0代码和ActionScript 3.0代码组合在一起。

（2）ActionScript 3.0代码可以加载以ActionScript 1.0或ActionScript 2.0编写的SWF文件，但它无法访问这个SWF文件的变量和函数。

（3）以ActionScript 1.0或ActionScript 2.0编写的SWF文件无法加载以ActionScript 3.0编写的SWF文件。

（4）如果以ActionScript 1.0或ActionScript 2.0编写的SWF文件要与以ActionScript 3.0编写的SWF文件一起工作，则必须进行迁移。例如，使用ActionScript 2.0创建了一个对象后，该对象可以加载同样是使用ActionScript 2.0创建的各种内容，但无法将ActionScript 3.0创建的新内容加载到该对象中。此时，就必须将对象迁移到ActionScript 3.0中。但是，如果用户在ActionScript 3.0中创建一个对象，则该对象可以执行ActionScript 2.0内容的简单加载。

3. ActionScript 3.0开发过程

使用ActionScript开发项目时，为了提高工作效率，建议遵循以下基本开发过程。

（1）设计应用程序：应先以某种方式描述应用程序，然后开始构建该应用程序。

（2）编写ActionScript 3.0代码：可以使用Flash、Flex Builder、Dreamweaver或文本编辑器来编写ActionScript代码。

（3）创建应用程序文件来运行代码：可以在Flash或Flex应用程序中创建文件，并设置对象的对象来引用ActionScript代码。

（4）发布和测试ActionScript应用程序：可以通过Flash创作环境或Flex开发环境运行应用程序，确保该应用程序执行代码定义的所有操作。

上述过程是开发ActionScript的基本过程，并非必须按顺序执行这些步骤，不必在完全完成一个步骤后再执行另一步骤。

9.1.4 ActionScript 的使用方法

在 Flash 中，可以通过以下方法使用 ActionScript 3.0。

（1）可以通过【动作】面板亲自编写 ActionScript 代码，或者将相关的 ActionScript 语法插入，并设置简单的参数即可，如图 9-4 所示。

（2）通过【代码片断】面板使用预设的 ActionScript 语言，如图 9-5 所示。

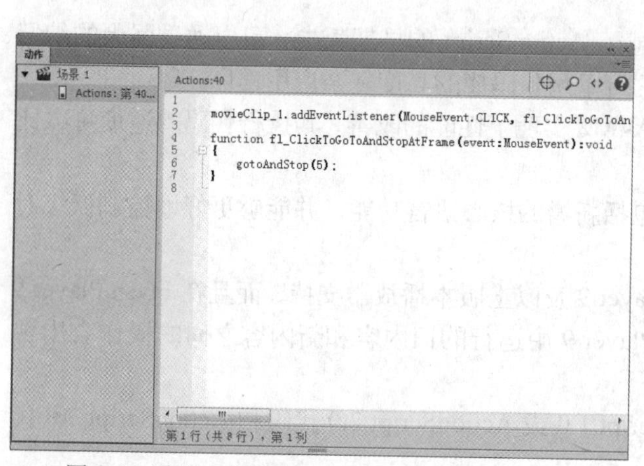

图 9-4 通过【动作】面板编写 ActionScript 代码

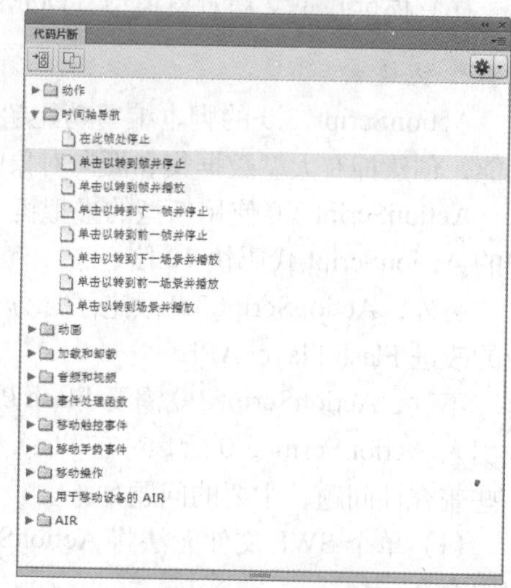

图 9-5 通过【代码片断】使用 ActionScript

9.2 ActionScript 3.0 编程基础

ActionScript 是一种编程语言，因此，如果先弄懂一些常规计算机编程概念，对后续学习 ActionScript 会很有帮助。

9.2.1 变量与常量

编程主要涉及更改计算机内存中的信息。因此，要有一种表示单条信息的方式，这在程序中很重要。

1. 变量

变量，是一个名称，表示计算机内存中的值。当编写语句来处理操作值时，写入变量名来代替值。计算机在查看程序中的变量名时，都将查看内存并使用在内存中找到的值。

例如，如果两个名为 value1 和 value2 的变量分别包含一个数字，则可以编写如下语句将这两个数字相加：

```
value1 + value2
```

当实际执行这些步骤时，计算机将查看每个变量中的值并将它们相加。

在 ActionScript 3.0 中，一个变量实际上包含 3 个不同部分：

（1）变量的名称；

（2）可以存储在变量中的数据的类型；

（3）存储在计算机内存中的实际值。

在变量包含的3部分中，数据类型非常重要。当在ActionScript中创建变量时，可以指定此变量打算支持的特定数据类型。此后，程序的指令在此变量中仅可存储该类型的数据。这样即可使用与值的数据类型相关联的特定特性处理值。

在ActionScript中要创建一个变量（也称为声明变量）时，应使用var语句。例如，要求计算机创建名为value1的变量，此变量仅接受支持Number数据，则可以编写如下代码：

```
var value1:Number;
```

如果要立即在变量中存储一个值，则可以编写如下代码：

```
var value2:Number = 17;
```

在Flash中，还有另外一种变量声明方法。在将一个影片剪辑元件、按钮元件或文本字段放置在舞台上时，可以在【属性】面板为它指定一个实例名称。当通过Flash在后台创建与实例同名的变量是，则可在ActionScript代码中使用该名称表示该实例项。

例如，假设舞台上有一个影片剪辑元件，并为其指定了实例名称A。只要在ActionScript代码中使用变量A，实际上就是在操作该影片剪辑。

2. 变量

常量类似于变量。它是使用指定的数据类型表示计算机内存中的值的名称。不同之处在于，在ActionScript应用程序运行期间只能为常量赋值一次。一旦为某个常量赋值之后，该常量的值在整个应用程序运行期间都保持不变。

声明常量的语法与声明变量的语法几乎相同。唯一的不同之处在于，需要使用关键字const，而不是关键字var。

例如，要求计算机创建名为RATE的变量，此变量仅接受支持Number数据并存储一个值，则可以编写如下代码：

```
const RATE:Number = 17;
```

如需定义在整个项目中多个位置使用且正常情况下不会更改的值，则常量非常有用。使用常量而不使用字面值能让代码更加便于理解。

9.2.2 数据类型

数据类型用于描述一个数据片段，以及可以对其执行的各种操作。在创建变量、对象实例和函数定义时，可以使用数据类型指定要使用的数据的类型。在编写ActionScript时，可以使用多种不同的数据类型描述变量。

1. 简单数据类型

某些数据类型可以看作“简单”或“基础”数据类型。简单数据类型表示单条信息，如单个数字或单个文本序列。例如下面的数据类型。

- String：文本值，例如一个名称或书中某一章的文字。
- Numeric：对于Numeric型数据，ActionScript 3.0包含3种特定的数据类型。
  - Number：任何数值，包括有小数部分或没有小数部分的值。
  - Int：一个整数（不带小数部分的整数）。
  - Uint：一个“无符号”整数，即不能为负数的整数。

- Boolean：一个 true 或 false 值，例如，开关是否开启或两个值是否相等。

2. 复杂数据类型

ActionScript 中定义的大多数数据类型可能是复杂数据类型。它们表示单一容器中的一组值。例如，数据类型为 Date 的变量表示单一值（某个时刻），然而该日期值以多个值表示：天、月、年、小时、分钟、秒等，这些值都为单独的数字。

人们一般认为日期为单一值，可以通过创建 Date 变量将日期视为单一值。不过，在计算机内部，计算机认为它是共同定义一个日期的一组值。

大部分内置数据类型以及程序员定义的数据类型都是复杂数据类型。例如，以下的复杂数据类型。

- MovieClip：影片剪辑元件。
- TextField：动态文本字段或输入文本字段。
- SimpleButton：按钮元件。
- Date：有关时间中的某个片刻的信息（日期和时间）。

3. 类与对象

类只是数据类型的定义，它像一个适用于某数据类型的所有对象的模板，其含义就类似于说"示例数据类型的所有变量都具有以下特性：A、B 和 C"。

另一方面，对象只是类的实际实例。例如，数据类型为 MovieClip 的变量可以被描述为 MovieClip 对象。例如，下面几条陈述虽然表达的方式不同，但意思是相同的。

（1）变量 myVariable 的数据类型是 Number。

（2）变量 myVariable 是一个 Number 实例。

（3）变量 myVariable 是一个 Number 对象。

（4）变量 myVariable 是 Number 类的一个实例。

9.2.3 对象的使用

ActionScript 是一种面向对象的编程语言，组织程序中代码的方法就只有一种，即使用对象。在面向对象的编程中，程序指令分布在不同对象中，代码被编组为功能区块，因此相关的功能类型或相关的各条信息被编组到一个容器中。

对于 Flash 来说，假定定义了一个影片剪辑元件，并已在舞台上放置了其元件实例。从严格意义上来说，该影片剪辑元件也是 ActionScript 中的一个对象，即 MovieClip 类的一个实例。

在 ActionScript 面向对象的编程中，任何类都可以包含 3 种类型的特性：属性、方法、事件。这些元素用于管理程序使用的各种数据并决定执行哪些操作及执行顺序。

1. 属性

属性表示某个对象中绑定在一起的若干数据块中的一个。例如，MovieClip 对象具有 rotation、X、width 和 alpha 等属性。

可以像使用各变量那样使用属性。事实上，可以简单地将属性视为包含于对象中的"子"变量。下面举例说明使用属性的 ActionScript 代码。

```
square.x = 100;
//将名为square的MovieClip移动到100个像素的x坐标处。

square.rotation = triangle.rotation;
//使用rotation属性旋转square MovieClip，以便与triangle MovieClip的旋转相匹配。

square.scaleX = 3;
//扩大square MovieClip的水平宽度，使其宽度变为之前的3倍。
```

上面几个示例的通用结构：将变量（square和triangle）用作对象的名称，后跟一个句点（.）和属性名（x、rotation和scaleX）。句点称为点运算符，用于指示要访问对象的某个子元素。整个结构是“变量名-点-属性名”的使用类似于单个变量，作为计算机内存中的单个值的名称。

2. 方法

方法是对象可执行的动作。例如，假设在Flash中的时间轴上创建了带有多个关键帧和动画的影片剪辑元件，影片剪辑可以播放、停止或根据命令将播放头移动到特定帧。那么，即可通过下面的示例代码执行相关的动作。

```
shortFilm.play();
//指示名为shortFilm的MovieClip对象开始播放。

shortFilm.stop();
//指示名为shortFilm的MovieClip对象停止播放（播放头停在原地，就像暂停播放视频一样）。

shortFilm.gotoAndStop(1);
//指示名为shortFilm的MovieClip将其播放头移到第1帧，然后停止播放。
```

与属性（和变量）不同的是，方法不能用作值占位符。然而，一些方法可以执行计算并返回可以像变量一样使用的结果。例如，Number类的toString( )方法将数值转换为文本表示形式，代码编写如下：

```
var numericData:Number = 9;
var textData:String = numericData.toString();
```

3. 事件

计算机程序就是计算机分步执行的一系列指令。一些简单的计算机程序仅包括计算机要执行的几个步骤以及程序的结束点。然而，ActionScript程序可以保持运行、等待用户输入或等待其他事件发生。事件是确定计算机执行哪些指令以及何时执行的机制。

本质上来说，事件就是所发生的、ActionScript能够识别并可响应的事情。许多事件与用户交互相关联。例如，单击某个按钮或按键盘上的某个键之类。当ActionScript程序运行时，从概念上讲，它只是坐等某些事情发生。发生这些事情时，为这些事件指定的特定Action Script代码将运行。

（1）基本事件处理

用于指定为响应特定事件而执行的特定操作的技术称为事件处理。在编写执行事件处理的ActionScript代码时，需要识别3个重要元素。

- 事件源：发生该事件的是哪个对象。例如，单击了哪个按钮，或哪个Loader对象正在加载图像。事件源也称为事件目标。

- 事件：将要发生什么事情，以及希望响应什么事情。识别特定事件非常重要，因为许多对象都会触发多个事件。
- 响应：当事件发生时，希望执行哪些步骤。

编写 ActionScript 代码来处理事件，都要求使用上述 3 个元素。代码遵循以下基本结构（粗体元素是占位符，要根据自己的具体情况填充）：

```
function eventResponse(eventObject:EventType):void
{
//指定为响应事件而要执行动作的方法
}

eventSource.addEventListener(EventType.EVENT_NAME, eventResponse);
```

上述代码完成两项任务。首先，定义一个函数，这是指定为响应事件而要执行的动作的方法。其次，调用源对象的 addEventListener( )方法。当事件发生时，将执行函数的动作。

函数提供了一种方法，可以将若干个操作用类似快捷名称的单个名称组合在一起，通过单个名称执行这些操作。除了不必与特定类关联之外，函数与方法完全相同。在创建用于事件处理的函数时，可选择函数名称（上述示例中函数名称为 eventResponse），还要指定一个参数（上述示例中参数名为 eventObject）。指定函数参数类似于声明变量，所以还必须指明参数的数据类型（上述示例中，参数的数据类型为 EventType）。

（2）事件处理过程

要侦听的每种事件类型都有一个与其相关联的 ActionScript 类。为函数参数指定的数据类型始终是与要响应的特定事件关联的类。例如，click 事件（在用户使用鼠标单击某个项目时触发）与 MouseEvent 类相关联。如果要为 click 事件编写侦听器函数，可使用数据类型为 MouseEvent 的参数定义侦听器函数。最后，在左大括号与右大括号之间（{}）编写希望计算机在事件发生时执行的指令。

事件处理函数编写后，下一步要告知事件源对象（发生该事件的对象，如按钮）希望其在该事件发生时调用此函数。例如，假设要创建一个侦听器函数，在单击名为 myButton 的对象时调用该函数，则可以编写如下代码：

```
function eventResponse(event:MouseEvent):void
{
//指定为响应事件而要执行动作的方法
}

myButton.addEventListener(MouseEvent.CLICK, eventResponse);
```

加载 SWF 文件时，上述代码运行时的过程如下。

首先，计算机会判断到有一个名为 eventResponse()的函数。

然后，计算机随后运行该代码（具体地说，是指不在函数中的代码行）。在本例中，只有一行代码：针对事件源对象（名为 myButton）调用 addEventListener( )方法，并将 eventResponse 函数作为参数进行传递。

最后，用户单击 myButton 对象以触发其 click 事件（在代码中将其标识为 MouseEvent.CLICK）。

9.2.4 通过按钮控制当前制时间轴播放

动手操作 通过按钮控制当前时间轴播放

1 打开光盘中的“..\Example\Ch09\9.2.4a.fla”练习文件，选择舞台右下方的按钮对象，打开【属性】面板，再设置按钮实例名称为【myButton】，如图 9-6 所示。

2 打开【时间轴】面板并新增图层 3，选择图层 3 的第 1 帧并单击右键，在弹出的菜单中选择【动作】命令，打开【动作】面板，如图 9-7 所示。

图 9-6 设置按钮实例名称

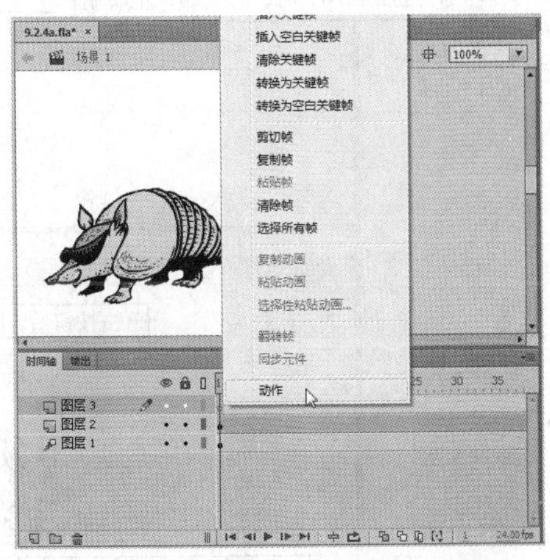

图 9-7 新建图层并打开【动作】面板

3 打开【动作】面板后，在脚本窗格中输入“this.stop();”，如图 9-8 所示。该代码的作用是停止当前时间轴。

4 输入下列代码，以创建事件侦听器并定义一个名为“playMovie”的函数，指定参数“event”和参数的数据类型“MouseEvent”，设定为“myButton”对象在触发“CLICK”事件发生时调用此函数，并执行“play( );”的动作指令，如图 9-9 所示。

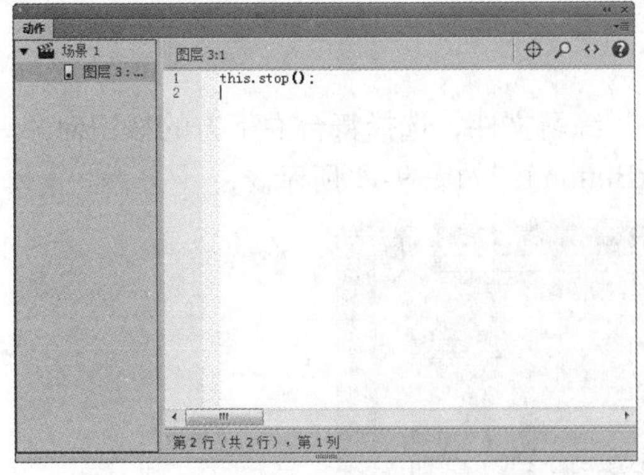

图 9-8 输入停止播放当前时间轴的代码

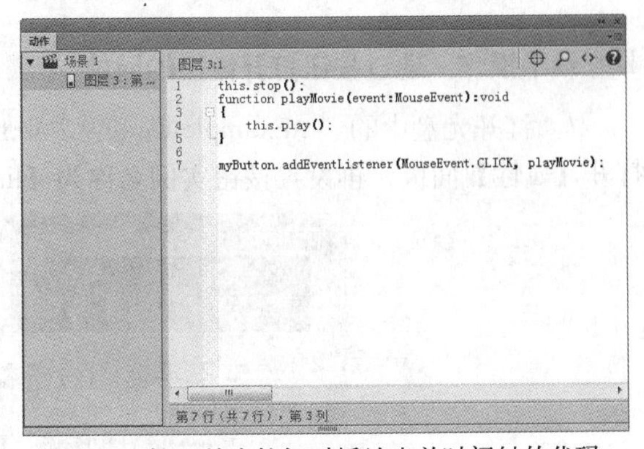

图 9-9 输入单击按钮时播放当前时间轴的代码

```
function playMovie(event:MouseEvent):void
{
   this.play();
```

```
}

myButton.addEventListener(MouseEvent.CLICK, playMovie);
```

5 完成上述操作后，即可保存文件，并按 Ctrl+Enter 快捷键，或者选择【控制】|【测试】命令，测试动画播放效果，如图 9-10 所示。

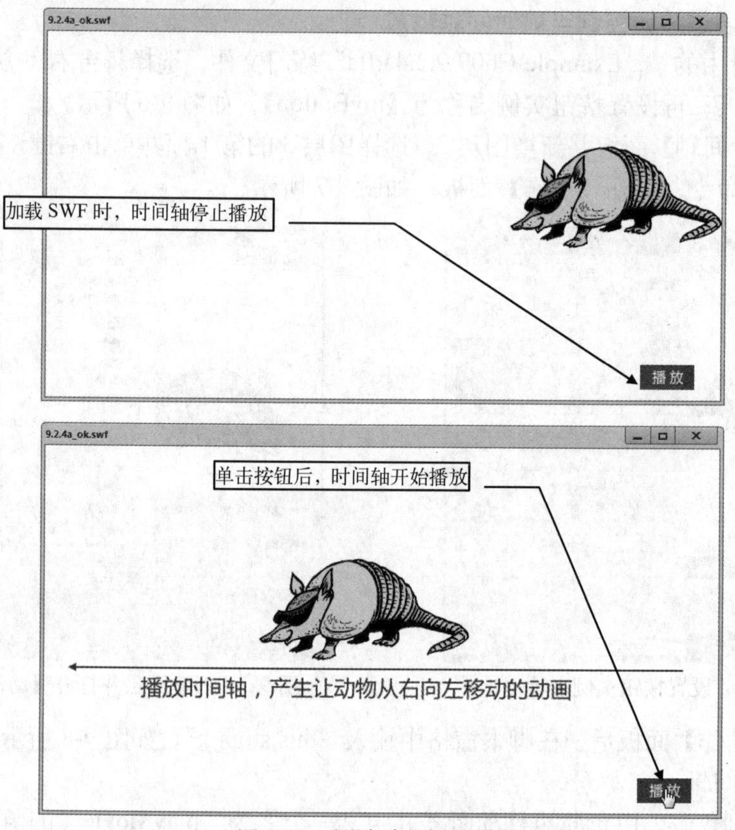

图 9-10 测试动画播放效果

9.2.5 通过按钮打开链接的网站

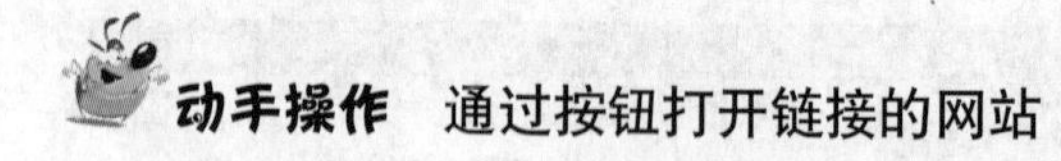

动手操作 通过按钮打开链接的网站

1 打开光盘中的“..\Example\Ch09\9.2.4b.fla”练习文件，选择舞台右下方的按钮对象，打开【属性】面板，再设置按钮实例名称为【linkButton】，如图 9-11 所示。

图 9-11 设置按钮的实例名称

2　新增图层 3 并打开【动作】面板，选择图层 3 的第 1 帧，在脚本窗格中输入下列代码，创建事件侦听器并定义一个名为“gotoAdobeSite”的函数，再指定参数“event”和参数的数据类型“MouseEvent”，接着设定为“linkButton”对象在触发“CLICK”事件发生时调用此函数，并执行打开“http://www.adobe.com/cn/”网址的动作指令，如图 9-12 所示。

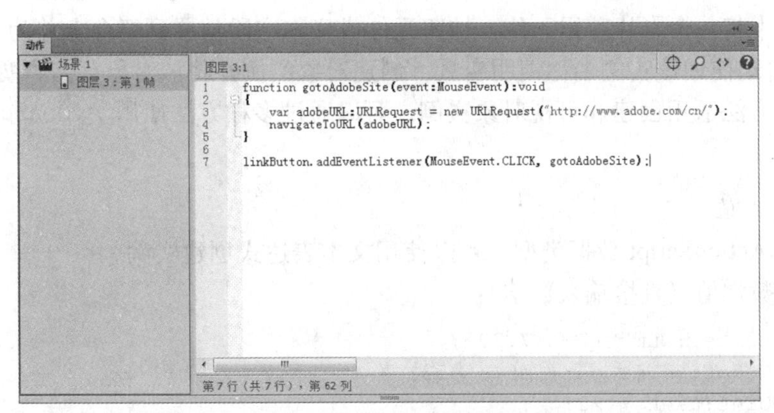

图 9-12　输入由事件触发打开指定网址的代码

```
function gotoAdobeSite(event:MouseEvent):void
{
   var adobeURL:URLRequest = new URLRequest("http://www.adobe.com/cn/");
   navigateToURL(adobeURL);
}

linkButton.addEventListener(MouseEvent.CLICK, gotoAdobeSite);
```

3　完成上述操作后，即可保存文件，并按 Ctrl+Enter 快捷键，或者选择【控制】|【测试】命令，测试动画播放效果，如图 9-13 所示。

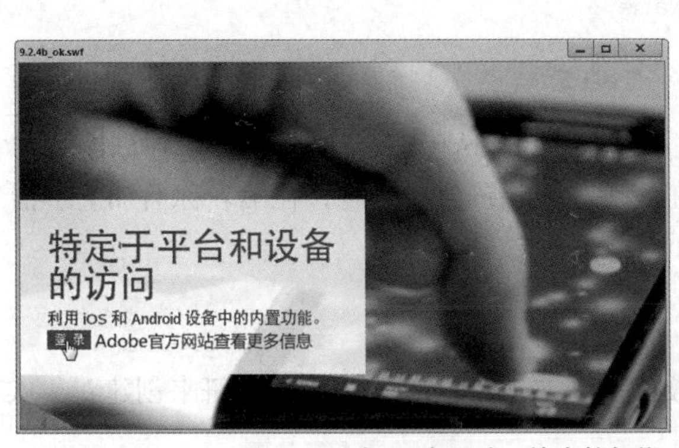

图 9-13　打开动画后，单击按钮即可打开 Adobe 官方网站

9.2.6　创建非可视对象实例

在 ActionScript 中使用某个对象之前，首先该对象必须存在。创建对象的步骤之一是声明变量。然而，声明变量仅仅是在计算机的内存中创建一个空位置，在尝试使用或操作变量之前，务必为变量指定实际值（即创建一个对象并将其存储在变量中）。

创建对象的过程称为实例化对象。换句话说，是创建特定类的实例。

创建对象实例的方法有两种，其中一种是不涉及 ActionScript 的可视化操作。这种方法就是在 Flash 中将一个影片剪辑元件、按钮元件或文本字段放置到舞台上并为其指定实例名称。Flash 将自动使用该实例名称声明变量、创建对象实例并将该对象存储到变量中。

另外一种方法适用创建非可视对象实例。可以通过多种方法使用 ActionScript 创建非可视化对象实例。

1. 直接写入值

以下几个 ActionScript 数据类型，可以使用文本表达式创建实例。

(1) 文本数字值（直接输入数字）：

```
var someNumber:Number = 17.239;
var someNegativeInteger:int = -53;
var someUint:uint = 22;
```

(2) 文本字符串值（用双引号将本文引起来）：

```
var firstName:String = "李明";
var soliloquy:String = "我们都是一家人";
```

(3) 文本布尔值（使用字面值 true 或 false）：

```
var niceWeather:Boolean = true;
var playingOutside:Boolean = false;
```

(4) 文本数组值（在中括号中包含以逗号分隔的值列表）：

```
var seasons:Array = ["spring", "summer", "autumn", "winter"];
```

(5) 文本 XML 值（直接输入 XML）：

```
var employee:XML = <employee>
     <firstName>Harold</firstName>
     <lastName>Webster</lastName>
   </employee>;
```

2. 使用带有类名称的 new 运算符

使用 new 运算符创建对象通常称为“调用类的构造函数”。构造函数是在创建类的实例的过程中调用的一种特殊方法。注意，在使用此方法创建实例时，在类名称后加上小括号，有时要在小括号中指定参数值。例如以下代码：

```
var raceCar:MovieClip = new MovieClip();
var birthday:Date = new Date(2006, 7, 9);
```

对于可使用文本表达式创建实例的数据类型，也可以使用 new 运算符来创建对象实例。例如，以下的两行代码执行相同的操作：

```
var someNumber:Number = 6.33;
var someNumber:Number = new Number(6.33);
```

使用 new ClassName( )创建对象的方法是非常重要的。许多 ActionScript 数据类型没有直观的表示形式。因此，无法通过将项目放置到 Flash 舞台来创建。这样只能使用 new 运算符在 ActionScript 中创建这些数据类型的实例。

9.2.7 常见编程元素

下面是 ActionScript 构造元素，可以使用它们创建 ActionScript 程序。

1. 运算符

运算符是用于执行计算的特殊符号（有时候是词）。这些运算符主要用于数学运算，有时也用于值的比较。通常，运算符使用一个或多个值并“计算出”一个结果。

（1）加法运算符（+）将两个值相加，结果是一个数字：

```
var sum:Number = 23 + 32;
```

（2）乘法运算符（*）将一个值与另一个值相乘，结果是一个数字：

```
var energy:Number = mass * speedOfLight * speedOfLight;
```

（3）等于运算符（==）比较两个值以确定是否相等，结果是一个 true 或 false 值：

```
if (dayOfWeek == "Wednesday")
{
    takeOutTrash();
}
```

如上所述，等于运算符和其他“比较”运算符最常用于 if 语句中，用来确定是否执行某些指令。

2. 注释

编写 ActionScript 时，可以为某个或某段代码留些注释。例如，有时希望说明某些代码行如何工作或做出特定选择的原因。代码注释是一个工具，用于编写计算机在代码中忽略的文本。ActionScript 包括两种注释。

（1）单行注释：在一行中的任意位置放置两个斜杠来指定单行注释。计算机会忽略斜线后面直到该行结尾的所有内容：

```
//这是一个注释，计算机会忽略。
var age:Number = 10; //岁数的默认值是10。
```

（2）多行注释：多行注释包括一个开始注释标记（/*）、注释内容和一个结束注释标记（*/）。计算机会忽略开始和结束注释标记之间的所有内容，而不考虑注释有多少行：

```
/*
这是一个篇幅较长的描述说明

函数是用来解释或说明的一段代码。
在任何情况下，计算机会忽略这些线。
*/
```

注释在 Flash 的【动作】面板中呈现为灰色，如图 9-14 所示。

3. 流控制

在编程过程中，经常需要重复某些动作，仅执行某些动作而不执行其他动作，或根据某些条件执行替代动作等。“流控制”就是用于控制执行哪些动作。ActionScript 中提供了几种类型的流控制元素。

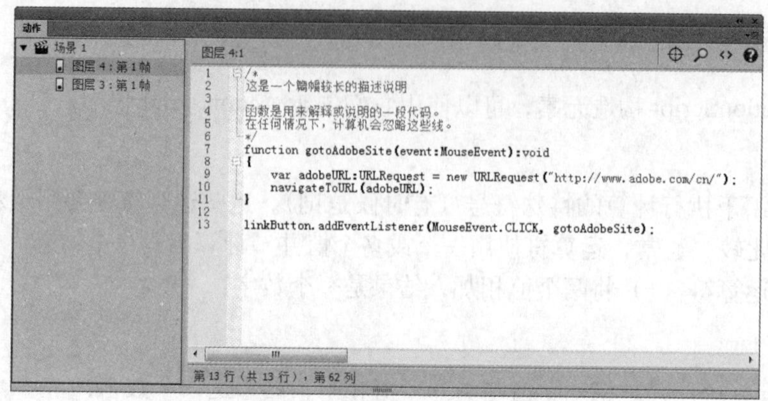

图 9-14 【动作】面板中的注释

（1）函数

函数类似于快捷方式，它们将一系列操作组合到单个名称下，并可用于执行计算。处理事件需要用到函数，但函数也可用作组合一系列指令的通用工具。

（2）循环

使用循环结构可指定计算机反复执行一组指令，直到达到设定的次数或某些条件发生改变为止。通常借助循环并使用一个值在计算机每执行完一次循环后就改变的变量来处理几个相关项。

（3）条件语句

条件语句用来指定一些仅在特定情况下执行的指令。还可用来提供在其他情况下使用的几组备用指令。最常见的一类条件语句是 if 语句。if 语句检查该语句括号中的值或表达式，如果值为 true，则执行大括号中的代码行；否则，忽略这些代码行。例如：

```
if (age < 20)
{
    //关于年龄的限制（注释）
}
```

同时使用 if 语句与 else 语句可以指定在条件不为 true 时计算机执行的替代指令，例如：

```
if (username == "admin")
{
    //管理员可以做的事情（注释）
}
else
{
    // 非管理员可以做的事情（注释）
}
```

9.3 使用 ActionScript 处理声音

计算机可以捕获和编码数字音频（声音信息的计算机表示形式），还可以存储和检索声音，从而通过扬声器播放。

在 Flash 中，可以使用 ActionScript 来加载和控制声音。将声音数据转换为数字形式后，它具有各种不同的特性（如声音的音量以及它是立体声还是单声道声音），可以在 Action-

Script 中设置播放和暂停声音，也可以调整声音的特性。例如，使声音变得更大，或者使其像是来自某个方向。

9.3.1 处理声音的基础知识

在 ActionScript 中处理声音时，可能会使用 flash.media 包中的某些类，如表 9-1 所示。

例如，可以使用 Sound 类来访问音频信息：加载声音文件或为对声音数据进行采样的事件分配函数，然后开始播放。开始播放声音后，Flash Player 提供对 SoundChannel 对象的访问。可以使用 SoundChannel 实例来控制声音的属性以及使其停止播放。最后，如果要控制组合音频，可以通过 SoundMixer 类对混合输出进行控制。

表 9-1 ActionScript 3.0 声音体系结构可以使用 flash.media 包中的类

类	说　明
flash.media.Sound	Sound 类处理声音加载、管理基本声音属性以及启动声音播放
flash.media.SoundChannel	当应用程序播放 Sound 对象时，将创建一个新的 SoundChannel 对象来控制播放。SoundChannel 对象可控制声音的左和右播放声道的音量。播放的每种声音都具有其自己的 SoundChannel 对象
flash.media.SoundLoaderContext	SoundLoaderContext 类指定在加载声音时使用的缓冲秒数，以及 Flash Player 或 AIR 在加载文件时是否从服务器中查找策略文件。SoundLoaderContext 对象用作 Sound.load()方法的参数
flash.media.SoundMixer	SoundMixer 类可控制与应用程序中的所有声音有关的播放和安全属性。实际上，可通过一个通用 SoundMixer 对象将多个声道混合在一起，因此，该 SoundMixer 对象中的属性值将影响当前播放的所有 SoundMixer 对象
flash.media.SoundTransform	SoundTransform 类包含控制音量和声相的值，可以将 SoundTransform 对象应用于单个 SoundChannel 对象、全局 SoundMixer 对象或 Microphone 对象等
flash.media.ID3Info	ID3Info 对象包含一些属性，它们表示通常存储在 mp3 声音文件中的 ID3 元数据信息
flash.media.Microphone	Microphone 类表示连接到用户计算机上的麦克风或其他声音输入设备，可以将来自麦克风的音频输入传送到本地扬声器或发送到远程服务器；Microphone 对象控制其自己的声音流的增益、采样率以及其他特性
flash.media.AudioPlaybackMode	AudioPlaybackMode 类为 SoundMixer 类的 andioPlaybackMode 属性定义常量

加载和播放的每种声音需要其自己的 Sound 类和 SoundChannel 类的实例。然后，全局 SoundMixer 类在播放期间将来自多个 SoundChannel 实例的输出混合在一起。

9.3.2 加载外部声音文件

Sound 类的每个实例都可加载并触发特定声音资源的播放。应用程序无法重复使用 Sound 对象来加载多种声音。如果它要加载新的声音资源，则应创建一个新的 Sound 对象。

如果要加载较小的声音文件（如要附加到按钮上的单击声音），应用程序可以创建一个新的 Sound，并使其自动加载该声音文件，代码编写如下：

```
var req:URLRequest = new URLRequest("click.mp3");
var s:Sound = new Sound(req);
```

Sound( )构造函数接受一个 URLRequest 对象作为第一个参数。在提供 URLRequest 参数的值后，新的 Sound 对象将自动开始加载指定的声音资源。

Sound 对象将在声音加载过程中调度多种不同的事件，如表 9-2 所示。应用程序可以侦听这些事件以跟踪加载进度，并确保在播放之前完全加载声音。下表列出了可以由 Sound 对象调度的事件。

表 9-2　由 Sound 对象调度的事件

事　件	说　明
open (Event.OPEN)	在声音加载操作之前最后一刻进行调度。
progress (ProgressEvent.PROGRESS)	在从文件或流接收到数据之后，在声音加载过程中定期进行调度。
id3 (Event.ID3)	当存在可用于 mp3 声音的 ID3 数据时进行调度。
complete (Event.COMPLETE)	在加载所有声音资源的数据后进行调度。
ioError (IOErrorEvent.IO_ERROR)	在以下情况下进行调度：找不到声音文件，或者在收到所有声音数据之前加载过程中断。

动手操作　加载声音文件并播放声音

1　打开光盘中的“..\Example\Ch09\9.3.2.fla”练习文件，然后将用于载入的声音文件放置在与练习文件同一个目录里，如图 9-15 所示。

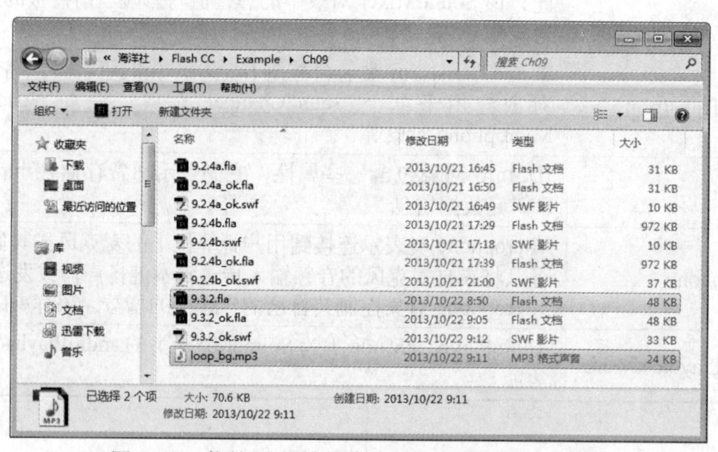

图 9-15　将练习文件与声音文件放置在同一目录

2　在【时间轴】面板中新增图层并命名为【AS】，然后在 AS 图层第 1 帧上单击右键，再选择【动作】命令，如图 9-16 所示。

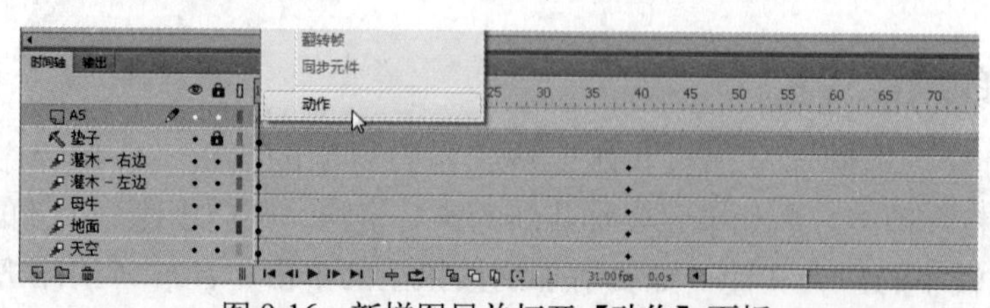

图 9-16　新增图层并打开【动作】面板

3 打开【动作】面板后，输入以下代码，载入声音并进行播放，如图 9-17 所示。

```
import flash.events.Event;
import flash.media.Sound;
import flash.net.URLRequest;
var s:Sound = new Sound();
s.addEventListener(Event.COMPLETE, onSoundLoaded);
var req:URLRequest = new URLRequest("loop_bg.mp3");
s.load(req);
function onSoundLoaded(event:Event):void
{
var localSound:Sound = event.target as Sound;
localSound.play();
}
```

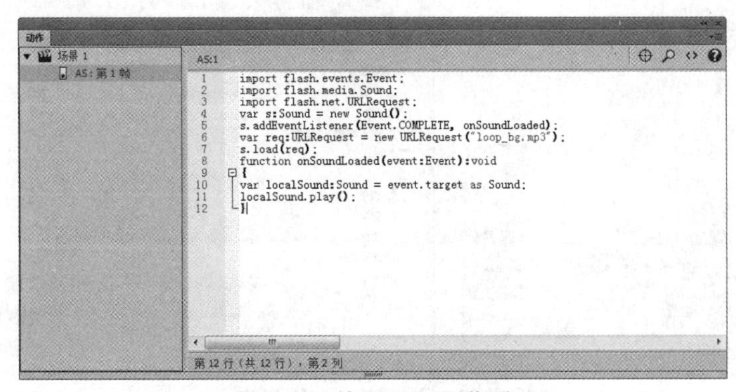

图 9-17 编写 AS 3.0 代码

代码解析：

首先，创建一个新的 Sound 对象，但没有为其指定 URLRequest 参数的初始值。然后，它通过 Sound 对象侦听 Event.COMPLETE 事件，该对象导致在加载完所有声音数据后执行 onSoundLoaded()方法。接着，它使用新的 URLRequest 值为声音文件调用 Sound.load( )方法。在加载完声音后，将执行 onSoundLoaded( )方法。Event 对象的 target 属性是对 Sound 对象的引用。如果调用 Sound 对象的 play( ) 方法，则会启动声音播放。

4 完成上述操作后，即可保存文件，并按 Ctrl+Enter 快捷键，或者选择【控制】|【测试】命令，测试动画播放效果，如图 9-18 所示。

图 9-18 播放 SWF 动画时，声音将执行加载并随即播放

9.3.3 调用以嵌入的声音

Flash 可导入多种声音格式的声音并将其作为元件存储在库中，然后可以直接将其分配给时间轴上的帧或按钮状态的帧，或直接在 ActionScript 代码中使用它们。下面通过范例介绍在 ActionScript 代码中使用嵌入的声音的方法。

动手操作　在 ActionScript 代码中使用嵌入的声音

1 打开光盘中的“..\Example\Ch08\8.1.2.fla”练习文件，选择【文件】|【导入】|【导入到库】命令，打开【导入到库】对话框后，选择声音文件，再单击【打开】按钮，如图 9-19 所示。

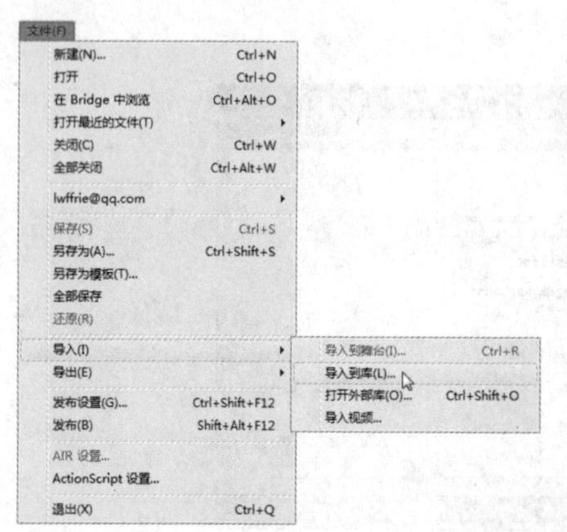

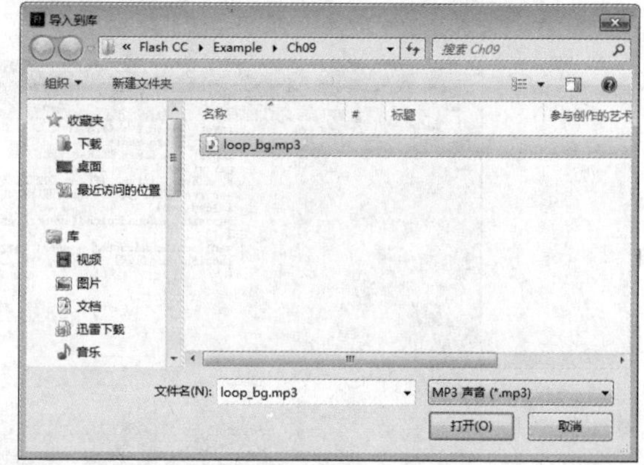

图 9-19　导入声音文件到库

2 打开【属性】面板，在声音对象上单击右键并选择【属性】命令，打开【声音属性】对话框后选择【ActionScript】选项卡，然后选择【为 ActionScript 导出】复选框，再设置类名称和基类，接着单击【确定】按钮，如图 9-20 所示。

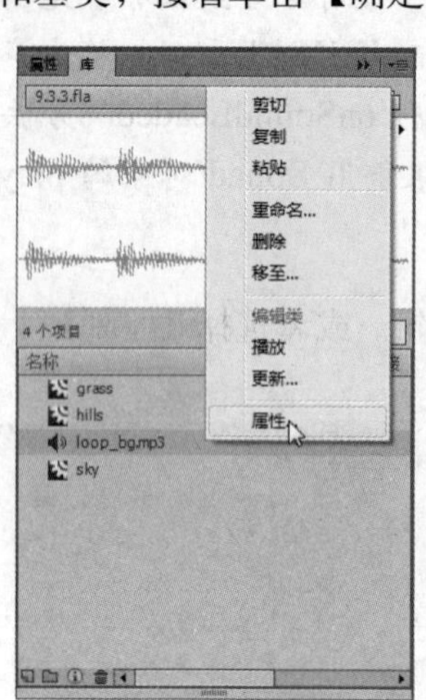

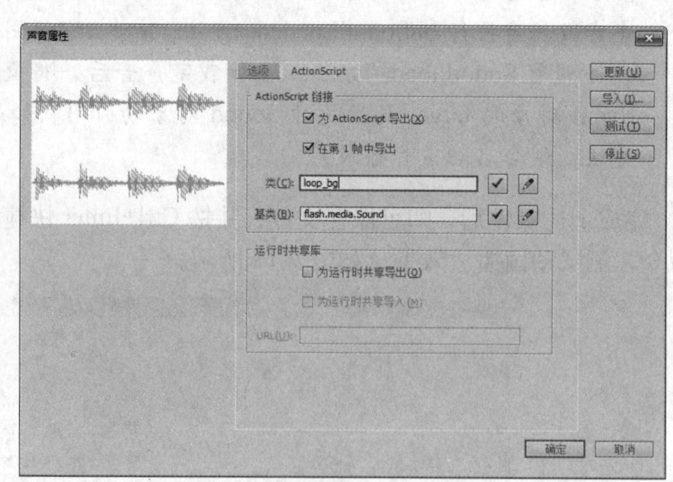

图 9-20　设置声音的 ActionScript 属性

默认情况下，类名称将使用声音文件的名称。如果文件名包含句点（如名称“loop_bg.mp3”），则必须将其更改为类似于“loop_bg”这样的名称。

3 此时出现一个对话框，指出无法在类路径中找到该类的定义。只需单击【确定】继续即可，如图 9-21 所示。如果输入的类名称与应用程序的类路径中任何类的名称都不匹配，则会自动生成从 flash.media.Sound 类继承的新类。

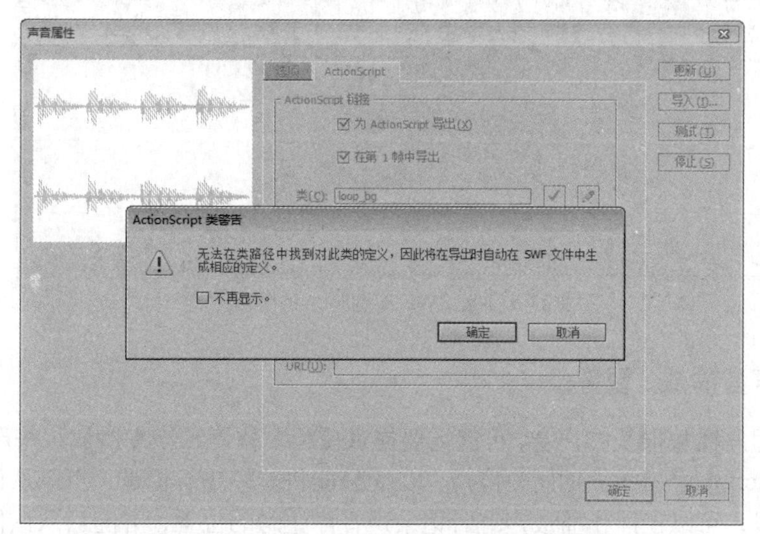

图 9-21 弹出提示对话框后单击【确定】按钮

4 在【时间轴】面板中新增图层并命名为【AS】，然后在 AS 图层第 1 帧上单击右键，再选择【动作】命令，接着输入以下代码，播放已经导入到库的声音，如图 9-22 所示。

```
var drum:loop_bg = new loop_bg();
var channel:SoundChannel = drum.play();
```

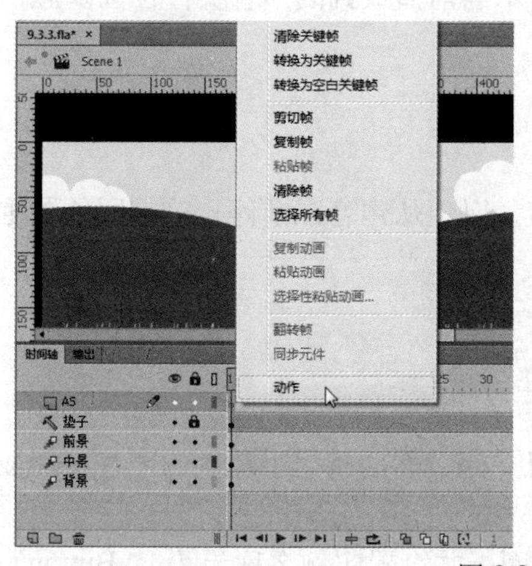
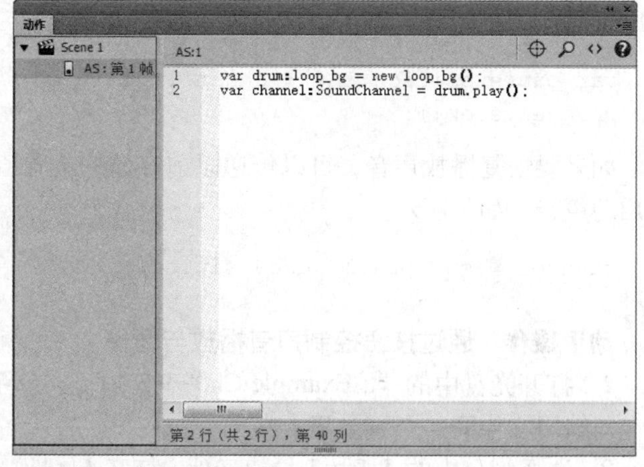

图 9-22 新增图层并编写代码

如果要设置从声音特定起始位置开始播放，或者重复播放声音，可以通过在 play() 方法的 loops 参数中传递一个数值，指定快速且连续地将声音重复播放固定的次数，例如“play(5000,10);”，即设置了从声音第 5 秒起连续播放 10 次。

5 完成上述操作后，即可保存文件，并按 Ctrl+Enter 快捷键，或者选择【控制】|【测试】命令，测试动画播放效果，如图 9-23 所示。

图 9-23 播放 SWF 动画时，将播放声音

9.3.4 控制声音播放/暂停

如果应用程序播放很长的声音，可能需要提供使用户暂停和恢复播放这些声音。实际上，无法在 ActionScript 中的播放期间暂停声音，而只能将其停止。但是，可以从任何位置开始播放声音。所以，可以在停止播放声音时记录声音停止时的位置，并随后从该位置开始重放声音，从而打到暂停的效果。

例如，假定代码加载并播放一个声音文件，如下所示：

```
var snd:Sound = new Sound(new URLRequest("bigSound.mp3"));
var channel:SoundChannel = snd.play();
```

在播放声音的同时，SoundChannel.position 属性指示当前播放到的声音文件位置。应用程序可以在停止播放声音之前存储位置值，如下所示：

```
var pausePosition:int = channel.position;
channel.stop();
```

如果要恢复播放声音，可以传递以前存储的位置值，以便从声音以前停止的相同位置重新启动声音，如下所示：

```
channel = snd.play(pausePosition);
```

动手操作 通过按钮控制声音播放与暂停

1 打开光盘中的“..\Example\Ch09\9.3.4.fla”练习文件，然后将用于载入的声音文件放置在与练习文件同一个目录里。

2 选择舞台上的【播放】按钮元件，打开【属性】面板并设置实例名称为【playButton】，再选择【暂停】按钮元件，设置实例名称为【stopButton】，如图 9-24 所示。

3 在【时间轴】面板中新增图层并命名为【AS】，然后在 AS 图层第 1 帧上单击右键，再选择【动作】命令，如图 9-25 所示。

4 打开【动作】面板后，输入以下代码，载入声音并进行播放，其中播放次数为 2 次，如图 9-26 所示。

```
var snd:Sound = new Sound(new URLRequest("bgMusic.mp3"));
var channel:SoundChannel = snd.play(0,2);
```

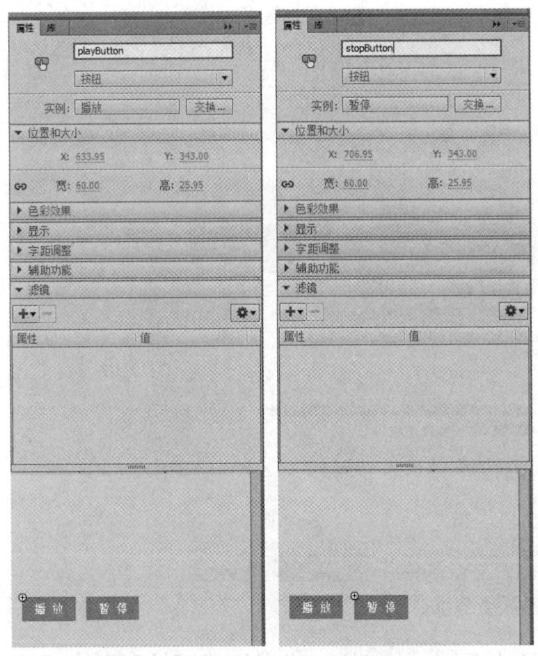

图9-24　设置按钮元件的实例名称

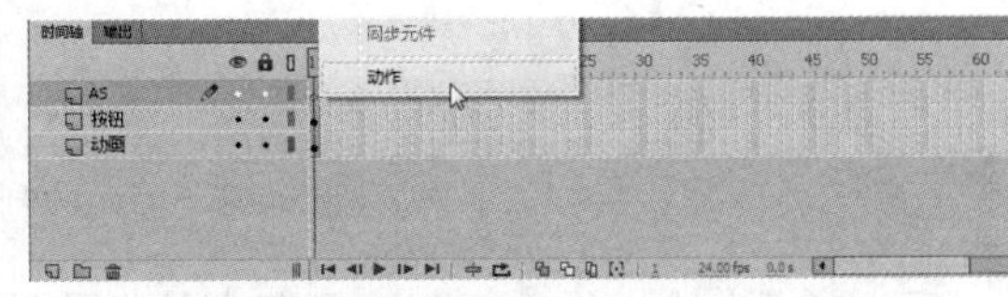

图9-25　新增图层并打开【动作】面板

5　输入以下代码，在播放声音的同时指示当前播放到的声音文件的位置。当单击【暂停】按钮时，即可停止播放声音并存储当前位置，如图9-27所示。

```
stopButton.addEventListener(MouseEvent.CLICK, fl_ClickToPlayStopSound_1);

function fl_ClickToPlayStopSound_1(evt:MouseEvent):void
{
var pausePosition:int = channel.position;
channel.stop();

}
```

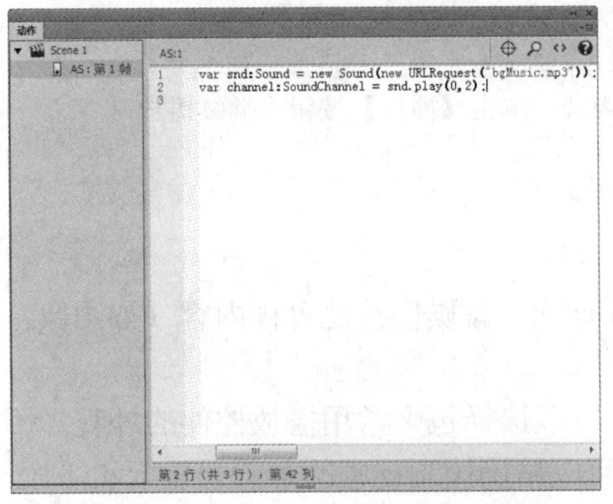

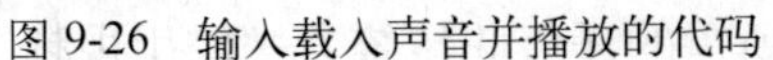
图9-26　输入载入声音并播放的代码

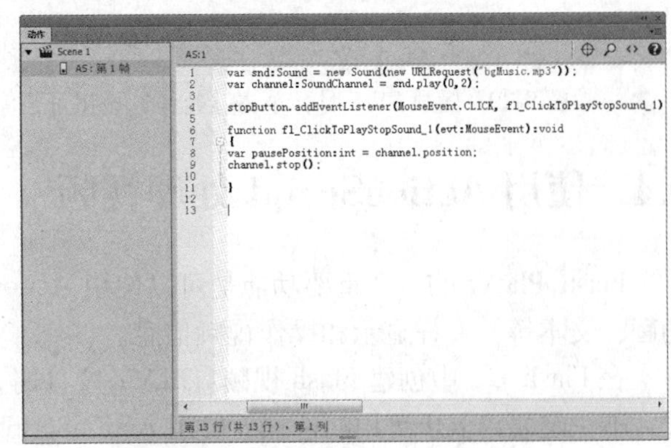

图9-27　输入控制声音停止的代码

6　输入以下代码，为【播放】按钮设置动作：当单击【播放】按钮后，即传递以前存储的位置值，以便从声音停止的相同位置重新播放声音，如图9-28所示。

```
playButton.addEventListener(MouseEvent.CLICK, fl_ClickToPlayStopSound_2);
```

```
function fl_ClickToPlayStopSound_2(evt:MouseEvent):void
{
var pausePosition:int = channel.position;
channel = snd.play(pausePosition);
}
```

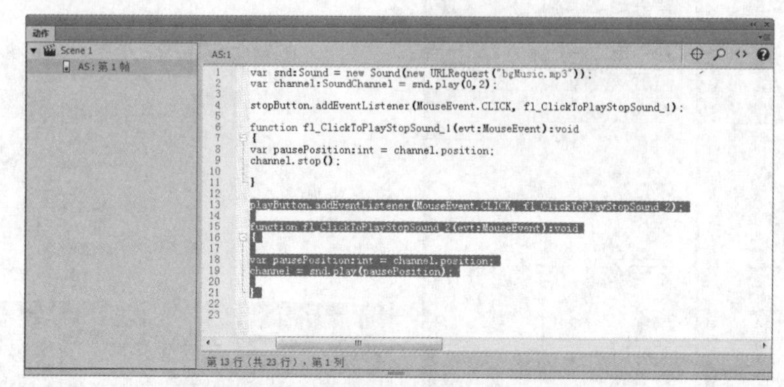

图 9-28　输入控制声音播放的代码

7　完成上述操作后，即可保存文件，并按 Ctrl+Enter 快捷键，或者选择【控制】|【测试】命令，测试动画播放效果，如图 9-29 所示。

图 9-29　播放 SWF 时，单击【暂停】按钮可暂停声音，单击【播放】按钮可继续播放

9.4　使用 ActionScript 处理视频

Flash Player 的一个重要功能是可以使用 ActionScript，像操作其他可视内容（如图像、动画、文本等）一样显示和操作视频信息。

在 Flash CC 中创建 Flash 视频（FLV）文件时，可以选择包含常用播放控件的外观。不过，不一定要局限于可用的选项。使用 ActionScript 可以精确控制视频的加载、显示和播放，这意味着可以创建自己的视频播放器外观，也可以按照所需的任何非传统方式使用视频。

9.4.1　处理视频的基础知识

1. 关于类

在 ActionScript 中处理视频涉及多个类的联合使用，这些类的说明如下。

- Video 类：舞台上的传统视频内容框是 Video 类的一个实例。Video 类是一种显示对象，因此可以使用适用于其他显示对象的同样的技术（比如定位、应用变形、应用滤镜和混合模式等）进行操作。
- StageVideo 类：Video 类通常使用软件解码和呈现。当设备上的 GPU（图形处理器，简单指显卡的中央处理器芯片）硬件加速可用时，应用程序可以切换到 StageVideo 类以利用硬件加速呈现。StageVideo API 包括一组事件，这些事件可提示代码何时在 StageVideo 和 Video 对象之间进行切换。
- NetStream 类：当加载将由 ActionScript 控制的视频文件时，NetStream 实例表示视频内容的源（即是视频数据流）。使用 NetStream 实例也涉及 NetConnection 对象的使用，该对象是到视频文件的连接，它好比是视频数据馈送的通道。
- Camera 类：当使用的视频数据来自与用户计算机相连接的摄像头时，Camera 实例表示视频内容的源，即用户的摄像头以及它所提供的视频数据。

2. 关于外部视频和导入视频

在 Flash 中使用视频有使用外部视频和使用导入视频两种方法。使用外部视频文件可以提供使用导入的视频时不可用的某些功能。

(1) 可在应用程序中使用较长的视频剪辑，而不会降低播放速度。外部视频文件可使用缓存内存，这意味着大文件将分成小片断存储，并可以动态访问。因此，外部 F4V 和 FLV 文件所需要的内存比嵌入的视频文件要少。

(2) 外部视频文件的帧速率可以不同于它所播放的 SWF 文件。例如，可以将 SWF 文件帧速率设置为 20 帧/秒(fps)，而将视频帧速率设置为 30fps。与嵌入的视频相比，此项设置可更好地控制视频，确保视频顺畅地播放。此项设置还允许以不同的帧速率播放视频文件，而无需更改现有 SWF 文件的内容。

(3) 如果使用外部视频文件，则不会在加载视频文件时中断 SWF 内容的播放。导入的视频文件有时可能需要中断文档播放来执行某些功能。视频文件可独立于 SWF 内容执行功能，而不会中断播放。

(4) 对于外部 FLV 文件，为视频内容加字幕更加简单，这是因为可以使用事件处理函数访问视频元数据。

3. 了解 Video 类

使用 Video 类可以直接在应用程序中显示实时视频流，而无需将其嵌入 SWF 文件中。可以使用 Camera.getCamera( )方法捕获并播放实时视频，还可以使用 Video 类通过 Web 服务器或在本地文件系统中播放视频文件。

在项目中使用 Video 有多种不同方法：

(1) 使用 NetConnection 和 NetStream 类动态加载视频文件并在 Video 对象中显示视频；

(2) 从用户摄像头捕获输入；

(3) 使用 FLVPlayback 组件；

(4) 使用 VideoDisplay 控件。

尽管 Video 类位于 flash.media 包中，但它继承自 flash.display.DisplayObject 类。因此，所有显示对象功能（如滤镜）也适用于 Video 实例。

4. 重要概念和术语

- 提示点：一个可以放在视频文件内特定时刻的标记，用来提供特定功能。例如，可用作书签以便定位到该时刻或提供与该时刻相关联的其他数据。
- 编码：接收某一种格式的视频数据，然后将其转换为另一种视频数据格式的过程。例如，接收高分辨率源视频，然后将其转换成适合 Internet 传送的格式。
- 帧：单个视频信息段；每个帧就像表示某一时刻的快照的静止图像一样。通过按顺序高速播放各个帧，可产生动画视觉效果。
- 关键帧：包含帧的完整信息的视频帧。关键帧后面的其他帧仅包含有关它们与关键帧之间的差异的信息，而不包含完整的帧信息。
- 元数据：有关嵌入在视频文件中并可在加载视频时检索的视频文件的信息。
- 渐进式下载：从标准 Web 服务器传送视频文件时，会使用渐进式下载来加载视频数据，这意味着将按顺序加载视频信息。其好处是不必等待整个文件下载完毕即可开始播放视频。不过，它会阻止向前跳到视频中尚未加载的部分。
- 流：渐进式下载的一种替代方法，使用流式传输（有时称为“实流”）技术和专用视频服务器通过 Internet 传送视频。使用流式传输，用于查看视频的计算机不必一次下载整个视频。为了加快下载速度，在任何时刻，计算机均只需要整个视频信息的一部分。

9.4.2 加载外部视频文件

使用 NetStream 和 NetConnection 类加载视频是一个多步骤过程。对于将 Video 对象添加到显示列表、将 NetStream 对象附加到 Video 实例以及调用 NetStream 对象的 play( )方法，都可以参考下例的顺序执行相关步骤。

动手操作 加载外部视频文件

1 打开光盘中的“..\Example\Ch09\9.4.2.fla”练习文件，然后将用于载入的声音文件放置在与练习文件同一个目录里，如图 9-30 所示。

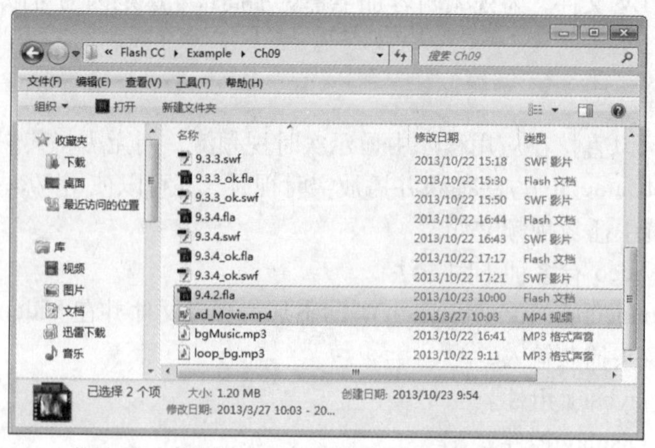

图 9-30 将练习文件与声音文件放置在同一目录

2 在【时间轴】面板中选择图层，然后在该图层第 1 帧上单击右键，再选择【动作】命令，如图 9-31 所示。

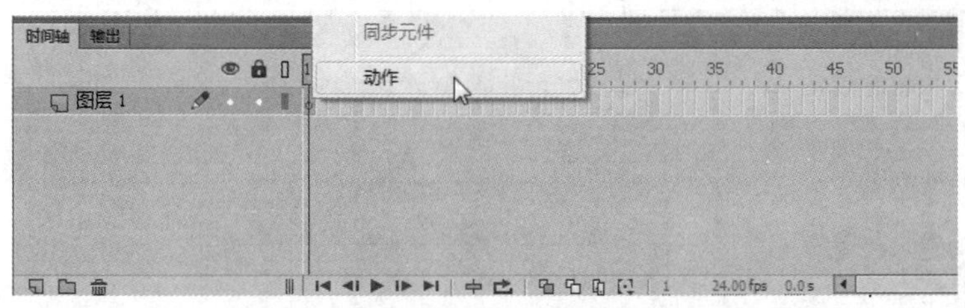

图 9-31 选择图层并打开【动作】面板

3 在【动作】面板上输入下列代码，目的是创建一个 NetConnection 对象，再将 null 传给 connect()方法，以连接到本地视频文件，并且从本地驱动器上播放视频文件。输入代码的结果如图 9-32 所示。

```
var nc:NetConnection = new NetConnection();
nc.connect(null);
```

4 输入下列代码，以创建一个用来显示视频的新 Video 对象，并将其添加到舞台显示列表，如图 9-33 所示。

```
var vid:Video = new Video();
addChild(vid);
```

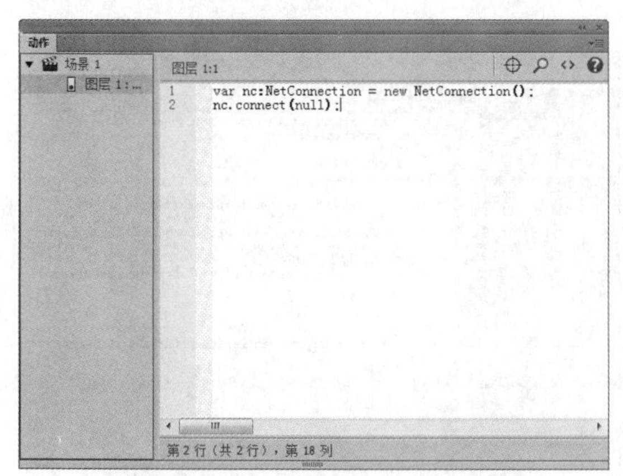

图 9-32 输入创建类对象的代码

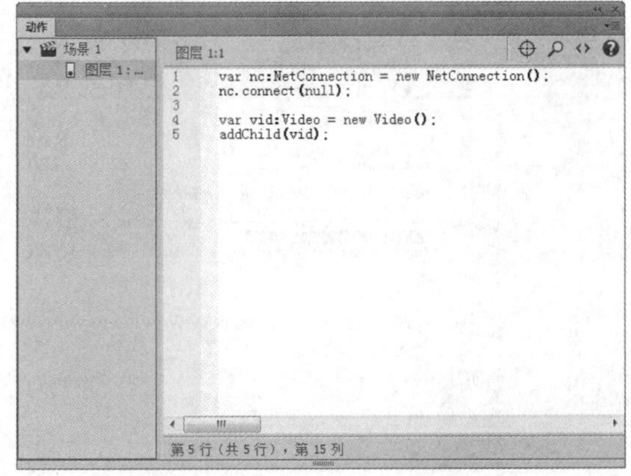

图 9-33 输入创建新 Video 对象的代码

5 此时需要创建一个 NetStream 对象，将 NetConnection 对象作为一个参数传递给构造函数。输入以下代码，将 NetStream 对象连接到 NetConnection 实例并设置该流的事件处理函数，如图 9-34 所示。

```
var ns:NetStream = new NetStream(nc);
ns.addEventListener(NetStatusEvent.NET_STATUS,netStatusHandler);
ns.addEventListener(AsyncErrorEvent.ASYNC_ERROR, asyncErrorHandler);
function netStatusHandler(event:NetStatusEvent):void
{
//处理netStatus事件描述
}
function asyncErrorHandler(event:AsyncErrorEvent):void
{
//忽略错误
}
```

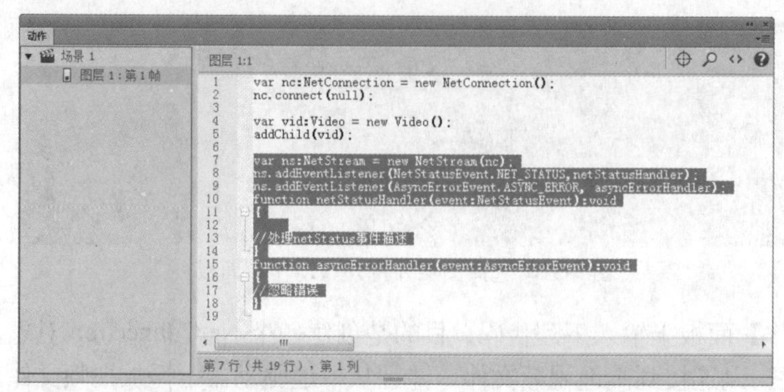

图 9-34　输入创建 NetStream 对象并处理函数的代码

6　输入以下代码，以使用 Video 对象的 attachNetStream( )方法将 NetStream 对象附加到 Video 对象，如图 9-35 所示。

```
vid.attachNetStream(ns);
```

7　输入以下代码，以调用 NetStream 对象的 play( )方法，同时指定视频文件的位置为开始视频播放的参数，如图 9-36 所示。

```
ns.play("ad_Movie.mp4");
```

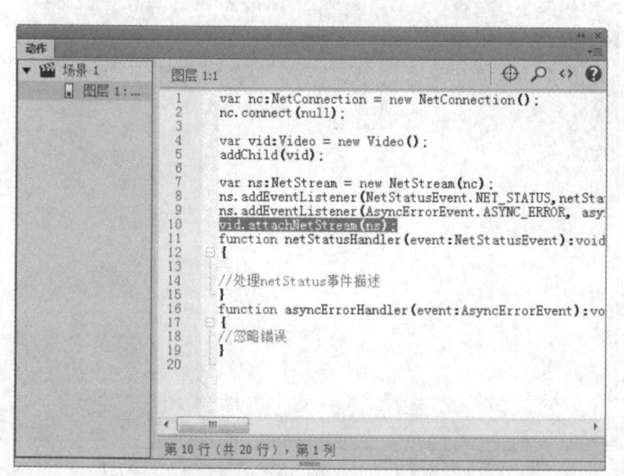

图 9-35　输入附加到 Video 对象的代码

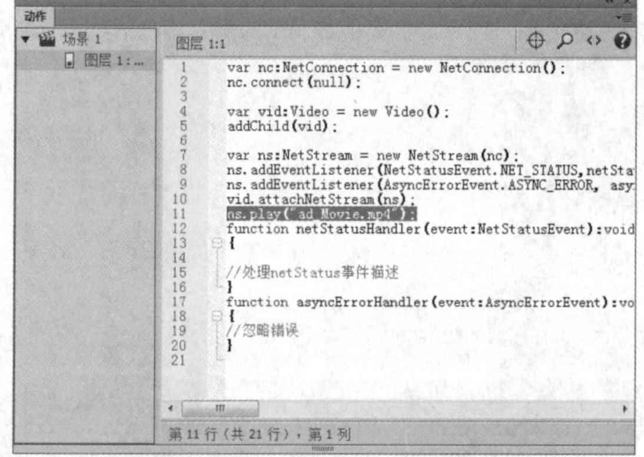

图 9-36　输入播放指定视频的代码

8　完成上述操作后，即可保存文件，并按 Ctrl+Enter 快捷键，或者选择【控制】|【测试】命令，打开 SWF 文件观看视频播放，如图 9-37 所示。

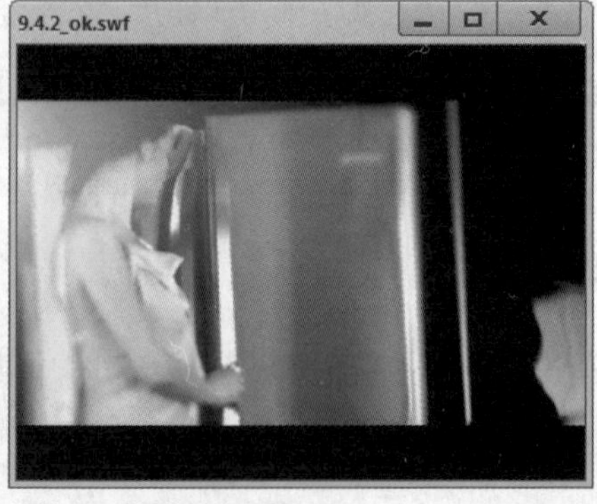

图 9-37　打开 SWF 文件观看视频播放

9.4.3 控制视频播放/暂停

NetStream 类提供了 4 个用于控制视频播放的主要方法。

- pause( )：暂停播放视频流。如果视频已经暂停，则调用此方法将不会执行任何操作。
- resume( )：恢复播放已暂停的视频流。如果视频已在播放，则调用此方法将不会执行任何操作。
- seek( )：搜索与指定位置（从流开始处算起的偏移，以秒为单位）最靠近的关键帧。
- togglePause( )：暂停或恢复播放流。

在 NetStream 类中没有对视频 stop( )的方法。为了停止视频流，必须暂停播放并找到视频流的开始位置。另外，play( )方法不会恢复播放，它用于加载视频文件。

动手操作　通过按钮控制视频播放/暂停

1 打开光盘中的“..\Example\Ch09\9.4.3.fla”练习文件，将用于载入的声音文件放置在与练习文件同一个目录里。

2 在舞台从左到右有 4 个按钮实例，分别为它们设置实例名称为 pauseBtn、playBtn、stopBtn、togglePauseBtn，如图 9-38 所示。

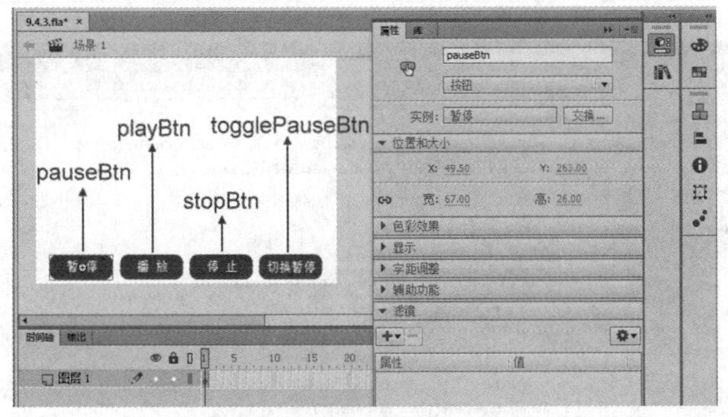

图 9-38　设置按钮的实例名称

3 在【时间轴】面板中新增图层并命名为【AS】，然后在 AS 图层第 1 帧上单击右键，再选择【动作】命令。

4 在【动作】面板中输入下列代码，设置加载外部视频文件，并可以使 4 个按钮控制视频的播放与暂停，如图 9-39 所示。

```
var nc:NetConnection = new NetConnection();
nc.connect(null);
var ns:NetStream = new NetStream(nc);
ns.addEventListener(AsyncErrorEvent.ASYNC_ERROR, asyncErrorHandler);
ns.play("ad_Movie.mp4");
function asyncErrorHandler(event:AsyncErrorEvent):void
{
//忽略错误
}
var vid:Video = new Video();
vid.attachNetStream(ns);
addChild(vid);
```

```
pauseBtn.addEventListener(MouseEvent.CLICK, pauseHandler);
playBtn.addEventListener(MouseEvent.CLICK, playHandler);
stopBtn.addEventListener(MouseEvent.CLICK, stopHandler);
togglePauseBtn.addEventListener(MouseEvent.CLICK, togglePauseHandler);
function pauseHandler(event:MouseEvent):void
{
ns.pause();
}
function playHandler(event:MouseEvent):void
{
ns.resume();
}
function stopHandler(event:MouseEvent):void
{
//暂停视频流和移动播放头回到开始视频流
ns.pause();
ns.seek(0);
}
function togglePauseHandler(event:MouseEvent):void
{
ns.togglePause();
}
```

图 9-39　输入加载视频与控制视频的代码

5　完成上述操作后，即可保存文件，按 Ctrl+Enter 快捷键，或者选择【控制】|【测试】命令，打开 SWF 文件观看视频并通过按钮控制视频，如图 9-40 所示。

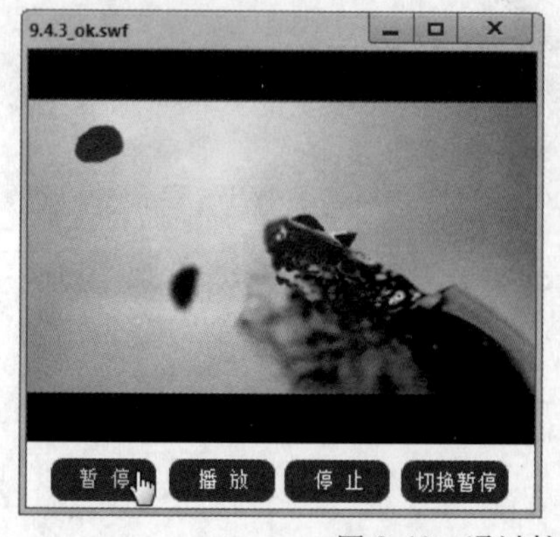

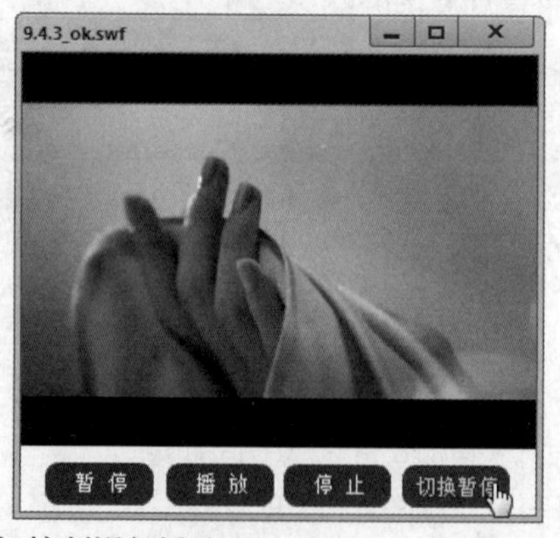

图 9-40　通过按钮控制视频播放

9.5 其他常见应用

ActionScript 3.0 是 Flash CC 配置的 ActionScript 脚本语言，它除了经常应用于声音和视频处理外，还有其他常见的应用。

9.5.1 ActionScript 与滤镜

ActionScript 3.0 包括 flash.filters 包，其中包含一系列位图效果滤镜类。使用这些效果，可以使用编程方式对位图应用滤镜并显示对象，制作许多不同的效果。

1. 10 种滤镜

ActionScript 3.0 包括 10 种可应用于任何显示对象或 BitmapData 实例的滤镜。内置滤镜的范围从基本滤镜（如投影和发光滤镜）到复杂滤镜（如置换图滤镜和卷积滤镜）。这 10 种滤镜分别为斜角滤镜（BevelFilter 类）、模糊滤镜（BlurFilter 类）、投影滤镜（DropShadowFilter 类）、发光滤镜（GlowFilter 类）、渐变斜角滤镜（GradientBevelFilter 类）、渐变发光滤镜（GradientGlowFilter 类）、颜色矩阵滤镜（ColorMatrixFilter 类）、卷积滤镜（ConvolutionFilter 类）、置换图滤镜（DisplacementMapFilter 类）、着色器滤镜（ShaderFilter 类）。

其中，前 6 个滤镜是简单滤镜，可用于创建一种特定效果，并可以对效果进行某种程度的自定义。可以使用 ActionScript 应用这 6 个滤镜，也可以在 Flash 中通过【属性】面板【滤镜】选项卡的【添加滤镜】菜单将其应用于对象。因此，即使要使用 ActionScript 应用滤镜，也可以使用可视界面快速尝试不同的滤镜和设置，以弄清楚如何创建所需的效果。

最后 4 个滤镜仅在 ActionScript 中可用。这些滤镜（颜色矩阵滤镜、卷积滤镜、置换图滤镜和着色器滤镜）能够制造的效果类型十分灵活。它们不是针对一种效果进行优化，而是具有强大的功能和灵活性。例如，如果为卷积滤镜的矩阵选择不同的值，则它可用于创建模糊、浮雕、锐化、查找颜色边缘、变形等效果。

2. 重要概念和术语

以下是创建滤镜时可能会遇到的重要术语。

- 斜面：通过在两个面中使像素变亮并在相对两个面使像素变暗创建的一个边缘。此效果可产生三维边框的外观。该效果常用于凸起或凹进按钮和类似图形。
- 卷积：通过使用各种比率将每个像素的值与其周围的某些像素或全部像素的值合并，使图像中的像素发生扭曲。
- 置换：将图像中的像素偏移或移动到新位置。
- Matrix：用于通过将网格中的数字应用到多个值，然后合并这些结果来执行某些数学计算的数字网格。

9.5.2 创建与应用滤镜

通过 ActionScript 3.0 编程，可以对位图和显示对象应用投影、斜角、模糊、发光等各种滤镜效果。

1. 创建滤镜

在 Flash CC 中，可以通过调用所选的滤镜类的构造函数的方法来创建滤镜。例如，要创建 BlurFilter 类的滤镜实例，可以使用以下代码来实现：

```
import flash.filters. BlurFilter;
var myFilter: BlurFilter = new BlurFilter();
```

虽然上述代码没有显示参数，但 BlurFilter( )构造函数（与所有滤镜类的构造函数一样）可以接受多个用于自定义滤镜效果外观的可选参数。

2. 应用单个滤镜

如果要为对象应用单个滤镜，可以先创建滤镜实例，然后将它添加到 Array 实例上，再将 Array 对象分配给显示对象的 filters 属性即可。

下面以创建投影滤镜为例，首先新建一个 ActionScript 3.0 的 Flash 文件，然后选择第 1 帧，在【动作】面板的脚本窗格中输入以下代码，如图 9-41 所示。

```
//创建滤镜
import flash.display.Bitmap;
import flash.display.BitmapData;
import flash.filters.DropShadowFilter;

//创建显示对象并将它呈现在屏幕上
var myBitmapData:BitmapData = new BitmapData(300,300,false,0xFFFF3300);
var myDisplayObject:Bitmap = new Bitmap(myBitmapData);
addChild(myDisplayObject);

//创建DropShadowFilter实例
var dropShadow:DropShadowFilter = new DropShadowFilter();

//创建滤镜数组，以作为参数传递给Array()构造函数，最后将该滤镜添加到数组中
var filtersArray:Array = new Array(dropShadow);

//将滤镜数组分配给显示对象以便应用滤镜
myDisplayObject.filters = filtersArray;
```

应用滤镜的结果如图 9-42 所示。

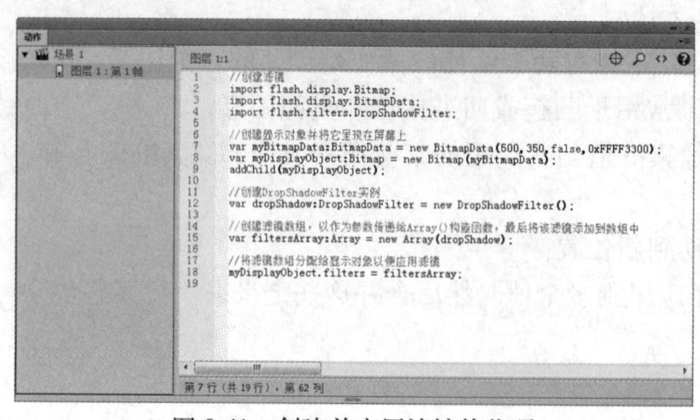

图 9-41　创建并应用滤镜的代码

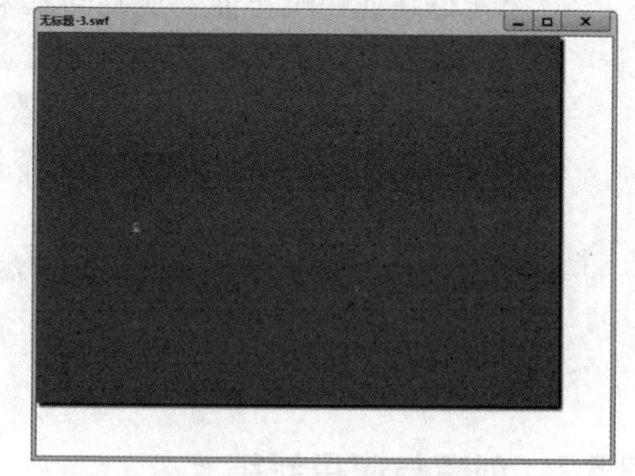

图 9-42　应用滤镜的结果

3. 应用多个滤镜

如果要为对象应用多个滤镜，只需在将 Array 实例分配给 filters 属性之前将所有滤镜添加到 Array 实例上即可。可以通过将多个对象作为参数传递给 Array 的构造函数，将多个对

象添加到 Array。例如，以下代码将对显示对象应用斜角滤镜和发光滤镜：

```
//创建滤镜组
import flash.display.Bitmap;
import flash.display.BitmapData;
import flash.filters.BevelFilter;
import flash.filters.GlowFilter;

//创建显示对象并将它呈现在屏幕上
var myBitmapData:BitmapData = new BitmapData(300,300,false,0xFFFF3300);
var myDisplayObject:Bitmap = new Bitmap(myBitmapData);
addChild(myDisplayObject);

//创建GlowFilter实例
var dropShadow:GlowFilter = new GlowFilter();

//创建滤镜并添加到数组，最后将该滤镜添加到数组中
var bevel:BevelFilter = new BevelFilter();
var glow:GlowFilter = new GlowFilter();
var filtersArray:Array = new Array(bevel, glow);

//将滤镜数组分配给显示对象以便应用滤镜
myDisplayObject.filters = filtersArray;
```

为显示对象应用斜角滤镜和发光滤镜的结果如图 9-43 所示。

图 9-43　应用斜角滤镜和发光滤镜的结果

4. 删除对象的滤镜

删除显示对象中的所有滤镜非常简单，只需为 filters 属性分配一个 null 值即可：

```
myDisplayObject.filters = null;
```

如果已对一个对象应用了多个滤镜，并且只想删除其中一个滤镜，则必须完成多个步骤才能更改 filters 属性数组。

9.5.3　使用【代码片断】面板

【代码片断】面板可以使非编程人员能快速地轻松开始使用简单的 ActionScript 3.0。借助该面板，可以将 ActionScript 3.0 代码添加到 Flash 文件以启用常用功能。

单击【窗口】|【代码片断】命令可以打开【代码片断】面板，如图 9-44 所示。

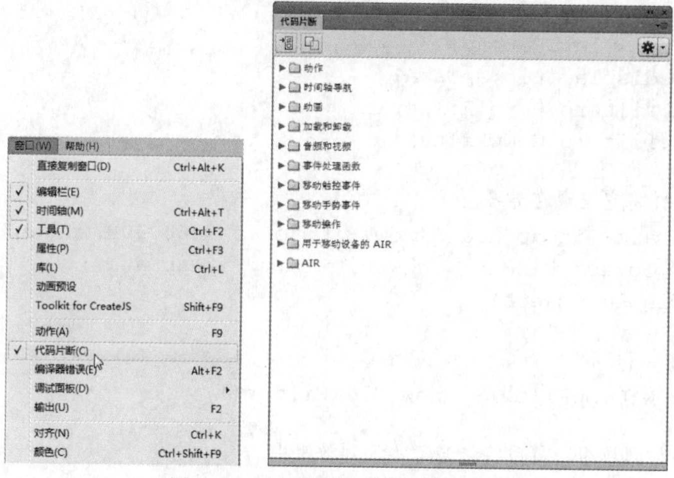

图 9-44 打开【代码片断】面板

此外，还可以在【动作】面板中单击【代码片断】按钮，打开【代码片断】面板，如图 9-45 所示。

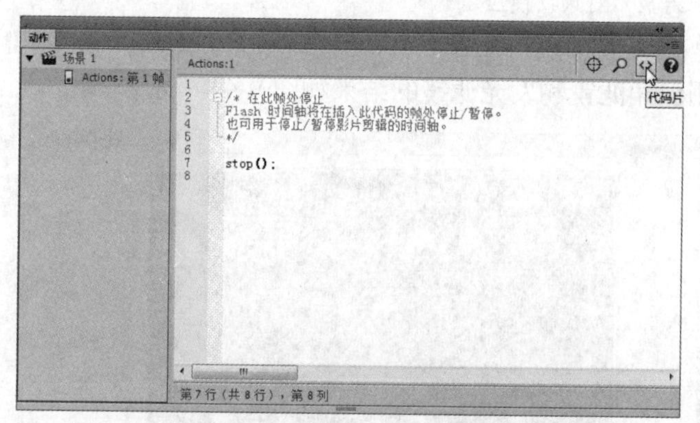

图 9-45 通过【动作】面板打开【代码片断】面板

1. 添加代码到对象或时间轴帧

动手操作 将代码添加到对象或时间轴的帧

1 选择【窗口】|【代码片断】命令，打开【代码片断】面板。

2 选择舞台上的对象或时间轴中的帧。如果选择的对象不是元件实例或文本对象，则当应用该代码片断时，Flash 会将该对象转换为影片剪辑元件。如果选择的对象还没有实例名称，Flash 在应用代码片断时添加一个实例名称，如图 9-46 所示。

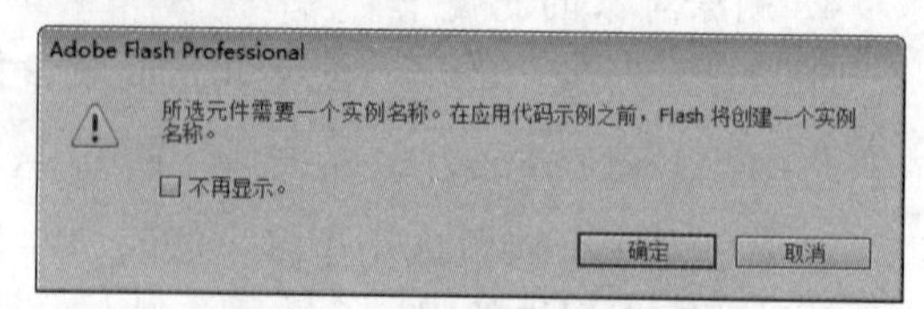

图 9-46 要求创建实例名称

3 在【代码片断】面板中，双击要应用的代码片断，如图 9-47 所示。

4 在【动作】面板中，查看新添加的代码片断并根据开头的说明替换任何必要的项。如图 9-48 所示为应用代码片断后自动添加的代码。

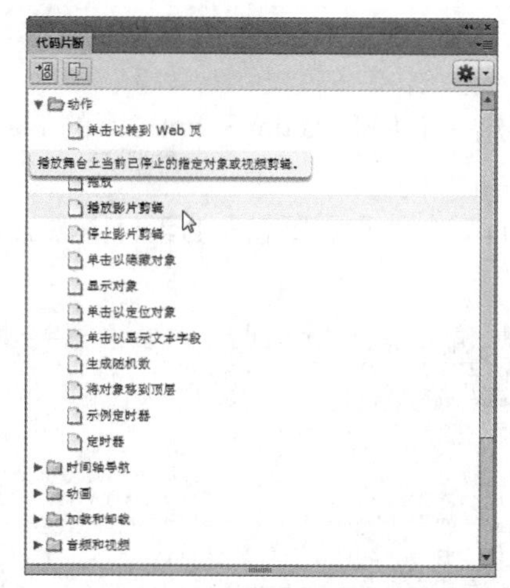

图 9-47　双击对应的项目即可添加代码片断

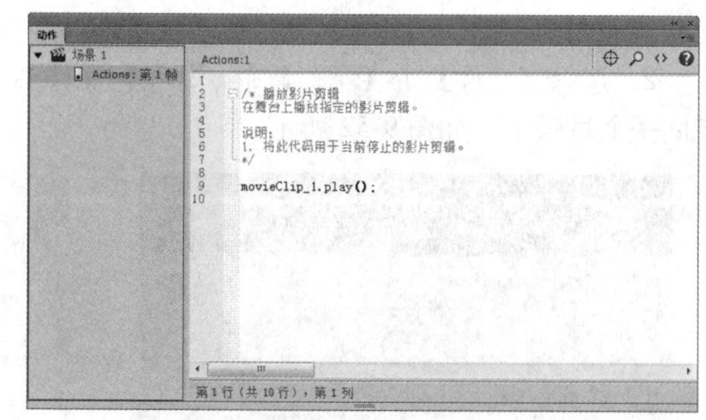

图 9-48　应用代码片断后自动添加的代码

2. 创建代码片断

在【代码片断】面板中，可以自行创建代码片断。只需单击【代码片断】面板的【选项】按钮，然后在打开的菜单中选择【创建新片断代码】命令，如图 9-49 所示。此时会打开【创建新代码片断】对话框，用户需要输入标题、工具提示以及代码等内容，然后单击【确定】按钮即可，如图 9-50 所示。

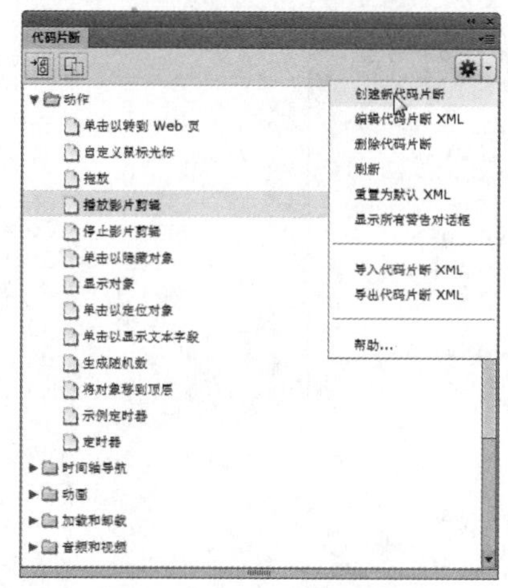

图 9-49　创建片断代码

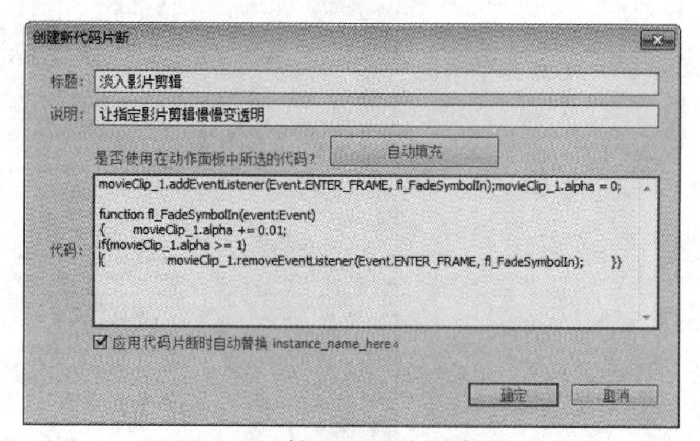

图 9-50　输入代码片断的内容

9.6　课堂实训

下面通过加装图像并应用滤镜和通过按钮切换视频两个范例，介绍 Flash 中 ActionScript 语言的应用。

9.6.1　加载图像并应用滤镜

本例将通过创建滤镜实例和利用“URLRequest”指令从外部加载图像，并将斜角滤镜应用到位图上。

动手操作　加载图像并应用滤镜

1　启动 Flash CC 应用程序，然后通过欢迎屏幕创建一个基于 ActionScript 3.0 的 Flash 文件，如图 9-51 所示。

2　选择【文件】|【保存】命令，保存文件并将 Flash 文件和需要载入的素材图像放置在同一个目录下，如图 9-52 所示。

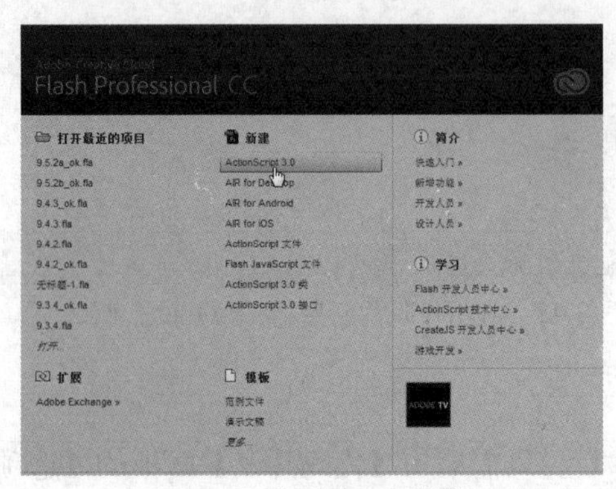

图 9-51　新建 Flash 文件

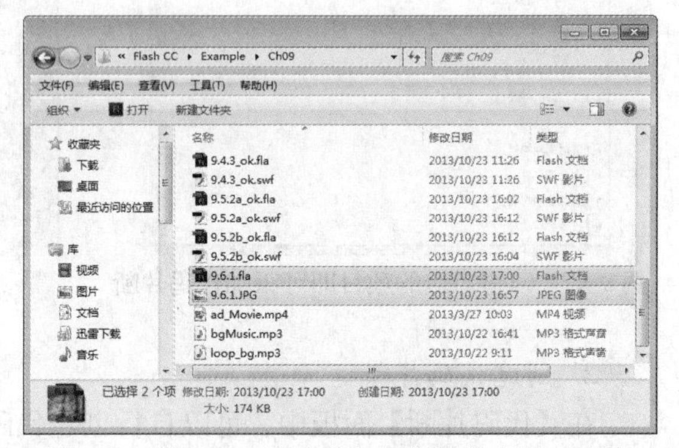

图 9-52　将 Flash 文件并与图像保存在同一目录

3　选择图层上的第 1 帧，然后按 F9 功能键打开【动作】面板，接着输入以下代码，如图 9-53 所示。

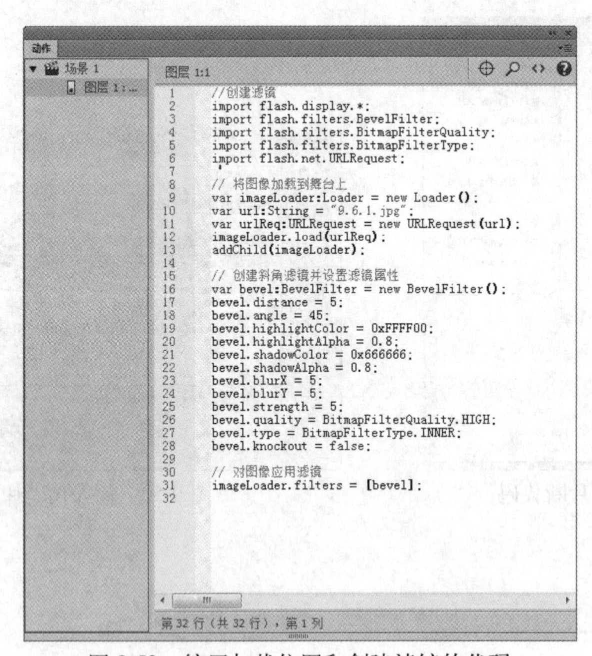

图 9-53　编写加载位图和创建滤镜的代码

```
//创建滤镜
import flash.display.*;
import flash.filters.BevelFilter;
import flash.filters.BitmapFilterQuality;
import flash.filters.BitmapFilterType;
import flash.net.URLRequest;
```

```
// 将图像加载到舞台上
var imageLoader:Loader = new Loader();
var url:String = "9.6.1.jpg";
var urlReq:URLRequest = new URLRequest(url);
imageLoader.load(urlReq);
addChild(imageLoader);

// 创建斜角滤镜并设置滤镜属性
var bevel:BevelFilter = new BevelFilter();
bevel.distance = 5;
bevel.angle = 45;
bevel.highlightColor = 0xFFFF00;
bevel.highlightAlpha = 0.8;
bevel.shadowColor = 0x666666;
bevel.shadowAlpha = 0.8;
bevel.blurX = 5;
bevel.blurY = 5;
bevel.strength = 5;
bevel.quality = BitmapFilterQuality.HIGH;
bevel.type = BitmapFilterType.INNER;
bevel.knockout = false;

// 对图像应用滤镜
imageLoader.filters = [bevel];
```

4 打开【属性】面板，设置舞台大小为 640×435，以便可以完全显示加载的位图，如图 9-54 所示。

5 完成操作后，可选择【控制】|【测试影片】命令，或者按 Ctrl+Enter 快捷键打开播放器，测试载入位图并应用滤镜的效果，如图 9-55 所示。

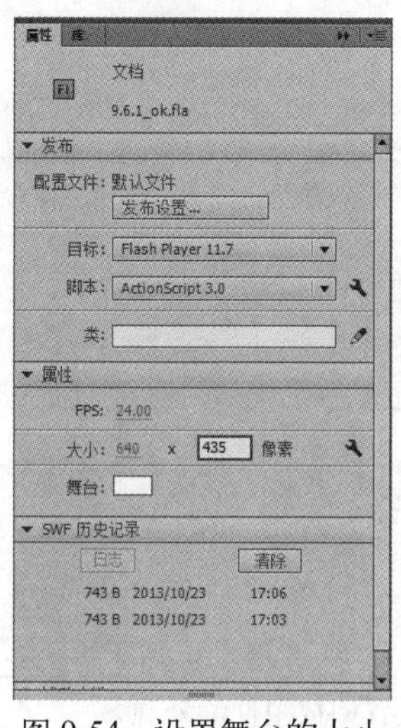

图 9-54　设置舞台的大小

图 9-55　查看结果

9.6.2　通过按钮切换视频

本例将通过导入的方法为 Flash 文件嵌入视频文件，并通过回放组件控制视频播放，然后利用一个按钮元件实例添加ActionScript代码，实现通过按钮实现切换视频的效果。

动手操作　通过按钮切换视频

1 打开光盘中的“..\Example\Ch09\9.6.2.fla”练习文件，再打开【文件】菜单，然后选择【导入】｜【导入视频】命令。

2 打开【导入视频】对话框后，单击【浏览】按钮打开【打开】对话框，然后选择视频素材文件，单击【打开】按钮，如图9-56所示。

图9-56　导入视频文件

3 返回【导入视频】对话框后，选择【使用播放器组件加载外部视频】单选项，然后单击【下一步】按钮，如图9-57所示。

4 此时【导入视频】向导将进入外观设定界面，可以选择一种播放组件外观，并设置对应的颜色，然后单击【下一步】按钮，如图9-58所示。

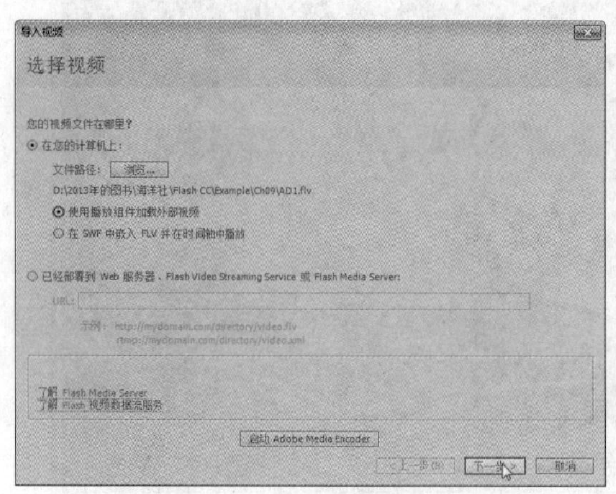

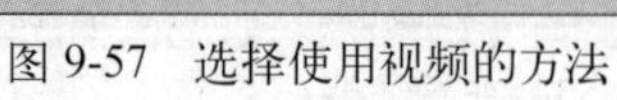

图9-57　选择使用视频的方法

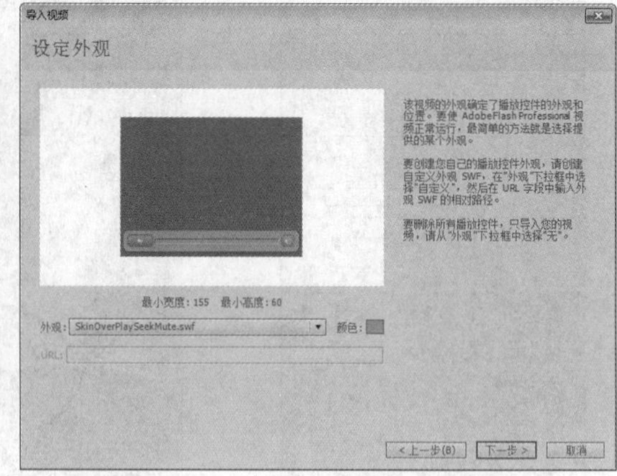

图9-58　设置回放组件的外观

5 此时向导显示导入视频的所有信息，查看无误后，即可单击【完成】按钮，如图9-59所示。

6 导入视频后，选择回放组件对象，在【属性】面板上设置对象的X和Y的数值均为0，再设置组件实例名称为【playBack】，如图9-60所示。

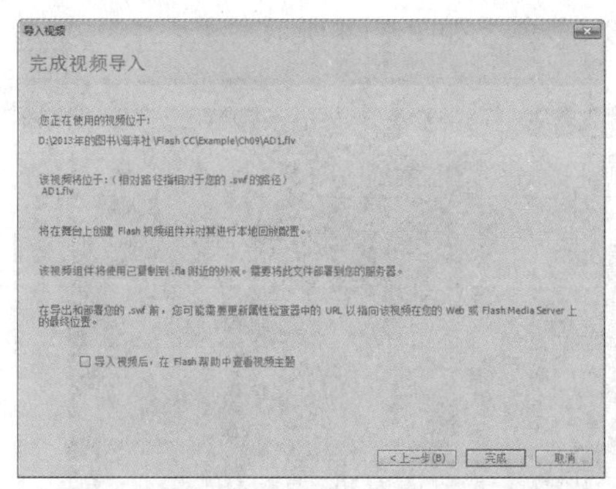

图 9-59　查看信息后单击【完成】按钮

图 9-60　设置回放组件的位置和实例名称

7　选择舞台上的按钮元件实例，打开【属性】面板，再设置按钮实例的名称为【myButton】，如图 9-61 所示。

8　选择按钮元件实例，打开【代码片断】面板的【音频和视频】列表，双击【单击以设置视频源】项目，添加 ActionScript 代码，如图 9-62 所示。

图 9-61　设置按钮实例名称

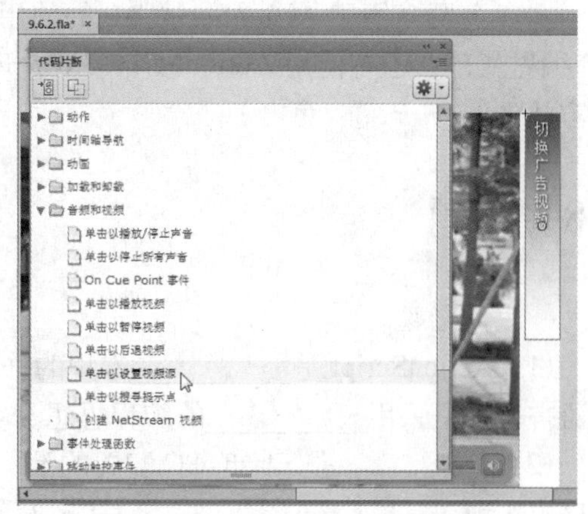

图 9-62　为按钮添加代码片断

9　打开【动作】面板，然后将 {} 内的代码修改成如图 9-63 所示，以便在单击按钮时将视频切换成另外一个。

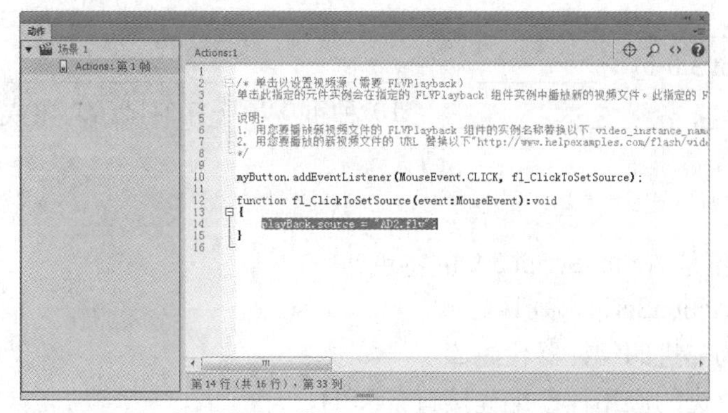

图 9-63　修改代码以指定回放组件和切换的目标文件

10 完成上述操作后，即可保存文件，按 Ctrl+Enter 快捷键，或者选择【控制】|【测试】命令，打开 SWF 文件观看视频并通过按钮切换视频，如图 9-64 所示。

图 9-64 通过播放器上的按钮切换视频

9.7 本章小结

本章主要介绍了 ActionScript 3.0 的使用，包括 ActionScript 语言入门基础、ActionScript 3.0 编程基础，还有使用 ActionScript 3.0 处理声音、视频和滤镜以及使用【代码片断】面板的方法。

9.8 习题

一、填充题

(1) ActionScript 是__________专用的一种编程语言，它的语法结构类似于 JavaScript 脚本语言，都是采用__________的编程思想。

(2) __________是 Flash CC 配置的唯一 ActionScript 脚本语言，它在 Flash 内容和应用程序中实现了__________、__________以及其他功能。

(3) 在 ActionScript 中处理视频涉及多个类的联合使用，这些类是__________、__________、__________、__________。

(4) NetStream 类提供了 4 个用于控制视频播放的主要方法，它们分别是：__________、__________、__________、__________。

(5) ActionScript 3.0 包括________、________、________、________、________、________、________、________、________、________10 种可应用于任何显示对象或 BitmapData 实例的滤镜。

二、选择题

(1) 以下哪个不是 ActionScript 3.0 的特色？ ( )

A. 新增的 ActionScript 虚拟机

B. 提供更为先进的编译器代码库

C. 扩展并改进的应用程序编程接口（API）

D. 不会提供基于文档对象模型（DOM）第 3 级事件规范的事件模型

（2）在编写执行事件处理的 ActionScript 代码时，需要识别 3 个重要元素，以下哪个不是上述说明的重要元素？（　）

A. 事件源　　B. 事件　　C. 方法　　D. 响应

（3）在处理声音的 ActionScript 代码中，“play(5000,10);”的含义是什么？（　）

A. 从声音第 5000 秒起连续播放 10 次

B. 从声音第 5 秒起连续播放 10 次

C. 从声音第 10 秒起连续播放 5000 次

D. 从声音第 10 秒起连续播放 10 次

（4）以下哪个滤镜仅在 ActionScript 中可用？（　）

A. 投影滤镜　　B. 发光滤镜　　C. 斜角滤镜　　D. 置换图滤镜

三、上机实训题

为练习文件中的【按钮】元件实例应用【单击以转到 Web 页】代码片断，以便在单击该按钮时，登录指定的网站，如图 9-65 所示。

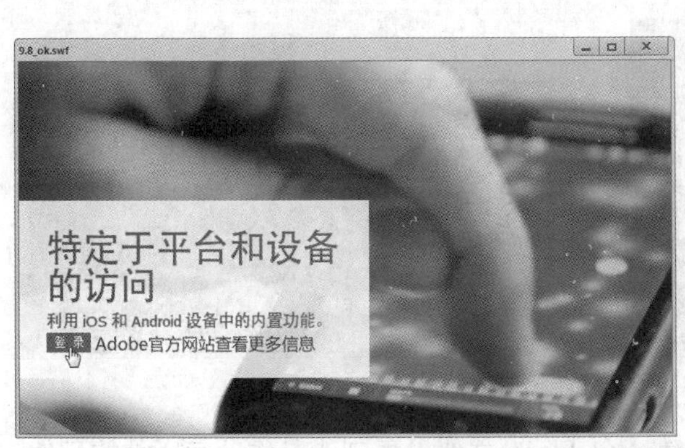

图 9-65　上机实训题的结果

提示

（1）打开光盘中的“..\Example\Ch09\9.8.fla”练习文件，选择舞台上的按钮元件实例，设置实例名称为【myButton】。

（2）选择【窗口】|【代码片断】命令，打开【代码片断】面板。

（3）选择按钮元件实例，在【代码片断】面板中双击【单击以转到 Web 页】项目。

（4）打开【动作】面板，修改 URLRequest()内的参数为“"http://www.adobe.com/cn/"”。

第 10 章　综合实例——旋转的相册

教学提要

本章通过制作范例“旋转的相册”，介绍 Flash CC 的综合应用，在制作过程中将用到 Flash 绘图、各类元件创建与管理、调用元件和设置元件滤镜以及 ActionScript 3.0 在项目开发中的应用技巧。

旋转的相册案例使用了 ActionScript 3.0 脚本语言，将相册中的图片图片加载到 SWF 文件（index.swf），将图片以环形由小到大排列，然后通过 Flash CC 制作出可以拖动相册图片旋转的拖动按钮。当浏览者向左拖动按钮时，相册图片将出现逆时针旋转；当浏览者向右拖动按钮时，相册图片将出现顺时针旋转。另外，本例通过 XML 文件（Albums.xml）为图片设置了链接到相册网页（Albums.html）的功能，当将鼠标移到图片上即出现提示信息。此时单击图片即可打开相册网页（Albums.html）。整个旋转的相册动画的效果如图 10-1 所示。

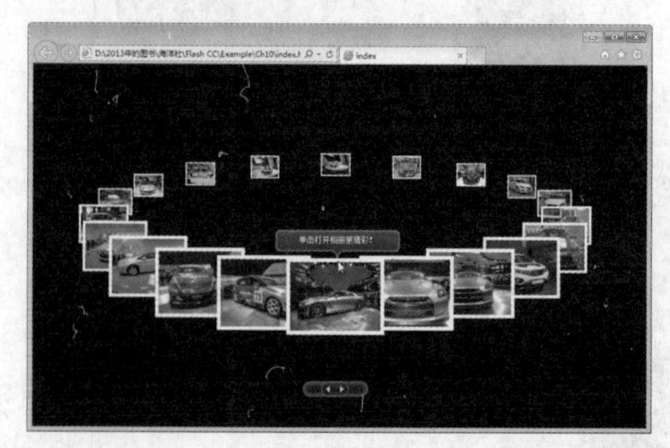

图 10-1　预览旋转相册的效果

本例的制作过程大致如下：首先新建一个 Flash 文件，再创建制作动画所需的元件，包括提示信息、拖动区域、全屏按钮、内容区、旋转相册等元件，然后编写 ActionScript 3.0 脚本代码，制作旋转相册与提示信息效果，接着创建一个被 SWF 文件调用的 XML 文件，目的是使浏览者单击图片时可以打开相册网页，最后创建一个相册网页。

动手操作　制作旋转相册动画

1　启动 Flash CC 应用程序，选择【文件】|【新建】命令，打开【新建文档】对话框后，选择【ActionScript 3.0】类型，设置文件的宽高和帧频，单击【确定】按钮，如图 10-2 所示。

2　选择【插入】|【新建元件】命令，在打开的【创建新元件】对话框中设置元件名称和类型，再单击【确定】按钮，如图 10-3 所示。

3　选择【矩形工具】▣，打开【颜色】面板并选择【黑色】，然后设置颜色的 Alpha 为 50%（即半透明），在舞台上绘制一个矩形，如图 10-4 所示。

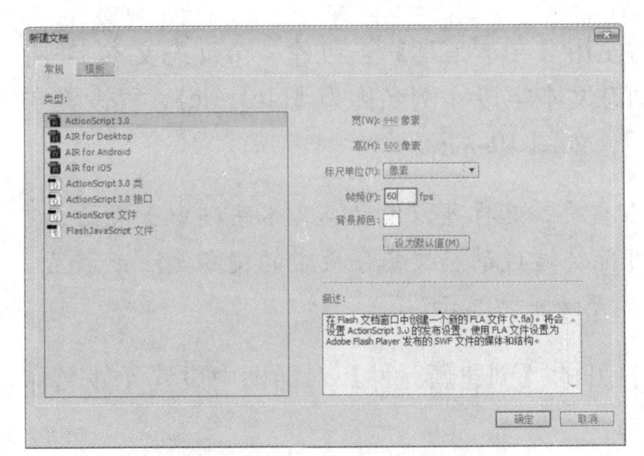

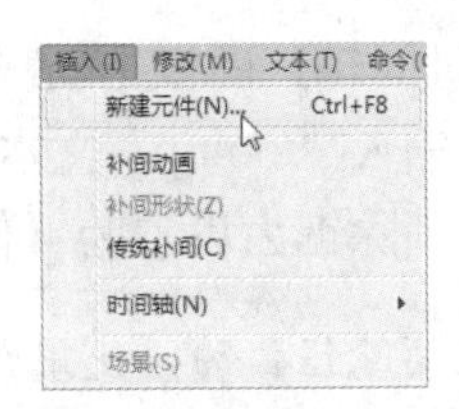

图 10-2　新建 Flash 文件　　图 10-3　新建 loading 背景剪辑元件

4　选择【插入】|【新建元件】命令，在打开的【创建新元件】对话框中设置元件名称和类型，再单击【确定】按钮，如图 10-5 所示。

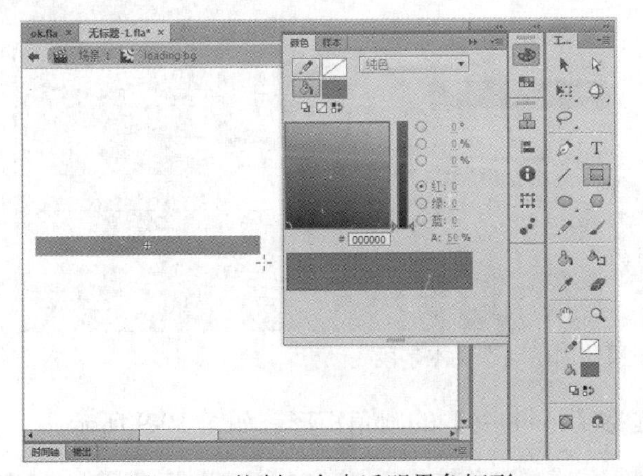

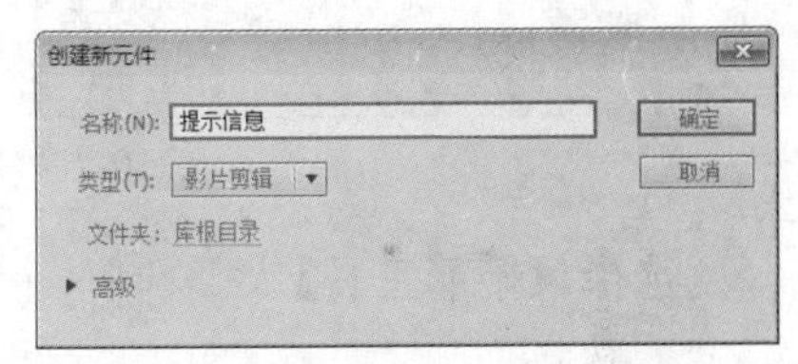

图 10-4　绘制一个半透明黑色矩形　　图 10-5　新建【提示信息】影片剪辑元件

5　使用【矩形工具】绘制一个颜色为【#444444】的圆角矩形，然后使用【多角星形工具】绘制一个小三角形，并放置在圆角矩形的下方，构成一个信息提示框，如图 10-6 所示。

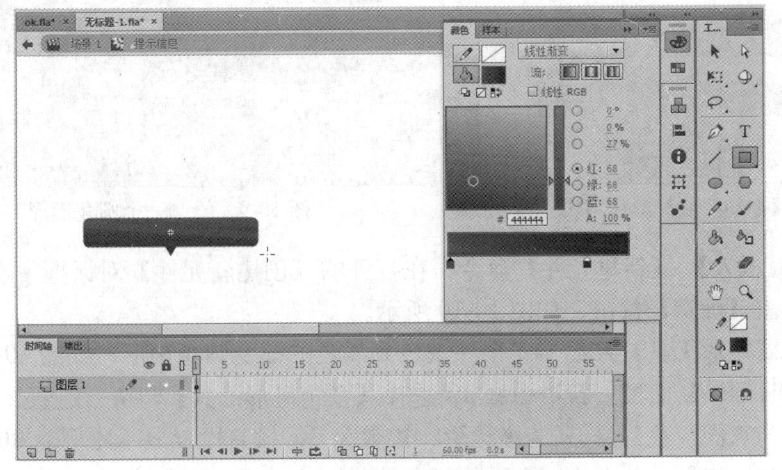

图 10-6　制作信息提示框形状

6　在【时间轴】面板上新增图层2，然后使用【文本工具】T创建一个动态文本字段，在文本字段内输入“tooltip”文本，接着设置动态文本字段实例名称为【pic_title】，再设置字符属性，其中消除锯齿设置为【使用设备字体】，如图10-7所示。

设置消除锯齿为【使用设备字体】非常重要，这样可以使动态文本字段中出现的文本信息正常显示。如果非设备字体，可能会造成动态文本字段中的文本无法正常显示的问题，例如，是中文文本字体时就无法正常显示。

7　选择【插入】|【新建元件】命令，在打开的【创建新元件】对话框中设置元件名称和类型，再单击【确定】按钮，如图10-8所示。

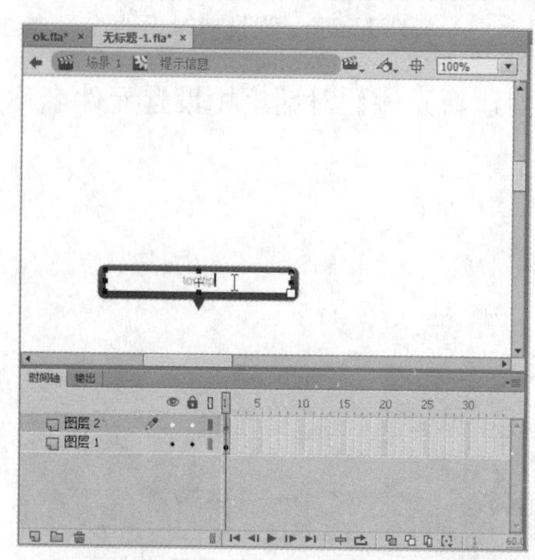

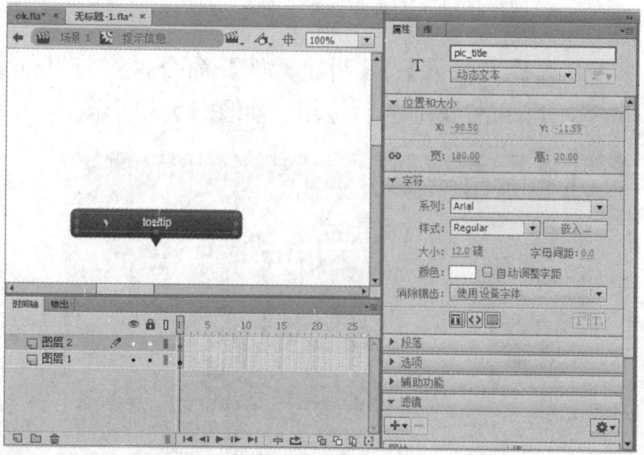

图10-7　新增图层并创建动态文本字段

8　选择【矩形工具】绘制一个颜色为【#444444】的圆角矩形，如图10-9所示。

图10-8　新建【拖动区域】影片剪辑元件

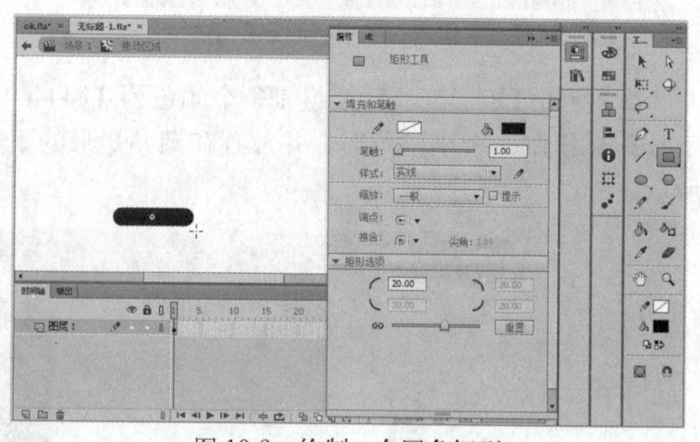

图10-9　绘制一个圆角矩形

9　选择【插入】|【新建元件】命令，在打开的【创建新元件】对话框中设置元件名称和类型，再单击【确定】按钮，如图10-10所示。

10　选择【矩形工具】绘制一个深灰色到黑色的渐变圆角矩形，如图10-11所示。

11　在【时间轴】面板上新增图层2，选择【多角星形工具】，在通过【属性】面板设置填充颜色为【浅灰色】、样式为多边形、边数为3，接着设置显示比例为200%，在圆角矩形上绘制两个三边形，如图10-12所示。

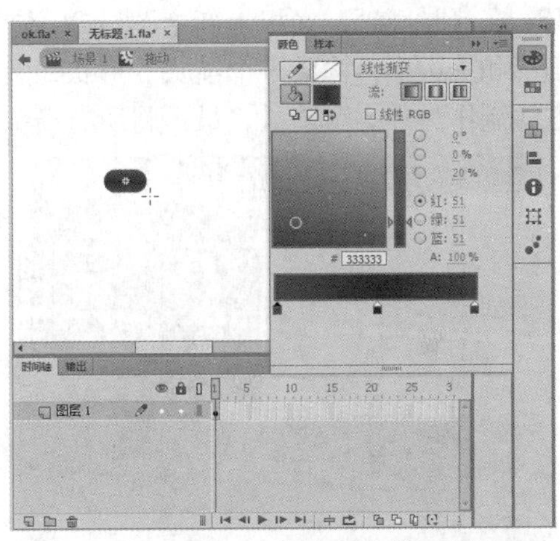

图 10-10　新建【拖动】影片剪辑元件　　图 10-11　绘制一个渐变颜色的圆角矩形

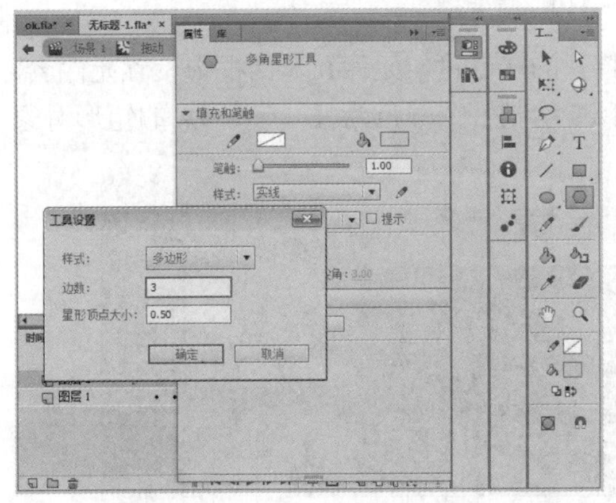

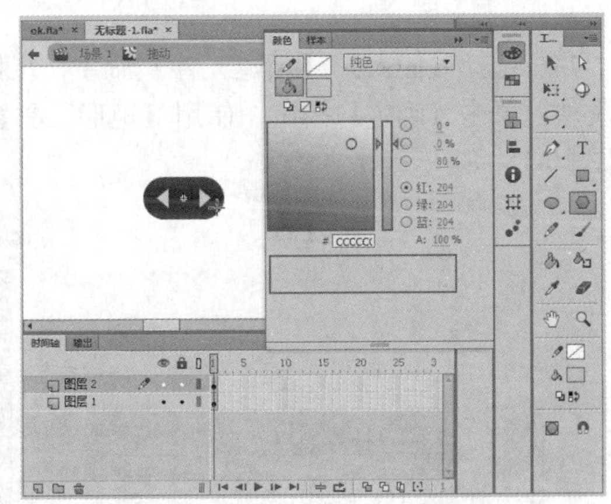

图 10-12　新增图层并绘制两个三边形

12　选择【插入】|【新建元件】命令，在打开的【创建新元件】对话框中设置元件名称和类型，再单击【确定】按钮，选择【矩形工具】在【弹起】状态帧中绘制一个深灰色到黑色的渐变矩形，接着在【按下】状态帧中按 F5 功能键插入帧，如图 10-13 所示。

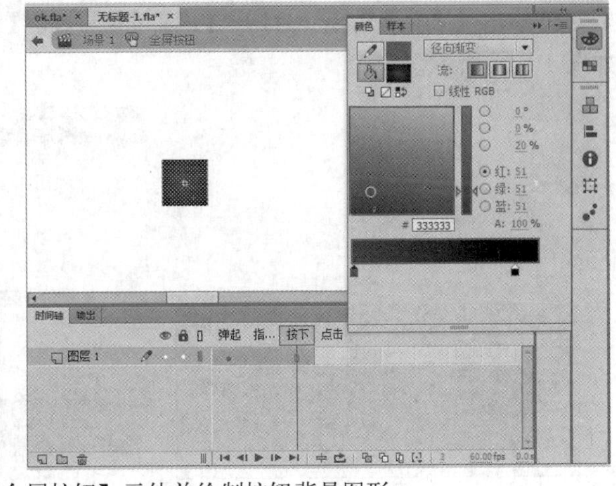

图 10-13　新建【全屏按钮】元件并绘制按钮背景图形

13 在【时间轴】面板上新增图层 2，使用【矩形工具】和【多角星形工具】绘制一个矩形和三边形，构成一个箭头的形状，然后使用【任意变形工具】旋转箭头，使用相同的方法制作另外 3 个箭头，最后将所有箭头放置在矩形上，如图 10-14 所示。

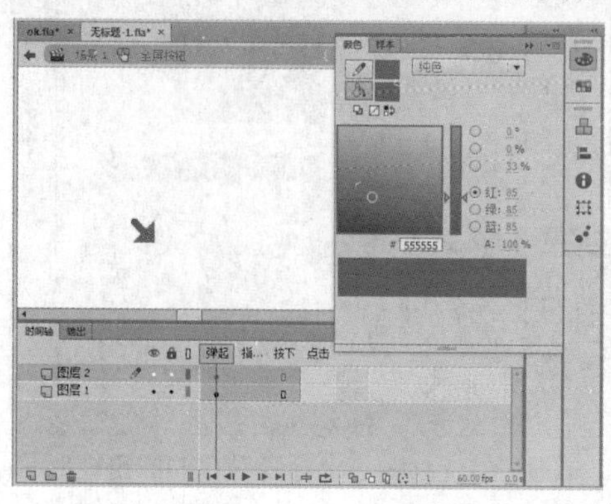
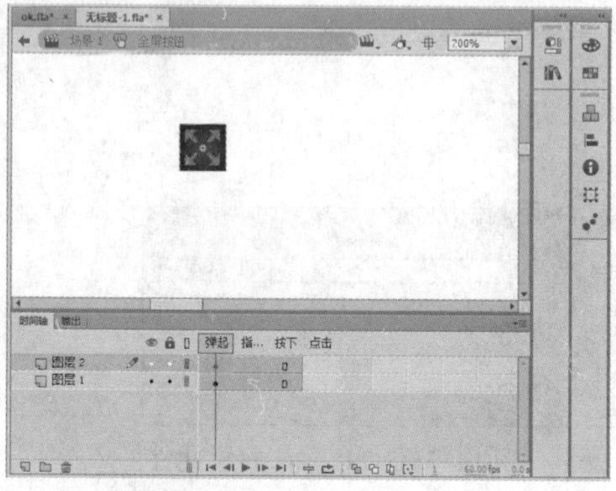

图 10-14 绘制箭头图形并排列

14 选择【插入】|【新建元件】命令，在打开的【创建新元件】对话框中设置元件名称和类型，单击【确定】按钮，使用【矩形工具】绘制一个颜色为【#666666】的矩形对象，如图 10-15 所示。

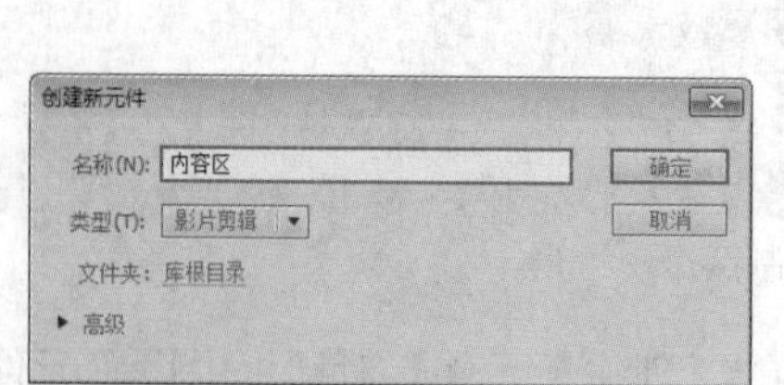

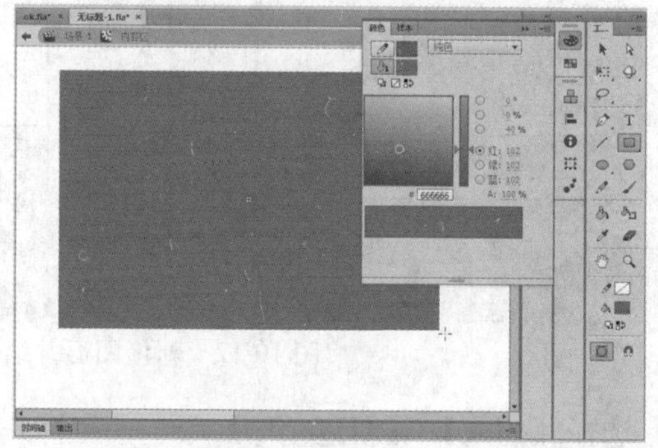

图 10-15 新建【内容区】影片剪辑元件并绘制矩形对象

15 选择【插入】|【新建元件】命令，在打开的【创建新元件】对话框中设置元件名称和类型，再单击【确定】按钮，打开【库】面板并将【loading bg】影片剪辑元件拖到新元件内，如图 10-16 所示。

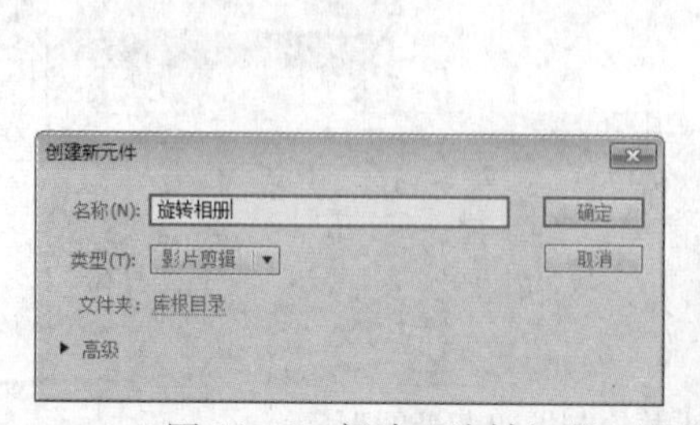

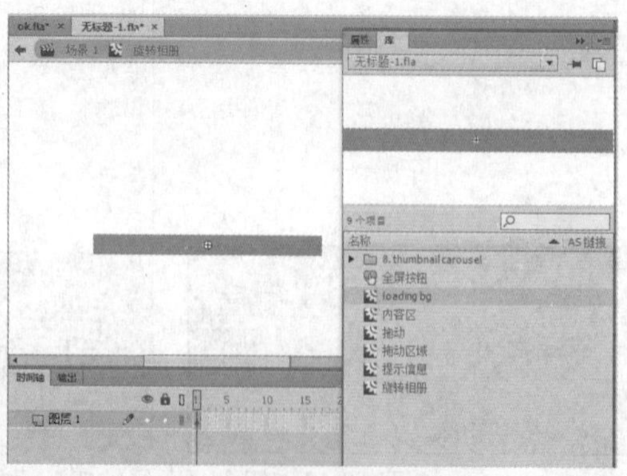

图 10-16 新建【旋转相册】影片剪辑元件并加入【loading bg】影片剪辑

16　选择【loading bg】影片剪辑实例，设置实例名称为【loading_info_bg】，如图 10-17 所示。

17　在【时间轴】面板上新增图层 2，选择【文本工具】T在影片剪辑实例上创建一个一样大小的动态文本字段，然后在字段内输入【loading　00 of 00】，再通过【属性】面板设置消除锯齿为【使用设备字体】，如图 10-18 所示。

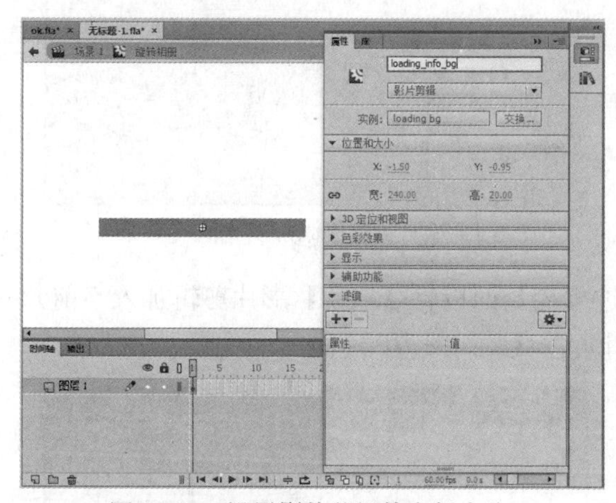

图 10-17　设置影片剪辑的实例名称

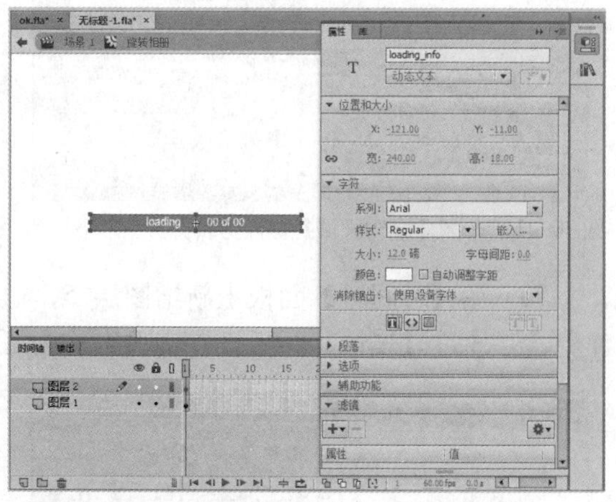

图 10-18　创建动态文本字段并设置属性

18　在【时间轴】面板上新增图层 3，通过【库】面板将【提示信息】影片剪辑加入当前元件中，并通过【属性】面板设置实例名称为【flashmo_tooltip】，如图 10-19 所示。

19　选择【提示信息】影片剪辑实例，为该实例添加【发光】滤镜，然后设置滤镜的各项参数，如图 10-20 所示。

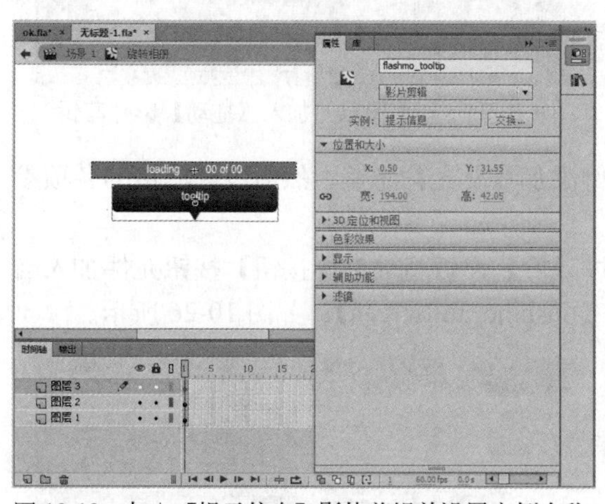

图 10-19　加入【提示信息】影片剪辑并设置实例名称

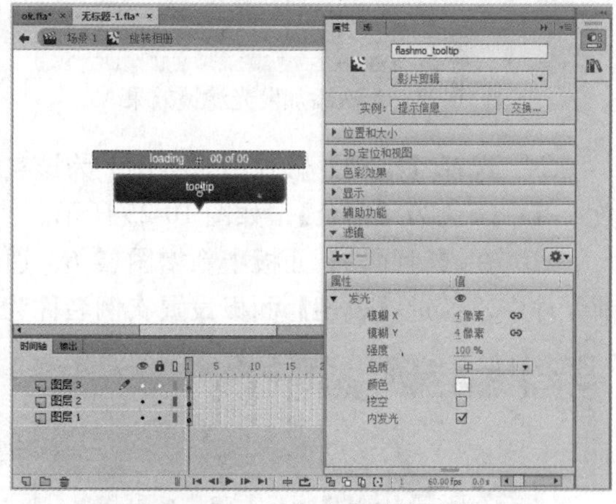

图 10-20　添加发光滤镜效果

20　在【时间轴】面板上新增图层 4，通过【库】面板将【拖动区域】影片剪辑加入当前元件中，通过【属性】面板设置实例名称为【drag_area】，如图 10-21 所示。

21　选择【拖动区域】影片剪辑实例，为该实例添加【发光】滤镜，然后设置滤镜的各项参数，其中颜色为【浅灰色】，如图 10-22 所示。

22　选择【拖动区域】影片剪辑实例，再次为该实例添加【发光】滤镜，然后设置滤镜的各项参数，其中颜色为【白色】，如图 10-23 所示。

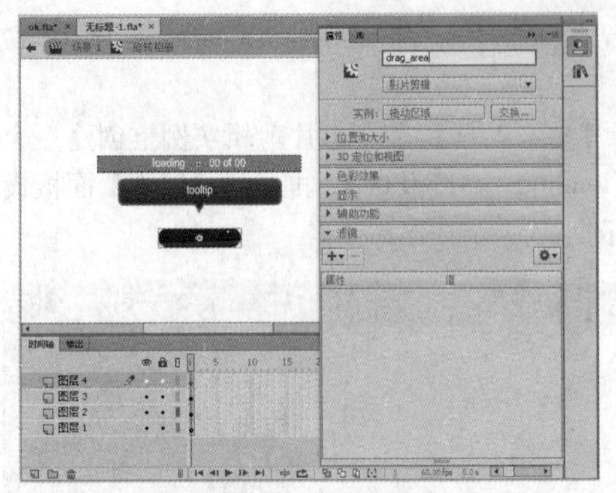

图 10-21　加入【拖动区域】影片剪辑并设置实例名称

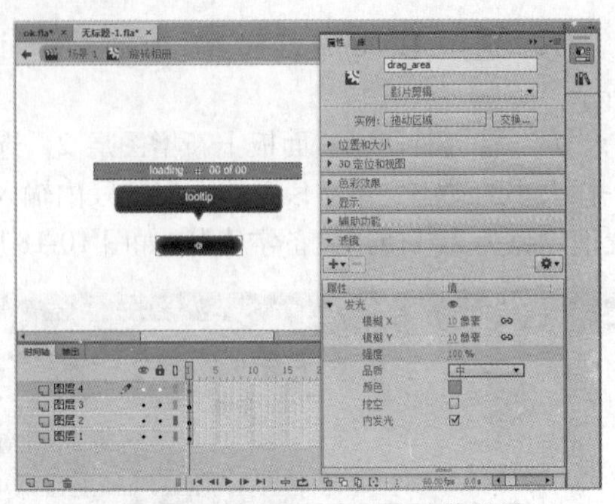

图 10-22　为实例添加发光滤镜效果

23　在【时间轴】面板上新增图层 5，通过【库】面板将【拖动】影片剪辑加入当前元件中，并通过【属性】面板设置实例名称为【dragger】，如图 10-24 所示。

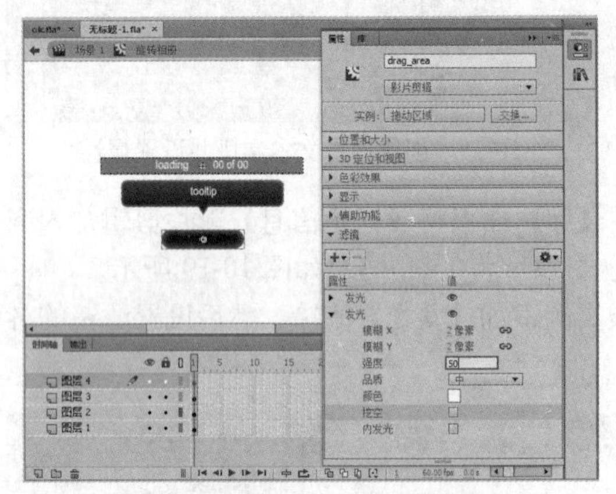

图 10-23　再次添加发光滤镜效果

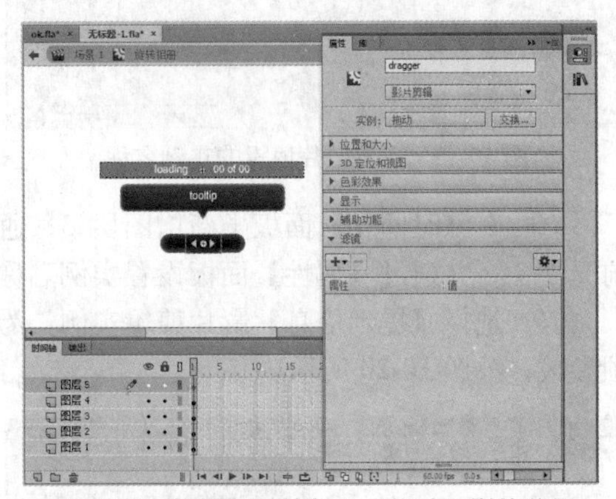

图 10-24　新增图层并加入【拖动】影片剪辑

24　选择【拖动】影片剪辑实例，为该实例添加【发光】滤镜，然后设置滤镜的各项参数，其中颜色为【白色】，如图 10-25 所示。

25　在【时间轴】面板上新增图层 6，通过【库】面板将【全屏按钮】按钮元件加入当前元件中，通过【属性】面板设置实例名称为【flashmo_fullscreen】，如图 10-26 所示。

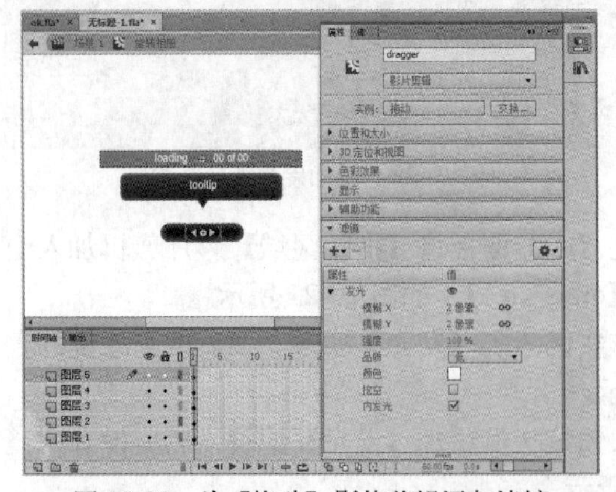

图 10-25　为【拖动】影片剪辑添加滤镜

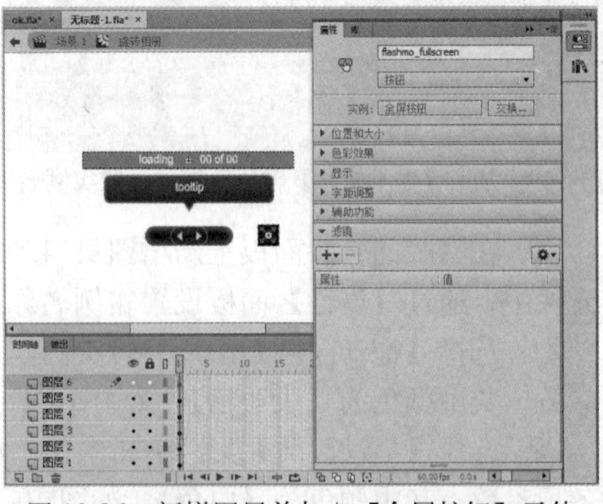

图 10-26　新增图层并加入【全屏按钮】元件

26 在【时间轴】面板上新增图层 7，通过【库】面板将【内容区】影片剪辑元件加入当前元件中，通过【属性】面板设置实例名称为【flashmo_graphic】，如图 10-27 所示。

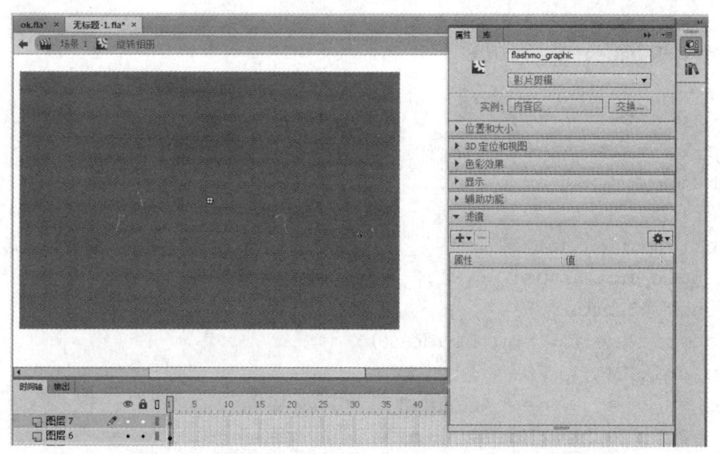

图 10-27　新增图层并加入【内容区】影片剪辑

27 在【时间轴】面板上新增图层并命名为【AS】，然后打开【动作】面板，输入以下代码，以读取外部 XML 文件和制作相册图片旋转的效果，如图 10-28 所示。

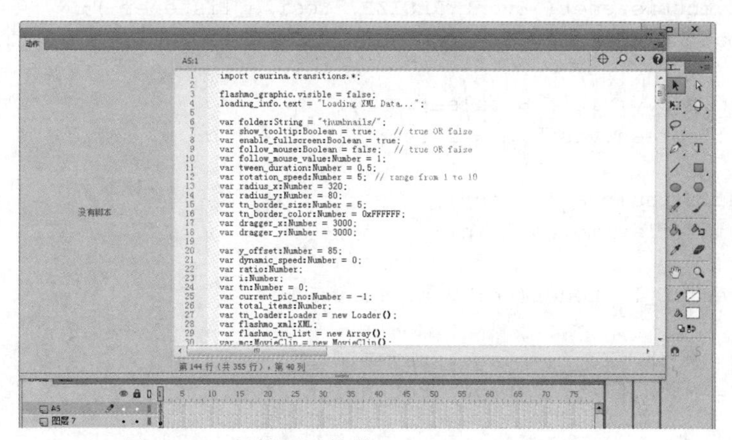

图 10-28　新增图层并编写 ActionScript 3.0 代码

编写的代码如下：

```
import caurina.transitions.*;

flashmo_graphic.visible = false;
loading_info.text = "Loading XML Data...";

var folder:String = "thumbnails/";
var show_tooltip:Boolean = true;    // true OR false
var enable_fullscreen:Boolean = true;
var follow_mouse:Boolean = false;  // true OR false
var follow_mouse_value:Number = 1;
var tween_duration:Number = 0.5;
var rotation_speed:Number = 5; // range from 1 to 10
var radius_x:Number = 320;
```

```
var radius_y:Number = 80;
var tn_border_size:Number = 5;
var tn_border_color:Number = 0xFFFFFF;
var dragger_x:Number = 3000;
var dragger_y:Number = 3000;

var y_offset:Number = 85;
var dynamic_speed:Number = 0;
var ratio:Number;
var i:Number;
var tn:Number = 0;
var current_pic_no:Number = -1;
var total_items:Number;
var tn_loader:Loader = new Loader();
var flashmo_xml:XML;
var flashmo_tn_list = new Array();
var mc:MovieClip = new MovieClip();
var thumbnail_group:MovieClip = new MovieClip();

stage.align = StageAlign.TOP_LEFT;
stage.scaleMode = StageScaleMode.NO_SCALE;
stage.addEventListener( Event.RESIZE, resize_listener );
stage.dispatchEvent( new Event( Event.RESIZE ) );

flashmo_tooltip.visible = false;
flashmo_fullscreen.visible = false;

this.addChild(thumbnail_group);
this.addChild(flashmo_tooltip);

function resize_listener( e:Event ): void
{
   this.x = Math.floor( stage.stageWidth * 0.5 );
   this.y = Math.floor( stage.stageHeight * 0.5 );

   if( stage.displayState == StageDisplayState.NORMAL  )
      this.y -= y_offset;
}

function switch_screen_mode( me:MouseEvent )
{
   if( stage.displayState == StageDisplayState.NORMAL )
      stage.displayState = StageDisplayState.FULL_SCREEN;
   else
      stage.displayState = StageDisplayState.NORMAL;
}

function load_gallery(xml_file:String):void
{
   var xml_loader:URLLoader = new URLLoader();
   xml_loader.load( new URLRequest( xml_file ) );
   xml_loader.addEventListener( Event.COMPLETE, create_gallery );
```

```
}

function create_gallery(e:Event):void
{
   flashmo_xml = new XML(e.target.data);
   total_items = flashmo_xml.thumbnail.length();

   show_tooltip = flashmo_xml.config.@show_tooltip.toString() == "false" ?
      false : true;
   follow_mouse = flashmo_xml.config.@follow_mouse.toString() == "true" ?
      true : false;
   enable_fullscreen = flashmo_xml.config.@fullscreen_button.toString() ==
      "false" ? false : true;

   if( flashmo_xml.config.@folder.toString() != "" )
      folder = flashmo_xml.config.@folder.toString();

   if( flashmo_xml.config.@tween_duration.toString() != "" )
      tween_duration = parseFloat( flashmo_xml.config.@tween_duration.
      toString());

   if( flashmo_xml.config.@rotation_speed.toString() != "" )
      rotation_speed                                                  =
parseInt( flashmo_xml.config.@rotation_speed.toString());

   if( flashmo_xml.config.@radius_x.toString() != "" )
      radius_x = parseFloat( flashmo_xml.config.@radius_x.toString());

   if( flashmo_xml.config.@radius_y.toString() != "" )
      radius_y = parseFloat( flashmo_xml.config.@radius_y.toString());

   if( flashmo_xml.config.@tn_border_size.toString() != "" )
      tn_border_size = parseInt( flashmo_xml.config.@tn_border_size.toString());

   if( flashmo_xml.config.@tn_border_color.toString() != "" )
      tn_border_color = flashmo_xml.config.@tn_border_color.toString();

   if( flashmo_xml.config.@dragger_x.toString() != "" )
      dragger_x = parseFloat( flashmo_xml.config.@dragger_x.toString());

   if( flashmo_xml.config.@dragger_y.toString() != "" )
      dragger_y = parseFloat( flashmo_xml.config.@dragger_y.toString());

   if( !show_tooltip )
   {
      this.removeChild(flashmo_tooltip);
   }
   else
   {
      flashmo_tooltip.visible = false;
      flashmo_tooltip.addEventListener( Event.ENTER_FRAME, tooltip );
   }
```

```
    if( follow_mouse ) follow_mouse_value = -1;

    if( rotation_speed > 10 || rotation_speed < 1 ) rotation_speed = 5;

    for( i = 0; i < total_items; i++ )
    {
        flashmo_tn_list.push( {
            filename: flashmo_xml.thumbnail[i].filename.toString(),
            tooltip: flashmo_xml.thumbnail[i].tooltip.toString(),
            url: flashmo_xml.thumbnail[i].url.toString(),
            target: flashmo_xml.thumbnail[i].target.toString()
        } );
    }
    load_tn();
}

function load_tn():void
{
    var pic_request:URLRequest = new URLRequest( folder + flashmo_tn_list[tn].
        filename );

    tn_loader = new Loader();
    tn_loader.load(pic_request);
    tn_loader.contentLoaderInfo.addEventListener(ProgressEvent.PROGRESS,
        tn_progress);
    tn_loader.contentLoaderInfo.addEventListener(Event.COMPLETE,
        tn_loaded);
    tn++;
}

function tn_progress(e:ProgressEvent):void
{
    loading_info.text = "Loading Thumbnail " + tn + " of " + total_items;
    loading_info_bg.width = loading_info.width;
}

function tn_loaded(e:Event):void
{
    var flashmo_tn_bm:Bitmap = new Bitmap();
    var flashmo_tn_mc:MovieClip = new MovieClip();

    flashmo_tn_bm = Bitmap(e.target.content);
    flashmo_tn_bm.smoothing = true;
    flashmo_tn_bm.x = - flashmo_tn_bm.width * 0.5;
    flashmo_tn_bm.y = tn_border_size;

    if( tn_border_size > 0 )
    {
        var bg_width:Number = flashmo_tn_bm.width + tn_border_size * 2;
        var bg_height:Number = flashmo_tn_bm.height + tn_border_size * 2;
```

```
        flashmo_tn_mc.graphics.beginFill(tn_border_color);
        flashmo_tn_mc.graphics.drawRect( - bg_width * 0.5, 0, bg_width,
         bg_height );
        flashmo_tn_mc.graphics.endFill();
    }

    flashmo_tn_mc.addChild(flashmo_tn_bm);
    flashmo_tn_mc.name = "flashmo_tn_" + thumbnail_group.numChildren;
    flashmo_tn_mc.buttonMode = true;
    flashmo_tn_mc.y = 1000;

    thumbnail_group.addChild( flashmo_tn_mc );

    if( tn < total_items )
        load_tn();
    else
    {

    tn_loader.contentLoaderInfo.removeEventListener(ProgressEvent.PROGRESS,
         tn_progress);

    tn_loader.contentLoaderInfo.removeEventListener(ProgressEvent.PROGRESS,
         tn_loaded);
        tn_loader = null;
        activate_carousel();
    }
}

function activate_carousel():void
{
    for( i = 0; i < total_items; i++ )
    {
        mc = MovieClip( thumbnail_group.getChildByName("flashmo_tn_" + i) );
        mc.addEventListener( MouseEvent.CLICK, tn_click );
        mc.addEventListener( Event.ENTER_FRAME, tn_update );
        mc.angle = i * ( Math.PI * 2 / total_items );
        mc.enabled = false;

        if( show_tooltip )
        {
            mc.addEventListener( MouseEvent.MOUSE_OVER, tn_over );
            mc.addEventListener( MouseEvent.MOUSE_OUT, tn_out );
        }
    }
    loading_info.text = "";
    loading_info_bg.visible = false;

    if( dragger_y == 3000 )
        dragger.y = thumbnail_group.y + thumbnail_group.height + radius_y + 50;

    else
        dragger.y = dragger_y;
```

```
    drag_area.y = dragger.y;

    if( dragger_x != 3000 )
    {
        dragger.x = dragger_x;
        drag_area.x = dragger.x;
        flashmo_fullscreen.x = dragger.x + 77;
    }

    if( enable_fullscreen )
    {
        flashmo_fullscreen.y = dragger.y;
        flashmo_fullscreen.visible = true;
        flashmo_fullscreen.addEventListener( MouseEvent.CLICK, switch_
        screen_mode );
        this.addChild( flashmo_fullscreen );
    }

    dragger.visible = true;
    drag_area.visible = true;

    this.addChild( drag_area );
    this.addChild( dragger );
    this.addEventListener( Event.ENTER_FRAME, on_update );

    thumbnail_group.scaleX = thumbnail_group.scaleY = thumbnail_group.alpha
      = 0.2;
    Tweener.addTween( thumbnail_group, { alpha: 1, scaleX: 1, scaleY: 1,
              time: tween_duration, transition: "easeOutBack" } );
}

function on_update(e:Event):void
{
    sort_group(thumbnail_group);
}

function sort_group(group:MovieClip):void
{
    var i:int;
    var child_list:Array = new Array();

    i = group.numChildren;

    while(i--)
    {
        child_list[i] = group.getChildAt(i);
    }

    child_list.sortOn("y", Array.NUMERIC);
    i = group.numChildren;
```

```
    while(i--)
    {
        if( child_list[i] != group.getChildAt(i) )
        {
            group.setChildIndex(child_list[i], i);
        }
    }
}

function tn_update(e:Event):void
{
    mc = MovieClip(e.target);
    mc.x = Math.cos(mc.angle) * radius_x;
    mc.y = Math.sin(mc.angle) * radius_y;

    ratio = ( mc.y + radius_y ) / ( radius_y * 2 );
    if( ratio < 0.3 ) ratio = 0.3;

    mc.scaleX = mc.scaleY = ratio;
    mc.angle += dynamic_speed;
}

function tn_over(e:MouseEvent):void
{
    mc = MovieClip(e.target);
    flashmo_tooltip.visible = true;
    flashmo_tooltip.pic_title.text = flashmo_tn_list[ parseInt( mc.name.slice
        (11, 14) ) ].tooltip;
}

function tn_out(e:MouseEvent):void
{
    flashmo_tooltip.visible = false;
}

function tn_click(e:MouseEvent):void
{
    mc = MovieClip(e.target);
    current_pic_no = parseInt(mc.name.slice(11,14));
    navigateToURL( new URLRequest( flashmo_tn_list[current_pic_no].url ),
                        flashmo_tn_list[current_pic_no].target );
}

function tooltip(e:Event):void
{
    flashmo_tooltip.x = mouseX;
    flashmo_tooltip.y = mouseY - 30;
}

var on_drag:Boolean;
var diff:Number = ( drag_area.width - dragger.width ) * 0.5;
```

```
dragger.x = drag_area.x;
dragger.y = drag_area.y;
dragger.addEventListener( MouseEvent.MOUSE_DOWN, drag);
dragger.addEventListener( MouseEvent.MOUSE_UP, drop);
dragger.visible = false;
drag_area.visible = false;

function drag(me:MouseEvent):void
{
   on_drag = true;
   Tweener.removeAllTweens();
   dragger.addEventListener( Event.ENTER_FRAME, dragger_update);
   stage.addEventListener(MouseEvent.MOUSE_UP, stage_up);
}

function drop(me:MouseEvent):void
{
   on_drag = false;
   Tweener.addTween( dragger, { x: drag_area.x, time: tween_duration,
      transition: "easeOutQuart" } );
   stage.removeEventListener(MouseEvent.MOUSE_UP, stage_up);
}

function stage_up( me:MouseEvent ):void
{
   on_drag = false;
   Tweener.addTween( dragger, { x: drag_area.x, time: tween_duration,
      transition: "easeOutQuart" } );
}

function dragger_update(e:Event):void
{
   if( on_drag )
   {
      dragger.x = this.mouseX;

      if( dragger.x - drag_area.x < - diff )
         dragger.x = - diff + drag_area.x;

      if( dragger.x - drag_area.x > diff )
         dragger.x = diff + drag_area.x;
   }
   else if( dragger.x - drag_area.x == 0 )
   {
      dragger.removeEventListener( Event.ENTER_FRAME, dragger_update);
   }

   dynamic_speed = ( dragger.x - drag_area.x ) * rotation_speed * 0.0003 *
      follow_mouse_value;
}
```

28 返回场景1中，从【库】面板中将【旋转相册】影片剪辑拖入到舞台，然后将元件放置在中央位置，接着设置实例名称为【flashmo_carousel】，如图10-29所示。

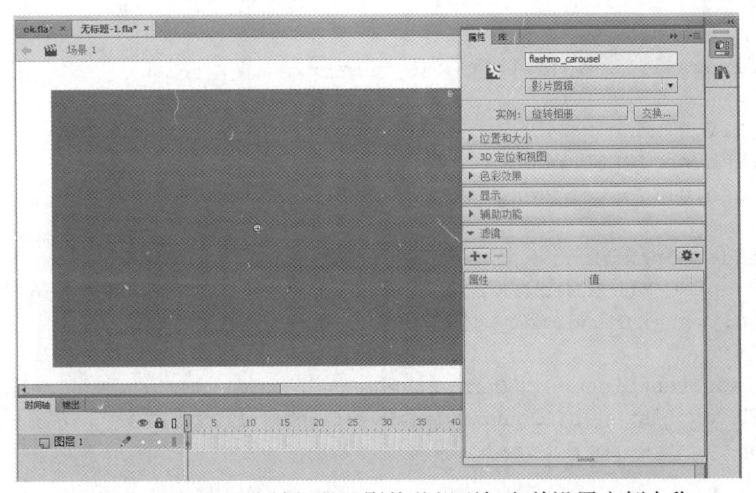

图 10-29　加入【旋转相册】影片剪辑到舞台并设置实例名称

29 在【时间轴】面板上新增图层并命名为【AS】，然后打开【动作】面板，输入以下代码，以读取外部 XML 文件和设置控制效果的整体函数，如图 10-30 所示。

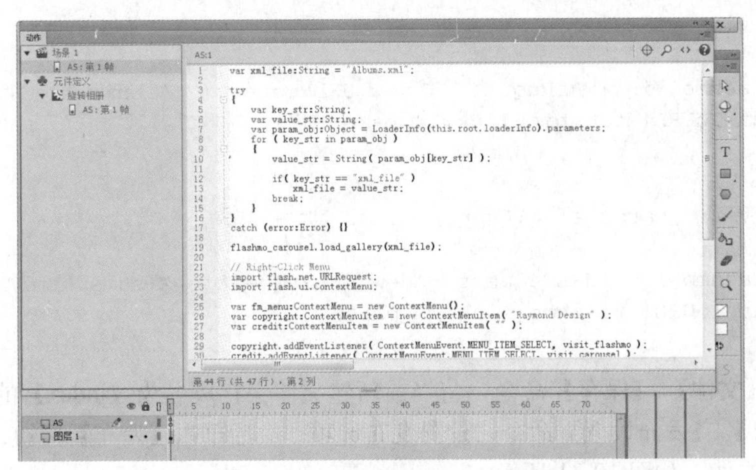

图 10-30　新增图层并编写代码

```
var xml_file:String = "Albums.xml";

try
{
   var key_str:String;
   var value_str:String;
   var param_obj:Object = LoaderInfo(this.root.loaderInfo).parameters;
   for ( key_str in param_obj )
   {
      value_str = String( param_obj[key_str] );

      if( key_str == "xml_file" )
         xml_file = value_str;
      break;
   }
}
catch (error:Error) {}
```

```
flashmo_carousel.load_gallery(xml_file);

// Right-Click Menu
import flash.net.URLRequest;
import flash.ui.ContextMenu;

var fm_menu:ContextMenu = new ContextMenu();
var copyright:ContextMenuItem = new ContextMenuItem( "Raymond Design" );
var credit:ContextMenuItem = new ContextMenuItem( "" );

copyright.addEventListener( ContextMenuEvent.MENU_ITEM_SELECT, visit_flashmo );
credit.addEventListener( ContextMenuEvent.MENU_ITEM_SELECT, visit_carousel );
credit.separatorBefore = false;

fm_menu.hideBuiltInItems();
fm_menu.customItems.push(copyright, credit);
this.contextMenu = fm_menu;

function visit_flashmo(e:Event)
{
    var flashmo_link:URLRequest = new URLRequest( "Albums.html" );
    navigateToURL( flashmo_link, "_parent" );
}

function visit_carousel(e:Event)
{
    var flashmo_link:URLRequest = new URLRequest( "Albums.html" );
    navigateToURL( flashmo_link, "_parent" );
}
```

30 选择【文件】|【保存】命令，将当前新建文件保存成名为【index】的 Flash 文件，然后选择【文件】|【发布设置】命令，设置发布选项，最后单击【发布】按钮，发布出 SWF 文件和 HTML 文件，如图 10-31 所示。

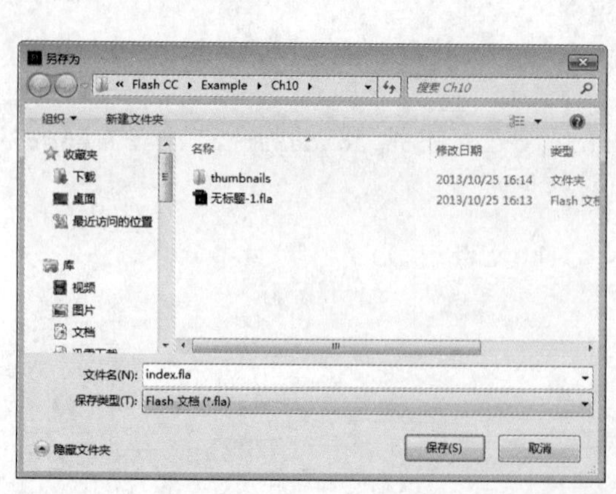

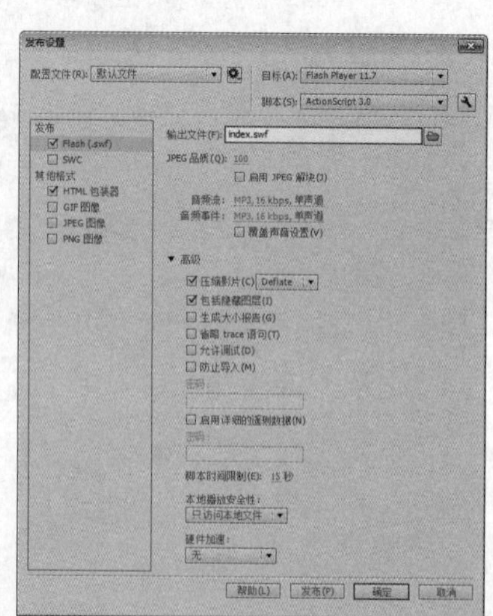

图 10-31　保存并发布文件

31 在发布时，Flash 程序的【编译器错误】面板会显示多条错误信息，提示某些函数没有定义，如图 10-32 所示。这是因为上述步骤编写的代码需要读取 XML 文件和相关的脚本文件。此时可以暂时不理，后面的步骤将讲到创建 XML 文件和其他脚本文件，当这些文件都完整了，将不会再出现上述错误。

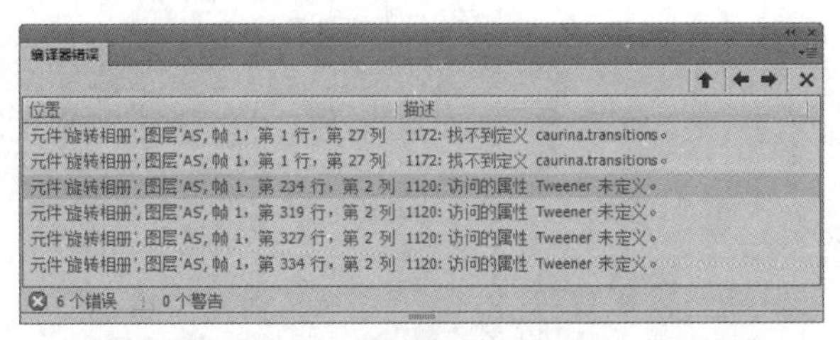

图 10-32　程序的【编译器错误】面板出现信息

32 为了使本例的 ActionScript 脚本正常运行，提供了多个已经设置好的脚本语言文件，这些文件放置在与本例文件相同目录的【caurina】文件夹内，如图 10-33 所示。

图 10-33　本例提供的 ActionScript 脚本语言文件

33 返回 Flash 程序中，打开【属性】面板并设置舞台颜色为【黑色】，然后保存当前文件，如图 10-34 所示。

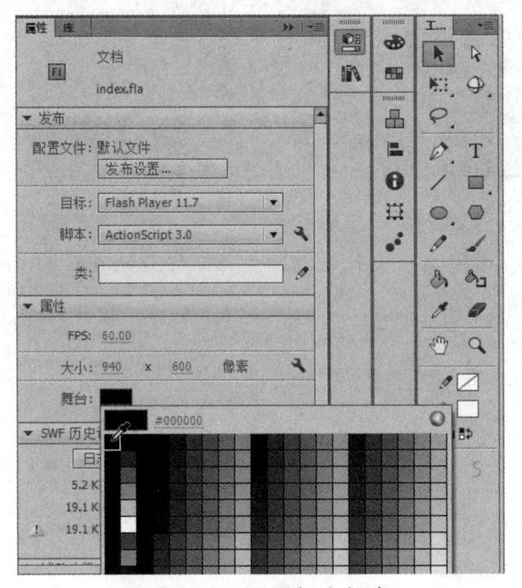

图 10-34　设置舞台颜色

34 新建一个记事本文件，然后输入以下代码，设置图片的外观和链接的相册图片文件和鼠标提示文字内容，完成后将记事本保存成名为【Albums】的 XML 格式文件，如图 10-35 所示。

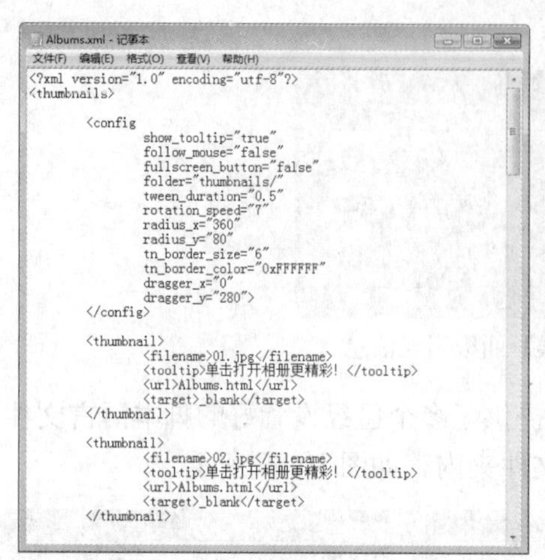

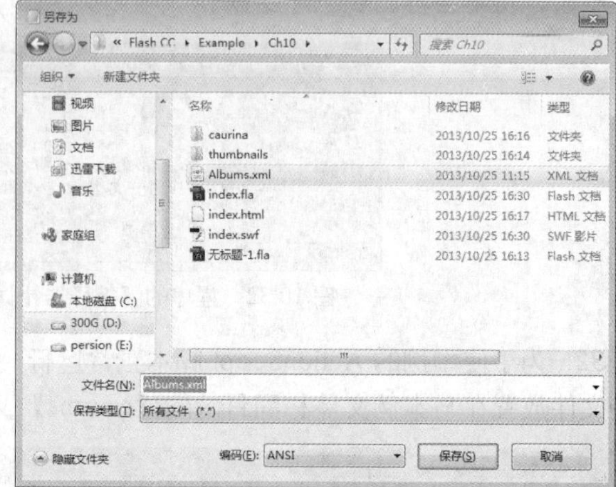

图 10-35 创建并保存 XML 文件

35 在步骤 34 的 XML 文件中，设置了当单击相册图片即打开“Albums.html”相册网页。所以，本步骤将通过网页制作程序制作相册网页，并保存在与动画文件相同的目录中。如图 10-36 所示为使用 Dreamweaver 程序制作的相册网页。

图 10-36 制作相册网页并保存到相同目录

课后参考答案

第1章

一、填充题

(1) 64位、64位

(2) 帮助

(3)【文件】|【新建】

(4) 图层、帧、播放指针

(5) Flash文档、Flash未压缩文档

二、选择题

(1) B

(2) D

(3) A

(4) C

(5) D

第2章

一、填充题

(1) RGB、HSB

(2) 色度、饱和度、亮度

(3) 红 (Red)、绿 (Green)、蓝 (Blue)

(4) 16进制、16进制码

(5) 216色

二、选择题

(1) C

(2) A

(3) D

(4) B

(5) A

第3章

一、填充题

(1) 矢量图、位图

(2) 点、线、面

(3) 像素

(4) 合并绘制、对象绘制

(5) 直线段、曲线段

二、选择题

(1) B

(2) C

(3) D

(4) A

第4章

一、填充题

(1) 三种可能状态、活动区域

(2) 实例名称

(3) 分离

(4) 任意变形工具、变形、【修改】|【变形】

二、选择题

(1) B

(2) D

(3) A

(4) C

(5) C

第5章

一、填充题

(1) 补间动画、传统补间、补间形状、逐帧动画

(2) 帧数

(3) 对象属性、相同属性

(4) 一组帧、一个或多个属性

(5) 补间范围、补间目标对象

(6) 大小、颜色、形状、位置

二、选择题

(1) B

(2) D
(3) B
(4) C
(5) D

第六章

一、填充题
(1) 起始形状、结束形状、形状提示点
(2) 字母 (a~z)、26
(3) 帮助用户让其他图层的对象对齐引导层对象
(4) 引导线
(5) 一个、按钮元件

二、选择题
(1) C
(2) B
(3) A
(4) D

第7章

一、填充题
(1) 文本、编码格式
(2) FlashType、高质量的文本
(3) 动态文本、输入文本、静态文本
(4) 双击
(5) Ctrl+B

二、选择题
(1) A
(2) D
(3) B
(4) B
(5) C

第8章

一、填充题
(1) 事件、开始、停止、数据流
(2) 起始点、音量
(3) FLV、F4V
(4) 引用
(5) 投影、模糊、发光、斜角、渐变发光、渐变斜角、调整颜色

二、选择题
(1) D
(2) D
(3) C
(4) A
(5) D

第9章

一、填充题
(1) Flash、面向对象化
(2) ActionScript 3.0、交互性、数据处理
(3) Video 类、StageVideo 类、NetStream 类、Camera 类
(4) pause()、resume()、seek()、togglePause()
(5) 斜角滤镜、模糊滤镜、投影滤镜、发光滤镜、渐变斜角滤镜、渐变发光滤镜、颜色矩阵滤镜、卷积滤镜、置换图滤镜、着色器滤镜

二、选择题
(1) D
(2) C
(3) B
(4) D